国家出版基金项目
NATIONAL PUBLICATION FOUNDATION

丛书主编　于康震

动 物 疫 病 防 控 出 版 工 程

猪瘟

CLASSICAL SWINE FEVER

王　琴　涂长春｜主编

中国农业出版社

图书在版编目（CIP）数据

猪瘟 / 王琴，涂长春主编. —北京：中国农业出版社，
2015.6

（动物疫病防控出版工程 / 于康震主编）

ISBN 978-7-109-20708-0

Ⅰ. ①猪… Ⅱ. ①王… ②涂… Ⅲ. ①猪瘟-防
治 Ⅳ. ①S858.28

中国版本图书馆CIP数据核字（2015）第169722号

中国农业出版社出版

（北京市朝阳区麦子店街18号楼）

（邮政编码100125）

策划编辑　邱利伟　黄向阳

责任编辑　邱利伟　周晓艳

北京中科印刷有限公司印刷　　新华书店北京发行所发行

2015年12月第1版　　2015年12月北京第1次印刷

开本：710mm×1000mm　1/16　　印张：20.75

字数：500千字

定价：80.00元

（凡本版图书出现印刷、装订错误，请向出版社发行部调换）

本书编写人员

主　编　王　琴　涂长春

副主编　王长江　宁宜宝　赵启祖
　　　　范学政

编　者　（按姓氏笔画排序）

王　琴　王　毅　王万利

王长江　仇华吉　史子学

宁宜宝　朱　妍　朱元源

刘　俊　刘湘涛　李　娜

吴　斌　余兴龙　邹兴启

范学政　罗廷荣　赵启祖

徐　璐　徐志文　郭　鑫

郭万柱　郭焕成　涂长春

龚文杰　Trevor W.Drew

总 序

近年来，我国动物疫病防控工作取得重要成效，动物源性食品安全水平得到明显提升，公共卫生安全保障水平进一步提高。这得益于国家政策的大力支持，得益于广大动物防疫人员的辛勤工作，更得益于我国兽医科技不断进步所提供的强大支撑。

当前，我国正处于加快建设现代养殖业的历史新阶段，人民生活水平的提高，不仅要求我国保持世界最大规模的养殖总量，以满足动物产品供给；还要求我们不断提高养殖业的整体质量效益，不断提高动物产品的安全水平；更要求我们最大限度地减少养殖业给人类带来的疫病风险和环境压力。要解决这些问题，最根本的出路还是要依靠科技进步。

2012年5月，国务院审议通过了《国家中长期动物疫病防治规划（2012—2020年）》，这是新中国成立以来，国务院发布的第一个指导全国动物疫病防治工作的综合性规划，具有重要的标志性意义。为配合此规划的实施，及时总结、推广我国最新兽医科技创新成果，同时借鉴国外先进的研究成果和防控经验，我们通过顶层设计规划了《动物疫病防控出版工程》，以期通过系列专著出版，及时将研究成果转化和传播到疫病防控一线，全面提高从业人员素质，提高我国动物疫病防控能力和水平。

本出版工程站在我国动物疫病防控全局的高度，力求权威性、科学性、指

导性和实用性相兼容，致力于将动物疫病防控成果整体规划实施，重点把国家
优先防治和重点防范的动物疫病、人兽共患病和重大外来动物疫病纳入项目
中。全套书共31分册，其中原创专著21部，是根据我国当前动物疫病防控工作
的实际需要而规划，每本书的主编都是编委会反复酝酿选定的、有一定行业公
认度的、长期在单个疫病研究领域有较高造诣的专家；同时引进世界兽医名著
10本，以借鉴世界同行的先进技术，弥补我国在某些领域的不足。

　　本套出版工程得到国家出版基金的大力支持。相信这些专著的出版，将会
有力地促进我国动物疫病防控水平的提升，推动我国兽医卫生事业的发展，并
对兽医人才培养和兽医学科建设起到积极作用。

农业部副部长　于康震

前 言

　　猪瘟严重危害全球养猪业，是OIE必须报告的动物疫病，在我国属一类动物传染病。世界上许多国家和地区已经消灭了猪瘟，我国自20世纪50年代以来，实施了猪瘟全面免疫计划，有效地控制了该病大规模的暴发流行，但各地的散发流行依然存在，甚至出现局部暴发，给我国养猪业造成了巨大经济损失。2012年国务院发布了《国家中长期动物疫病防治规划（2012—2020年）》，将猪瘟作为优先防控的动物疫病。为服务和推进规划的实施，根据《动物疫病防控出版工程》的安排，我们组织在该病研究中有多年工作经验和成就的专家，在总结国内外猪瘟研究成果及防控经验的基础上编写本书。

　　本书主要内容包括猪瘟的概况、猪瘟的病原学、猪瘟的流行病学、猪瘟的临床征候学、猪瘟病毒的致病机理、猪瘟的免疫学、猪瘟的实验室诊断技术、猪瘟疫苗研究、猪瘟的综合防控共九章内容及附录，是我国第一本全面反映猪瘟研究与防控实践的学术专著。本书坚持学术与实用并重的原则，既详细阐述了猪瘟研究与防控的基础理论知识，又全面介绍了该病防控实践中的措施和技术方法，适合于从事猪瘟研究与防控的广大科技人员，以及疫病防治一线的兽医工作者。

　　由于编者水平有限，不当之处请读者不吝指正。

编著者

2015年5月

缩略语

缩略语	英文名称	中文名称
ASFV	African swine fever virus	非洲猪瘟病毒
BDV	Border disease virus	羊边界病病毒
BVDV	Bovine viral diarrhoea virus	牛病性腹泻病毒，又名黏膜病病毒
CPE	Cytopathic effect	致细胞病变效应
CSF	Classical swine fever	猪瘟
CSFV	Classical swine fever virus	猪瘟病毒
HCLV	Hog cholera lapinised virus	猪瘟兔化弱毒
MDV	Mucosal disease virus	黏膜病病毒
ELISA	Enzyme linked immunosorbent assay	酶联免疫吸附试验
FAT	Fluorescent antibody test	荧光抗体检测技术
FISH	Fluorescence in situ hybridization	荧光原位杂交技术
FMIA	Fluorescent microsphere immunoassay	荧光微球免疫技术
PCR	Polymerase chain reaction	聚合酶链式反应
RT-PCR	Reverse transcription polymerase chain reaction	反转录 PCR 技术
IS-PCR	In situ immuno-PCR	原位免疫 PCR
LP-PCR	Labelled primers-PCR	标记 PCR
FQ-PCR	Real-time quantitative PCR	实时荧光定量 PCR
FRET	Fluorescence resonance energy transfer	荧光共振能量转移
GICA	Gold immunochromatography assay	胶体金免疫检测
IPMA	Immunoperoxidase monolayer assay	免疫过氧化物酶细胞单层试验
IRES	Internal ribosome entry site	内部核糖体进入位点
IPT	Immunoperoxidase test	免疫过氧化物酶检测技术
ISH	In situ hybridization	原位杂交技术
LAMP	Loop-mediated isothermal amplification	环介导等温扩增技术
NASBA	Nucleic acid sequence-based amplification	核酸序列依赖扩增技术
VNT	Virus neutralization test	病毒中和试验
NIF	Neutralization-immunofluorescence	荧光抗体病毒中和试验
NPLA	Neutralization peroxidase-linked assay	过氧化物酶联中和试验
NTR	Non-translated region	非编码区
HDL	High-density lipoprotein	高密度脂蛋白
OD	Optical density	光密度
OIE	World Organization for Animal Health	世界动物卫生组织
PBL	Peripheral blood lymphocytes	外周血淋巴细胞
polyI:C	Polyinosinic:polycytidylic acid	聚肌胞苷酸
SARS	Severe acute respiratory syndrome	严重急性呼吸综合征
SDA	Strand displacement amplification	链替代扩增技术
SNP	Single nucleotide polymorphism	单核苷酸多态性
$TCID_{50}$	Tissue culture infection dose	半数细胞感染量
TMR	Transmembrane region	跨膜区
TNF	Tumor Necrosis Factor	肿瘤坏死因子
VEGF	Vascular endothelial growth factor	血管内皮细胞生长因子
NF-κB	Nuclear factor κB	核转录因子-κB

目 录

第一章

猪瘟的概况

第一节 **猪瘟的基本特点**

　　猪瘟（Classical swine fever，CSF）是由猪瘟病毒（Classical swine fever virus，CSFV）引起的严重危害养猪业的重大传染病，是世界动物卫生组织（OIE）规定的必须报告的疫病（Notifiable disease）。该病以发病急、持续高热、全身出血和白细胞减少为特征，发病率和死亡率高。猪（包括家猪和野猪）是唯一的易感宿主（Van Oirschot JT，1999）。由于国际生猪及猪产品贸易持续增长，养猪业已经成为全球畜牧业的第一大支柱产业，是人类最主要的动物蛋白来源。随着饲养规模的进一步提高，猪瘟也就成为了全球养猪业发展的主要障碍之一。中国是世界第一养猪大国，生猪饲养量占全球的50%，但猪瘟仍是严重危害中国养猪业的重大传染病。

一、猪瘟的历史

（一）猪瘟的起源

　　猪瘟过去称猪霍乱（Hog cholera），据Hanson 1957年在《美国兽医师协会杂志》发表的"猪霍乱起源"一文介绍，猪霍乱可能首次出现在北美，美国田纳西州于1810年左右首次描述了类似霍乱的猪病。但普遍公认的是1833年猪瘟在美国俄亥俄州首次暴发和确认，1837年在南卡罗纳来州出现第二起暴发，次年暴发于佐治亚州，1840年阿拉巴马州、佛罗里达州、伊利诺伊州和印第安纳州有4个县分别暴发一起疫情，到1845年又在3个地区出现暴发（Shope，1957）。1833—1845年美国暴发了10起，但这十几次暴发彼此距离相隔甚远，没有明显的流行病学关联，说明起源的初期，猪瘟传播和流行十分缓慢。随着疫病逐步向新地区扩散，1846—1855年美国各地暴发了90多起，此后，猪瘟在美国广泛地、跳跃式传播，并迅速成为整个国家最重要的家畜疫病（Shope，1957）。据美国农业部资料报告，在1886年、1887年和1896年出现的猪瘟流行中，每一年都导致全国13%的猪只死亡。直到1961年美国批准全国实施猪瘟根除规划时，猪瘟一直是美国最重要的猪病，每年造成的直接经济损失在当时高达5 000万美元。

1862年猪瘟从美国传播到英格兰，于1887年再从英格兰传播到欧洲大陆。关于猪瘟在欧洲的起源也有不同说法，据Van Oirschot在第八版《猪病学》上的介绍（Van Oirschot，1999），猪瘟也可能于1822年在法国出现，1833年在德国出现。总之，猪瘟起源于美国还是其他地方无法考证，但多数文献认为该病首次出现在美国，后来传至世界各地。1899年南美洲和1900年南非首次出现猪瘟。1917年纳米比亚报首起猪瘟疫情。在亚洲1909年日本首次发现猪瘟病例。

有关中国猪瘟的起源无确切记载，也没有资料记载猪瘟在中国的流行历史，但是东南大学于1925年开始研制免疫血清防治该病（周泰冲，1980）。1945年在石家庄分离出石门毒株。1951年用石门毒株和其他分离毒株成功地研制出了结晶紫甘油灭活疫苗，并在全国大规模推广使用，迅速控制了疫情。1954年又成功地研制出"54-Ⅲ系"猪瘟兔化弱毒疫苗。

1903年美国科学家Alexander deSchwernitz和Marion Dorset通过6年的研究终于证明猪瘟的病原体是病毒，推翻了之前普遍认为是细菌的说法，这一发现为美国后来的防治和最终根除奠定了重要的基础（deSchwernitz，1903）。

（二）慢性猪瘟的出现

猪瘟通常以发病急、死亡率高为特点，但20世纪50年代以后，欧美均出现了一种发病缓、致死率较低的慢性或非典型猪瘟，往往表现出持续性感染的特征。病原分离鉴定表明，非典型猪瘟主要由低毒力毒株引起的，如美国Mengeling于1966—1967年首先报道分离的一株血清变种331毒株便是低毒力毒株（Mengeling等，1969）。据Plateau等报道，怀孕母猪接种低毒力病毒后可以被感染，但不表现典型临床症状，只出现四肢分开和神经系统紊乱。但是胎儿可以发生严重感染和死亡，出生的仔猪可因先天感染而发生免疫耐受，其血液和器官均携带病毒（Plateau，1980）。Van Oirschot等研究表明先天感染仔猪出生后早期外表健康，9～28周前不表现临床症状，但发生持续性病毒血症，终身带毒和排毒，后期发病，一般出生2～11个月出现发病死亡，平均成活时间超过6个月。病理切片检测发现先天感染猪的淋巴组织、网状内皮细胞和上皮细胞均含有病毒抗原（Van Oirschot，1977）。美国在猪瘟根除计划实施期间，从临床发病中分离出135株野毒，通过SPF猪攻毒试验鉴定，结果45%的是强毒株、27%是低毒力株、22%的是无毒株或疫苗株，剩下6%是引起持续性感染的毒株。用持续性感染毒株感染试验猪后发病期最长达152d，不表现明显的临床症状，但是血液中的病毒载量较高（Carbrey等，1980）。20世纪70年代开始中国在许多省出现非典型的温和型猪瘟流行，也称"无名高热"，多呈散发，临床症状显著减轻，死亡率降低，病程较长，病理变化也不典型（Carbrey，1980；王永坤，1981；余广海，1982；杜念兴，1998）。发病初期一般多鼻镜干燥、便秘、停食或减食、外表瘦弱。体温多在40℃左右。有的四肢下部和腹下可见皮肤紫色出血斑。病程长的仔猪多出现耳尖和尾尖干性坏疽，有时坏死脱落，俗称"干耳朵"和"干尾巴"病。非典型猪瘟流行的猪场常见体温正常，但生长迟缓、消瘦的猪只，感染猪反复表现呼吸道和消化道症状，虽然无大规模死亡，但不断出现零星的病死猪；种猪表现为受孕率下降，繁殖率低，出现流产、木乃伊胎、死胎、弱仔等繁殖障碍。余广海和王永坤等分别用非典型猪瘟病料分离的毒株进行本动物感染试验，均能复制出非典型发病，证明中国存在低毒力毒株。20世纪80年代后，中国猪瘟临床表现继续出现新的发病特点，持续性感染、先天感染、新生仔猪先天性震颤、免疫耐受和妊娠母猪带毒综合征（母猪繁殖障碍）日渐增多。

　　非典型猪瘟的出现除与低毒力毒株感染有关，还与猪只的免疫抗体水平有关，如果抗体水平不够高，此时感染也可能出现非典型猪瘟或持续性感染。此外，一个不应忽视的现象是牛病性腹泻病毒（Bovine viral diarrhoea viruses，BVDV）可以感染猪并引起类似猪瘟的临床症状，只是病情很轻，一般不发生死亡，有点类似非典型猪瘟。BVDV感染猪的现象于20世纪60年代初首次发现，以后许多国家均有报道。涂长春1995年从内蒙古的一起临床上像温和型猪瘟的发病猪体内分离到BVDV，却没有检测到CSFV，并通过感染试验证明所分离的牛病性腹泻病毒能引起较轻的类似猪瘟的临床症状，首次证明中国也存在猪的BVDV感染（王新平，1996），并首次测定了猪BVDV的全基因组序列。猪感染BVDV，为猪瘟鉴别诊断带来了新问题（Xu，2006）。近20多年来，中国猪瘟的急性大规模暴发已很少见，而非典型和持续性感染却十分常见，呈散发流行，这可能与中国实施全面的猪瘟强制免疫，猪群普遍都有一定的抗体水平有关。值得注意的是，中国猪瘟没有得到控制，而其他猪病的流行却日渐严重，新病时有发生，导致中国猪病复杂。不少实验室的研究结果证明，中国存在CSFV与弓形虫、猪繁殖与呼吸综合征病毒、猪圆环病毒、伪狂犬病病毒、猪细小病毒及一些细菌的混合感染。这一局面进一步加重了猪瘟的防控难度。

二、病原学特征

　　CSFV属黄病毒科瘟病毒属成员，除此之外，该属成员还包括牛病毒性腹泻病毒1（BVDV-1）和2（BVDV-2）、羊边界病毒（Border disease virus，BDV），以及几个分类地位暂定的瘟病毒。病毒形态呈圆形、有囊膜，直径40～60nm，衣壳呈二十面体对称，内含单股正链RNA基因组。病毒核酸长约12 300个核苷酸，包括一个大的开放读码框架，编码3 898个氨基酸的前体蛋白。该前体蛋白在合成过程中不断被病毒自身编码的或细胞的蛋白酶水解为4种结构蛋白和8种非结构蛋白（King，2012）。

CSFV对环境抵抗力不强，对干燥、紫外线和脂溶剂均敏感，其耐热抵抗力随介质材料不同而不同，细胞培养的病毒60℃10min可灭活，而脱纤血中的病毒68℃30min却不能灭活。病毒在pH5～10可以保持稳定，但pH低于3和高于11时迅速灭活。2%氢氧化钠是常用的环境消毒剂，其他消毒剂，如次氯酸钠以及酚类化合物等对杀灭CSFV也十分有效。但是排泄物和组织中的CSFV抵抗力很强，如粪便中的病毒在20℃可存活2周，4℃可存活6周。猪肉及腌肉制品中病毒可存活数月乃至一年，因此猪肉制品检疫不严格是引起猪瘟传播的一个重要原因（殷震，1997；Van Oirschot，1999）。

CSFV可在猪肾细胞和其他一些哺乳动物细胞生长，而常用的是猪肾传代细胞系PK-15和SK-6。病毒在胞浆内增殖，不产生细胞病变。除兔化弱毒疫苗毒可以在兔体增殖外，CSFV不在其他实验动物体内生长（Van Oirschot，1999）。

由于RNA复制过程中无校正功能，所以CSFV存在中等程度的遗传变异，目前可分为3个基因型11个基因亚型（Paton，2000）。根据致病力的不同可将CSFV分为高、中、低3种不同毒力的毒株类型。CSFV抗原性比较保守，只有一个血清型，不同基因型间有很好的抗原交叉，与BVDV和BDV也有明显的抗原交叉（殷震，1997）。不过，应用单克隆抗体可以将不同毒株分为不同的反应类型，表明存在抗原差异，这种抗原差异主要源自E2和E^{rns}蛋白上抗原表位的结构变化（Zhu，2009）。

三、流行病学

猪，包括家猪和多种野猪是CSFV唯一的易感动物，同时也是病毒的传播宿主，各种年龄均可感染。牛偶尔可以感染，但不表现临床症状，其他动物均不感染。该病无季节性和地域特征，只要有易感猪存在，病毒传入后均可造成暴发流行。野猪是CSFV的自然宿主，是欧洲家猪感染猪瘟的主要传播来源。健康带毒猪，特别是带毒种猪是病毒的贮存宿主。在中国，持续性感染的种猪和先天感染的仔猪是猪瘟传播的首要传染源。发病猪可通过鼻咽分泌物、精液、尿液以及粪便排毒，所以病猪及其分泌物、排泄物是病毒的重要来源。与感染猪的直接接触，与病猪分泌物和排泄物污染的用具和运输工具以及工作人员穿戴的衣物鞋帽的间接接触、喂食病毒污染的饮水和饲料、注射时不换针头、饲喂病毒污染的泔水等都是传播猪瘟的重要途径。特别值得注意的是病猪肉制品中病毒可存活数月乃至一年，这是病毒通过贸易进行远距离传播的一个重要原因。此外，宠物、鸟和节肢动物可机械性地传播病毒并引发疫情（殷震，1997；Van Oirschot，1999）。

　　母猪怀孕期间感染CSFV，特别是有一定免疫力的母猪，或感染中、低毒力毒株后，如果不出现严重发病死亡，病毒可通过胎盘感染胎儿，造成先天感染，并因此引起母猪流产、死胎、木乃伊胎、弱仔等繁殖障碍。先天感染胎儿出生后至断乳期，往往发病，死亡率较高。如果不发病死亡，这种持续性的先天性感染仔猪可出现生长迟缓，即成为所谓的"僵猪"，这些带毒仔猪在生长过程中可随时排毒，成为重要的传播来源。由于母猪的持续性感染往往没有明显的临床表现，而仔猪的先天感染往往零星发生，不会引起大规模疫情，所以容易被忽视。在意识到需要实验室确诊时，病毒已经在猪群或整个猪场存在数月甚至数年时间。这一现象在中国比较普遍，是中国猪瘟仍然广泛流行和成为地方流行性的一个重要原因。所以，种猪的持续性感染和仔猪的先天感染在猪瘟流行病学中具有极其重要的意义，值得高度关注。随着持续性感染和先天感染导致的亚临床感染增多，以及活猪及猪产品国际贸易的增加，猪瘟已经成为全球瞩目的跨境传播动物疫病，这使得猪瘟控制与根除更加困难。

　　在养猪规模化和工业化水平较高的猪场和地区，由于生物安全措施到位，疫病的净化与控制目标比较容易实现，猪瘟的流行已经处于有效控制阶段甚至消灭阶段。另一方面，也应该看到，许多国家由于传统模式和经济的影响，农村的散养方式仍比较普遍，如中国超过60%的猪产品来自散养或小规模的开放式饲养猪场。这种散养的、开放式的养猪模式是猪瘟流行与传播的重要温床，是许多包括中国在内的第三世界国家猪瘟难以控制和消灭的主要障碍，在目前全球猪瘟的传播中具有重要的流行病学意义。

　　野猪（*Sus scrofa*）是CSFV的易感宿主，呈全球分布，但并非全球各地野猪都是CSFV的储存宿主和传播来源（Griot，1999；Laddomada，2000）。不过，病毒十分容易在野猪群中建立传播链，据德国开展的野猪CSFV感染动态分析表明，一年内的青年野猪感染病毒的概率很高，而成年野猪较少感染。野猪群中CSFV传播一旦形成，野猪猪瘟将难以消灭，野猪也就成为了CSFV永恒的储存宿主和家猪猪瘟的传播来源。在欧洲，野猪是家猪猪瘟的重要传播来源。野猪群的高密度分布与群体中大量的青年易感个体是野猪传播CSFV的重要原因。欧洲自20世纪50年代以来，野猪的分布地域在扩大，数量在迅速增加，20世纪末欧盟国家有超过100万头野猪，而且数量还在快速增加，主要分布于德国、法国、意大利和奥地利等国家。此外，部分东欧国家，如斯洛文尼亚和乌克兰等也有野猪分布，这些野猪长期带毒。如德国有超过60万的野猪，它们是德国发生家猪猪瘟的主要传染源，1993—1997年德国315起猪瘟暴发中的46%是由野猪引起的。意大利撒丁岛（Sardinia）是CSFV的疫源地，那里有很高的野猪密度（每平方千米2～3头），病毒在野猪群中至少传播了25年，当地捕猎和食用野猪是导致家猪感染的重要途径（Grieser-Wilke，2000；Fritzemeier，2000）。

四、临床与病理变化

感染猪可表现出急性、亚急性、慢性、持续性和潜伏感染，这些不同的感染类型既与毒株有关，也与宿主有关，这些因素包括毒株毒力、宿主种类与年龄、感染时机、宿主的免疫状态等。如果毫无免疫力，各种年龄的猪感染后都发生严重的疾病，毒株毒力高则病情重，死亡率高，毒株毒力低则发病轻，死亡率低。强毒株引起典型发病（急性）的临床症状和病理变化包括高热稽留，常超过40℃，食欲减退或废绝，先便秘后拉稀，皮肤和黏膜点状出血，特别是耳尖、四肢、下腹部和尾巴出现特征型斑点状或片状蓝紫色出血斑，眼屎和结膜炎，扁桃体、会软骨、胸腹腔浆膜、肾脏表面、膀胱黏膜等针尖状出血，脾脏肿大梗死，淋巴结水肿，切面大理石状，回肠及回盲瓣纽扣状溃疡。急性感染多于发病后1～3周死亡。

亚急性感染通常由中等毒力毒株引起，临床症状类似急性发病，但严重程度有所降低，病程明显延长，死亡病例多见于发病一个月后，而且死亡率减少，一些发病猪能康复，不过常见生长迟缓。低毒力毒株通常引起慢性感染或持续性感染，此外，有一定免疫力的猪只感染中、强毒力毒株后也可出现慢性感染或持续性感染，其临床表现往往不典型，容易与其他疾病混淆，特别是成年猪和种猪感染后往往不表现明显的临床症状和病理变化，部分母猪可出现繁殖障碍，仔猪感染后常出现生长迟缓并因此成为"僵猪"，病程可长达数月（殷震，1997；Van Oirschot，1999）。

五、诊断

典型的猪瘟暴发可根据临床症状、流行病学调查分析和现场解剖进行初步诊断，但是在临床和解剖上容易与非洲猪瘟、高致病性猪繁殖与呼吸综合征、巴氏杆菌病、猪链球菌病和猪丹毒等疫病混淆，需要注意鉴别，所以最后应该进行实验室检测确诊。亚急性、慢性和持续性感染往往具有非典型的临床表现和病理解剖变化，此时，必须进行实验室检测才能确诊。

实验室诊断包括病毒抗原检测、分子检测和分离鉴定。不实施免疫的国家或猪群如果发生猪瘟，也可以检测特异抗体进行诊断。抗原检测的常用方法是采集扁桃体，触片后进行荧光抗体检测技术或免疫过氧化物酶检测技术，有条件的实验室可以制作病理切片，然后进行上述荧光抗体检测技术或免疫过氧化物酶检测技术。分子检测主要方法是RT-PCR和荧光定量RT-PCR。上述抗原和分子检测方法在国际上普遍使用，是国际公认的标准检测方法，这些方法在中国也普遍使用，适合于省市级兽医诊断实验室。猪瘟特异抗体检测只用于非免疫猪群，该方法在猪瘟非免疫国家常用，同时也是国际贸易指定的检疫方法，但是由于中国实行猪瘟强制免疫，所以抗体检测诊断猪瘟在中国并不可行。病毒分离鉴定需要较高的生物安全实验室条件，必须在专业实验室进行，不适合于群体筛查。病毒分离常用细胞是PK-15和SK-6，由于不产生细胞病变，病毒是否生长需要通过荧光抗体检测技术或免疫过氧化物酶检测技术进行检测或进行分子检测。

由于CSFV于BVDV和BDV存在抗原交叉，而后二者又可感染猪，因此，抗原检测诊断猪瘟时必须注意鉴别，以免造成假阳性。用多克隆抗体不能鉴别，所以应该使用CSFV特异的单抗进行荧光抗体和免疫酶染色，中国兽医药品监察所在自主研发的猪瘟病毒E2蛋白单克隆抗体的基础上，可以提供FITC标记的该单抗用于CSFV特异检测。此外，疫苗毒免疫后可以在猪体存活28～42d，所以对刚实施猪瘟免疫的猪场进行实验室诊断时需要鉴别强毒和疫苗毒，目前国内已经研制出鉴别它们的分子检测方法。具体的检测方法和操作程序见第七章猪瘟的实验室诊断技术。

六、免疫

疫苗免疫是控制猪瘟的基本方法，在猪瘟流行的国家普遍采用。灭活疫苗早已被淘汰，现在实施猪瘟免疫的国家均使用弱毒疫苗。对于实施根除计划的国家和地区，在接近取得成功的最后阶段，在一段时间内没有疫情出现时就要停止疫苗使用。许多国家猪瘟免疫属于政府强制性措施，在中国猪瘟也属于需要强制免疫的疫病，主要采用中国20世纪50年代自主研发的兔化弱毒疫苗54-Ⅲ系（Hog cholera lapinised virus，HCLV，国外叫 Chinese strain、C株），该疫苗经兔体传代致弱，几乎没有毒力，遗传性状十分稳定，是全世界公认的安全性最高、免疫效力最好的毒株，世界上许多国家应用中国的兔化弱毒疫苗都已经消灭猪瘟，充分证明了它的有效性。该疫苗毒对各种年龄猪均安全，对怀孕猪也安全，不但不会引起繁殖障碍，而且还能防止胎儿先天感染。注射、口服均可产生坚强免疫力，免疫有效期可持续一年以上，而且对各型毒株均可产生有效的交叉免疫（周泰冲，1980；杜念兴，1998）。

制定和采用合理的免疫程序是猪瘟疫苗免疫是否成功的重要保证，此外，疫苗的免疫效果还受疫苗质量、母源抗体、机体免疫状态、是否存在交叉感染和潜伏感染以及冷链运输和保存等的影响。如新生仔猪通过母乳获得的母源抗体可干扰疫苗的免疫效果；持续性感染以及先天感染也可降低疫苗的免疫效果。据报道，猪繁殖与呼吸综合征弱毒疫苗免疫后1周内也可干扰接种猪瘟疫苗的免疫效果，圆环病毒、猪繁殖与呼吸综合征病毒等感染也可影响猪瘟免疫效果。掌握这些情况对于制定免疫程序十分重要，虽然猪瘟疫苗使用对不同生长阶段和用途的猪只都有一套推荐的免疫程序，但是，鉴于猪群的卫生状况和饲养管理模式不同，推荐的程序并不适合于所有猪场，所以，各猪场应该根据自身的情况制定"个性化"的免疫程序。

制定个性化的免疫程序首要考虑的是本场疫病流行本底，特别是监测本场是否存在CSFV的潜伏感染，即种猪的持续性感染和仔猪的先天感染。其次还要调查是否存在其他免疫抑制性疾病流行，如猪繁殖与呼吸综合征病毒和圆环病毒病等。对于没有猪瘟流行的猪场，必须坚持种猪的常规免疫和产前免疫，在制定仔猪免疫程序时，不能照搬其他猪场的做法，应该并根据本场仔猪的母源抗体水平制定自己场仔猪的首次免疫时间，通常选在仔猪母源抗体水平显著降低时的日龄作为第一次免疫时间，5周以后进行第二次免疫。免疫以后，还应通过抗体水平监测确保较高的有效免疫保护率；对于有猪瘟流行的猪场，在实施上述免疫程序和免疫监测的基础上还应该加强猪瘟病原监测，坚决淘汰感染阳性猪和免疫抗体反应低下的种猪，杜绝自身的传播来源。

需要强调的是，疫苗免疫在非感染时只能降低猪群的易感性，感染时则起到降低疫病严重程度，减少病毒分泌以及防止子宫内感染的作用，并不能完全阻断病毒的感染与排毒，更不能以此消灭猪瘟。而且由于存在明显的个体差异，有些猪只免疫后并不产生有效的抗体水平，并因此成为潜在感染对象。所以，要控制和消灭猪瘟必须采取包括免疫在内的综合防控措施。

（涂长春）

第二节 猪瘟的流行现状及危害

一、猪瘟的国际流行态势

总的来说，猪瘟呈全球分布，流行于大部分亚洲、中美洲、南美洲和东欧国家，部分加勒比和非洲国家，偶尔散发于部分中欧和西欧国家，但是猪瘟在部分欧洲地区野猪群中呈地方流行性，是引发家猪疫情的重要传播来源。而美国、加拿大、新西兰、澳大利亚、大部分西欧和中欧国家已经消灭猪瘟（涂长春，2003）。有关各国猪瘟的流行情况可以随时浏览OIE网站全球动物健康信息数据库（WAHID）查阅实时流行信息（http://www.oie.int/wahis_2/public/wahid.php/Wahidhome/Home）。

（一）北美洲

自加拿大1963年、美国1978年宣布消灭猪瘟后，这两个国家没有再暴发过猪瘟。这得益于加拿大和美国两国采取了十分严格的监测与检疫控制措施。他们对任何动物及动物产品，特别是进口动物均采取了十分严格的检疫措施（Edwards，2000；FAO，2000）。

墨西哥实施了猪瘟消灭计划，根据流行情况将国家分为3个地理区域。靠近美国的北方各州（省）为无病区，区域内禁止使用疫苗，采取严密监控和扑杀可疑猪的防治措施。中部地区为猪瘟扑灭区，已经停止免疫注射，只采取扑杀政策，目前猪瘟流行基本停止，在一定时间内没有新的暴发，中部地区也将宣布为无猪瘟区。墨西哥南部区域是猪瘟控制区，仍有猪瘟流行，但水平较低。根据墨西哥2003年给OIE的官方报告（Terán，2004），32个州中13个没有猪瘟，全国实施严密的监测和控制，除1997年暴发150起疫情外，2002年控制区只有6起，2003年没有疫情，但是据OIE疫情公布显示2009出现过一次疫情，有2头猪发病。总之，在墨西哥，猪瘟根除进展十分顺利。

（二）中美洲、南美洲及加勒比地区

中美洲、南美洲及加勒比地区猪的饲养总量约6 200万头，除巴西养猪超过千万头外，其他国家不超过500万头，一些国家的饲养量只有几十万头（Edwards，2000；FAO，2000；Terán，2004）。

伯利兹、哥斯达黎加、巴拿马、圭亚那、法属圭亚那和苏里南继续保持无猪瘟状态。乌拉圭1991年宣布已消灭猪瘟，智利1996年暴发最后一起猪瘟后于1998年宣布为无猪瘟国家，巴拉圭1995年以后再也没有疫情报告。

萨尔瓦多是猪瘟控制成绩比较明显的国家，全国控制计划已经延伸到中西部，一直到危地马拉边境。除2001年出现一起暴发外，没有进一步暴发。除此之外，猪瘟流行于大部分中、南美洲国家及加勒比地区，包括洪都拉斯、危地马拉、尼加拉瓜、古巴、海地、多米尼加、厄瓜多尔、哥伦比亚、委内瑞拉、秘鲁、玻利维亚、巴西、阿根廷。如2002年和2003年危地马拉分别暴发11起和2起疫情，2004年后停止使用疫苗，只开展血清学监测，但2006年和2007年均向OIE报告了疫情。洪都拉斯已于2003年开始在大西洋沿岸实施猪瘟控制计划。尼加拉瓜于2002年实施全国猪瘟控制计划，但起始年就不顺利，暴发了217起疫情，虽然2003年5月以后没有进一步暴发，但是2005—2007年均向OIE报告了疫情。

加勒比地区古巴、海地与多米尼加三国均有猪瘟流行，是南美洲流行猪瘟的重灾区。1930年猪瘟从美国首次传入后古巴就一直有该病流行。据疫情统计，1993—1997年间，古巴共暴发455起，死亡和扑杀猪的数量超过7万头，占全国养猪量41.4万头的17%。据OIE报告，古巴2001年报告了1起，2002年报告了113起，2003年报告了6起猪瘟疫情。目前古巴使用中国HCLV来预防猪瘟。1996年8月海地发现首例猪瘟，可能因为飞机运输由古巴传入，猪瘟传入后，国际社会立即开展援助，在海地全国范围内进行疫苗接种，以防该病进一步传入邻国。但不幸的是，1997年6月，猪瘟还是跨过边境进入了邻国多米尼加，至1997年12月该国共暴发猪瘟24起。2001年和2002年又分别暴发87起和72起。

哥伦比亚实施大规模猪瘟免疫策略来控制猪瘟，2002年报告3000例，但是2003年只有12例报告。秘鲁2002年有37例报告，但2003年只有3例报告。玻利维亚1999年、2006年和2007年均有猪瘟疫情报告。

巴西养猪量约3 600万头，是世界第6大猪肉生产国。巴西政府一直使用中国的兔化弱毒疫苗来防控猪瘟，同时采取现场和实验室的监测措施。1992年，巴西政府出台了《控制与扑灭猪瘟国家规划》，该规划在国内分3个地理区域逐渐消灭猪瘟。南方13个养猪量较多的州无猪瘟流行，为无病区，禁止使用疫苗；第二个区包括仍有猪瘟流行而且养猪量相对较多、规模化程度相对较高的几个州，这一区域内实施强制免疫；第三个区包括其他养猪尚未规模化的各州，防控上要求注射疫苗，但并不强制实施。1997年无病区中的一个大型猪场暴发过一次猪瘟，但由于措施得力，此次暴发还未传播开就被扑灭了。这一规划实施多年，已取得了显著效果，因此，巴西食品与农业部宣布于1998年5月15日起在全国范围内停止使用猪瘟疫苗。2001年参加全国猪瘟控制计划的12个州有4个再次暴发疫情12起。到2004年巴西26个州中有14个已经无猪瘟流行。但是，就国家而言，巴西从2006—2009年每年都向OIE报告了猪瘟疫情的暴发。

（三）东亚和东南亚

西亚和中东地区几乎没有养猪业，亚洲的养猪主要集中在东亚和东南亚，该地区养猪量占世界总量的68%以上。日本自1969年成功研制弱毒疫苗GPE并在全国范围内推广应用后，猪瘟得到了很好控制，1992年暴发最后一起，以后再没有流行。新加坡没有养猪业，所以猪瘟无从发生。除这两个国家外，猪瘟周期性地流行于其他东亚和东南亚国家，其中中国、印尼、越南和菲律宾是猪瘟流行最严重的4个国家。蒙古和朝鲜也有猪瘟暴发，但流行情况难以掌握。所有东亚和东南亚国家在防控上均采用疫苗免疫，有些国家还采取扑杀措施。

（四）欧洲

欧洲大陆有44个国家，其中包括欧盟在内的27个国家。在西欧国家中，猪瘟或已经被根除，或只是在小范围的野猪（Sus scrofa）中有发生。在许多国家，例如英国、荷兰、西班牙及斯堪的纳维亚已经完全没有猪瘟。在德国野猪中有低水平的猪瘟发生，但是在家猪中则已经根除。然而，在欧洲其他国家，特别是东欧国家，尽管花费了很大力气去控制，但此病仍呈地方性流行。

欧盟养猪业十分发达，猪的饲养量达1.17亿头（USDA，1998），在中国之后排名世界第二，是世界上重要的活猪及猪肉产品出口地区，产品远销世界各地，特别是亚洲国家，所以近年来欧洲猪瘟暴发对全球猪瘟流行有明显的影响。为了消灭该病，欧盟于1980年颁布实施了控制和扑灭猪瘟的法规（Council Directive 80/217/EEC）。但时至今日，整个欧盟并没有彻底完全地消灭猪瘟。究其原因，野猪是欧盟乃至整个欧洲猪瘟暴发流行的祸根（Griot，1999；Laddomada，2000；Fritzemeier，2000）。野猪分布于欧洲广大山区，其数量日益增多，而且长期存在CSFV持续感染，是该病毒的自然贮存宿主和欧盟国家暴发猪瘟的最重要传染源。目前整个欧盟有超过100万头的野猪，主要分布于德国、意大利、法国、瑞士和奥地利。实验证明这些国家的野猪群中有CSFV传播，其中德国、意大利和法国的野猪长期带毒。德国研究表明1993—1997年间该国原发性暴发的猪瘟中，46%是由野猪传播的。根据流行病学统计资料，德国是欧盟发生猪瘟最频繁的国家，几乎年年暴发，直到2007年仍有零星暴发。德国最大一次猪瘟流行始于1993年5月至11月间，共暴发100起，其最初的传染源是感染野猪，遗传分型表明这次流行的毒株属2.3基因亚型。之后于1997年1月6日德国又暴发一起猪瘟，其原因是1996年12月某猪场非法使用了污染泔水喂猪，这次暴发的规模对德国不算严重，却引发了1997—1998年欧盟5国猪瘟大流行（Grieser-Wilke，2000）。很快，这起德国猪瘟因运输工具于1997年2月4日登陆荷兰，首先感染了该国两个配种站，并通过配种站分发的感染精液而快速传遍荷兰全国，随后通过活猪运输于2月23日由荷兰传至意大利，再于4月17日传至西班牙，这一接力式的流行于6月30日传到比利时而终止（Moennig，2000）。这次五国猪瘟大流行历时1年5个月，造成数十亿欧元的经济损失。其中荷兰损失最大：暴发猪瘟424起，扑杀超过千万头猪，其中感染发病猪和与之接触的可疑猪68万头（de Smit，2000；Saatkamp，2000）。上述各国对流行毒株进行的遗传分型表明引起大流行的毒株都是2.1基因亚型，这直接证实了5个国家系列暴发是相互关联的。事隔2年，于2000年8月8日英国发生了一次影响较大的猪瘟疫情，暴发16起，但由于措施得力，流行被完全控制，于当年12月底猪瘟被重新扑灭（Gibbens，

2000）。遗传分型表明引起英国这起猪瘟流行的仍然是2.1基因亚型（OIE报告），但不同于1997—1998年引发5国猪瘟流行的毒株，而更接近于1993年引发奥地利和瑞士、1992年和1995年引发意大利猪瘟流行的毒株（Sandvik T，2000），说明猪瘟流行在西欧有反复发生的特点。2000年11月7日，奥地利一头野猪死于猪瘟。2001年6月12日西班牙又暴发了一起猪瘟，损失猪1 988头。2006年法国暴发一起猪瘟，2006年和2007年德国均有猪瘟暴发，由此可以看出欧盟国家猪瘟流行并不平静，德国是最主要的流行国，其次意大利、法国、瑞士和奥地利因为野猪密度较高，偶尔也有猪瘟流行。我们应密切注视这些国家的疫情，十分审慎地从欧盟特别是上述国家进口猪、猪肉制品、胚胎及精液等。

养猪业是中东欧农业经济的重要组成部分，大多数中东欧国家采用疫苗免疫来防控猪瘟，只有少数国家如捷克、波兰、匈牙利和斯洛伐克等在防控工作中禁止使用疫苗。由于防疫体系不健全，防控技术相对西欧落后，中东欧地区猪瘟的流行病资料并不像西欧那样完整和准确，但可以肯定的是该地区的近半数的国家有猪瘟流行。据OIE疫情公告，罗马尼亚、斯洛伐克、波黑、保加利亚、塞尔维亚、克罗地亚、匈牙利、俄罗斯、萨尔瓦多等国均有猪瘟流行，但多数是零星发生。在罗马尼亚，过去发生过多次猪瘟，2004年后执行了大规模的免疫，2007年以来家猪中已没有猪瘟疫情，可是在野猪中仍有该病传播。在俄罗斯，猪瘟偶有发生，多数是由基因2.3亚型的毒株引起，此型毒株在欧洲野猪群中普遍流行。

（五）非洲

目前非洲除南非、马达加斯加和毛里求斯有猪瘟流行外，没有公开的疫情资料表明非洲大陆其他国家有猪瘟流行。马达加斯加的猪瘟是30多年前由欧洲传播过来的。2000—2002年毛里求斯有猪瘟流行，并于2002年向OIE报告一起猪瘟暴发。2005年7月12日南非向OIE报告了自1918年以来的首次猪瘟暴发，涉及最西南角省的2个猪场，此后，2006年和2007年均报告有流行。

二、中国猪瘟的流行现状

猪瘟是中国最主要的猪病之一，中国于1954年成功研制猪瘟兔化弱毒疫苗（HCLV），并推广应用至今。以此疫苗免疫为基础，中国于1956年提出了消灭猪瘟的规划，到现在50多年过去了，猪瘟仍在中国不间断地流行。为了弄清中国猪瘟的流行病学本底，涂长春自1998年以来，先后从全国31个省（自治区、直辖市）收集猪瘟临床发病资料，开展病原检测与流行病学分析，同时参考国内公开发表或学术会议交流的调研报告与研究论文，总结出中国当前猪瘟的流行具有以下特点（涂长春，2003）。

1. 流行范围广　全国范围内均有猪瘟流行，从绝大部分省（自治区、直辖市）收集的临床病料中均检测出了CSFV，广泛流行的重要原因是活猪及猪肉产品的交易和流动以及缺乏有效的运输与市场检疫。

2. 散发流行　由于采取大规模的免疫接种，各地猪群均有一定程度的免疫保护率，所以猪瘟在中国没有大规模的暴发流行，而是呈散发流行态势、流行规模较小、强度较轻、无季节性。在中国猪场是否流行猪瘟主要取决于猪场的生物安全措施、猪群的免疫状态与饲养管理水平。由于散发流行见于大部分省级行政区域，加上中国巨大的饲养量，所以猪瘟造成的直接经济损失仍然十分严重。

3. 发病年龄小　中国猪瘟多见于3月龄以下，特别是断奶前后和出生10日龄以内的仔猪。而成年猪（育肥猪、种猪）很少发病。

4. 病性复杂　非典型猪瘟已是中国常见的临床病型。涂长春20世纪90年代末所调查的48个发病猪场中，30个场的猪瘟在临床与病理解剖上不够典型，发病率与死亡率已显著降低，病程明显延长。死亡率高，病程短的猪瘟相对较少。种猪的持续性感染和初生仔猪的先天感染比较普遍，这种类型的感染猪往往外表健康，所以是引起猪瘟流行最危险的传染源，应受到高度重视。

5. 免疫力低下　虽然各级政府和各地养猪业主十分重视猪瘟的免疫预防，但衡量保护性免疫效果的日常抗体监测通常被忽视，疫苗的免疫效果很少被评价，结果免疫猪群的免疫力低下普遍存在，免疫猪时有发病，出现所谓的"免疫失败"现象。涂长春20世纪90年代末调查的48个发病猪场中，免疫注射后仍发生猪瘟疫情的有29个猪场。说明免疫注射并没有产生有效的抗体保护水平。何启盖等对多个省市44个规模化猪场进行的免疫监测结果表明，猪群免疫平均合格率只有55.72%。母猪、育肥猪和仔猪的免疫合格率分别只有67%、38%和22%（何启盖，1999）。这些调查足以说明中国猪瘟发生，特别是仔猪最易感染的直接原因疫苗注射后的免疫保护水平不足以抵抗野毒感染，出现"免疫失败"。关于免疫失败的原因有两种解释最有可能：一是免疫剂量不足。由于对疫苗的判定标准不一样，中国1头份兔化弱毒疫苗中的病毒含量只及国外疫苗的1/4。免疫剂量不足所产生的低水平抗体将不能有效清除病毒感染，从而有可能使感染转入持续或潜伏阶段。目前许多养猪业主已将免疫剂量提高至2～4头份甚至更高，据说已收到明显效果。二是持续性感染和先天感染。这两种感染形式均可导致免疫耐受，可能是免疫力低下最重要的原因。妊娠母猪感染低毒力毒株可能发生持续感染，病毒可通过胎盘感染胎儿，从而使母猪出现繁殖障碍，发生流产，生产死胎、木乃伊或弱仔，出现所谓的"带毒母猪综合征"。如产下的仔猪存活，它们将成为外表健康的先天感染仔猪，是最危险的传染源，因为它们可排毒4～6个月，甚至终生排毒而不表现症状，对疫苗注射也不产生免疫应答。

三、猪瘟的危害

猪瘟只感染猪，不感染人和其他动物，所以猪瘟的危害主要体现在经济方面。在所有猪病中，猪瘟是危害养猪业最严重的传染病之一，由于猪瘟全球流行，而且染疫国家猪的饲养量超过全球饲养量的75%，所以猪瘟对全球养猪业的危害超过了口蹄疫和非洲猪瘟。猪瘟无疫国家或无免疫力的猪群，一旦感染，通常引起大规模急性暴发，发病率和死亡率超过80%，这种急性发病可短时间内毁灭整个猪群或猪场，直接损失十分严重。如历史上猪瘟在美国全面流行后，每一年都导致全国13%以上的猪只发病和死亡，成为当时危害美国养猪业最严重的猪病。即使养猪业发达的今天，猪瘟一旦暴发，造成的危害也十分巨大，如1990年比利时暴发急性猪瘟113起，扑杀100万头，直接经济损失3亿美元。1997—1998年荷兰暴发急性猪瘟429起，扑杀1 200万头，直接经济损失23亿美元（de Smit，2000；Saatkamp，2000）。

慢性猪瘟或亚临床感染的猪瘟同样严重影响猪群的健康，导致重大经济损失，如母猪的持续性感染可以引起系列繁殖障碍，大大增加了猪的繁殖成本。猪瘟先天感染或慢性感染严重影响仔猪的生长发育，大量感染仔猪因生长迟缓而成为"僵猪"，而且这些感染猪在后期的死亡率较高，最终导致重大经济损失。在中国虽然猪瘟导致的经济损失难以统计，但是据专家估计，猪瘟导致中国猪的平均发病死亡率在2%～5%，据此推算的直接经济损失每年就超过20亿元人民币。

除疾病发生引起的直接经济损失外，间接损失更是难以统计，特别是对贸易的影响十分巨大。过去十几年，全球活猪及猪产品的贸易快速增长，而猪瘟是影响这一国际贸易的主要障碍。FAO统计数据表明，1998年危地马拉、萨尔瓦多、洪都拉斯和尼加拉瓜四国猪瘟引起的发病死亡直接损失达到2 000万美元，而这4个国家猪的饲养总量只有220万头（FAO，2000）。中国是世界头号养猪大国，猪的饲养量占全球一半以上，但是中国生猪及其产品几乎没有出口，在国际市场上的份额只有1%左右，其主要原因是猪瘟流行，绝大部分国家禁止从中国进口活猪及猪产品。

（涂长春）

第三节 猪瘟的预防与控制

由于社会与经济影响巨大，猪瘟预防与控制受到世界各养猪国家的高度重视，20世纪几个国家通过实施控制措施成功地根除了猪瘟，如丹麦1933年，澳大利亚1963年，加拿大1964年，美国1978年，日本1993年均根除了该病，至今没有再发生。

猪瘟的预防与控制主要采取疫苗免疫、扑杀、生物安全饲养、检疫、应急处置等措施。其中免疫与扑杀是核心措施。虽然疫苗免疫有高效、廉价、实用、无污染等特点，是猪瘟防治的首选方法，但是疫苗免疫在非感染时只能降低宿主的易感性，感染时则降低疾病的严重程度，减少病毒分泌和防止子宫内感染，不能完全阻断病毒感染和分泌，更不能根除疾病，而且存在明显的个体差异。所以光靠疫苗免疫是无法彻底控制和根除猪瘟的。多数西方国家并不采用疫苗免疫来控制猪瘟，其采取的主要方法是扑杀。虽然大规模扑杀能迅速控制和消灭疫情，但成本十分高昂，是否采取扑杀政策必须根据国情和经济实力。此外，由于这一措施需要大量扑杀"无辜"，导致巨大经济损失、严重的环境污染和动物福利问题，因此，目前招致越来越多的争议和批评。如果在经济欠发达国家或食品供应不足的第三世界国家，扑杀政策可能带来严重的食品短缺危机。所以，猪瘟的预防与控制策略应该是综合性的，特别是经济欠发达国家，必须根据自身的饲养规模、管理模式、疫病流行程度与经济状况等，综合性地采取上述各种防控措施。

一、猪瘟无疫国家和地区的预防与控制措施

猪瘟是世界各国首要防范的猪病，没有猪瘟流行或者已经消灭猪瘟的国家并不能万事大吉，对猪瘟的传入和暴发仍需要保持清醒和高度警惕，主要通过严密的日常监测与检疫制度以及突发疫情时的应急扑灭措施来保持无疫状态。做到这一点首先要建立健全的疫病监测系统，由于无疫国家和地区禁止使用疫苗，所以定期抽查猪群是否具有猪瘟抗体是监视有无猪瘟感染的重要指标，通过抗体监测和发病猪的病原检测来确保猪瘟的无疫状态。同时，还应监测野猪、疣猪和丛林猪是否有猪瘟流行。其次，

是实施严格的出入境检疫，严把进口关，阻止猪瘟的跨境传入。采取的主要措施是禁止从猪瘟流行国家和地区进口活猪以及其产品，对于从非猪瘟流行国进口的活猪及其产品实施严格的检疫，对活体动物采血检测猪瘟抗体，禁止所有猪瘟抗体阳性动物入境。例如美国对包括猪瘟在内的外来病随时保持高度警惕，猪瘟流行国家和地区的活猪和猪产品是不能进入美国的。如果进口野猪，动物入境后必须在严密保护的检疫站隔离观察30d。美国动植物卫生检疫署（APHIS）指定了部分猪瘟低风险的欧盟国家的猪及其产品可以在特定条件下被允许进入美国。猪瘟无疫国家防止猪瘟流行的最后一道防线是建立突发疫情时的应急扑灭措施，应急反应主要包括暴发原因调查、快速确诊、隔离封锁、疫点猪只流通追踪、感染和暴露动物扑杀与销毁、设立保护区和监测区、限制猪只流动、必要时的应急免疫、感染区域的清洁与消毒、无疫状态再次确认等，其目的是在官方兽医组织下集各方力量确保疫病暴发时疫情不扩散并被迅速扑灭。

在猪瘟无疫国家，一旦出现疫情，法律要求必须立即报告兽医行政主管部门，往往在隔离封锁的基础上采取扑杀措施来迅速消灭疫情，该方法虽然快速有效，但是由于成本过于昂贵和造成环境污染而招致越来越大的争议。如1997—1998年欧洲五国猪瘟大暴发期间，荷兰暴发424起，扑杀1 200万头猪，其中感染发病猪和与之接触的暴露猪不到100万头，而安全扑杀健康猪就超过1 000万头，花费23亿美元，虽然迅速扑灭了疫情，但造成巨大浪费和经济损失，而且造成了严重的环境污染（Saatkamp，2000；Stegeman，2000）。

二、猪瘟染疫国家和地区的控制措施

在猪瘟流行国家和地区，疫苗免疫是遏制流行态势的主要手段，多数流行国家均实施猪瘟强制免疫策略。一般来说，免疫覆盖率达80%以上时就能有效阻断病毒的传播。但是必须强调的是，光靠疫苗免疫并不能完全控制或消灭猪瘟。猪瘟的控制必须采取综合防控措施，包括免疫、监测、猪场的生物安全措施等。

在出现疫情时应立即采取隔离封锁措施，扑杀发病和感染动物，对疫点进行消毒和限制动物流动，并对暴露动物和受威胁动物实施紧急免疫预防接种以防疫情扩大。通常情况下，疫点周围半径500m范围内所有猪均应被扑杀以防继发。过去在暴发疫情时可以通过注射高免血清，对感染猪和暴露猪实施紧急治疗，以降低疫病严重程度和减少损失，但是该方法成本高，而且并不能完全阻止发病和阻断传播，甚至可能因妨碍采取后续措施而造成疫病扩散。因此，不宜提倡，经济条件允许时应该禁止。

猪瘟感染阴性猪场坚持疫苗免疫不间断，同时采取严格的生物安全措施可以显著降低感染的风险。在养猪生产中禁止饲喂泔水，严格人员管理，谢绝入场参观；对于必要的检查，必须要求检查人员穿上猪场提供的防护衣、帽和靴子；注意环境卫生以及清理鼠害和蚊虫；坚持对进出猪场的车辆、必须接触猪的用具和设备以及工作人员衣服和鞋帽等使用后进行及时清洁和消毒；坚持每天巡视猪群的健康状态，建立完善的健康档案；建立发病时的应急处理方案，一旦发现疑似病例，立即给予隔离并采取应急处理。猪瘟感染阳性猪场可以通过免疫、淘汰和生物安全综合措施逐步实现猪瘟净化，最后做到无猪瘟猪场。

在以疫苗为主的控制过程中，初期几年的效果比较明显，能在较短时间内控制大规模暴发流行，并很快进入消灭疫情阶段。但是根据经验，在大规模暴发被遏制后消灭猪瘟遇到的主要困难是一些散发的低毒力毒株引起的非典型猪瘟或持续性感染的控制，由于这一类型发病在临床上难以被发现而成为潜在的威胁；或将病毒传递给胎儿造成先天感染和隐性带毒；或症状不明显的感染猪进入流通环节而成为传染来源。美国原计划1972年消灭猪瘟的目标就是因为非典型猪瘟以及持续性感染的耽误而延后6年。所以在实施根除计划时要特别注意，需要通过改进检测技术，转变监测策略，开展更加广泛的监测，特别是种猪逐头进行病原检测，坚决淘汰带毒猪只，开展猪场净化，强化流通检疫等措施来实现根除目标。

三、对中国猪瘟防控工作的建议

针对中国猪瘟的流行特点与现状以及养猪业规模化的特点，坚持广泛接种猪瘟兔化弱毒疫苗的防控措施不能改变，但在技术方法与控制策略上应注意以下几点（涂长春，2003）：

1. **应高度重视免疫监测，掌握猪群的整体免疫状态**　做好免疫监测是降低中国现阶段猪瘟流行的重要手段。进行免疫监测，就是定期从免疫猪群中抽样检查注苗仔猪的抗体是否达到保护水平，这样既可评估猪群的整体免疫状态，又可制定适合于该猪场的合理免疫程序。有效免疫率达85%以上的猪群发生猪瘟的概率较小。对注射疫苗后抗体达不到保护水平的仔猪应及时补种，如补种后抗体水平仍上不去的仔猪很可能发生了先天感染或免疫耐受，要坚决淘汰，避免发生免疫失败现象，杜绝可能的传染源。

2. **净化种猪群**　种猪（主要是繁殖母猪）的持续性感染是仔猪发生猪瘟的最大威胁。通过监测种猪群的感染与免疫状态，坚决淘汰感染母猪是有效控制仔猪发生猪瘟的最佳途径，应受到养猪业主，特别是育种猪场的高度重视。由于监测抗体比检测病毒容易，加上持续感染的母猪在注射疫苗后抗体水平通常不明显上升，所以也可以只进行抗体监测，淘汰无抗体反应或抗体反应低下的母猪，有条件的猪场也可实施病后监测并淘汰带毒猪，从而达到净化猪群的目的。

3. **制定个性化的免疫程序** 由于母源抗体的干扰，许多仔猪（30日龄以内）注射疫苗后并不能产生有效的免疫力，此时感染病毒也可以发生所谓的免疫失败现象。由于各猪场母猪群的免疫状态不尽一致，因此仔猪的母源抗体消长规律也不相同，为了获得较高的免疫保护率，各猪场应建立免疫监测制度。通过监测抗体，了解母源抗体降低时间，选定首免日龄，从而制定个性化免疫程序。只有这样才能最大限度地降低母源抗体对免疫注射的干扰。

4. **猪瘟兔化弱毒疫苗的使用** 猪瘟兔化弱毒对许多国家消灭猪瘟起到了关键作用，目前仍在世界上广泛使用。它也是中国用于猪瘟预防注射的唯一疫苗。近年来的研究结果表明该疫苗仍然安全有效，不仅对不同基因型CSFV株可产生完全的交叉免疫保护，适当加大疫苗免疫剂量还能减轻或抑制母源抗体干扰。因此，必须坚持目前的疫苗免疫策略，坚信兔化弱毒的免疫效果，科研工作应集中在提高免疫效果，而不是用流行毒株研制新的疫苗。只要使用得当，兔化弱毒疫苗完全可以获得有效的免疫保护效果。

5. **建立分子流行病学监测制度** 病原监测是疫病防治的重要基础，我们所建立的CSFV遗传多态性数据库，基本代表了中国该病毒变异株的本底，这一成果今后要用于监测中国猪瘟流行毒株的变异情况，就能在猪瘟防控工作中做到准确跟踪疫情的发生与发展，预防预报新毒株，特别国外毒株，如基因3型病毒的传入。这对指导中国猪瘟的有效防控既有理论意义又有实用价值。基因3型主要流行于东南亚国家和地区（泰国、柬埔寨、老挝等国为主），日本、韩国和中国台湾曾经流行过。因此，中国今后应该对每一起猪瘟流行都应该进行毒株的遗传鉴定，特别是加强东南亚边境地区的监测，制定相应的应急防控措施，一旦3型病毒传入，坚决防止其传播和扩散。

虽猪瘟仍然是危害中国养猪业的重大传染病，鉴于目前的散发态势和已经形成的一套较为完善的防控技术与管理体系，政府应该尽快制定猪瘟根除计划，强化猪瘟预防与控制工作。根据当前的流行情况，建议分地区、分步骤、有计划地逐步实施猪瘟根除计划。初期可根据无疫区建设经验，在有条件的地区或规模化猪场，首先实施猪瘟净化，建设无猪瘟流行大型猪场和行政区域。

（涂长春）

参考文献

Van Oirschot JT. 1999. Classical swine fever (hog cholera) . In Straw BE, D'Allaire S, Mengeling WL. Taylor DJ (ed) , Disease of Swine[M], 8th ed, Iowa: A Blackwell Publishing Company, Iowa State University Press. Ames: 159 – 172.

Carbrey EA, Stewart WC, Kresse JI, et al. 1980. Persistent hog cholera infection detected during virulence typing of 135 field isolates[J]. Am J Vet Res, 41 (6) : 946 – 949.

de Schweinitz EA, Dorset M. 1903. New facts concerning the etiology of hog cholera[R]. USDA Bur Anim Ind 20th Ann Rep: 157.

de Smit A J, Eble P L, deKluijver EP, et al. 2000. Laboratory experience during the classical swine fever virus epizootic in the Netherlands in 1997 – 1998[J]. Vet Microbiol, 73: 197 – 208.

Edwards S, Fukusho A, Lefevre PC, et al. 2000. Classical swine fever: the global situation[J]. Vet Microbiol, 73: 103 – 119.

FAO, October 2000. The classical swine fever eradication plan for the Americas[R], Santiago, Chile[s.n.].

Fritzemeier J, Teuffert J, Greiser-Wilke I, et al. 2000. Epidemiology of classical swine fever in Germany in the 1990s[J]. Vet Microbiol, 77 (1 – 2) : 29 – 41.

Gibbens J, Mansley S, Thomas G, et al. 2000. Origins of the CSF outbreak[J]. Vet Rec, 147 (11) :310.

Grieser-Wilke I. 2000. Molecular epidemiology of a large classical swine fever epidemic in the European Union in 1997 – 1998[J]. Vet Microbiol, 77 (1 – 2) : 17 – 27.

Griot C, Thur B, Vanzetti T, et al. 1999. Classical swine fever in wild boar: a challenge for any veterinary service[C], Proceedings of the annual meeting-United States Animal Health Association (USAHA Proceeding) .: 224 – 233.

Hanson RP. 1957. Origin of hog cholera[J]. J. Am. Vet. Med. Assoc., 131: 211 – 218.

King AMQ, Adams MJ, Carstens EB, et al. (eds) . 2012. Pestivirus, In Virus Taxonomy: Eighth Report of the International Committee on Taxonomy of Viruses[R], San Diego, CA: Elsevier Academic Press, 1010 – 1014.

Laddomada A. 2000. Incidence and control of CSF in wild boar in Europe[J]. Vet Microbiol, 73: 121 – 130.

Mengeling WL, and Packer RA. 1969. Pathogenesis of chronic hog cholera: host response[J]. Am J Vet Res, 30 (3) : 409 – 417.

Moennig V. 2000. Introduction to classical swine fever: virus, disease and control policy[J]. Vet Microbiol, 73: 93 – 102.

OIE, http: //www.oie.int/wahis_2/public/wahid.php/Wahidhome/Home[EB].

Paton DJ, McGoldrick A, Greiser-Wilke I, et al. 2000. Genetic typing of classical swine fever virus[J].

Vet Microbiol, 73: 137－157.

Plateau E, Vannier P, Tillon JP, et al. 1980. Atypical hog cholera infection: viral isolation and clinical study of in utero transmission[J]. Am J Vet Res, 41 (12) : 2012－2015.

Saatkamp H W, Berentsen PBM, Horst H S. 2000. Economic aspects of the control of classical swine fever outbreaks in the European Union[J]. Vet Microbiol, 73: 221－237.

Sandvik T, Drew T, Paton D. 2000. CSF virus in East Anglia: where from[J]. Vet Rec, 147 (11) : 251.

Shope RE. 1958. The swine lungworm as a reservoir and intermediate host for hog cholera virus I. the provocation of masked hog cholera virus in lungworm-intested swine by ascaris larvae[J]. J Exp Med, 107 (5) : 609－22.

Stegeman A, Elbers A, de Smit H, et al. 2000. The 1997－1998 epidemic of classical swine fever in the Netherlands[J]. Vet Microbiol, 73: 183－196.

Terán MV, Ferrat NC, Lubroth J. 2004. Situation of classical swine fever and the epidemiologic and ecologic aspects affecting its distribution in the American continent[J]. Ann NY Acad Sci, 1026: 54－64.

Van Oirschot JT, Terpstra C. 1977. A congenital persistent swine fever infection. I. clinical and virological observations[J]. Vet Microbiol, 2: 121－132.

Xu X, Zhang Q, Yu X, et al. 2006. Sequencing and comparative analysis of a pig bovine viral diarrhea virus genome[J]. Virus Res, 122 (1－2) : 164－70.

Yan Zhu, Zixue Shi, Trevor W. et al. 2009. Antigenic differentiation of classical swine fever viruses in China by monoclonal antibodies[J]. Virus Res, 142: 169－174.

杜念兴. 1998. 猪瘟的回顾与展望 [J]. 中国畜禽传染病, 20 (5) :317－319.

何启盖, 陈焕春, 吴斌. 1999. 规模化猪场猪瘟和细小病毒抗体水平监测和免疫效果分析 [C] .中国畜牧兽医学会家畜传染病分会第八次学术研讨会论文集, 襄樊:211－216.

皮埃尔·普力科斯塔主讲, 周泰冲整理. 1979. 猪瘟及其预防 [J]. 中国兽医杂志, 5 (51) :8－27.

涂长春. 2003. 猪瘟的国际流行态势、我国现状及防制对策 [J]. 中国农业科学, 36 (8) :955－960.

王新平, 涂长春, 李红卫, 等. 1996. 从疑似猪瘟病料中检出牛病毒性腹泻病毒 [J]. 中国兽医学报, 16 (4) :30－34.

王永坤, 周阳生, 徐瑗, 等. 1981. 温和型猪瘟研究 [J]. 兽医科技杂志, 8:24－29.

殷震, 刘景华. 1997. 动物病毒学 [M] . 北京: 科学出版社:645－667.

余广海, 陈孝跃, 董清华, 等. 1982. 温和性猪瘟的病性研究 [J]. 家畜传染病, 3:18－22.

周泰冲. 1980. 猪瘟病毒与防制猪瘟的研究进展 [J]. 兽医科技杂志, 4:23－33.

第二章

猪瘟的病原学

第一节 猪瘟病毒的分类及理化特性

猪瘟病毒（Classical swine fever virus，CSFV）属于黄病毒科（Flaviviridae）瘟病毒属（Pestivirus）。在20世纪80年代以前，CSFV一直被划分于披膜病毒科瘟病毒属。由于黄病毒属成员的粒子结构、增殖特性和基因序列等不同于披膜病毒科的其他成员而被分离出来，成为黄病毒科。而瘟病毒属的基因组结构类似于黄病毒科病毒，因此在1991年，瘟病毒属正式成为黄病毒科的一个属。该属成员还包括牛病毒性腹泻病毒1（Bovine viral diarrhoea viruses 1，BVDV-1）和2（BVDV-2）、羊边界病毒（Border disease virus，BDV）。还有几个暂定成员：长颈鹿瘟病毒（Giraffe-1 pestivirus）、非典型瘟病毒（Atypical pestivirus）、Bungowannah病毒以及叉角羚瘟病毒（Pronghorn antelope pestivirus）。

CSFV为单股正链RNA病毒，基因组长度约12.3kb。CSFV在氯化铯中的浮力密度为1.12～1.18g/cm³，沉降系数S20=140～150，在蔗糖密度梯度中的浮力密度为1.15～1.16g/cm³，等电点为4.8。温度是影响病毒感染性的主要因素之一，56℃ 60min可将CSFV灭活，60℃ 10min使其完全丧失致病力。虽然CSFV对温度比较敏感，但是根据其存在形式和载体的不同，其对温度的耐受力也存在一定差异。冷冻组织中的CSFV可存活2个月以上。CSFV通过感染猪的粪便和尿液排泄物以及口鼻分泌物等排毒并散播到外界。有研究表明，排泄物所处的温度与病毒的感染性密切相关。当排泄物保存于5℃时，病毒的半衰期为2～4d，当保存于30℃环境中，病毒的半衰期仅为1～3h。并且，不同毒株的CSFV在粪便中的存活率存在着明显的差异，而尿液中此现象并不明显（Weesendorp 等，2008）。而Turner 等（2000）也通过实验证实，猪粪水中的CSFV 60℃3min可被灭活，而在Eagle's培养基中65℃2min可被灭活。另外，含CSFV的猪源食品和污染的猪源细胞制成的生物制品也是CSFV的一个传播来源。由感染了CSFV的猪小肠制成的香肠肠衣可以携带和传播CSFV（Wijnker

等，2008），由猪肉制成的火腿可以通过加热的方法对CSFV进行灭活，2cm³大小的火腿肉在71℃高温下1min即可灭活病毒，而罐装的火腿（0.91kg/罐）需在65℃维持90min以上才能完全灭活病毒。而在低于61℃的温度下，仍然可以从火腿中分离到有感染性的CSFV（Stewart等，1979）。

CSFV不耐酸碱，在pH5～10稳定，pH3条件下病毒滴度迅速下降，50℃条件下MgCl₂对病毒没有稳定作用（殷震，1997）。硫酸亚铜可以将病毒基因组降解为低分子量的片段，对CSFV具有一定的灭活作用（Fedorov等，2004）。乙醚、氯仿、脱氧胆酸盐、诺乃洗涤剂P40和皂角素等可使其迅速失活。CSFV对水解酶中度敏感，当病毒暴露在胰酶和磷脂酶C中时，病毒的感染性明显下降（Laude，1977）。流体静压力和紫外线也对CSFV的感染性有影响，当二者联合应用时，可以灭活CSFV（Freitas等，2003）。二甲基亚砜（DMSO）对病毒囊膜中的脂质和脂蛋白有稳定作用，故常将其用于CSFV的冻存液。

（徐　璐、范学政）

第二节　猪瘟病毒的形态特征及培养特性

CSFV粒子呈球形，直径较为均一，常为40～60nm，有囊膜，厚度约为7nm，内含二十面体对称的核衣壳，直径约30nm。陈太平等（1986）通过对猪瘟兔化弱毒株的电镜观察发现在病毒粒子表面具有脆弱的纤突结构。但很多研究者对CSFV粒子的大小报道差异很大，大致为30～80nm。这可能是由于病毒粒子表面的纤突结构脆弱，很容易丧失，导致病毒粒子的直径大大缩小。另外，对于电镜观察所用的病毒样品的处理也是原因之一。病毒粒子的大小可能与病毒来源于细胞内还是细胞外有很大关系（龚人雄等，1987）。因为释放到细胞外的粒子在穿过细胞膜时，将连同某些细胞成分组成病毒颗粒自身的囊膜结构。但是，电镜下CSFV粒子的形态结构与其他瘟病毒完全一样，难以区分。它们的电镜形态结构和模式图见图2-1。

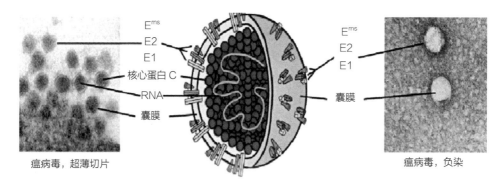

图 2-1 瘟病毒粒子的电镜形态及病毒粒子模式图（Martin B 等，2007）

　　CSFV可以在多种动物细胞上增殖。Pirtle和Kniazeff等应用荧光抗体检测技术研究了来自7个科、29个种哺乳动物细胞培养物对CSFV Ames强毒株和TCV弱毒变异株的感染性，包括26种原代细胞培养物、14种低代细胞株（4～14代）以及13株高代细胞系，结果证明CSFV可以不同程度地在牛胚胎、绵羊羔、山羊、鹿、猪、野猪、臭鼬、狐、松鼠、豚鼠、獾和家兔等的原代肾细胞增殖，而犬、雪貂、猩猩、猴、大鼠、小鼠、袋鼠以及马的肾细胞和皮肤细胞则不支持其生长。低代细胞株，如胎牛的皮肤、脾和气管，胎羊的肾和睾丸，兔的皮肤等继代细胞都可支持CSFV的增殖。在人和其他灵长类的高代细胞系中，CSFV均不能生长（殷震，1997），对CSFV感染性最强的应属猪源肾细胞PK-15、SK6和MPK（Minipig kidney）以及猪睾丸细胞ST等传代细胞系。

　　CSFV在绝大多数细胞培养物上培养时不能产生细胞病变效应（CPE），并且不同毒力的毒株对不同细胞的嗜性和增殖能力也存在有很大差异。强毒株CSFV在细胞上的增殖速度和病毒滴度要高于低毒力的病毒株。欧盟的猪瘟诊断手册中推荐采用PK-15 细胞系进行CSFV的病毒分离，但是PK-15细胞却并不适宜所有的猪瘟毒株生长。Grummer等（2006）采用13个猪源的传代细胞系对2株疫苗株、4株野外分离株进行了病毒分离培养，结果发现，中国猪瘟的兔化弱毒疫苗株（C株）在PK-15细胞上的增殖能力很弱，随着传代次数的增加，C株病毒滴度持续下降直至检测不到。而强毒力的Eystrup株的病毒滴度却始终保持在较高水平。但是C株在其他细胞上的增殖情况与PK-15大相径庭。例如在ST细胞中，C株病毒的滴度随着传代次数的增加和培养时间的延长而逐渐升高，第三代的培养物培养至120h后，病毒滴度可达$10^{5.3}$TCID$_{50}$/mL。通过对野外分离毒株的研究发现，不同毒株对不同细胞系的偏好不同。虽然这些细胞系均为猪肾或猪睾丸细胞的传代细胞系，但它们来源不同，背景不同，对病毒的增殖能力有明显差异。因此，当进行野外的CSFV分离时，应选用多种来源的传代细胞系同时进行培养，并适当延长培养时间，从而避免分离失败。

如果要获得高滴度和稳定的CSFV细胞培养物，必须对CSFV在该株细胞中的增殖特性有所了解。中国学者将石门株（SM strain）接种PK-15细胞上，分别采用荧光抗体检测技术、实时荧光定量RT-PCR技术和TCID$_{50}$测定法对该毒株的增殖特性进行研究，结果显示，在感染后的8h即可检测出病毒粒子和核酸的复制，到感染后72h达顶峰（徐兴然等，2007）。而 Thiveral株在感染PK-15后12h能检出子代病毒粒子，60h达最高峰（王镇等，1999）。中国疫苗株C株的增殖特性更是研究者关注的重点，犊牛肾细胞和睾丸原代细胞都可以支持C株的生长增殖，并且具有毒价稳定、可以连续收毒等优点，因此一直是疫苗生产中主要采用的细胞。将C株的兔脾组织毒接种SK6细胞并连续传代后证实，C株虽然可以在SK6细胞上生长，但其增殖速度较低（张淼涛等，2004）。而将该毒分别接种MPK和兔肾细胞RK13时，病毒只感染MPK细胞，并且感染细胞可以带毒传代（Rivero 等，1988）。猪睾丸细胞系（ST）也是培养C株疫苗的首选细胞系。目前应用ST细胞生产的C株疫苗产品已经上市（宁宜宝等，2007）。该疫苗的病毒滴度可以达到传统牛睾丸细胞苗的10倍，而且所采用的ST传代细胞系具有背景清楚、纯净度高、可以无限传代等优点。

虽然CSFV一般不引起CPE，近些年一些国内外的学者发现在某些情况下，CSFV在体外培养时出现CPE。Shimizu等（1995）分别用ALD株和Alfort株感染骨髓基质细胞（BMSC）培养物，表现出不同程度的CPE。感染CSFV后，BMSC的分化停止。国外的学者从自然界中分离出三株能够在培养细胞中产生CPE的CSFV干扰缺损颗粒，研究发现干扰缺损颗粒亚基因组的存在是细胞产生CPE的原因。野生型CSFV非结构蛋白NS2和NS3以二联体形式NS2-3存在，而在干扰缺损颗粒中，NS2基因连同上游的全部编码区被缺失，NS2-3二联体变成NS3单体。分析发现，致细胞病变型CSFV NS3蛋白单体的过量表达是细胞产生CPE的标志。吴海祥等（2003）利用反向遗传技术构建了缺陷型病毒，提高了NS3蛋白单体的表达量，诱导了细胞凋亡。进一步研究发现，非结构蛋白NS2能够抑制NS3蛋白单体对宿主细胞CPE的诱导作用。

（徐　璐、范学政）

第三节　猪瘟病毒基因组结构与功能

　　CSFV基因组大小约为12.3kb，含有一个大的开放阅读框架（ORF），编码一个由3 898个氨基酸残基组成的多聚蛋白，此多聚蛋白经病毒和宿主细胞的酶作用，形成4个成熟的结构蛋白（C、E^ms、E1、E2）以及至少8个非结构蛋白（N^pro、P7、NS2、NS3、NS4A、NS4B、NS5A、NS5B），各蛋白的排列顺序从N端到C端依次为NH₂-N^pro-C-E^ms-E1-E2-P7-NS2-NS3-NS4A-NS4B-NS5A-NS5B-COOH（Tautz 等，1999）。现已明确了CSFV大部分基因片段的分子结构与功能，其中5′结构蛋白编码区的基因定位已比较清楚。在病毒复制过程中，NS3、NS4A、NS4B、NS5A、NS5B是必需的；而其余3种非结构蛋白即N^pro、P7和NS2是非必需的。CSFV基因组模式图见图2-2。

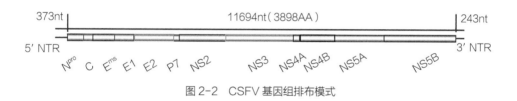

图2-2　CSFV 基因组排布模式

一、5′非编码区（5′NTR）

　　CSFV基因组的5′端非编码区（5′non-translated region，5′NTR）无帽子结构，由373个核苷酸组成，含有多个AUG密码子和一个核糖体结合位点，与BVDV和人丙型肝炎病毒（Hepatitis C virus，HCV）相似。一般来说，5′NTR和3′NTR都含有与病毒复制、基因表达相关的重要调控元件。BVDV和HCV的5′NTR具有保守的二级结构（Brown 等，1992）。CSFV 5′NTR含有复杂的二级结构，这些结构形成了5′NTR中的重要元件——内部核糖体进入位点（internal ribosome entry site，IRES）（Rijnbrand 等，1997；Sizova 等，1998）。IRES的5′端位于28~66位核苷酸，这些核苷酸序列形成了一个茎环结构，可能是保证IRES活性的重要结构。5′NTR能够驱动蛋白翻译的起始，且不依赖真核起始因子eIF-4F的存在。而真核起始因子3（eIF3）特异地结合在CSFV的IRES上，在CSFV翻译起始的过程中发挥着重要作用。不同毒株CSFV 5′ NTR同源性较高，可达94%。这有助于CSFV分子流行病学的研究（Stadejek 等，1996）。

二、非结构蛋白N^{pro}

非结构蛋白N^{pro}是瘟病毒属所有成员基因组ORF编码的第一个蛋白，由168个氨基酸残基组成，分子量为23kD。N^{pro}是一种具有蛋白水解酶活性的半胱氨酸蛋白酶，能够催化自身从多聚蛋白链中断裂并成为成熟蛋白。水解位点位于多聚蛋白Cys168和Ser169之间。通过瘟病毒属成员氨基酸序列比较发现，N^{pro}的同源性大于70%，并且在对维持N^{pro}蛋白水解活性中发挥重要作用的Glu22、His49和Cys69残基高度保守。此外，围绕裂解点的Cys168和Ser169变化也很小。Tratschin等用鼠的泛素基因替换CSFV的N^{pro}基因，并不会影响病毒的增殖，证明了N^{pro}对病毒在传代细胞内的复制是非必需的（Tratschin等，1998）。但是，该基因却在病毒的进化中保留了下来，推论它除能发挥催化自身的切割作用外，还执行着其他更重要的功能。Tratschin等在实验中发现缺失了N^{pro}的中等毒株vA18721和强毒株vEy237，致病力完全丧失。Mayer等将CSFV中等毒株Alfort187和强毒株Eystrup的N^{pro}基因分别缺失后感染猪，结果猪产生了高水平的抗体并可抵御强毒攻击。但用疫苗株Riems的N^{pro}基因置换强毒株Eystrup的N^{pro}基因，却没有得到弱毒株，而仍为强毒株。说明N^{pro}基因不能对CSFV毒株的毒力起决定作用，只是一个毒力相关因子（Mayer 等，2004）。对CSFV干扰宿主细胞抗病毒机制进行研究的Ruggli等发现CSFV在感染巨噬细胞后，可以抑制聚肌胞苷酸[poly（IC）]诱导巨噬细胞产生IFN$-\alpha/\beta$，而缺失了N^{pro}基因的病毒失去了抑制细胞产生IFN$-\alpha/\beta$的能力，尽管在生长特性和蛋白表达水平上与野生型病毒相似（Ruggli 等，2003，2005）。随后La Rocca等研究了N^{pro}抑制细胞产生IFN$-\alpha/\beta$的机制，发现N^{pro}可以对参与IFN$-\alpha/\beta$转录的干扰素调节因子3（IRF-3）起到抑制作用。该研究证实，N^{pro}是通过蛋白酶体降解途径降解IRF-3（La Rocca 等，2005）。这些结果表明N^{pro}对细胞的抗病毒反应有干扰作用，在CSFV逃避天然免疫、建立持续性感染等方面有作用。

三、核心蛋白C

核心蛋白C（Core）是CSFV编码的第一个结构蛋白，由CSFV ORF中169（Ser）至267（Ala）间的98个氨基酸组成，分子量为14kD。C蛋白比较保守，它除了与病毒基因组RNA结合，保护RNA外，还有转录调节作用。其抗原表位对T淋巴细胞、B淋巴细胞介导的免疫反应有着重要的作用（Handschuhn 等，1995），但却不能诱导机体产生中和性抗体。最近的研究表明，C蛋白与核酸酶融合后，可引导灭活CSFV（Wang 等，2010；Zhou 等，2010）。

四、结构蛋白E^ms

E^ms糖蛋白（过去称为E0）由ORF268（Glu）到494（Ala）位的227个氨基酸组成，其糖基化程度很高，有9个潜在的糖基化位点，分子量为44～48kD。可依靠二硫键的连接以同源二聚体的形式存在，二聚体的分子量为97kD。E^ms没有疏水的跨膜区（transmembrane region，TMR），以一种未知的机制连接到病毒粒子的表面，并从感染细胞分泌到胞外。E^ms是仅次于E2的免疫原性糖蛋白，也能刺激机体产生中和抗体，是CSFV标记疫苗用于鉴别感染与免疫抗体的靶抗原。

序列分析结果表明，E^ms序列具有地衣类与植物核苷酸酶（RNase）家族的特征，主要序列相似区在E^ms的两个区域与硫胺素曲霉T2（Aspergillus oryzae T2），根霉Rh（Rhizopus niveus Rh）的最保守区域之间。尽管此序列相似性仅局限于E^ms中的两个小区域，但它们却包含了其催化活性的所有重要氨基酸的残基，并显示了相似的空间构型。

五、结构蛋白E1

E1糖蛋白从ORF上495（Leu）开始到689（Gly）为止，共195个氨基酸，有3个潜在的的N-连接糖基化位点，分子量约33kD。由于E1嵌埋在病毒囊膜内，所以不能刺激机体产生中和抗体。在CSFV感染细胞的抽提物中，E1常与E2以异源二聚体的形式存在。目前还未发现病毒免疫血清中有抗E1的抗体，E1可能是通过与E2形成复合抗原结构而起作用。在病毒中，E1E2复合物可能是稳固病毒颗粒构型的主要结构蛋白。

六、结构蛋白E2

CSFV的囊膜糖蛋白E2（gp55）是研究得较为清楚的一种结构蛋白。其位于病毒囊膜表面。在CSFV编码的蛋白中，E2是最不保守的一种蛋白，但又是CSFV的主要保护性抗原蛋白，主要参与病毒的感染过程并诱导机体产生中和抗体。其空间构型由三个疏水区和三个N端的链内二硫键构成。E2蛋白由ORF编码的690（Arg）至1 060（Leu）之间的370个氨基酸残基组成，在靠近E2蛋白N端上游有一段信号肽序列。在感染细胞中，其分子量为51～58kD，主要以同源二聚体或与E1蛋白形成异源二聚体形式存在于感染细胞或病毒粒子的表面，这主要是因为E2蛋白的羧基端有一段由约40个疏水性氨基酸残基构成的跨膜区（TMR）。利用针对E2蛋白的各种单抗，Wensvoort通过实验已证实CSFV E2具有4个相对独立的抗原结构域，分别为A、B、C和D，其中A、B、C含有中和性抗原表位（Wensvoort，1989）。后经van Rijn等（1992和1993）的研究，将这4个区域的位置确定下来。按照van Rijn等预测的E2抗原结构模型，这些抗原结构域位于E2蛋白近N端的1/2部分，且处于两个相对独立的抗原结构单位，一个由结构域B和C组成，另一个则由高度保守的A构成，A又可分为A1、A2、A3三个亚结构域，A结构域中含有一疏水区，此疏水区在瘟病毒属中高度保守。A1和A2都很保守，只有A1能产生中和性抗体；A3与D既不产生中和性抗体，也不保守。CSFV上述抗原结构单位（B/C或A）所诱导的免疫反应都足以保护猪免受强毒攻击，由于E2蛋白是CSFV的免疫优势蛋白，所以人们一直尝试着把E2囊膜糖蛋白作为研制CSFV新型疫苗和诊断试剂的首选靶蛋白（图2-3和图2-4）。2000年Lin等报道了CSFV E2抗原表位TAVSPTTLR。该表位位于E2氨基酸的829～837位，具有中和活性，在CSFV内高度保守，为CSFV特异的抗原表位，而其他瘟

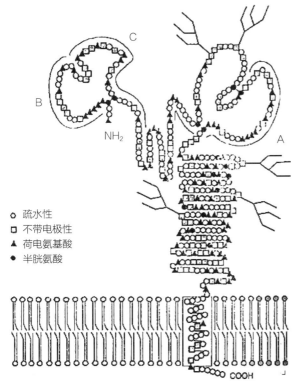

○ 疏水性
□ 不带电极性
▲ 荷电氨基酸
● 半胱氨酸

图2-3　van Rijn 预测的 CSFV E2 蛋白的结构模式图（van Rijn 等，1994）

图中标出了位于 E2 N 端的二硫键，抗原决定域（A,B,C）和假定糖基化位点。"○"表示疏水氨基酸；"□"表示不带电荷的极性氨基酸；"▲"表示带电荷的氨基酸；"●"表示半胱氨酸。

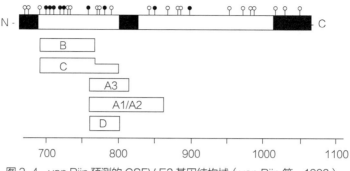

图2-4   van Rijn 预测的 CSFV E2 基因结构域（van Rijn 等，1993）

黑色区域表示 N 端的信号肽、内部疏水区和 C 端 TMR 编码区，白色区域表示保守和非保守的氨基酸序列编码区，大头针符号表示推断的糖基化位点。下面标尺为 E2 基因位置及长度。

病毒没有这一表位（Lin等，2000）。此外，E2还具有一个所有瘟病毒都有的保守性抗原表位YYEP，位于E2羧基端的995～998位氨基酸（Yu等，1996）。

七、非结构蛋白P7

P7蛋白是一个主要由疏水氨基酸残基组成的、分子量为6～7kD的小肽。E2和P7之间的裂解由宿主信号肽酶介导，在多聚蛋白的第1 063位的亮氨酸残基（Leu）处剪切产生。通常E2与P7间的断裂不完全，因此在瘟病毒感染的细胞中得到2种类型的E2：E2和E2-P7。在CSFV病毒粒子中，只存在E2，不含有P7。而在丙型肝炎病毒中可观察到稳定的E2-P7分子。用双顺反子全长BVDV RNA转染试验和反式互补试验研究表明，病毒RNA在细胞复制和感染性病毒粒子的形成过程中，E2-P7均是非必需的。另外，对BVDV感染性克隆进行突变，缺失全部P7后，不会影响BVDV RNA的复制。但产生的病毒粒子无感染性。用辅助病毒对P7进行反式互补后，又可获得感染性病毒。结果显示，瘟病毒的P7对产生感染性子代病毒是必需的。对其他一些病毒的类似P7蛋白的研究表明，一些调节膜通透性的病毒蛋白在病毒粒子的释放中起关键作用，这些蛋白均被称为病毒孔蛋白（Viroporins）。它们是很小的多肽，通过寡聚化在膜上形成一个亲水孔，调节跨膜阳离子的通透性，对病毒的释放和成熟非常重要。而CSFV在细胞质内的装配主要依赖囊膜糖蛋白与衣壳蛋白的特异性相互作用。由于CSFV的囊膜糖蛋白缺乏胞质区，而P7主要由疏水性氨基酸残基组成，其中的1 096～1 102位氨基酸残基RDEPIKK可能正处于细胞质内，因此可与衣壳蛋白作用，启动病毒的出芽。由此推测，瘟病毒的P7也是病毒孔蛋白家庭中的成员（Carrere-Kremer 等，2002）。另外，长链烷基亚氨糖衍生物可抑制HCV P7蛋白形成的离子通道，而该药物对BVDV也有相同作用，即产生了没有感染性的BVDV粒子，所以可将P7作为抗病毒治疗的一个目标。实验证明用金刚烷胺可抑制P7作为HCV病毒在体内和细胞内铁离子通道的作用（Clarke等，2006；Griffin等，2003；Pavlovic等，2003）。

八、非结构蛋白NS2

NS2由其多聚蛋白前体NS2-3经两个蛋白酶水解切割释放形成。瘟病毒的NS2有一个保守的富含Cys残基的区域，并可形成"锌指"结构，该区域后有一段保守的螺旋区，许多能与核酸结合的基因调控蛋白中均有类似结构存在。由此推测，NS2可能通过与瘟病毒基因组结合来调控基因表达。实验显示，病毒基因组中缺失NS2基因时，病毒亚基因组RNA复制速度加快，同时诱导细胞病变，这说明NS2基因对病毒RNA复制是非必需的，但它可以调节病毒RNA复制。另有报道说当缺少NS2区时，病毒RNA的复制量增多，也支持了这一说法，说明NS2可防止病毒RNA或蛋白在细胞内积聚过多而导致宿主细胞死亡。最近又有研究表示，在NS2基因4355位点插入一段45个核苷酸的序列，增强了NS2-3的裂解，因此对于BVDV的致病有重要作用（Balint等，2005）。进一步研究发现，HCV NS2的蛋白酶结构域对感染性病毒粒子的复制是必需的。NS2上168位的丝氨酸残基对于病毒蛋白的磷酸化和稳定有重要作用，并在病毒粒子的组装中必不可少（Jirasko等，2008）。还有研究表明，HCV NS2蛋白可通过特异性和剂量依赖方式调节HCV内部核糖体进入位点（IRES）依赖的翻译，并且可抑制NS5B RNA依赖性RNA聚合酶（RdRp）活性。这些发现可能提示了HCV调节其自身NS5B复制和依赖IRES复制的一种新机制并且增强了病毒感染的持续性（She等，2008）。

九、非结构蛋白NS3

不同瘟病毒之间以及同一瘟病毒的不同毒株之间，NS2/3裂解位点的切割程度变化很大。就CSFV而言，对NS2/3位点的不完全切割，导致了NS2-3和NS3的产生。对BVDV来说，通常NS2-3裂解产生NS3，后者是致病性（cp）BVDV的一个标志，而非致病性（ncp）BVDV中，NS2/3位点的裂解没有发生，所以只能观察到未裂解的NS2-3。最近有实验发现，对仅合成NS2-3的细胞感染cp BVDV后，会出现NS2-3的裂解，并产生NS3。实验证明，这个裂解是在淋巴细胞内完成的（Kameyama等，2008）。通过体外表达NS3蛋白证实，NS2-3和NS3为多功能蛋白，能与RNA结合，具有丝氨酸蛋白酶活性、核苷三磷酸酶和RNA解旋酶（NTPase）活性（Sheng等，2007）。NS3蛋白的丝氨酸蛋白酶活性位于NS3的N端的1/3区，负责病毒多聚蛋白翻译后的加工，产生成熟的病毒蛋白。其由1 658位的组氨酸（H1 658）、1 686位的天冬氨酸（D1 686）和1 752位的丝氨酸（S1 752）共同组成催化三联体，催化下游NS3/NS4A、NS4A/NS4B、NS4B/NS5A和NS5A/NS5B位点的裂解。NS3蛋白在上述蛋白产生中发挥切割作用时需要NS4A的激活和促进作用。NS3蛋白的NTP酶／RNA解旋酶活性位于其C端的2／3区，参与病毒RNA的复制过程。经实验比较，发现cp BVDV各毒株间NS3的N末端高度保守，延长或缩短NS3N端均会严重干扰BVDV RNA的复制。Sheng等对CSFV NS3蛋白解旋酶与病毒3′NTR的相互作用研究显示，RNA与3′NTR负链的结合率最高且3′NTR 3′末端的完整二级结构对解旋酶的结构影响重大（Sheng 等，2007）。该实验室随后还对其做了进一步研究，并比较了NS3的解旋酶和NS5复制酶的作用。实验结果显示NS5蛋白对于IRES介导的翻译影响不大，但NS5蛋白可极大地加强完整NS3蛋白对于IRES介导的翻译的促进作用（She 等，2008）。NS3-4复合物的丝氨酸蛋白酶活性与NS3解旋酶活性密切相关。通过构建完整的NS3-4复合物，以及控制不同离子和pH环境，发现解旋酶结构域可加强丝氨酸蛋白酶活性，正如蛋白酶结构域加强解旋酶活性一样。说明这两者之间有很强的相互依赖关系（Xiao 等，2008）。用细菌表达CSFV的NS3专门进行了NTPase活性和特征性的鉴定实验，证明CSFV发挥NS3NTPase活性时需与BVDV和HCV相似的pH、$MgCl_2$以及阳离子环境；点突变实验显示从GxGK232T到GxGAT的位点突变会使NTPase活性丧失，而TATPA354突变成TATPV对酶的活性没有影响（Wen 等，2007）。另外，有研究者发现对应于CSFV非结构蛋白NS2-3的1 446～1 460位氨基酸残基多肽290（KHKVRNEVMVHWFDD），可诱导干扰素（INF）2γ分泌。它不仅可刺激CD4+T细胞反应，还可激活CD8+T细胞反应。表明该肽既含有CSFV特异性辅助性T细胞表位，又含有一个细胞毒性T淋巴细胞表位，提示该蛋白片段可能是合成肽疫苗的一个颇具潜力的候选者（Armengol 等，2002）。最新研究证实NS2-3和NS4对于感染粒子的形成有重要作用（Moulin 等，2007）。早期也有试验证明NS3蛋白与细胞转化有关。也就是说，NS3蛋白与病毒对宿主的CPE密切相关，而这种功能的发挥需要NS2的调节。最新研究告诉我们，NS3是病毒致病性的标志，并且与CSFV对于猪肾细胞（PK-15）的致细胞病变有关（Xu 等，2007），但对于CSFV NS3蛋白的免疫却不能抵抗致病病毒的感染（Voigt 等，2007）。

十、非结构蛋白NS4A和NS4B

NS4A由64个氨基酸残基组成，分子量约为7kD，呈酸性（预测等电点为4.6～5.2）。

N端主要为疏水性氨基酸，C端多为带电荷氨基酸，在瘟病毒中高度保守。NS4A是NS3蛋白的辅助因子，辅助NS3对NS4B/NS5A和NS5A/NS5B位点间的裂解。HCV NS4A N末端疏水区负责与膜相连，并稳定NS3-4A蛋白酶复合体，中央一个多肽有辅助因子活性；而瘟病毒NS4A中央区含有保守的带电残基，形成了其辅助因子的结构域。为了进一步研究NS4A在瘟病毒生命周期中的作用，建立了T7 RNA反转录聚合酶来表达CSFV的P7-NS2-3-4A。表达的NS2-3和NS4A在缺乏NS2-3的病毒基因组中仍能组装感染性病毒粒子。说明NS2在复制中非必需，而在病毒的复制中NS4与NS2-3和NS3分别相互作用来影响病毒的增殖（Moulin等，2007）。

NS4B呈碱性，含数个疏水区，可能提示其与膜相连。最近有报道NS4B在BVDV致细胞病变中有一定作用，对其突变可以减弱BVDV致细胞病变性。在BVDV NADL株感染的细胞中，NS3、NS4B和NS5A有化学交联，提示这3种非结构蛋白可能组成了一个多蛋白复合体。另外，在病毒复制过程中，NS4B是必需的。

十一、非结构蛋白NS5A和NS5B

NS5A蛋白为亲水性。黄病毒科各成员中的NS5A的丝氨酸和苏氨酸残基均有磷酸化现象，并在病毒生命周期中发挥重要作用。NS5A被丝氨酸/苏氨酸激酶磷酸化后有助于病毒的增殖。有假说认为，NS5A可能是通过与细胞因子相互作用而发挥其功能。而最近有报道表明BVDV NS5A蛋白可与翻译延伸因子1的α亚基（eEF1A）相互作用。而eEF1A在mRNA翻译、蛋白质表达的稳定性、细胞骨架的形成中具有调节作用。这种NS5A与eEF1A的相互作用可能对BVDV的复制有一定的作用。

CSFV的NS5B蛋白由718个氨基酸残基组成，分子量为82kD，其编码基因位于基因的3′末端，这与BVDV和HCV中NS5B的基因定位相同。NS5B有RNA聚合酶活性中心的典型序列Gly-Asp-Asp，为依赖RNA的RNA聚合酶（RdRp）。Xiao等在宿主细胞（PK-15）中直接表达了CSFV的NS5B蛋白，表明它具有RdRp活性，主要分布在细胞质膜附近（Xiao等，2002）。NS5B作为病毒的复制酶参与病毒基因组RNA的合成。在细胞质中，病毒基因组RNA在NS5B的作用下首先合成与之互补的负链RNA，再以负链RNA为模板大量合成病毒基因组RNA。瘟病毒的NS5B蛋白除了具有RdRp活性外，还具有末端核苷酸转移酶（TNTase）活性。

最近还有研究显示，NS5蛋白所具有的甲基转移酶活性，在黄病毒科的生命周期中作用巨大。当NS5B失去甲基转移酶活性可致死病毒，因此可将NS5当作新的治疗目标（Zhou等，2007）。

十二、3′ 非编码区（3′ NTR）

病毒基因组的3′ NTR的遗传信息，不仅可以使我们了解与病毒复制有关的调控机制，而且通过对3′ NTR的核苷酸序列进行进化树分析，可帮助我们研究CSFV的遗传进化和分子流行病学情况。Vilcek等（1997）发现，CSFV 3′ NTR在紧靠终止密码UGA或UAA的后面有一可变区，在3′ NTR最末端存在一个恒定区，可变区含有一个富AT的片断。Wong等（1998）比较过LPC株与其他毒株的3′ NTR，核苷酸同源性为84% ~ 95%。

通过比较CSFV全序列发现，CSFV 3′ NTR在多个部位存在明显差异（范学政等，2004），主要体现在HCLV（AF091507）、CS（AF099102）、Eystrup（AF326963）、LPC（AF352565）、HCLV（AF531433）、ALD（D49532）、Alfort（J04358）、Alfort/187（X87939）、C-strain（Z46258）毒株分别在12 140 ~ 12 200，12 249 ~ 12 260位存在富U区域。这些富U区域的功能还不清楚，Bjorklund在研究不同弱毒疫苗株（Porcivac，Rovac，Russian LK，C株）时曾推测可能与CSFV的毒力有关（Bjorklund 等，1998），但事实好像并非如此，因为并不是所有的弱毒株都有类似结构。

Deng 等（1993）对CSFV的5′端和3′端NTR的二级结构作了初步分析，3′端NTR约含229 ~ 243个核苷酸，且3′端NTR为可变区，其中约50bp长的区域富含A和T。

Wang 等（2008）用反向遗传技术证实了3′端12-nt（CUUUUUCUUUU）的插入足以导致CSFV毒力减弱，揭示了一种新的致弱机制。

虽然在近年来对于瘟病毒主要非结构蛋白在结构和功能的研究中取得了很多喜人的成绩，对其在病毒复制及病毒与细胞的相互作用过程中的功能也产生了一些新的认识，但仍然不够完善和深入。还有许多未解决的问题，比如对于非结构蛋白与宿主相互作用的机制仍有待阐述，非结构蛋白在病毒致病性中发挥的重要作用等，对这些问题深入研究将为瘟病毒疾病的预防与控制寻找到新的途径。

（郭　鑫、范学政）

第四节 猪瘟病毒蛋白抗原表位

在CSFV编码的12种蛋白中与抗原相关蛋白有3种，分别为结构蛋白E^{ms}、E2和非结构蛋白NS3。E^{ms}、E2这两种蛋白可刺激抗体及中和抗体的产生，是CSFV重要的抗原相关蛋白，存在许多重要的抗原表位；非结构蛋白NS3也能够诱导抗体的产生，并具有CSFV特异的T淋巴细胞和B淋巴细胞表位。对CSFV的抗原表位及抗原性的研究对于明确CSFV的免疫机理、致病机理及标记疫苗的开发有着重要的作用。

一、猪瘟病毒抗原表位的发现

1990年Weiland证实CSFV E2蛋白是保护性抗原蛋白后，对CSFV抗原表位的研究经历了以下几个过程：抗原相关蛋白的确认——抗原表位区域划分——抗原表位的精确定位——抗原表位功能的研究。目前，CSFV特异性细胞免疫抗原表位以及抗原表位的功能研究仍是研究的热点。

早期的研究证实E^{ms}和E2蛋白是CSFV重要的结构蛋白，更是重要的功能性蛋白。E2囊膜糖蛋白主要以同源二聚体或与E1蛋白形成异源二聚体的形式存在，它分布于感染细胞或病毒粒子表面。相对于其他结构蛋白E2的保守性最低，最易发生变异；E^{ms}由227个氨基酸残基构成（Glu268～Ala494），糖基化程度很高，也位于病毒粒子表面。此外，该蛋白还单独从感染细胞分泌到细胞外，在病毒培养的上清液及CSFV感染组织和血清中能够检测到其存在。E2和E^{ms}均能刺激机体产生中和抗体，CSFV的主要抗原表位存在于这两种蛋白上。CSFV抗原相关蛋白的确认推动了抗原表位区域划分及精确定位，促进了对这两种蛋白功能性的研究。

在CSFV抗原区域的划分及精确定位的研究过程中，针对CSFV不同蛋白特异性单克隆抗体的应用发挥了巨大作用。Wensvoort等（1989）通过利用自己制备的CSFV特异性单克隆抗体完成了具有标志性的CSFV E2蛋白抗原结构域的划分，他采用13株抗CSFV特异单克隆抗体通过竞争结合法和抗原捕捉法确认了E2蛋白上存在4个独立的抗原结构域：A、B、C、D。A包括A1、A2、A3三个亚区，通过与94株CSFV反应后发现A1和A2最为保守，A3、B、C和D均存在不同程度的变异性。A、B、C、D上存在的抗原表位数分别为8、6、3和1，A1、A2、A3存在的抗原表位数为4、3和1。B的所有表位和C的一个表位位于第1~83aa残基，C的其他表位位于第1~110aa残基，A1位于第86~176aa残基，A2、A3位于第86~123aa残基，D只有一个抗原表位，位于第86~110aa残基（van Rijn等，1993；1994）。

van Rijn等（1994）用8株A、B和C区的中和性单抗分离出逃脱中和作用的变异株，然后将这些变异株的E2基因克隆入真核表达载体并转染COS1细胞，再用19株单抗（包括用来分离变异株的单抗和D区单抗）进行IPMA试验，结果表明：除了E2第792位的Cys突变能使A、D两区域抗原表位发生改变外，其余氨基酸残基的突变都只是局限于影响用来分离变异株的单抗的反应性。为了进一步研究Cys对各抗原表位的重要性，他们用点突变的方法，将E2蛋白N端6个Cys都替换为Ser，IPMA试验发现，第693和737位的Cys对B和C区的抗原表位是必需的，而第792、818、828和856位的Cys对A和D两区域的抗原表位是必需的。

目前为止，CSFV E2蛋白上一个最重要的抗原表位，是被CSFV单抗WH303识别从而被发现的。Lin等（2000）将Alfort株的E2蛋白第690~910位共221个氨基酸进行融合表达，表达产物能够与WH303反应，进一步通过基因缺失发现，WH303所针对的表位位于829~837（TAVSPTTLR），该表位在CSFV内高度保守，存在于所有的CSFV毒株中，但基因3型的毒株CBR/93中，此表位为TAVSSTTLR（Sakoda等，1999），与TAVSPTTLR存在一个氨基酸差异，所以与WH303的反应性不如其他基因型的毒株。此表位的重要意义在于，其只存在于CSFV中，而不存在于瘟病毒的其他成员中，WH303与BVDV和BDV无交叉反应。目前，此单抗（WH303）被欧盟猪瘟参考实验室推荐可用于CSFV的诊断及瘟病毒之间的鉴别诊断。后续实验表明该单抗具有中和能力，并且已证实与CSFV的复制及毒力有关。Risatti等（2006）比较了CSFV和BVDV此抗原表位的差异，通过反向遗传技术渐进连续突变了CSFV Brescia株830、831、832、833、834、837氨基酸，用BVDV的序列取代CSFV，构建了5株重组病毒——T1v（TSFSPTTLR）、T2v（TSFNPTTLR）、T3v（TSFNMTTLR）、T4v（TSFNMDTLR）和T5v（TSFNMDTLA）；与母本病毒相比，在体外感染细胞中，T1v、T2v和T3v无变化，T4v和T5v的复制能力降低10倍，病毒斑直径缩小，并且不能被WH303识别；在感染猪中，T1v、T2v和T3v能够引起致死，T4v表现为温和的一过性症状，T5v表现为温和症状。此研究表明，WH303所识别的这一表位与CSFV的毒力有密切联系。以上发现的抗原表位多是位于E2蛋白的N末端。Yu等（1996）利用制备的单抗通过靶基因表位文库和噬菌体展示随机肽库技术，同时利用人工合成表位肽进行验证，在E2蛋白C端发现一个瘟病毒属保守性的线性B细胞表位YYEP（aa995~998）。与E2蛋白N末端的表位位于病毒表面不同的是，此表位位于病毒囊膜内。此表位的发现可应用于作为瘟病毒属特异诊断的工具。

　　肖昌等利用单抗A11淘选噬菌体随机12肽库，人工合成表位短肽验证，表明单抗A11所识别的抗原表位为TTWKEYSH（aa717～724），位于E2蛋白的氨基端。Peng等（2008）利用抗CSFV E2结构蛋白的单抗HQ06通过淘选噬菌体随机12肽库，证实了LFDGTNP（aa772～778）是E2蛋白的一个线性B细胞表位。徐和敏等（2010）通过生物淘选和噬菌体的原位杂交技术，利用7株单抗从构建的SM-E2和HCLV-E2基因噬菌体展示多肽库中筛选到与TAVSPTTLR（aa829～837）、GGQ（Ⅴ）VK（aa887～891）和PDGLPHY（aa903～909）高度同源的序列，而TAVSPTTLR是目前已知E2蛋白表位基序，GGQ（Ⅴ）VK（aa887～891）和PDGLPHY（aa903～909）与预测表位一致，因此可能是E2蛋白上潜在的抗原表位。

　　在E^{ms}蛋白上也陆续鉴定出一些抗原表位，Lin等（2004）通过大肠杆菌分段表达Afort/187株的E^{ms}蛋白，发现能够与抗CSFV全血清发生反应的区域位于332～412位氨基酸、351～427位氨基酸和376～487位氨基酸三个重叠区域，在这些区域N端或C端缺失3个氨基酸后均失去与抗CSFV全血清的反应性。这三个区域与通过软件预测的抗原表位区域相符，涵盖了病毒的保守区域和变异区域。Zhang等（2006）利用噬菌体展示12随机肽库对抗CSFV E^{ms}糖蛋白的中和性单抗IB5、b4-22和24/16进行了表位的鉴定和分析。但由于E^{ms}蛋白暴露于囊膜外的部分为易变区，因此这些抗原表位只是部分存在于不同的毒株中，目前还未发现该蛋白存在能够识别所有毒株的保守表位。Kosmidou等（1995）用制备的11株抗E^{ms}单抗分析了126株CSFV的抗原性，没有一株抗E^{ms}单抗能识别所有的毒株。识别谱最宽的一株也只能识别68%的毒株，也说明了E^{ms}抗原表位的变异性较大。

　　由于CSFV感染猪后可以引起明显的免疫抑制，导致大量的淋巴细胞凋亡，掩盖了CSFV特异的细胞免疫反应，因而对针对细胞免疫抗原表位的研究开展较晚，但所取得的成绩斐然，对CSFV细胞免疫抗原表位的深入研究对阐明病毒的致病机理及设计合成肽疫苗具有重要意义。特异的T细胞表位的发现多借助合成病毒多种彼此重合的多肽得以实现。Pauly等（1995）第一个发现非结构蛋白NS3和NS4A酶切位点附近2 273～2 287位氨基酸多肽是一个CSFV特异的细胞毒性T细胞识别的抗原表位。Armengol等（2002）人工合成573个多肽，横跨整个CSFV（Glentorf株）82%氨基酸序列，有26个多肽片段能够诱导CSFV Glentorf株感染猪的外周单核细胞的特异T细胞免疫反应，这26个多肽中有18个多肽能够被CSFV Alfort/187株感染的外周单核细胞所识别，其中有一个肽段（KHKVRNEVMVHWFDD）与位于CSFV非结构蛋白NS2-3 1 446～1 460位氨基酸同源，该肽段可以在体外诱导干扰素的产生，由于该肽段能够诱导CD8+CD4+T细胞反应，提示该表位有可能成为合成肽疫苗的候选区域。进一步发现CSFV结构蛋白E2上存在与B细胞表位重叠的T细胞表位，在细胞毒性实验中，CSFV特异的T淋巴细胞能溶解含有该肽段的靶细胞，提示该肽段上存在CSFV特异的辅助性T细胞抗原表位和T细胞抗原表位。随后的研究表明能够刺激产生细胞毒性T淋巴细胞和猪白细胞抗原所识别的抗原表位位于E2蛋白和NS3蛋白上。Ceppi等（2005）用E2蛋白和NS3-4A蛋白的mRNA转染抗原递呈细胞，结果发现，E2和NS3-4A上存在一个病毒基因编码的CTL表位，攻毒1~3周后在中和抗体未出现前就检测到了针对E2蛋白的强烈的CTL作用，说明了细胞免疫在抗CSFV感染中发挥着重要作用。这一研究还表明体外转录病毒蛋白mRNA转染抗原递呈细胞可用于鉴定病毒CTL表位，避免了应用体外合成多肽的繁琐操作和价格昂贵等缺点。这是首次证明CSFV结构蛋白E2上存在CTL表位，对未来设计猪瘟新型疫苗尤其是亚单位疫苗提供了新思路。

二、猪瘟病毒流行毒株之间的抗原性差异

通过国际上公认的利用E2基因序列进行分型可以将CSFV分为3个基因型，11个基因亚型，即1.1、1.2、1.3、1.4、2.1、2.2、2.3、3.1、3.2、3.3和3.4亚型，但是只有一个血清型。研究表明应用常规的血清学方法不能将不同地区、不同时间分离的毒株区分开，但是单克隆抗体以其高度的特异性和敏感性可以用于分析不同毒株间的微小抗原差异。Wensvoort等（1989）用13株抗CSFV E2蛋白的单抗分析了94株不同来源的CSFV的抗原差异。结果发现有7株能识别所有的94株CSFV，说明这7株单抗识别的抗原位点非常保守，另外6株单抗能识别的毒株数有差异，说明它们所识别的抗原位点具有差异性。另外发现随着时间推移，CSFV抗原存在漂移现象，即时间相近的反应类型相同或相近，而时间相隔久远的反应类型不同或相差较远，并且发现毒力相近的毒株反应性并不同。Edwards等（1990）用19株抗CSFV单抗对来自欧洲、巴西、日本、美国、马来西亚的流行毒株进行了分析，其中6株单抗可以识别所有的毒株，其余的单抗识别的毒株数目有差异，揭示了来源于不同地区的毒株之间的差异。Kosmidou等（1995）用12株抗E2单抗和11株抗E^{rns}单抗对126株CSFV进行了抗原分型工作，126株CSFV可被分为21种不同的抗原型。Mendoza等（2007）应用12株针对CSFV Brescia株E2蛋白不同抗原区的单抗对29株不同毒力的毒株进行分析，试图建立单抗所识别抗原表位的差异性与病毒毒力之间的关系，结果表明这12株单抗所针对的抗原表位中存在能够与所有毒株均反应的保守表位，也存在只能与部分毒株发生反应的有差异的表位，并且发现C株与GPE-疫苗株的反应性非常接近，但是未发现能够区分不同毒力毒株的单抗。上述研究表明CSFV的不同毒株之间存在抗原结构多样性。国际上有公认的基因区段可以用来对世界不同国家的流行毒株进行基因分型，但没有统一的单抗谱对不同分离毒株进行分析，因此存在着不同实验

室应用不同的单抗进行抗原分型所得的结果不具可比性，只能反映其差异性。所以应用单克隆抗体对CSFV的分型并不能代替基因分型，但却是研究病毒抗原性差异，尤其是比较疫苗株与流行毒株抗原性差异的有利工具。

朱妍等（2009）也开展了CSFV抗原性的研究，用针对CSFV不同蛋白的19株单抗对1996—2006年间实验室分离的21株中国CSFV流行毒株进行了抗原性差异分析，结果发现有两株单抗WH302和WH303能够识别所有毒株，其中WH303识别E2蛋白829～837位的TAVSPTTLR表位，属于保守区段，序列分析表明中国的这些流行毒株在这个抗原位点上是保守的，没有变异。抗E2单抗识别的毒株数多于抗E^{ms}单抗识别的毒株。虽然E^{ms}是CSFV的一个比较保守的蛋白，但上述研究结果表明，E^{ms}暴露于囊膜外的部分为易变区。由于CSFV普遍存在抗原差异的现象，提示E^{ms}蛋白对于研究CSFV抗原差异更有意义。

朱妍等（2009）进一步分析发现，同一株单抗不能识别同一基因型的所有毒株，如单抗308可以识别基因2.1型的HeN-1/98，但却不能识别同为基因2.1型的其他几株（YN-4/96、GZ-1/99、NX-2/99、LN-2/99）。这说明虽然通过核酸序列分析将一些毒株划分为同一基因型，但基因分型的结果不能等同于抗原分型，同一基因型的毒株之间抗原性是存在差别的。单抗220可以识别基因型内2005—2006年80%的毒株，但仅能识别1996—1999年16.7%的毒株，说明随着时间的推移，CSFV能够发生细微的抗原漂移。

由于用于分析的毒株数量有限，用于分析的单抗除WH303已知所识别的抗原表位外，其他单抗所识别的抗原表位并不清楚，因此只能是从一个侧面展示中国CSFV流行毒株在抗原结构上存在差异。课题组的初衷是想通过不同基因型的CSFV与单抗谱反应，从而寻找到CSFV基因分型与单抗识别谱之间的联系，Mendoza等（2007）试图通过相同的实验建立CSFV毒力与单抗反应的联系，但是都无清晰的规律可寻，分析其中的原因是用于分析的毒株和单抗的数量有限，因此关于CSFV基因型、毒力与抗原结构之间的联系还有待进一步研究。

尽管CSFV可以分为3个基因型和11个基因亚型，并且不同流行毒株与疫苗株之间存在着抗原结构上细微的差异，但猪瘟兔化弱毒疫苗动物保护试验的结果表明，兔化弱毒疫苗能诱导针对不同强毒株和各种基因型的免疫保护，对于在中国猪瘟流行毒株中的占主导地位的基因2.1亚型及局部分布的2.2、2.3和1.1基因亚型均能产生交叉保护，对引起慢性猪瘟的病毒株也有免疫保护作用。中国兽医药品监察所丘惠深等曾用不同时间、不同地点、不同基因亚型和不同毒力的野毒株进行单独、混合、一次、多次或交叉攻毒，结果接种猪均能得到完全保护（丘惠深等，1997）。因此，流行毒株与疫苗株之间存在的抗原性差异并不会影响到猪瘟疫苗的保护效果。

（朱　妍）

第五节 猪瘟病毒反向遗传学

　　反向遗传学（Reverse genetics）是20世纪末发展起来的一门新兴学科，它在已知生物体基因组序列的基础上，对目的基因进行加工和修饰，再让其装配复制出具有生命活性的个体，用以研究生物体基因组的结构与功能，以及这些修饰可能对生物体表型和性状有何种影响等方面的内容。与之相关的研究技术称为反向遗传学技术，已广泛应用于生命科学研究的各个领域，极大地推动了许多相关学科的快速发展（Billeter等，2009）。CSFV的反向遗传操作技术是将CSFV的全长基因组RNA反转录成cDNA，再将其克隆至质粒DNA中，在DNA上对CSFV基因组中不同功能基因片段进行加工和修饰，如定点突变、基因插入或缺失、基因置换等，然后再通过体外转录成为全长的mRNA、用体外转录的mRNA转染细胞获得子代的病毒，通过对子代病毒的生物学特性进行测定研究基因组中每个片段在病毒复制、表达、调控、免疫、致病中的分子作用机理，继而为人类认识和防控猪瘟提供重要的技术支撑。

　　CSFV反向遗传技术研究以CSFV全基因组序列测定和基因组结构为基础。目前已公布的CSFV全基因组序列50多条，20世纪90年代中期，中国在国家攀登计划课题资助下，由武汉大学、兰州兽医研究所、军事兽医研究所等单位共同协作完成了兔化弱毒疫苗株全基因组测序，此后，北京大学、武汉大学、哈尔滨兽医研究所、中国兽医药品监察所等相继测定了细胞源兔化弱毒疫苗株、中国标准强毒石门株、T株（Thiveral株）以及其他分离毒株的全基因组序列，从而为CSFV反向遗传操作奠定了基础。

　　动物病毒可以分为DNA病毒和RNA病毒，其中RNA病毒又可以分为单股正链RNA病毒和单股负链RNA病毒。RNA不易直接进行基因遗传操作，反向遗传操作技术的应用使许多RNA病毒的分子生物学研究取得了很大进展。不同核酸类型病毒的反向遗传操作不尽相同，对于正链RNA病毒来说，由于正链RNA病毒基因组可以作为mRNA来翻译病毒聚合酶，所以只要将其基因组的类似物导入细胞即可组装出具有感染性的子代正链RNA病毒，因此相对比较容易获得成功。小RNA病毒科的脊髓灰质炎病毒，披膜病毒科的风疹病毒以及黄病毒科的登革热病毒、日本脑炎病毒等先后获得成功。Racaniello等（1984）利用含有脊髓灰质炎病毒全长cDNA克隆的质粒转染哺乳动物细胞首次获得了具有感染性的脊髓灰质炎病毒，开创了动物RNA病毒反向遗传学研究新领域。

一、猪瘟病毒反向遗传研究关键技术

CSFV与脊髓灰质炎病毒、口蹄疫病毒、西尼罗病毒、日本脑炎病毒等相似，都属于单股正链RNA病毒，但在构建反向遗传操作技术平台时，不同病毒具有不同的特点，实际工作中遇到的问题和难点各不相同。本章结合从事口蹄疫病毒、西尼罗病毒和CSFV反向遗传操作经验，介绍有关CSFV感染性克隆构建和应用研究中注意的问题。

（一）基因组序列保真性与末端完整性

构建猪瘟病毒感染性cDNA克隆，首先要获得全基因组，扩增全长基因组应使用优质反转录酶和高保真聚合酶，如果所获得基因发生点突变，对感染性克隆的"活性"，即能否拯救出子代病毒，往往可能是致死性的突变。Meyers 等1989年报道了CSFV基因组全序列，但直到1996年精确测定了5′末端（5′ GTATACGAG…3′）和3′末端序列（5′…TTTCCTAACGGCCC3′），才成功构建了感染性克隆，并从猪细胞拯救出病毒（Meyers 等，1996；Ruggli 等，1996）。实验研究表明，病毒RNA分子5′末端序列的完整性和真实性对于病毒的感染性是至关重要的。除了必须保证5′末端序列的完整性外，还必须尽可能避免引入非病毒序列，否则会导致子代病毒的感染性急剧降低。有时甚至在5′末端仅延伸了1到2个碱基（一般为G），就使病毒的感染性完全丧失。研究人员认为造成这种现象的原因可能是这些额外序列可以严重阻碍正链RNA合成的起始。相比之下，病毒对其3′末端的变化比较能够耐受。对大多数病毒而言，在其转录体的3′末端延长30个碱基，并不会明显影响其感染性。此外，对那些病毒基因组中含有5′帽子结构和3′多聚A等结构的病毒来说，维持这些结构的完整性不仅是必不可少的，而且往往是不可替代的。在实际研究工作中采用T7RNA聚合酶进行体外反转录RNA时，启动子序列之后多一个G碱基合成效率显著提高，但在5′末端多出了一个碱基G，往往造成RNA丧失感染性或拯救病毒效率降低，从现有研究资料看CSFV 5′末端多一个碱基G对CSFV的拯救影响不大；CSFV 3′末端无多聚A结构，其末端结构及完整性是否影响病毒拯救效率未完全定论，但为了保证末端的完整性在体外转录前，采用特殊限制性内切酶（SrfI，GCCC↓GGGC）线性化质粒DNA，但该限制性内切酶使用不方便。研究人员在构建猪瘟感染性克隆时，除T7启动子、T7终止子外，在CSFV序列两侧引入了两个核酶基因（Ribzyme），即榔头状核酶基因和α肝炎病毒（HDV）核酶基因，转录出RNA之后可以自我切割，形成病毒完整的CSFV 5′ 和3′ 末端（Walker 等，2003），这些调控元件的存在，可以保证病毒基因组体内外转录的顺利进行和转录RNA的完整性。

（二）质粒载体的复制特性

病毒基因序列对质粒载体在细菌中的稳定性，以及对大肠杆菌的毒性是构建CSFV感染性克隆的重要因素。由于有些病毒基因组中的某些基因或者结构对于大肠埃希氏菌具有毒性，使得包含这些病毒全长cDNA克隆的质粒在大肠埃希氏菌中极不稳定，有的甚至无法复制，如黄病毒和日本脑炎病毒。包含这些病毒全长cDNA克隆的质粒在大肠埃希氏菌中复制时，总是发生突变，时常无法得到病毒全长cDNA克隆。对于黄病毒科的其他病毒，人们在20世纪80年代末90年代初就获得了感染性克隆。在CSFV研究中人们试图引用pUC、pEMBL和pBluescript构建猪瘟全长感染性克隆均未成功。同时人们发现将基因组cDNA5′ 和3′ 分别克隆至pBluescriptIISK1，转化细菌生长力明显下降。pUC系列质粒常用于10kb以下RNA病毒感染性克隆，CSFV基因组12kb，选用pBR322及其衍生质粒为骨架，成功构建了CSFV的感染性克隆，但由于含有插入的重组质粒在细菌中不稳定，虽然克隆到了完整的cDNA，但克隆并无感染性。1996年国外几家实验室选用了由pACYC177衍生而来的pACNR1180，P15A复制子可以降低质粒在细菌中的复制拷贝数，从而成功地构建了猪瘟感染性克隆并拯救出了活的CSFV。表明质粒DNA的复制特性在CSFV感染性克隆的构建过程中具有重要作用，质粒复制拷贝数越多越不利于感染性克隆的构建，不同的黄病毒全长cDNA克隆在pBR322或pACYC177质粒中不稳定，CSFV全长cDNA克隆相对稳定，含有CSFV插入片段或全长基因的pBR322或pACYC177质粒转化细菌，有时出现大小不均的菌落，质粒产量也很低，表明克隆的序列对细菌有毒性，如果获得克隆则可能造成突变。所以不同的病毒应选择适宜的质粒载体，在黄病毒科病毒的研究中，有人将日本脑炎病毒全长基因组cDNA克隆到人造大肠埃希氏菌染色体中确保得到具有感染性的遗传稳定的感染性cDNA克隆。

感染性克隆转录的RNA完整性和保真性、RNA转染细胞的效率，以及转染细胞检测方法的可靠性是CSFV反向遗传操作研究的重要环节。RNA酶无处不在，从事该项工作一定确保一个无核酶环境。从全基因组cDNA克隆到病毒基因组RNA的转录可分为体内转录和体外转录两种方式来完成。体内转录指的是病毒cDNA到RNA的过程全部在真核细胞中完成。将病毒全长cDNA基因组转染宿主细胞后，在表达RNA聚合酶的作用下，在cDNA 5′ 末端启动子的引导下，起始合成基因组RNA。如将病毒cDNA质粒转染稳定表达T7 RNA聚合酶的SK6细胞系，可成功拯救CSFV C株。也可以将病毒cDNA质粒和表达RNA聚合酶的表达质粒同时转染细胞获得拯救病毒，赵启祖等采用该技术成功地拯救出口蹄疫病毒，但对CSFV的拯救效率不理想。也可以将病毒cDNA质粒转染感染了表达RNA聚合酶病毒载体的细胞，如用痘病毒载体感染细胞来拯救病毒。也可以构建含有真核细胞启动子的全长感染性克隆，使用该质粒转染细胞拯救病毒。这些方法均不需要制备RNA，可以直接转染DNA质粒，操作方法简便，但效率有限。体外转录是指利用RNA聚合酶在体外将全基因组cDNA转录成基因组RNA，体外转录需要对病毒全基因组cDNA5′和3′末端进行修饰，在5′末端加入一段外源启动子序列，一般常使用的启动子是SP6、T7和T3，通过相应的RNA聚合酶在体外起始正链RNA的合成，在3′末端加入一段终止子序列或类似的终止结构，同时在基因组末端设计一个单一的酶切位点，以便在转录之前将质粒线性化，使得基因组RNA的合成人为终止。由于正链RNA病毒基因组RNA单独就具有感染性，所以用基因组RNA去感染宿主细胞就可能产生病毒粒子，该方法转染拯救病毒的效率比较高，但对环境和操作要求比较高，防止过程中RNA降解。将DNA或RNA转入细胞的方法，通常有磷酸钙沉淀法、脂质体转染、电穿孔法等，特别是电穿孔法（Electroporation）使转染效率大幅度提高。对每一种方法的使用都应针对不同的细胞和核酸类型进行条件优化。

近年来，国内外构建CSFV反向遗传技术操作平台的研究逐渐增多，主要是采用强毒株Brescia株、Alfort/187株、石门株和弱毒疫苗株C株、T株（Thiverval株）构建感染性克隆，并逐步应用于CSFV生物学特性、致病机理以及新型疫苗研究开发。

二、反向遗传技术在猪瘟病毒研究中的应用

CSFV体外细胞培养不产生CPE，但偶尔也可以分离到致细胞病变毒株。通常将瘟病毒分为致细胞病变型（CP）与非致细胞病变型（nCP）。所有CP型毒株均有NS3蛋白的过表达的特性。同时在所有分离的CP型瘟病毒毒株中均含有缺陷干扰颗粒（Defective interfering particle，DI）与nCP型的辅助病毒，DI颗粒通常为缺失了结构蛋白N^{pro}、P7与NS2的亚基因组或复制子。Moser C等采用CSFV Alfort/187感染性克隆，将编码N^{pro}、C、E^{rns}、E1、E2、p7和NS2逐渐缺失构建RNA复制子，转染细胞发现它们不是病毒RNA复制所必需的，但它们调控着病毒RNA的复制效率，同时也证明含完整NS2-NS3基因的RNA复制子在转染细胞中持续复制，但不会造成CPE；但如果进一步将NS2基因缺失，则病毒复制效率提高并且会引起CPE，从而为DI的发现和NS3在CPE毒株中的作用提供了佐证。Gallei等根据BVDV致细胞病变毒株的特性，在nCP型的CSFV Alfort-p447株的N^{pro}和C蛋白之间引入了细胞J-domain蛋白jiv-90序列，该蛋白的功能是增加NS2-NS3的解离，释放出大量NS3。通过插入序列的方式构建全长感染性克隆，拯救嵌合病毒CSFV

Alfort-Jiv。将两株病毒通过SK-6等细胞传代培养、通过动物实验研究发现，嵌合病毒可产生CPE，可增强病毒RNA的复制，在自然宿主体内致弱，从而为研究CSFV致病机制提供了重要基础数据和研究手段（Gallei等，2008）。

CSFV有典型的强毒株，如石门株、Alfort株和Brescia株，也有世界上最优秀的弱毒疫苗毒株C株，还有培养特性独特的温度敏感弱毒株T株。构建不同毒力毒株的感染性克隆为CSFV毒力基因的研究、强弱毒差异的机制和致病机理研究提供了很好的技术平台。CSFV基因组有5′端非编码区（5′NTR）和3′端非编码区（3′NTR），5′端无甲基化帽子结构，3′端无多聚腺苷酸（poly A）尾巴，5′NTR是病毒蛋白表达的主要调控区，而3′NTR则是病毒RNA复制的重要调控区，可能含有起始基因组RNA合成的启动子、增强子等顺式作用元件。不同毒株5′端非编码区差异不大，功能性研究较少，为研究5′非编码区（5′NTR）一级结构、二级结构和功能与CSFV细胞适应性和病毒滴度的关系，中国兽医药品监察所以C株和T株感染性cDNA克隆为实验材料，交换5′NTR基因，构建了两株嵌合病毒，探讨CSFV 5′NTR与细胞适应性和病毒滴度之间的关系，经细胞培养和兔体实验研究发现，5′NTR与C株兔热反应无关，对CSFV C株的细胞适应性有一定的影响，但不是其决定因素。CSFV的3′NTR由223~243个核苷酸组成，在瘟病毒属内具有较高保守性，介导病毒基因组的复制。1996年Moormann等公布了由他们测定的C株的全长基因组序列，与强毒株比较其3′端含有13个富含U的插入序列（Moormann等，1996）。认为此序列可能是强毒株在兔化致弱时产生的一个适应性标记，与毒力没有直接关系。中国兽医药品监察所在进行T株全基因组序列测定和感染性克隆构建中发现（Fan等，2008），Thiverval株3′NTR最长可达259个碱基，与母源株Alfort相比，含有32个碱基的插入，最短只有233个碱基，含有6个碱基的插入。兔化弱毒株C株最长含有17个碱基的插入，最短含有8个碱基的插入。Thiverval株和C株3′NTR插入片段存在显著不均一性。那么为什么只有弱毒株才会有多聚U的插入，而且长度不一呢？研究发现CSFV 3′NTR 12个核苷酸的插入与缺失可以影响病毒RNA的合成和3′NTR二级结构的稳定性，删除C株3′NTR插入的12个核苷酸，病毒RNA合成会增加，其3′NTR二级结构将会更加稳定。在石门株3′NTR引入12个连续的核苷酸T，病毒RNA合成会降低，3′NTR二级结构也变得不稳定，导致CSFV致弱。王毅等运用反向遗传操作技术，构建两株嵌合病毒，一株是将猪瘟兔化弱毒疫苗株的12个连续的T插入石门强毒的3′NTR，一株将猪瘟兔化弱毒疫苗株的3′NTR替换到石门强毒3′NTR中，分别拯救病毒后，将其感染实验用猪，与对照组石门强毒相比，发现两株嵌合病毒的毒力都减弱，且都可产生中和抗体，产生抵抗致死剂量石门毒的攻击，由此证明12T的插入足以使猪瘟石门强毒病毒致弱（Wang等，2008；Xiao等，2004）。

CSFV基因组中，除非编码区可能与病毒毒力有关外，对基因组其他编码区研究发现也与毒力有关。N^pro是CSFV基因组编码的第一个蛋白，也称为先导蛋白或N端蛋白，是一种典型的半胱氨酸蛋白酶，为了研究其功能，瑞士Tratschin等将CSFV Alfort/187株N^pro基因用小鼠泛素基因替换后，对构建的重组病毒研究发现，该重组病毒与亲本株在SK6细胞中的生长特性基本一致。据此推测，N^pro基因并非病毒体外培养所必需（Mayer等，2004；Tratschin 等，1998）。N^pro是很重要的天然免疫调节蛋白，能与干扰素调节因子3（IRF3）相互作用，降解IRF3，抑制IFN-α/β的产生。采用反向遗传学技术敲除CSFV N^pro基因，拯救病毒对猪的毒力减弱。进一步对N^pro基因进行氨基酸点突变替换，降低对IRF3 降解，但不影响CSFV的毒力（Bauhofer 等，2007；Ruggli 等，2009；Seago等，2009）。

CSFV E^ms、E1、E2是构成病毒囊膜的主要结构蛋白，E1和E2以羧基端锚定在囊膜上，而E^ms与膜的结合比较松散，E^ms和E2可以诱导产生病毒中和抗体，是重要的免疫原。研究这些蛋白组成、结构和糖基化对阐明病毒毒力、致病性、免疫以及与宿主的关系具有重要意义。

CSFV E^ms 具有RNase 催化活性，是糖基化程度很高的一种囊膜糖蛋白，具有多种功能，参与病毒吸附与侵入，产生中和抗体，与致病力有关。有研究者通过定点突变技术替换或缺失了E^ms上其RNase活性区中的346His 和/或297His 后，得到RNase阴性病毒，对猪的毒力有所减弱，由此推测毒力的强弱与E^ms编码基因的存在有关。CSFV E^ms具有7个糖化位点，经一系列点突变研究发现，这些位点是否糖基化直接影响病毒对猪的毒力。仅有N269A/Q突变拯救病毒（N1v/N1Qv）株，对猪一过性感染，排毒量减少而且可以抵抗强毒攻击。此外，CSFV的E^ms通常以同源二聚体的形式存在于病毒粒子和感染细胞中，二聚体的构成与171位半胱氨酸（Cys）有关，研究者采用感染性克隆技术将171Cys突变，抑制同源二聚体的形成，导致病毒毒力减弱，但并不影响病毒的复制和中和抗体的产生。但也有人认为CSFV E^ms基因的突变对CSFV的毒力影响不大（Fernandez-Sainz等，2009；Sainz 等，2008）。

美国梅岛的Risatti等将CSFV弱毒疫苗株（CS株）和强毒株Brescia株基因组E2编码区进行替换后，构建拯救了一组嵌合病毒，在猪体和猪原代巨噬细胞中进行了感染试验研究。将CS株的E2基因替换到Brescia株基因组中的嵌合体319.1v，经猪体试验证明致弱效果明显，在扁桃体中的病毒复制明显下降，暂时性的病毒血症有所缓和，感染和病毒外排现象减少，表明E2蛋白是CSFV毒力的决定因素之一（Risatti 等，2005）。但在CS株基因组骨架下，用Brescia株全部结构蛋白基因替换，嵌合体仍旧保持致弱，说明结构蛋白编码区以外其他部分对于CS疫苗弱毒的致弱具有很重要的作用。在319.1v病毒全长

cDNA基础上分段构建嵌合病毒357v，包括致弱疫苗株CS E2蛋白上691～881位的氨基酸残基，感染猪后对猪体无致弱。构建的嵌合病毒358v，包含CS E2蛋白上883～1064位的氨基酸残基，对猪体明显致弱。与强毒株Brescia感染性cDNA克隆BICv相比，在这个部位上只有13个氨基酸发生变异。在随后一系列的研究中发现，E2 C末端单个或两个氨基酸的变异，并不足以影响Brescia的毒力，而随着氨基酸变异的增加，Brescia毒力有所减弱，表明CSFV E2蛋白C末端氨基酸的变异对病毒的致弱有很大的作用。E2蛋白是一种糖蛋白，推测有7个糖基化位点，通过对感染性克隆BICv点突变，研究发现E2的糖基化与Brescia株的毒力有关，突变全部7个位点，不能拯救出病毒，但185位糖基化位点N185A的突变可以使病毒复活，所以该位点对病毒的活性至关重要。同时也发现E2蛋白N116位的糖基化位点与CSFV毒力减弱有关，突变病毒可以有效保护强毒攻击（Risatti等，2006；Risatti等，2007a；Risatti等，2007b）。

研究发现E1蛋白C末端插入19个氨基酸后获得的重组病毒，不影响病毒在原代猪巨噬细胞上的生长，但猪的毒力显著下降。此外，E1蛋白的3个潜在N-糖基化位点（N500、N513和N594）进行修饰后发现：如果将这3个位点同时突变，不能获得子代病毒；如果将N500和N513同时突变或者单独将N594突变，获得的子代病毒毒力减弱。CSFV E2和E1通过半胱氨酸形成异源二聚体，异源二聚体的形成影响着病毒的装配、成熟和感染性。研究发现E1中有6个半胱氨酸，可能参与异源二聚体的形成，单个突变半胱氨酸为丝氨酸（C-S）不影响异源二聚体的形成和对猪的毒力，但第24和94位C-S同时突变，拯救病毒E1-E2异源二聚体形成发生改变，在猪原代巨噬细胞生长发生变化，对猪毒力减弱（Fernandez-Sainz等，2011；Risatti等，2005）。

CSFV基因组编码多种非结构蛋白，虽然它们不组装病毒粒子，但在病毒的复制、装配、成熟、致病和免疫中发挥着重要作用，认识这些非结构蛋白对于研究病毒及病毒与宿主的关系具有重要意义。NS2和NS3是瘟病毒中最为保守的区域，并在CSFV与宿主细胞的相互作用中可能发挥重要作用，将含有完整NS2-NS3基因的RNA复制子转染细胞，复制子不会对细胞形态和功能造成破坏；但如果NS2基因发生缺失，则病毒复制子复制效率提高并且会引起细胞病变，提示NS3量的积累导致CPE。中国兽医药品监察所构建了表达不同形式的NS3的细胞系，结果发现仅表达NS3的细胞接种CSFV可出现CPE，而NS3与NS2或NS4融合表达细胞则不出现CPE，进一步验证了NS3与CSFV感染细胞CPE发生的关系。CSFV NS4B和TLR家族相似，存在两个结构单元，用感染性克隆研究发现结构单元一是致死性的，突变后拯救不出病毒，而结构单元二突变体（NS4B.VGIv）对猪毒力减弱，可能是NS4B通过启动宿主天然免疫应答系统（Fernandez-Sainz等，2010），为研究CSFV感染与免疫提供了新的途径。

　　标记疫苗的研究是CSFV反向遗传学研究的另一重要领域。猪瘟兔化弱毒疫苗株是世界上最好的弱毒活疫苗，为世界猪瘟的控制与消灭做出了重大贡献，但是在猪瘟的消灭与净化过程，需要能够鉴别感染与免疫的标记疫苗（Dong，2007）。在标记疫苗研究中CSFV反向遗传学技术得到了广泛应用，该技术在目前研究工作主要开展的方向有：①从病毒基因组着手，删除或替换病毒非必需基因，如N^{pro}基因缺失病毒毒力下降，研制CSFV减毒标记疫苗（Mayer 等，2004）；② 研究确定病毒致病基因或毒力基因，改造毒力基因，研发标记疫苗，如E^{ms}具有RNase 活性，改变或缺失RNase的活性位点可导致病毒毒力减弱。或用同类病毒BVDV等的等同基因进行替换，通过E^{ms}抗体检测区分野毒感染与疫苗免疫；③ 通过插入一些标记基因，如氯霉素乙酰转移酶（CAT）基因（Moser 等，1998）或Flag基因，人工构建含有阳性标记的标记病毒，或突变病毒一些能够诱导产生抗体的特殊标位构建标记病毒，如突变单克隆抗体WH303的表位等研发标记疫苗；④ 采用同属其他病毒，如BVDV和BDV的感染性克隆，将CSFV主要免疫原基因E2进行替换，研制标记疫苗，例如利用BVDV CP7 株嵌合CSFV Alfort/187 株E2研制而成的嵌合病毒CP7–△E2PacI可以保护猪只免于CSFV的致死性感染（Gabriel 等，2012）。

　　反向遗传学技术为研究CSFV的研究开辟了新途径，不仅可以了解病毒增殖、传播和致病的各个环节的调控机制，还能对病毒与宿主之间的相互关系进行研究，为猪瘟防控提供新型策略和技术。该项技术使操作CSFV RNA成为可能，将填补CSFV研究中的空白，特别是CSFV非结构蛋白的功能，新型标记疫苗的研发等（刘大飞等，2009；朱元源等，2011）。

（赵启祖、朱元源）

参考文献

Armengol E., Wiesmuller K.H., et al. 2002. Identification of T-cell epitopes in the structural and non-structural proteins of classical swine fever virus[J]. J Gen Virol, 83, 551－560.

Balint A., Baule C., Palfi V., et al. A 45-nucleotide insertion in the NS2 gene is responsible for the cytopathogenicity of a bovine viral diarrhoea virus strain[J]. Virus Genes, 2005, 31, 135－144.

Bauhofer O., Summerfield A., Sakoda Y., et al. Classical swine fever virus Npro interacts with interferon regulatory factor 3 and induces its proteasomal degradation[J]. J Virol, 2007, 81, 3087－3096.

Billeter M.A., Naim H.Y., Udem S.A. 2009. Reverse genetics of measles virus and resulting multivalent recombinant vaccines: applications of recombinant measles viruses[J]. Curr Top Microbiol Immunol, 329: 129–162.

Bjorklund H.V., Stadejek T., Vilcek S., et al. 1998. Molecular characterization of the 3' noncoding region of classical swine fever virus vaccine strains[J]. Virus Genes , 16: 307–312.

Brown E.A., Zhang H., Ping L.H., et al. 1992. Secondary structure of the 5' nontranslated regions of hepatitis C virus and pestivirus genomic RNAs[J]. Nucleic Acids Res, 20: 5041–5045.

Carrere-Kremer S., Montpellier-Pala C., Cocquerel L., et al. 2002. Subcellular localization and topology of the p7 polypeptide of hepatitis C virus[J]. J Virol, 76: 3720–3730.

Ceppi M., de Bruin M.G., Seuberlich T., et al. 2005. Identification of classical swine fever virus protein E2 as a target for cytotoxic T cells by using mRNA-transfected antigen-presenting cells[J]. J Gen Virol, 86: 2525–2534.

Clarke D., Griffin S., Beales L., et al. 2006. Evidence for the formation of a heptameric ion channel complex by the hepatitis C virus p7 protein in vitro[J]. J Biol Chem, 281: 37057–37068.

Deng R., Brock K.V. 1993. 5' and 3' untranslated regions of pestivirus genome: primary and secondary structure analyses[J]. Nucleic Acids Res, 21: 1949–1957.

Dong X.N., Chen Y.H., 2007. Marker vaccine strategies and candidate CSFV marker vaccines[J]. Vaccine, 25: 205–230.

Edwards S., Sands J.J. 1990. Antigenic comparisons of hog cholera virus isolates from Europe, America and Asia using monoclonal antibodies[J]. Dtsch Tierarztl Wochenschr, 97: 79–81.

Edwards S., Moennig V., Wensvoort G. 1991. The development of an international reference panel of monoclonal antibodies for the differentiation of hog cholera virus from other pestiviruses[J]. Vet Microbiol, 29: 101–108.

Fan Y., Zhao Q., Zhao Y., et al. 2008. Complete genome sequence of attenuated low-temperature Thiverval strain of classical swine fever virus[J]. Virus Genes, 36: 531–538.

Fedorov D.G., Balysheva V.I., Zhesterev V.I., et al. 2004. Inactivation of viruses of different taxonomic groups by cuprous sulphate[J]. Vopr Virusol, 49: 43–45.

Fernandez-Sainz I., Gladue D.P., Holinka L.G., et al. 2010. Mutations in classical swine fever virus NS4B affect virulence in swine[J]. J Virol, 84: 1536–1549.

Fernandez-Sainz I., Holinka L.G., Gavrilov B.K., et al. 2009. Alteration of the N-linked glycosylation condition in E1 glycoprotein of Classical Swine Fever Virus strain Brescia alters virulence in swine[J]. Virology, 386: 210–216.

Fernandez-Sainz I., Holinka L.G., Gladue, D., et al. 2011. Substitution of specific cysteine residues in the E1 glycoprotein of classical swine fever virus strain Brescia affects formation of E1-E2 heterodimers and alters virulence in swine[J]. J Virol, 85: 7264–7272.

Freitas T.R., Gaspar L.P., Caldas L.A., et al. 2003. Inactivation of classical swine fever virus: association of hydrostatic pressure and ultraviolet irradiation[J]. J Virol Methods, 108: 205 – 211.

Gabriel C., Blome S., Urniza A., et al. 2012. Towards licensing of CP7_E2alf as marker vaccine against classical swine fever-Duration of immunity[J]. Vaccine, 30: 2928 – 2936.

Gallei A., Blome S., Gilgenbach S., et al. 2008. Cytopathogenicity of classical Swine Fever virus correlates with attenuation in the natural host[J]. J Virol, 82: 9717 – 9729.

Griffin S.D., Beales L.P., Clarke D.S., et al. 2003. The p7 protein of hepatitis C virus forms an ion channel that is blocked by the antiviral drug[J]. Amantadine. FEBS Lett, 535: 34 – 38.

Grummer B., Fischer S., Depner K., et al. 2006. Replication of classical swine fever virus strains and isolates in different porcine cell lines[J]. Dtsch Tierarztl Wochenschr, 113: 138 – 142.

Handschuh G., Caselmann W.H. 1995. Bacterial expression and purification of hepatitis C virus capsid proteins of different size[J]. J Hepatol, 22: 143 – 150.

Jirasko V., Montserret R., Appel N., et al. 2008. Structural and functional characterization of nonstructural protein 2 for its role in hepatitis C virus assembly[J]. J Biol Chem, 283: 28546 – 28562.

Kameyama K., Sakoda Y., Matsuno K., et al. 2008. Cleavage of the NS2-3 protein in the cells of cattle persistently infected with non-cytopathogenic bovine viral diarrhea virus[J]. Microbiol Immunol , 52: 277 – 282.

Kosmidou A., Ahl R., Thiel H.J., et al. 1995. Differentiation of classical swine fever virus（CSFV）strains using monoclonal antibodies against structural glycoproteins[J]. Vet Microbiol, 47: 111 – 118.

La Rocca S.A., Herbert R.J., Crooke H., et al. 2005. Loss of interferon regulatory factor 3 in cells infected with classical swine fever virus involves the N-terminal protease, Npro[J]. J Virol, 79: 7239 – 7247.

Laude H. 1977. Hog cholera virus: sensitivity to hydrolytic enzymes[J]. Ann Rech Vet, 8: 59 – 65.

Lin M., Lin F., Mallory M., et al. 2000. Deletions of structural glycoprotein E2 of classical swine fever virus strain alfort/187 resolve a linear epitope of monoclonal antibody WH303 and the minimal N-terminal domain essential for binding immunoglobulin G antibodies of a pig hyperimmune serum[J]. J Virol , 74: 11619 – 11625.

Lin M., Trottier E., Pasick J., et al. 2004. Identification of antigenic regions of the Erns protein for pig antibodies elicited during classical swine fever virus infection[J]. J Biochem, 136: 795 – 804.

Mayer D., Hofmann M.A., Tratschin J.D. 2004. Attenuation of classical swine fever virus by deletion of the viral N（pro）gene[J]. Vaccine, 22, 317 – 328.

Mendoza S., Correa-Giron P., Aguilera E., et al. 2007. Antigenic differentiation of classical swine fever vaccinal strain PAV-250 from other strains, including field strains from Mexico[J]. Vaccine, 25: 7120 – 7124.

Meyers G., Rumenapf T., Thiel H.J. 1989. Molecular cloning and nucleotide sequence of the genome of hog cholera virus[J]. Virology, 171: 555 – 567.

Meyers G., Thiel H.J. 1996. Molecular characterization of pestiviruses[J]. Adv Virus Res, 47: 53 – 118.

Meyers G., Thiel H.J., Rumenapf T. 1996. Classical swine fever virus: recovery of infectious viruses from cDNA constructs and generation of recombinant cytopathogenic defective interfering particles[J]. J Virol, 70: 1588 – 1595.

Moennig V., Plagemann P.G., 1992. The pestiviruses[J]. Adv Virus Res, 41: 53 – 98.

Moormann R.J., van Gennip H.G., Miedema G.K., et al. 1996. Infectious RNA transcribed from an engineered full-length cDNA template of the genome of a pestivirus[J]. J Virol, 70: 763 – 770.

Moser C., Tratschin J.D., Hofmann M.A. 1998. A recombinant classical swine fever virus stably expresses a marker gene[J]. J Virol, 72: 5318 – 5322.

Moulin H.R., Seuberlich T., Bauhofer O., et al. 2007. Nonstructural proteins NS2-3 and NS4A of classical swine fever virus: essential features for infectious particle formation[J]. Virology, 365: 376 – 389.

Pauly T., Elbers K., Konig M., et al. 1995. Classical swine fever virus-specific cytotoxic T lymphocytes and identification of a T cell epitope[J]. J Gen Virol, 76 (12) : 3039 – 3049.

Pavlovic D., Neville D.C., Argaud O., et al. 2003. The hepatitis C virus p7 protein forms an ion channel that is inhibited by long-alkyl-chain iminosugar derivatives[J]. Proc Natl Acad Sci USA, 100: 6104 – 6108.

Peng W.P., Hou Q., Xia Z.H., et al. 2008. Identification of a conserved linear B-cell epitope at the N-terminus of the E2 glycoprotein of Classical swine fever virus by phage-displayed random peptide library[J]. Virus Res, 135: 267 – 272.

Racaniello V.R. 1984. Studying poliovirus with infectious cloned cDNA[J]. Rev Infect Dis 6 Suppl, 2: S514 – 515.

Rijnbrand R., van der Straaten T., van Rijn P.A., et al. 1997. Internal entry of ribosomes is directed by the 5' noncoding region of classical swine fever virus and is dependent on the presence of an RNA pseudoknot upstream of the initiation codon[J]. J Virol, 71: 451 – 457.

Risatti G.R., Borca M.V., Kutish G.F., et al. 2005. The E2 glycoprotein of classical swine fever virus is a virulence determinant in swine[J]. J Virol, 79: 3787 – 3796.

Risatti G.R., Holinka L.G., Carrillo C., et al. 2006. Identification of a novel virulence determinant within the E2 structural glycoprotein of classical swine fever virus[J]. Virology, 355: 94 – 101.

Risatti G.R., Holinka L.G., Fernandez Sainz I., et al. 2007. Mutations in the carboxyl terminal region of E2 glycoprotein of classical swine fever virus are responsible for viral attenuation in swine[J]. Virology, 364: 371 – 382.

Risatti G.R., Holinka L.G., Fernandez Sainz I., et al. 2007. N-linked glycosylation status of classical swine fever virus strain Brescia E2 glycoprotein influences virulence in swine[J]. J Virol, 81: 924 – 933.

Risatti G.R., Holinka L.G., Lu Z., et al. 2005. Mutation of E1 glycoprotein of classical swine fever virus affects viral virulence in swine[J]. Virology, 343: 116 – 127.

Rivero V.B., Gualandi G.L., Buonavoglia C., et al. 1988. A study on the susceptibility of minipig kidney （MPK） and rabbit kidney （RK13） cell line cultures to the lapinized Chinese strain of hog cholera virus[J]. Microbiologica, 11: 371 – 378.

Ruggli N., Bird B.H., Liu L., et al. 2005. N（pro）of classical swine fever virus is an antagonist of double-stranded RNA-mediated apoptosis and IFN-alpha/beta induction[J]. Virology, 340: 265 – 276.

Ruggli N., Summerfield A., Fiebach A.R., et al. 2009. Classical swine fever virus can remain virulent after specific elimination of the interferon regulatory factor 3-degrading function of Npro[J]. J Virol, 83: 817 – 829.

Ruggli N., Tratschin J.D., Mittelholzer C., et al. 1996. Nucleotide sequence of classical swine fever virus strain Alfort/187 and transcription of infectious RNA from stably cloned full-length cDNA[J]. J Virol, 70, 3478 – 3487.

Ruggli N., Tratschin J.D., Schweizer M., et al. 2003. Classical swine fever virus interferes with cellular antiviral defense: evidence for a novel function of N（pro）[J]. J Virol, 77: 7645 – 7654.

Sainz I.F., Holinka L.G., Lu Z., et al. 2008. Removal of a N-linked glycosylation site of classical swine fever virus strain Brescia Erns glycoprotein affects virulence in swine[J]. Virology, 370, 122 – 129.

Sakoda Y., Ozawa S., Damrongwatanapokin S., et al. 1999. Genetic heterogeneity of porcine and ruminant pestiviruses mainly isolated in Japan[J]. Vet Microbiol, 65: 75 – 86.

Seago J., Goodbourn S., Charleston B., 2010. The classical swine fever virus Npro product is degraded by cellular proteasomes in a manner that does not require interaction with IRF-3[J]. J Gen Virol, 91(3): 721 – 6

She Y., Liao Q., Chen X., et al. 2008. Hepatitis C virus （HCV） NS2 protein up-regulates HCV IRES-dependent translation and down-regulates NS5B RdRp activity[J]. Arch. Virol, 153: 1991 – 1997.

Sheng C., Xiao M., Geng X., et al. 2007. Characterization of interaction of classical swine fever virus NS3 helicase with 3' untranslated region[J]. Virus Res, 129, 43 – 53.

Shimizu M., Yamada S., Nishimori T. 1995. Cytocidal infection of hog cholera virus in porcine bone marrow stroma cell cultures[J]. Vet Microbiol, 47: 395 – 400.

Sizova, D.V., Kolupaeva, V.G., Pestova, T.V., et al. 1998. Specific interaction of eukaryotic translation initiation factor 3 with the 5' nontranslated regions of hepatitis C virus and classical swine fever virus RNAs[J]. J Virol, 72: 4775 – 4782.

Stadejek T., Warg J., Ridpath J.F. 1996. Comparative sequence analysis of the 5' noncoding region of classical swine fever virus strains from Europe, Asia, and America[J]. Arch Virol, 141: 771 – 777.

Stewart W.C., Downing D.R., Carbrey E.A., et al. 1979. Thermal inactivation of hog cholera virus in ham[J]. Am J Vet Res, 40: 739 – 741.

Tautz N., Harada T., Kaiser A., et al. 1999. Establishment and characterization of cytopathogenic and noncytopathogenic pestivirus replicons[J]. J Virol, 73: 9422 – 9432.

Tratschin J.D., Moser C., Ruggli N., et al. 1998. Classical swine fever virus leader proteinase Npro is not required for viral replication in cell culture[J]. J Virol, 72: 7681 – 7684.

Tu C., Lu Z., Li H., et al. 2001. Phylogenetic comparison of classical swine fever virus in China[J]. Virus Res, 81: 29 – 37.

Turner C., Williams S.M., Cumby T.R. 2000. The inactivation of foot and mouth disease, Aujeszky's disease and classical swine fever viruses in pig slurry[J]. J Appl Microbiol, 89: 760 – 767.

van Rijn P.A., Miedema G.K., Wensvoort G., et al. 1994. Antigenic structure of envelope glycoprotein E1 of hog cholera virus[J]. J Virol, 68: 3934 – 3942.

van Rijn P.A., van Gennip H.G., de Meijer E.J., et al. 1993. Epitope mapping of envelope glycoprotein E1 of hog cholera virus strain Brescia[J]. J Gen Virol, 74 (10) : 2053 – 2060.

van Rijn P.A., van Gennip R.G., de Meijer E.J., et al. 1992. A preliminary map of epitopes on envelope glycoprotein E1 of HCV strain Brescia[J]. Vet Microbiol, 33: 221 – 230.

Vilcek S., Belak S. 1997. Organization and diversity of the 3'-noncoding region of classical swine fever virus genome[J]. Virus Genes, 15: 181 – 186.

Voigt H., Wienhold D., Marquardt C., et al. 2007. Immunity against NS3 protein of classical swine fever virus does not protect against lethal challenge infection[J]. Viral Immunol, 20: 487 – 494.

Walker S.C., Avis J.M., Conn G.L. 2003. General plasmids for producing RNA in vitro transcripts with homogeneous ends[J]. Nucleic Acids Res, 31: e82.

Wang Y., Wang Q., Lu X., et al. 2008. 12-nt insertion in 3' untranslated region leads to attenuation of classic swine fever virus and protects host against lethal challenge[J]. Virology, 374: 390 – 398.

Wang Y.F., Wang Z.H., Li Y., et al. 2010. In vitro inhibition of the replication of classical swine fever virus by capsid-targeted virus inactivation[J]. Antiviral Res, 85: 422 – 424.

Weesendorp E., Stegeman A., Loeffen W.L. 2008. Survival of classical swine fever virus at various temperatures in faeces and urine derived from experimentally infected pigs[J]. Vet Microbiol, 132, 249 – 259.

Weiland E., Stark R., Haas B., et al. 1990. Pestivirus glycoprotein which induces neutralizing antibodies forms part of a disulfide-linked heterodimer[J]. J Virol, 64: 3563 – 3569.

Wen G., Chen C., Luo X., et al. 2007. Identification and characterization of the NTPase activity of classical swine fever virus (CSFV) nonstructural protein 3 (NS3) expressed in bacteria[J]. Arch Virol, 152: 1565 – 1573.

Wensvoort G. 1989. Topographical and functional mapping of epitopes on hog cholera virus with monoclonal antibodies[J]. J Gen Virol, 70 (11) , 2865 – 2876.

Wensvoort G., Terpstra C., de Kluijver et al. 1989. Antigenic differentiation of pestivirus strains with monoclonal antibodies against hog cholera virus[J]. Vet Microbiol, 21: 9 – 20.

Wijnker J.J., Depner K.R., Berends B.R. 2008. Inactivation of classical swine fever virus in porcine casing preserved in salt[J]. Int J Food Microbiol, 128: 411－413.

Wong M.L., Liu J.J., Huang C., et al. 1998. Molecular cloning and nucleotide sequence of 3'-terminal region of classical swine fever virus LPC vaccine strain[J]. Virus Genes, 17: 213－218.

Xiao M., Bai Y., Xu H., et al. 2008. Effect of NS3 and NS5B proteins on classical swine fever virus internal ribosome entry site-mediated translation and its host cellular translation[J]. J Gen Virol, 89: 994－999.

Xiao M., Gao J., Wang Y., et al. 2004. Influence of a 12-nt insertion present in the 3' untranslated region of classical swine fever virus HCLV strain genome on RNA synthesis[J]. Virus Res, 102: 191－198.

Xiao M., Zhang C.Y., Pan Z.S., et al. 2002. Classical swine fever virus NS5B-GFP fusion protein possesses an RNA-dependent RNA polymerase activity[J]. Arch Virol, 147: 1779－1787.

Xu H., Hong H.X., Zhang Y.M., et al. 2007. Cytopathic effect of classical swine fever virus NS3 protein on PK-15 cells[J]. Intervirology, 50: 433－438.

Yu M., Wang L.F., Shiell B.J., et al. 1996. Fine mapping of a C-terminal linear epitope highly conserved among the major envelope glycoprotein E2 (gp51 to gp54) of different pestiviruses[J]. Virology, 222: 289－292.

Zhang F., Yu M., Weiland E., et al. 2006. Characterization of epitopes for neutralizing monoclonal antibodies to classical swine fever virus E2 and Erns using phage-displayed random peptide library[J]. Arch Virol, 151: 37－54.

Zhou B., Liu K., Wei J.C., et al. 2010. Inhibition of replication of classical swine fever virus in a stable cell line by the viral capsid and Staphylococcus aureus nuclease fusion protein[J]. J Virol Methods, 167: 79－83.

Zhou Y., Ray D., Zhao Y., et al. 2007. Structure and function of flavivirus NS5 methyltransferase[J]. J Virol, 81: 3891－3903.

Zhu Y., Shi Z., Drew T.W., et al. 2009. Antigenic differentiation of classical swine fever viruses in China by monoclonal antibodies[J]. Virus Res, 142: 169－174.

陈太平, 龚人雄. 1986. 猪瘟兔化弱毒株形态的初步观察 [J]．电子显微学报，3：113.

范学政，王琴，宁宜宝，等. 2004. 用生物信息学手段辅助分析猪瘟病毒的基因结构 [J]. 中国预防兽医学报，26：45－50.

龚人雄，陈太平，张晓琴，等．1987．用DEAE纤维素层析法对猪瘟兔化毒株形态结构的观察 [J]. 兽医药品通讯，2：4－7.

刘大飞，孙元，仇华吉. 2009. 反向遗传学技术在猪瘟病毒研究中的应用 [J]. 生物工程学报，10：1441－1448.

宁宜宝，吴文福，林旭，2007. 用细胞系生产猪瘟活疫苗的方法 [P]. CN2007100318122.

丘惠深，郎洪武，王在时. 1997. 猪瘟兔化弱毒疫苗与我国近年猪瘟野毒的免疫保护相关性试验 [J]. 中国兽药杂志, 31: 115 – 117.

王在时, 丘惠深, 廖国安. 1995. 猪瘟单抗诊断试剂的生产与推广应用 [J]. 中国兽药杂志, 129: 22 – 26.

王镇, 陆宇, 周鹏程, 等. 1999. 猪瘟病毒在PK细胞和MPK细胞中繁殖过程的研究 [J]. 微生物学报, 39: 189 – 195.

吴海祥. 2003. CSFV石门株基因组感染性克隆的构建与致细胞病变分子机制研究 [D], 武汉: 武汉大学博士毕业论文.

徐和敏, 王琴, 徐璐, 等. 猪瘟病毒E2基因噬菌体展示多肽库的构建及表位鉴定 [J]. 畜牧兽医学报, 2010, 41: 71 – 76.

徐兴然, 郭焕成, 史子学, 等. 2007. 通过基因组定量研究猪瘟病毒在细胞中的增殖特性 [J]. 微生物学报, 47: 800 – 804.

殷震. 1997. 动物病毒学 [M]. 北京: 科学出版社, 652 – 664.

张淼涛, 冯霞, 刘湘涛, 等. 2004. 猪瘟病毒C株兔脾毒在SK6细胞中的增殖培养及其鉴定 [J]. 中国病毒学, 19: 404 – 406.

朱元源, 邹兴启, 赵启祖. 2011. 反向遗传操作技术在猪瘟基础理论研究中的应用 [J]. 中国兽药杂志, 28 – 32.

第三章

猪瘟的流行病学

第一节 猪瘟的传播

　　猪瘟的发生需要具备三个条件：① 传染源：患病动物或携带病原体的动物，能不断向外界排出病原微生物，称此为传染源。如患猪瘟的病猪不断向外界排出猪瘟病毒，该病猪就是猪瘟的传染源。② 传播途径：由传染源排出到外界的病原微生物，通过空气、饲料、饮水、飞沫和尘埃等方式侵入到易感动物体内使之发病，这个途径称为传播途径。③ 易感动物：病原微生物侵入动物机体后，导致动物感染发病，称此动物为该病原微生物的易感动物。

一、传染源

　　猪是猪瘟病毒（CSFV）的易感宿主，猪瘟患病猪是CSFV最重要的传染源。猪感染发病后，可通过粪便、尿液、唾液、分泌物等排毒，进而对饮水、饲料和畜舍等造成污染，成为传染源。有研究报道，猪感染CSFV强毒株后，感染猪的粪便、尿液、眼分泌物、唾液及血液中都可检出病毒（殷震等，1997；刘俊等，2009）。然而，CSFV持续感染带毒猪是猪瘟发生的最危险传染源，由于带毒猪本身不表现明显的临床症状，却能不断地或间歇性地向体外排毒，感染易感猪并使之发病；若是带毒种猪，还能通过胎盘、精液等途径将病毒垂直传播给胎儿，导致胎儿发病死亡，不断感染易感猪和污染环境。如果忽略对CSFV持续带毒猪的病原监测，则会造成这种危险的传染源在整个猪群中不断散毒，难以清除。

　　猪是CSFV唯一的易感宿主，但是自然界还有一些其他的哺乳动物也可能机械性地携带并传播CSFV，如老鼠、貂、兔、松鼠等。另外，一些昆虫可能也会通过叮咬病猪或接触污染饲料等成为CSFV的携带者，并通过接触方式传播给易感宿主。

　　因此，定期监测并发现带毒猪，坚决扑杀，并采取有效的生物安全措施，控制和消灭传染源，才能彻底切断传染链条的源头。

二、传播途径

猪瘟的传播途径多种多样，但病原体在更换宿主时只有两种方式：① 水平传播：是最常见最普遍的传播方式，即病猪和健康猪之间通过直接或间接接触，在同一代猪之间的横向传播；② 垂直传播：患病母猪的病原体经胎盘垂直传播给胎儿，引起感染。

（一）水平传播

水平传播的途径很多，包括各种方式的接触传播，大部分传染病可通过此途径传播。研究证实，在一个猪栏内的猪瘟发病猪和亚临床的持续带毒感染猪，都会通过水平传播，造成易感猪发病。

1. 接触传播

（1）感染猪 在感染期间从疫源地将感染猪转运到易感猪群，感染猪会排出大量病原，尤其是临床发病期以及潜伏期。病原可存在于唾液、粪、尿、精液、皮屑以及各种分泌物和排泄物中，再感染其他易感猪。病毒传播的效率和速度依赖于从病猪分泌出的病毒量。采用CSFV强、中、低致病力毒株，通过不同途径分别感染易感猪，用实时定量RT-PCR技术分别对口咽分泌物、唾液、鼻黏液、泪液、粪便、尿液和皮肤进行病毒载量测定，发现在强致病力毒株和中等致病力毒株感染猪的所有分泌物和排泄物中均可检测到CSFV，而感染低致病力毒株感染猪的病毒排泄途径却仅限于口鼻。CSFV强致病力毒株感染猪的排泄物和分泌物中的病毒载量要比中等致病力毒株和低致病力毒株多，中等致病力毒株感染猪呈现慢性感染病症。所有感染猪的分泌物和排泄物中可持续排出大量的病毒。这一研究表明，慢性感染猪在CSFV的传播中起着重要的潜在性的作用（Weesendorp等，2008，2011）。

在感染强致病力毒株和中等致病力毒株后，大量的病毒（感染性病毒粒子可达到每头猪每天$10^{9.9}$ $TCID_{50}$）可通过粪便和尿液排出。一般认为，通过唾液和鼻液排出的病毒载量应该比粪便和尿液少，但实际上从唾液和鼻液中排出的病毒载量是粪便和尿液的1 300倍（唾液）到5 000倍（鼻液），所以通过这两个途径进行病毒传播的效率等于或者大于通过粪便和尿液的传播效率。这些排泄物和分泌物由于很容易污染鞋类、衣物或者运输工具，所以它们在农场之间、栏舍之间传播中可能扮演非常重要的角色。病毒从结膜黏液中排出的量要比从粪便和尿液中排出的量大300倍。由于结膜黏液排出体外的量非常少，所以他们在病毒传播中的作用是有限的。

Ribbens等（2004）研究了动物排泄物和分泌物在猪瘟传播中的作用，在5组试验中，向10头断奶仔猪（每组2头）注射CSFV，在15d内安乐处死检测。结果感染猪在临死时都出现明显的临床症状和高热。10h后向未消毒的猪舍内放入5头健康易感猪，2d在1头猪体内分离到CSFV，4d从其他3头猪体内分离到CSFV，剩余的1头猪在之后也感染了CSFV。结果表明排泄物和分泌物在猪瘟的传播中起到了重要作用，感染猪可以在发病前和整个发病周期内向周围散布病毒（de Smit等，1999b）。

除在感染猪的鼻黏液、粪便和尿液中存在CSFV外，还可在环境中检测到活的病毒（Dewulf等，2001；Laevens等，1998；Ressang等，1972），猪舍中排泄物和卧具上的病毒能存活4周（Edwards等，2000；Harkness等，1985）。Hughes报道有10头猪接触了感染过CSFV猪的排泄物后有2头被感染（Hughes等，1960）。

刘俊等对急性感染CSFV猪体外排毒规律进行了研究，应用荧光定量RT-PCR技术对石门强致病力毒株感染的16头60日龄长白猪的粪便、尿液、眼分泌物和唾液中病毒载量进行了动态测定，结果表明从感染后1d到濒死前8d，粪便中均能检测出病毒；尿液和眼分泌物从3d，唾液从4d开始能检测出病毒，且病毒含量呈增加趋势，证实了感染猪的分泌物是病毒排泄的重要途径（刘俊等，2009）。

（2）CSFV持续性感染猪　CSFV持续性感染指病毒逃逸免疫监视感染宿主，并在机体内持续增殖，这种持续感染的病毒可在猪体内长期存在并不断或间歇性地向体外排毒，引起易感猪感染，造成易感猪的发病和死亡。CSFV持续性感染猪通常情况不表现临床症状，呈隐性经过，发作慢而温和，死亡率低，其病程一般超过1～3个月，甚至更长。中国兽医药品监察所第一次成功地构建了带毒750d的CSFV持续性感染动物模型，表明该带毒母猪可通过与易感猪的直接接触使易感猪发病死亡，还能经胎盘垂直感染仔猪，带毒仔猪又可继续水平或垂直传播CSFV。这种状况常常是导致CSF在整个猪群恶性循环的重要原因。

（3）精液和胚胎传播　易感母猪接受感染公猪精液的配种后成为"危险母猪"，这类"危险母猪"最有可能成为猪瘟病毒的传染源。1997年在荷兰的猪瘟疫情中，有2个精液收藏中心的精液中发现了CSFV污染，官方将1 680个猪群定为可疑猪群，随后对123个猪群展开调查，分析有21个猪群可能通过污染的精液感染猪瘟（Hennecken等，2000）。de Smit等通过动物实验证实CSFV可以通过人工授精进行传播（de Smit等，1999），将3头公猪接种CSFV后，从5d到18d收集精液给发情母猪进行人工授精。感染的公猪在整个实验过程中外表健康，接种后14d到21d检测到CSFV中和抗体。授精的6头母猪中有2头血清抗体和猪瘟病毒呈阳性，从其产下的胎儿中也检测到了CSFV。研究证明成年公猪感染CSFV后可以分泌病毒到精液中，随后通过人工授精把病毒传给母猪和胎儿。德国的Floegel等开展了类似的实验，用CSFV野毒感染4头公猪，被感染的公猪隔天采精一次进行检测，感染猪只分别在感染后第8、12、16和21天安乐处死，采集部分器官和生殖器，用于检测病毒和抗体。结果在感染后第2周采集到的精液和附睾中分离到CSFV，证实CSFV能够通过精液传播（Floegel等，2000）。

2. **粪尿泥浆等传播** 粪、尿当中的CSFV可经机械途径（如经车辆），或通过粪浆施撒在另一家猪场附近的农田上，实现跨场传播。在20℃环境中，CSFV可以在粪水中存活达2周。尽管在粪尿中的病毒含量低，但是粪水可以通过路面传播到相邻猪舍，从而存在CSFV传播的风险。

3. **空气传播** 空气传播是疫病传播的重要途径之一（Weesendorp等，2008）。实验室证明，CSFV可以借助空气传播，但是传播距离和效率十分有限，不是CSFV传播的主要途径，可对相邻猪圈带来风险。研究表明，感染毒株剂量越高或毒力越强，空气样品中检测到病毒越早（Weesendorp等，2009）。

4. **经人媒传播**

（1）车辆传播 有许多车辆会接触各类猪只，造访各种猪场，这些车辆有可能造成病原传播。被感染猪的排泄物和分泌物污染了相应的器具，当这些器具再次接触到易感猪时，能够使病毒得到传播，其中运猪的交通工具威胁最大（Stegeman等，2002）。在1997年间，猪瘟在荷兰大流行，其中11%的感染猪是通过运输猪的卡车引起的（Elber等，1999）。在比利时1990年猪瘟大流行时，8%的感染是由于运输卡车上的垫料污染后传播引起的。另外，其他如运料车、服务车辆以及员工车辆也会带来威胁。

（2）人员传播 猪场的管理人员、兽医人员、饲养人员及参观者等，若不遵守卫生防疫制度，随意进出猪场，都有可能将污染在手、衣服、鞋底的CSFV传播给健康猪。尽量避免人员在不同生产阶段的猪舍之间移动。如果必须要参观猪场，要遵循先造访低日龄饲养区，后造访高日龄饲养区的顺序。

（3）生产用具传播 猪瘟带毒猪排出的CSFV，可污染饲养设备、清洁用具等物品，若消毒不严，这些物品可机械性地携带病毒引起猪瘟的流行，导致人为的传播。

（4）医用器具传播 CSFV等可通过注射引起交叉感染。诊疗器械，特别是注射针头、体温计、药剂瓶、器材（如超声波扫描仪）等与病猪接触密切的物品，若消毒不彻底，可将病原从一批猪传给下一批猪。

5. **泔水、饮水传播** 人类食物残渣传播疾病给猪的案例已经有不少报道。如果给猪饲喂未经适当处理的泔水，就很容易传播CSFV。研究表明，1993—1997年间德国原发性暴发的猪瘟，除46%是由野猪传播的外，其余皆为人为传播。1997年1月6日德国暴发的一起猪瘟，其原因是1996年12月某猪场非法使用污染泔水喂猪所致。这次暴发规模大，对德国造成严重损失，也引发了97/98欧盟5国猪瘟大流行。首先，这起德国猪瘟因运输工具于1997年2月4日登陆荷兰，感染了该国两个配种站，并通过配种站分发的感染精液而快速传遍荷兰全国，随后通过活猪运输于2月23日由荷兰传至意大利，再于4月17日传至西班牙，这一接力式的流行于6月30日传到比利时而终止。这次五国猪瘟大流行历时1年5个月，造成数十亿欧元的经济损失。因此，目前欧洲国家对食物残渣用于饲喂猪采取了越来越严格的限制措施（涂长春，2003）。

另外，饮水也会传播病原，可在饮水中适当添加有效的广谱消毒剂以降低病毒传播风险。

6. 肉制品传播　CSFV在新鲜的、冰冻的、腌制的猪肉产品中可保持感染力。进口猪肉如果污染CSFV，可能会造成猪瘟无疫区的暴发（Paton等，2003）。

7. 其他动物传播　带毒野猪是家猪猪瘟流行的重要传染源。CSFV在野猪体内复制，但可能不表现临床症状。目前整个欧盟有超过100万头的野猪，主要分布于德国、意大利、法国、瑞士和奥地利。实验证明这些国家的野猪群中有CSFV传播，其中德国、意大利和法国的野猪长期带毒。德国研究表明1993—1997年间该国原发性猪瘟暴发的案例中，4.7%～46%的是由野猪传播的。

病毒通过载体（病毒携带者）机械性地携带传播，也是CSFV的传播方式之一。Dewulf等推测犬、猫、老鼠具有携带并传播CSFV的潜能。这些种类的动物不像CSFV的贮存宿主猪可以持续带毒，只能通过机械接触方式将病毒从感染动物传播给易感动物。然而犬可以在捕猎时与带毒野猪的血液接触而传播给易感猪，因为这些动物在短时间内可以通过皮毛或者皮肤携带病毒并可能传播到易感猪（Dewulf等，2001；Ribbens等，2004）。Kaden等采用感染了CSFV的鸟粪饲喂鸟及产蛋母鸡，或者用感染CSFV的鸡粪与这些鸟类接触，之后取这些鸟、母鸡的泄殖腔拭子、血液和器官及猪的血液和器官进行检测，没有发现这些动物发生血清转阳，证明猪瘟病毒不会在其他动物体内增殖传播（Kaden等，2003）。

虽然尚没有证据证明节肢昆虫、大鼠和小鼠能够传播CSFV，但是在猪舍设计过程中也应考虑到防鼠、防鸟、防苍蝇等方面的需要。同时要求猪场内禁止犬、猫、家禽等动物入内，重视灭鼠，避免飞鸟飞进猪舍，切断CSFV潜在的传播途径。

（二）垂直传播

CSFV可从母体通过胎盘向后代垂直传播，Dewulf等用CSFV感染12头健康母猪（其中10头已怀孕）进行试验，用于评估病毒的水平传播、病毒学和血清学反应以及对怀孕的影响。结果在接种后6d出现病毒血症，与其接触的母猪在18d和21d出现病毒血症。感染母猪呈现非典型临床症状，且症状存在差异。怀孕母猪在怀孕期43d和67d被检测到病毒。在所有的病例中，病毒垂直传播均有发生，并导致了部分流产或产生木乃伊胎（Dewulf等，2001b）。

　　中国兽医药品监察所也成功地构建了人工CSFV持续感染动物模型并开展了垂直传播研究。利用2头人工感染中等致病力猪瘟毒株耐过猪进行自然配种，带毒母猪于带毒后171d产下9头仔猪，其中3头为死胎，6头为木乃伊胎，直接免疫荧光抗体试验和RT-PCR检测，9头仔猪均为猪瘟病毒阳性（赵耘等，2003）。该母猪于带毒后199d第2次配种后，又在286d按预产期产下12仔，全为死胎，经检测均为CSFV阳性，该母猪带毒期持续750d。上述研究再次证实了CSFV是可以通过胎盘垂直传播的。

三、易感动物

　　CSFV在自然条件下只感染猪。不同品种、不同日龄猪均对该病毒易感。家猪及野猪是该病毒最常见的宿主。从动物分类学上来讲，家猪和野猪同属于猪科猪亚科中的猪属，该属动物对CSFV均易感，在自然条件下即可感染CSFV。而猪科中的另外两个属：非洲野猪属（Genus *Potamochoerus*：bushpig and red river hog）和疣猪属（Genus *Phacochoerus*：warthogs）在试验室条件下也可感染CSFV，并且感染动物可将病毒通过接触进行水平传播。感染的非洲野猪发病特征与家猪相似，疣猪的临床症状较为温和，并出现病毒血症及相似的病理变化。非洲野猪和疣猪遍布非洲大陆，一旦这两种野猪成为猪瘟传染源，将会导致猪瘟疫区的扩大，增加猪瘟防控的难度。

（罗廷荣、徐　璐）

第二节　猪瘟病毒的分子遗传演化

　　CSFV作为瘟病毒属的重要成员，能同时感染家猪和野猪，这也是许多国家尤其是欧洲国家控制与消灭猪瘟面临的一大难题。因此，对CSFV流行毒株进行分子流行病学研究可追踪病毒的传染来源。由于RNA病毒的RNA聚合酶缺乏校对活性，病毒容易发生基因突变以适应环境或逃避环境的选择压力。病毒进化同时还受到时空和宿主动物等的影响，导致同一时间不同地区或同一地区不同时间流行的CSFV毒株具有一定的差异。由于CSFV易感的野猪其分布和活动范围具有一定的地域性，因此在野猪中流行的CSFV毒株其亲缘关系较近，而与家猪中流行的CSFV毒株的亲缘关系则相对较远。通过RT-PCR和核酸序列测定技术对毒株间遗传进化关系和免疫基因进行分析具有重要的科学意义。首先，对CSFV进行遗传分型，能揭示全球CSFV的遗传进化背景和分布规律，掌握当前的流行现状，溯源和追踪每一起猪瘟疫情；其次，能够发现和监测新的流行毒株以及流行毒株之间联系，预报流行趋势，监测现行使用的疫苗有效性，提出新的防控策略；最后，可以进一步完善和丰富猪瘟流行病学数据库（Moennig等，2003）。因此，CSFV分子遗传演化研究是猪瘟控制的重要手段，对于制定有效防控措施具有重要的指导意义。

一、猪瘟病毒分子遗传进化

（一）猪瘟病毒遗传多样性的研究方法

CSFV与牛病毒性腹泻病毒1和2（BVDV-1和BVDV-2）以及羊边界病病毒（BDV）共同组成了黄病毒科瘟病毒属的4个分类确定的成员（图3-1），全基因组序列分析发现CSFV与牛病毒性腹泻病毒和羊边界病病毒的核苷酸同源性分别约为67%和72%。由于病毒主要由蛋白质和核酸两部分组成，因此，目前病毒的鉴定方法主要有血清分型和基因分型两种。血清分型主要是利用抗病毒血清或单克隆抗体与病毒进行反应，然后根据毒株与抗体的反应差异进行分型。研究表明，尽管CSFV毒株与不同单抗的反应类型不完全相同，但只有一个血清型，同时与其他瘟病毒有明显的抗原交叉反应性。Lowings等应用10株单克隆抗体对68株CSFV进行了抗原分型，根据单抗与毒株的反应类型绘制了简单的"毒株关系树"，将68株病毒分为5个大的反应群和一些单一的毒株分支，其中3个反应群的毒株对应于核苷酸序列分析的基因1群，剩下两个群的毒株则为基因2群（Lowings等，1996）；Kosmidou等用12株抗CSFV E2蛋白和11株抗Eᵐˢ蛋白的单抗对126株CSFV进行了抗原分型，结果这126株CSFV可分成了21种不同的抗原型（Kosmidou等，1995）。单克隆抗体是研究病毒抗原性差异，尤其是比较疫苗株与流行毒株抗原性差异的有力工具。朱妍等应用19株单抗对23株CSFV毒株（包括石门株和C株）进行了分析，结果表明这些CSFV病毒株与单抗的反应类型具有一定差异，但是，CSFV单抗分型与基因分型的结果不一致。由于CSFV只有一个血清型，毒株的抗原差异不大，同时不同实验室应用不同单抗进行抗原分型所得的结果不具可比性，只能反映其差异性，而不能准确反映毒株之间的遗传进化关系。因此，血清分型不适合进行CSFV毒株的遗传进化研究。

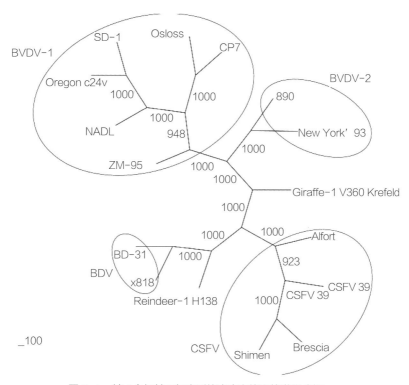

图 3-1　基于全长基因组序列的瘟病毒的系统进化分析

PHYLIP v.3.57c 软件包用于进化树的构建，进化树分支节点处的数值为 BT 值

　　基因分型的方法有限制性核酸内切酶图谱分型法和基因序列比较分型法。Parchariyanon等利用*Ava*Ⅱ、*Ban*Ⅱ和*Pvu*Ⅱ对60株CSFV毒株的E2基因进行了限制性片段长度多态性分析（Restriction fragment length polymorphism，RFLP），可将这些毒株分为3个基因型和7个基因亚型（Parchariyanon等，2000），该结果与核苷酸序列分析的结果相一致。由于应用限制性核酸内切酶图谱对CSFV进行分型不能完全反映出流行毒株的遗传变异信息，且该方法对不同毒株的分辨能力与核苷酸序列分析相比较差，因此难以得到有效推广。随着第二代基因测序技术和生物信息学的发展，使CSFV全基因组序列得到迅速测定和分析。由于基因序列比较分型法具有可操作性强，对不同CSFV毒株识别能力好，在不同实验室间所得的结果具备可比性以及所得结果易于共享等优点，因此，该方法已经成为国际上普遍承认的一种最佳的CSFV分型法。根据此方法可以证实：① 病毒由疫点向周围地区散播；② 病毒在家猪与野猪之间的传播；③ 病毒的跨境传播；④ 亲缘关系密切但毒力不同的毒株的传播；⑤ 特殊变异毒株在当地持续存在导致

的传播，如当地野猪群中流行的毒株导致的传播；⑥野毒株与疫苗株之间的区别（Paton等，2000）。

（二）猪瘟病毒基因分型——系统进化分析

目前国际上比较通行的方法是针对CSFV基因组的某个特定区段，通过对该区段内的特定基因序列进行比较分析来对不同的参考毒株和各地的流行毒株进行基因分型，以确定流行毒株基因亚型。由于不同毒株间的差异取决于用于比较的靶序列的长度和变异性，因此选择病毒基因组的哪一区段进行比较对于CSFV分子遗传进化研究结果的可信度具有决定性作用。根据国内外发表的有关CSFV基因多态性和分子遗传进化研究资料的数据，学者们主要是选择CSFV基因组的5′ NTR、E1/E2、E2、NS2、NS2/3、NS3、NS5B及5′ NTR进行比较分析（Paton等，2000），其中以5′ NTR、E2和NS5B基因序列为最多。从CSFV基因组中各段基因的功能来看，5′ NTR主要与病毒基因组的翻译和复制有关，并且比较保守。E2蛋白在病毒生命周期、与宿主细胞相互作用及致病过程中具有重要功能。此外，E2蛋白还有许多抗原表位，是刺激宿主产生中和抗体的主要抗原。NS5B是参与病毒基因组复制的依赖RNA的RNA聚合酶。Lowings等（1996）通过对E2基因190个核苷酸（2 518～2 707位核苷酸）的区段比较分析，首次较为系统地对CSFV毒株进行了分子遗传进化分析，将1945—1994年这49年间从14个不同国家和地区分离到的115株CSFV毒株分成了2个基因型5个基因亚型以及2个完全不同的毒株（英国先天性震颤分离株Congenital Tremor和日本神奈川分离株Kanagawa，其后来被分别划分为基因3.1亚型和3.4亚型），其中基因1型可再分成2个亚型（1.1和1.2亚型），基因2型则进一步分成3个亚型（2.1、2.2和2.3亚型）。此后，同样来自英国威桥兽医实验室的Paton等选择5′ NTR基因中长度为150个核苷酸的区段（200～349位核苷酸，以Alfort 187为参考）、E2基因中长度为190个核苷酸的区段（2 518～2 707位核苷酸）和NS5B基因中长度为409个核苷酸的区段（11 158～11 566位核苷酸）对来自不同国家和实验室的CSFV毒株进行了基因分型（Paton等，2000）。他们最终将CSFV分成了3个基因型，10个基因亚型，这是到目前为止国际上公认的、最为精确的CSFV基因分型。其中基因1型可再分成3个亚型（1.1、1.2和1.3亚型），主要由20世纪八九十年代亚洲和南美洲的分离毒株组成，此外还有一些古典的欧洲和美洲的分离毒株及日本的分离毒株，中国的石门毒株、猪瘟兔化弱毒株（HCLV）均属于此基因型；基因2型可再分成3个亚型（2.1、2.2和2.3亚型），主要由20世纪八九十年代欧洲的分离毒株组成；基因3型可再分成4个亚型（3.1、3.2、3.3和3.4亚型），主要由20世纪90年代在韩国、泰国和中国台湾发现的独特毒株构成。因此，CSFV 5′ NTR、E2和NS5B基因三个分析区段已成为国际上比较认可的用于CSFV基因分型的靶标区段。德国汉诺威的欧盟猪瘟参考实验室更是公布了推荐使用的引物序列，以方便各国研究者开展关于CSFV分子遗传进化方面的研究，目前该实验室测定和获得的CSFV E2基因序列（190个核苷酸）已达1107条，是世界上拥有该类数据最多的实验室。选择同样的基因片段进行比较分析有利于对CSFV的分子遗传进化和猪瘟的全球流行态势进行动态监测。

然而，由于上述CSFV基因组片段所含的核苷酸序列较短，其常常很难区分亲缘关系较近的毒株，并导致系统进化分析的统计学意义较低，比如Bootstrap值低于70%。为此，如何提高和优化CSFV分子鉴定、遗传进化分析和分类的策略是人们讨论的焦点。德国汉诺威的欧盟猪瘟参考实验室的Postel等对33个CSFV分离毒株基因组5′ NTR-E2区段的约3 508个核苷酸进行扩增和序列分析（Postel等，2012）。基于5′ NTR-E2、5′ NTR和E2片段以及E2全长基因的系统进化分析显示，全长E2编码序列构建的进化树更具有统计学意义。此外，5′ NTR-E2多序列比对发现不同基因型之间的核苷酸同源性差异为14.5%～19.9%，同一基因型不同亚型之间则为5.5%～12.1%，而同一基因亚型不同毒株之间的同源性差异为≤7.7%；全长E2编码基因的多序列比对则发现CSFV不同基因型之间的遗传差异为15.6%～23%，同一基因型不同亚型之间的遗传差异为6.3%～14%，同一基因亚型不同毒株之间的遗传差异则为≤8.5%。以上CSFV基因型、亚型、分离株之间的遗传距离数据结合系统进化分析结果表明，全长E2编码基因更适合用于CSFV的基因分型。在此研究基础上，Postel发现基于5′ NTR-E2和E2全长编码基因序列的系统进化分析将以前E2基因片段系统进化分析鉴定的1.2亚型古巴CSFV流行毒株重新划分为一个新的基因亚型，即基因1.4亚型（Postel等，2013）。5′ NTR-E2多序列比对发现基因1.4亚型毒株与1.1、1.2和1.3亚型毒株的遗传距离分别为8.8%～11.9%、9.0%～10.7%和10.8%～12.9%，该结果进一步说明CSFV基因1.4亚型的分类是成立的。为此，王琴利用Mega 5.0进化分析软件对筛选的57株CSFV各型代表毒株的E2基因片段（190nt）进行了分析，绘制了较全面的CSFV系统进化树（图3-2），从进化树中可以看出，CSFV毒株可为3个基因型和11个基因亚型（1.1，1.2，1.3，1.4；2.1，2.2，2.3；3.1，3.2，3.3，3.4）。

随着CSFV基因分型研究的深入，许多学者发现有些CSFV流行毒株可在基因亚型基础上进一步划分为多个亚亚型。中国台湾学者将1996—2001年分离的CSFV 2.1基因亚型流行毒株进一步划分为2.1a和2.1b两个亚亚型（Deng 等，2005），前者包括德国（Paderborn株）和意大利等欧洲国家的分离株，而后者主要由中国台湾、中国大陆、韩国和东南亚国家或地区的CSFV分离株组成。最近，蒋大良等对2011—2012年分离自中国湖南省的8株CSFV流行毒株进行系统进化分析显示，其中5株病毒株在2.1亚型中形成一个新的分支，即2.1c亚亚型，其与2.1a和2.1b亚亚型毒株的E2全长基

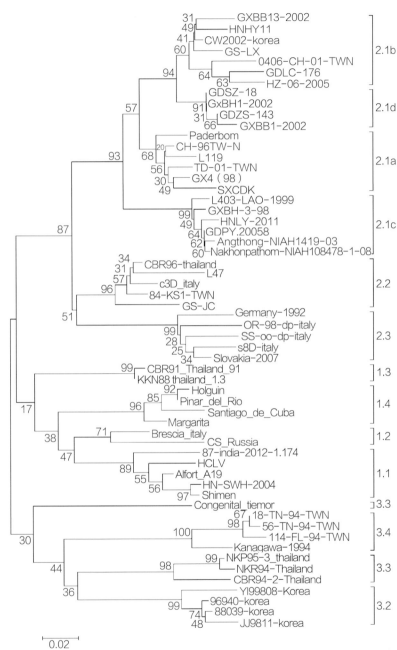

图 3-2　基于 CSFV E2 基因片段（190 nt）的系统进化树

注：根据 CSFV 毒株的遗传距离，其可分为 3 个基因群（1、2、3）和 11 个基因亚群（1.1、1.2、1.3、1.4；2.1、2.2、2.3；
3.1、3.2、3.3、3.4），其中 2.1 亚群又可进一步划分为 4 个基因亚亚群：2.1a、2.1b、2.1c 和 2.1d

因核苷酸同源性分别为90.2% ~ 94.9%和89.9% ~ 93.8%，低于2.1a和2.1b之间的同源性（91.1% ~ 95.7%）（Jiang等，2013）。实际上该亚亚型毒株最早于1998年在广西首次发现（Tu等，2001），目前在泰国和老挝两个东南亚国家也发现有该亚亚型毒株的流行。与此同时，彭志成对2011年分离自广东省的56株CSFV流行毒株进行E2序列比对发现，其中25株病毒属于2.1c亚型。2.1c毒株在中国南部地区几个相邻省份的流行近年来呈现出增加的趋势，这可能与该地区的生猪贸易和动物产品流通频繁有关。因此，加强动物及其产品在流通过程中的检疫对控制猪瘟流行具有重要的意义。然而，流行在该地区的2.1c毒株在病毒复制和致病能力等方面与其他型CSFV毒株之间有何差异目前尚不清楚。此外，该实验室还发现这些毒株中有6株2.1亚型的毒株可进一步划分为一个新的亚亚型，即2.1d亚亚型，其与2.1a、2.1b和2.1c之间的E2全长编码基因的核苷酸同源性分别为91.4% ~ 94.5%、91.2% ~ 93.7%和90.3% ~ 92.4%。E2氨基酸序列比对分析发现2.1d与2.1a、2.1b和2.1c相比分别含有8、11和9个型特异性的氨基酸替换（彭志成等，2014）。目前，2.1d亚亚型的毒株仅在广东和广西两省（区）发现有流行。对于基因2型中的2.3亚型，Blome等将分离自欧洲东南部国家的CSFV 2.3亚型分离株进一步划分为2.3.1和2.3.2两个亚亚型，前者分布在保加利亚、德国、波兰、捷克、斯诺文尼亚和克罗地亚等国家和地区，后者则主要分布在罗马尼亚、克罗地亚、科索沃和西班牙等国家和地区（Blome等，2010）。

（三）猪瘟病毒 E2基因多态性分析

基于核苷酸序列的系统进化分析可对CSFV毒株进行精确分型，同时病毒重要功能蛋白的多序列比对可进一步揭示CSFV不同基因型、亚型和亚亚型之间在氨基酸水平上表现出的遗传变异信息。通过E2蛋白的多序列比对发现，CSFV不同基因亚型毒株具有型特异性氨基酸替换。以2.1a亚型Paderborn株E2蛋白的氨基酸序列为参考，与其他10个亚型毒株相比，2.1亚型毒株在Ala3Ser、Leu20Pro、Lys44Arg、Ser108Thr、Arg156Lys、Glu270Gly处发生特异性替换。除上述6个位点发生替换外，2.1与2.2亚型和2.3亚型毒株相比，其还分别具有5个和12个特异性氨基酸替换。CSFV 2.1亚型的各亚亚型也具有型特异性氨基酸替换，2.1c和2.1a、2.1b及2.1d相比有3个、6个和9个差异的氨基酸位点。2.1d亚亚型毒株与2.1a和2.1b相比，特异的氨基酸替换分别有8个和11个（彭志成等，2014）。这些型特异性氨基酸替换为CSFV基因分型特别是基因亚亚型的划分提供了依据，然而不同CSFV基因亚型或亚亚型发生的氨基酸替换对病毒的复制能力和致病等表型是否产生影响还有待进一步验证。

此外，不同基因型或基因亚型病毒株在E2蛋白的功能位点处也发现有基因型或基因亚型的特异性氨基酸替换。作为CSFV重要的囊膜糖蛋白，E2含有5～7个潜在的N-糖基化位点，参与蛋白的功能修饰。多序列比对发现118位、123位、187位、231位四个N-糖基化位点为所有病毒亚型共有，90位糖基化位点为1.1亚型毒株所特有。同时，1.1亚型强毒株Shimen和Alfort 187株以及1.2亚型强毒株Brescia株，由于299位氨基酸发生了Thr→Ala替换，因此，不能形成潜在的299位N-糖基化位点，然而该糖基化位点的缺失是否与病毒的毒力有关尚无报道。由于2.1b亚亚型毒株JX-05株229位氨基酸发生Asn→Ser替换和HuB-39株231位氨基酸发生Thr→Ile替换外，这两株病毒不能形成231位（229～231aa）N-糖基化位点，但其他毒株均含有该糖基化位点。值得注意的是，2.1b亚亚型毒株中广东省分离株GDGM-317、GDPZ-148、GDSS-156和GDTC-318的260位氨基酸发生了Asn→Ser替换，未能形成262位N-糖基化位点，而其他CSFV毒株均存在此位点（彭志成等，2014）。

CSFV E2蛋白是诱导机体产生中和抗体的保护性抗原，其在A1/A2区含有一个单抗WH303特异的抗原表位（140TAVSPTTLRTE150），在C-端保守区（177～373aa）存在一个线性表位（306YYEP309），前一个为CSFV特有的种特异性表位，后者则为所有瘟病毒属成员共有的属特异性表位。此外，B细胞表位（64～70aa和82～85aa）分别位于抗原结构域B区和C区。多序列比对结果表明，CSFV各亚型毒株E2蛋白中这四个B细胞表位均高度保守，所以其抗原性相对比较稳定。然而，B细胞表位4～11aa、28～35aa、82～90aa、103～124aa和155～176aa保守性较差且某些氨基酸位点存在型间差异。比如，2.1b亚亚型的广东流行毒株GDJM-45和GDLC-176的E2糖蛋白34位氨基酸发生Ser→Arg；CSFV 2.1c亚亚型毒E2蛋白88位氨基酸发生了Ser→Thr替换。然而，该亚亚型氨基酸替换是否也引起B细胞表位的改变还有待研究。在E2蛋白中半胱氨酸残基对维持蛋白的空间构象具有重要作用，多序列比对发现除中国分离株LS-05株（2.1b亚亚型）发生Cys48Arg替换外，其他毒株E2蛋白的半胱氨酸残基都高度保守，表明CSFV E2蛋白的结构比较稳定，这也可能是CSFV只有一个血清型的原因。

二、猪瘟病毒遗传多样性的地区分布特点

鉴于猪瘟是一个可通过接触传播的全球性猪的烈性传染病，因此，CSFV流行具有明显的地域性。不同地区或国家采取不同的策略来消灭或控制猪瘟，欧盟采取扑杀发病猪的策略来消灭猪瘟，而中国采用疫苗免疫加扑杀的策略来防控猪瘟的流行，这些防控措施也导致在这些地区流行的CSFV优势毒株随着时间的推移而发生变化。同时CSFV进

化也与宿主有关，如分离自野猪的病毒株主要为2.3亚型，分离自家猪的毒株主要为其他亚型。通过对猪瘟暴发或流行地区的CSFV毒株进行遗传进化分析以追踪病毒的传播来源，可为猪瘟防控策略的制定提供科学依据。

（一）欧洲猪瘟病毒遗传多样性的地区分布特点

除了20世纪60年代在英国分离的遗传差异很大的先天性震颤分离株以外（基因3.1亚型），1920—1970年间欧洲分离获得的CSFV毒株都属于基因1型，其中大部分为1.1亚型，这些毒株与广泛用于血清学诊断的法国株Alfort 187株亲缘关系较近。分离时间较早的意大利Brescia株属于1.2亚型，而1.3亚型的毒株在欧洲没有报道。从1970年以来，除了1989年在比利时分离到的1.1亚型毒株和90年代乌克兰分离的1.1和1.2亚型的毒株外，基因1型毒株在欧洲的流行很少发生（Paton等，2000）。

实际上，20世纪80年代和90年代欧洲分离的大量CSFV毒株都属于基因2型。2.3亚型的毒株于1982年在德国首次发现，该亚型的毒株随后在包括意大利、法国、比利时、英国、奥地利、瑞士、匈牙利、捷克、波兰和斯洛伐克等许多国家都有发现（Paton等，2000）。基于5′ NTR序列的基因分型将2.3亚型进一步分为4个主要的亚亚型。2.1亚型和2.2亚型毒株在欧洲的分布范围较窄，而在欧洲不同地区的野猪中分离到了2.2和2.3亚型的毒株。最早确定的2.3亚型是1971年来源于日本的Osaka株，之后在克罗地亚、捷克、德国等许多欧洲国家的家猪中也陆续分离到2.3亚型（Bartak，2000；Fritzemeier等，2000；Jemersic等，2003）。

2.1亚型的毒株在欧洲仅有零星报道，直到1997年引起了一次猪瘟大流行。同时，在该地区的野猪中尚未发现有该亚型的毒株。2.1亚型欧洲分离株首次于1989年在德国分离获得，随后在荷兰（1992年）和瑞士（1993年）也发现有该毒株的流行。1993年在从中国进口到奥地利的野猪肉中分离到了一株2.1亚型的CSFV毒株。在1997年和1998年，2.1亚型病毒被认为从德国传入到荷兰，然后再传播到意大利、比利时和西班牙（Greiser－Wilke等，2000）。此外，1997年6月分离自克罗地亚的毒株也属于2.1亚型。

（二）美洲猪瘟病毒遗传多样性的地区分布特点

到目前为止，美洲仅发现有基因1型病毒株的流行，其又进一步划分为4个基因亚型。20世纪40年代美国流行毒株（Oldlederle USA′46）属于1.1基因亚型，且与英国50年代（Fortdodge USA′54和Liphook UK′57）和德国60年代（Eystrup Germeny′64）的病毒分离株亲缘关系较近。巴西在80年代和90年代末分离的及墨西哥在90年代分离的CSFV

也属于1.1亚型，该亚型的毒株还在阿根廷和哥伦比亚等国家流行（Sabogal等，2006）。1990年底古巴暴发的猪瘟由1.2亚型的病毒株引起（de Arce等，2005）。在美洲，基因1.3亚型的毒株已报道在洪都拉斯和危地马拉两国流行（Sabogal等，2006）。Postel等选择E2全长编码序列对古巴CSFV流行毒株进行系统进化分析，表明古巴有基因1.4亚型的毒株流行（Postel等，2013）。可以说，1.1亚型的CSFV在全球范围内是一个古老的毒株，而且一直在全球各区域流行至今。

（三）亚洲猪瘟病毒遗传多样性的地区分布特点

所有CSFV基因型在亚洲的不同地区和不同时期均有存在。现存的古老毒株来自于日本，1966年日本分离的北海道株（Hokkaido）属于1.1亚型，而1971年分离的大阪株（Osaka）及1974年分离的神奈川株（Kanagawa）分别是2.3亚型和3.4亚型最古老的代表株（Sakoda等，1999）。在20世纪80年代，1.1亚型和1.2亚型毒株在泰国发现，90年代后泰国又出现了2.2和3.3亚型病毒株的流行（Paton等，2000）。1986年马来西亚和1979年中国发现2.1亚型，90年代中国台湾鉴定了相似的病毒。然而，在韩国3.2亚型毒株从1999年以后逐步被2.1亚型流行毒株（2.1b）所替代（Cha等，2007）；在中国台湾，3.4亚型毒株在1996年以后也逐步被2.1亚型毒株替代（Deng等，2005）。通过对1997—1999年老挝分离的CSFV流行毒株进行分析发现，该国中北部地区和中南部地区分别流行2.1和2.2基因亚型毒株（Blacksell 等，2004）。2005年以来，印度报道的CSFV流行毒株主要是1.1亚型，同时也有2.1和2.2亚型毒株流行（Patil等，2010；Patil等，2012；Sarma等，2011）。Postel对最近尼泊尔引起猪瘟暴发的两株CSFV流行毒株进行进化分析发现，这两株病毒属于2.2亚型，与目前流行于印度的2.2亚型毒株亲缘关系较近（Postel等，2013）。

数据表明，东亚及东南亚流行的CSFV基因型种类最多。同时，有些基因亚型比如3.2、3.3和3.4基因亚型在欧洲和美国从来没有报道过，表明东亚及东南亚地区是这些亚型的发源地。

（四）中国猪瘟病毒遗传多样性的地区分布特点

为了弄清中国CSFV的流行态势及其遗传多样性分布，1998年涂长春主持的中国兽医学领域第一个自然科学基金重大项目首次开展了中国CSFV分子流行病学研究工作。该研究从全国30个省（直辖市、自治区）收集的临床猪瘟病料中，采用RT-PCR和核酸序列测定技术，获得了1993—1999年间的110个流行毒株的E2基因序列，通过遗传进化分析，首次绘制了中国CSFV的遗传衍化关系及其遗传多样性分布图（Tu等，2001）。之后联合中国兽医药品监察所、中国动物卫生与流行病学中心及其他单位，持续不断的从全国31个省（直辖市、自治区，除台湾、香港和澳门特区）收集并鉴定的临床CSFV毒株中，采用RT-PCR和核酸序列测定技术，获得和收集了728条E2基因部分区域序列，采集数据的时间跨度自1979年到2013年共34年，获得的数据足以代表整个中国猪瘟的流行状况，拥有的CSFV E2基因序列数量仅次于德国汉诺威联盟猪瘟参考实验室，为全世界拥有该数据第二多的国家。通过对上述毒株和基因数据的分析，弄清了CSFV的遗传进化背景和基因亚型地理分布，填补了国际上CSFV分子流行病学研究缺乏中国数据这一空白。揭示了中国CSFV可能来自不同的病毒祖先，监测了目前使用疫苗的有效性，建立并丰富了中国CSFV流行病学数据库。

1. 中国猪瘟病毒基因亚型总体分布情况　采用DNAStar（version 7.1.0.44）、Clustal X（version 1.8）和Mega 5软件对CSFV 728条E2基因190个相同核苷酸序列进行基因亚型分析和地理分布多样性的分析，中国流行的CSFV分属为2.1、2.2、2.3和1.1四个基因亚型。在分析的728条E2基因序列中，74.4%属于基因2型，其中2.1亚型为435条，占59.8%，为优势基因亚型；1.1亚型为186条，占25.5%；其他为少量的2.2和2.3亚型分别为89条（12.2%）和18条（2.5%）；全国各地均存在基因2型，表明基因2型在中国猪瘟流行中占绝对优势，属优势基因型。到目前为止，中国一直没有监测到基因3型的传入与流行（表3-1和图3-3）。

表 3-1　中国 CSFV 基因亚型的数量统计

基因分型	省 / 市	流行毒株数	百分比（%）
1.1 亚型	24	186	25.5
2.1 亚型	29	435	59.8
2.2 亚型	23	89	12.2
2.3 亚型	7	18	2.5

自1979年至2013年，猪瘟一直持续散发流行在中国31个省（直辖市、自治区），虽然没有大的暴发流行，但是中国养猪业生产密度居世界第一，加之中国养殖模式多样，尤其是小型养猪模式和散养模式的存在，在中国要根除猪瘟依然是一个巨大的挑战。

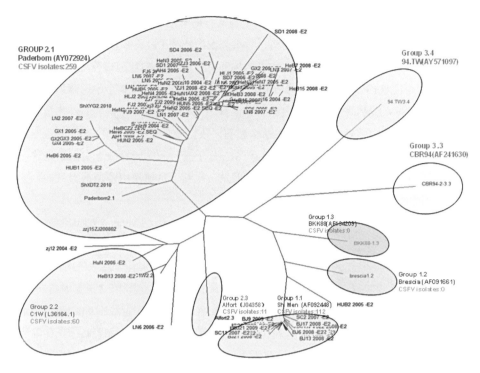

图 3-3　中国 CSFV 流行毒株 E2 基因片段（190 nt）的系统进化树

根据毒株的遗传距离可将中国 CSFV 流行毒株可分为 2 个基因型（1，2）和 4 个基因亚型（1.1，2.1，2.2，2.3）

从20世纪70年代开始，中国和欧洲都表现为从占主导地位流行的基因1型向基因2型的转变，以2.1亚型为主导。将中国1979年第1株2.1亚型毒株与2013年的2.1亚型毒株比较，E2基因核苷酸同源性为91.0%～93.1%；将中国1995年的2株1.1亚型毒株与2013年的1.1亚型毒株比较，E2基因核苷酸同源性为94.7%～100%。跨越34年的分子流行病学数据分析，发现中国CSFV E2基因基本处于稳定状态，变异频率低，流行区域稳定，为清除该病毒提供了理论依据。

2. 中国CSFV基因亚型的地理分布情况　2.1基因亚型毒株是中国最主要的流行毒株，分布于29个省（直辖市、自治区）。分析表明中国于1979年最早分离于四川省的一株流行株SCCD1.79属于2.1亚型，直到2013年一直能监测到2.1亚型，这与欧洲20世纪80年代到90年代开始流行的优势基因型相同。由于缺乏1979年之前的数据，没有证据表明2.1基因亚型毒株从何而来。中国与欧洲的2.1基因亚型毒株有着密切的相关性，其已成为中国的主要基因亚型流行毒株。

1.1基因亚型毒株是在中国占第二位的流行毒株，分布于24个省（直辖市、自治区）。最早的一株著名的经典毒株为1945年分离的参考强毒石门株，还有自20世纪50年代一直沿用至今的兔化弱毒疫苗毒株均属1.1亚型成员。从20世纪40年代一直到1994年之间缺乏数据，1995年从河北省（HeBHH1.95）和广东省（GDGZ1.95）分离的流行株也属于1.1基因亚型，直到2013年都一直能监测到1.1亚型。美国、英国和德国20世纪40年代（Oldlederle USA′46）、50年代（Fortdodge USA′54和Liphook UK′57）和60年代（Eystrup Germeny′64）的流行毒株也属于该基因亚型。可以说，1.1亚型的CSFV株在全球范围内是一个古老的毒株，而且流行至今。

　　2.2基因亚型分布于中国23个省（直辖市、自治区）；2.3基因亚型仅分布于中国南方的福建、广东、广西、海南、湖南、湖北和重庆7个省市区。这两个亚型的流行毒株都不是目前中国的主要流行毒株。

　　数据分析还表明，除贵州、海南、江苏、江西、宁夏、青海、陕西、上海、天津、西藏、新疆、云南和浙江13个省（直辖市、自治区）仅有1到2个基因亚型分布，其余18个省（直辖市、自治区）均存在3到4个基因亚型分布。除2.3亚型具有地理局限特点外，其余亚型的遗传多样性分布无地理特点。这些充分说明中国上述18个省（直辖市、自治区）猪瘟的流行有不同的传染来源，或者说明各种传染源引发了多起猪瘟同时发生。因此，中国猪瘟流行态势较为复杂，与该类地区养猪业发展水平和贸易程度明显相关（表3-2）。

表 3-2　按地区鉴定的毒株总数和 E2 基因总数统计表

地区	亚型数	E2 基因总数	1.1 亚型	2.1 亚型	2.2 亚型	2.3 亚型
安徽	3	10	1	5	4	0
北京	3	67	56	10	1	0
福建	4	25	2	15	4	4
甘肃	3	33	1	19	13	0
广东	4	42	17	13	6	6
广西	4	70	25	38	4	3
贵州	2	2	1	1	0	0
海南	1	2	0	0	0	2
河北	3	72	13	56	3	0
河南	3	38	6	25	7	0
黑龙江	3	17	4	12	1	0
湖北	4	40	8	29	2	1
湖南	4	15	1	12	1	1
吉林	3	43	18	15	10	0
江苏	2	3	0	2	1	0
江西	2	7	2	5	0	0

（续）

地区	亚型数	E2 基因总数	1.1 亚型	2.1 亚型	2.2 亚型	2.3 亚型
辽宁	3	23	1	17	5	0
内蒙古	3	15	4	3	8	0
宁夏	2	5	0	3	2	0
青海	2	2	0	1	1	0
山东	3	32	3	25	4	0
山西	3	24	1	20	3	0
陕西	2	4	1	3	0	0
上海	1	9	0	9	0	0
四川	3	19	14	4	1	0
天津	2	7	1	6	0	0
西藏	2	2	1	1	0	0
新疆	1	2	0	0	2	0
云南	2	16	4	12	0	0
浙江	2	77	0	72	5	0
重庆	4	5	1	2	1	1
		728	186	435	89	18

3. 中国猪瘟的传染来源分析　基因分型技术可以为寻找中国猪瘟的传染来源提供最可靠最直接的证据。通过对上述728条E2基因地理分布区域并结合欧洲的数据进行分析，中国猪瘟的流行特征与欧洲有着相似性：自20世纪40年代到60年代流行的主流基因亚型为古老的基因1.1亚型；70年代末出现了2.1亚型；自80年代末90年代初开始至今，2.1亚型在中国的流行达到高峰。数据分析表明，中国猪瘟来源于不同的病毒祖先，除了主要来自于70年代到80年代鉴定于中国以及欧洲的2.1基因亚型流行毒株外，还有来自于20世纪40年代鉴定于中国的经典石门株以及40年代到60年代欧美国家流行的1.1基因亚型毒株，CSFV基因亚型呈多样性分布。中国所有流行株（主要为基因2.1亚型）与经典的石门株之间的同源性为76.7%～100%，表明CSFV的基因组在近60年期间处于稳定状态。

20世纪90年代初，欧洲在规模化猪场采用扑杀措施根除了猪瘟，但欧洲野猪群的猪瘟却一直持续存在。野猪群的带毒是欧洲难以根除猪瘟的重要根源，在东欧尤其是在巴尔干半岛地区的养猪场和散养户一直有猪瘟病例。欧洲一直是中国进口种猪的来源地之一，CSFV有可能通过引进种猪而传入，同时中国从未向欧盟出口活猪及猪肉制品，因此猪瘟没有从中国传入欧洲的可能性。基因分型结果发现在中国广为流行的基因2型毒株中的每一个亚型都能找到遗传关系十分接近的欧洲流行毒株，甚至是欧洲野猪群中的毒株。综上所述，从20世纪70年代至今中国流行的CSFV基因2型与欧洲流行株有着密切的关系。

4. 疫苗对流行毒株有效性的监测 十多年来，一些专家认为中国猪瘟免疫失败的原因为CSFV流行毒株发生变异，以至于疫苗不能保护。为此，对中国1979—2013年间的728条CSFV E2基因主要抗原区域核苷酸序列与猪瘟兔化弱毒疫苗（HCLV）相同区域逐年进行同源性比对分析，发现同源性在2007年最低（77.2%）。采用这株2.1亚型毒株（SD1）进行免疫保护性试验，HCLV依然有效；之前中国兽医药品监察所采用不同基因亚型（2.1、2.2、1.1）和高、中、低不同致病力毒株进行单独、混合、一次、多次或交叉攻毒，HCLV依然有效；此外，英国AHVLA实验室采用3.3亚型的泰国CBR94/2进行C株疫苗免疫保护试验，证明C株疫苗依然有效；通过对HCLV种毒E2基因序列的分析，发现其并没有发生很大变异。我们首次采用分子流行病学技术对HCLV的有效性进行了系统监测，结合免疫保护试验，证明HCLV依然是一株对中国所有猪瘟流行株均能保护的优秀疫苗。中国CSFV流行株基因组稳定，现行使用的猪瘟疫苗能有效预防国际上流行的3个基因型毒株引起的猪瘟，澄清了多年来"由野毒株变异引起免疫失败"的学术争端。

根据上述34年流行毒株与疫苗株的同源性比较分析以及C株疫苗免疫保护试验结果，目前还没有发现C株疫苗不能抵抗流行毒株与疫苗株E2基因同源性低于77.2%的野毒株。因此，在今后的监测中，发现其同源性低于77.2%的野毒株，应及时对流行毒株进行抗原性分析，并进行疫苗对流行毒株的保护率试验，确定流行毒株是否变异及疫苗是否能够预防该流行毒株。

综上所述，CSFV在全球的流行具有明显的时空特点：流行于欧洲的CSFV毒株在20世纪70年代发生了从基因1型向基因2型的转变，目前在野猪中流行的基因2.3亚型CSFV是优势流行毒株；美洲国家到目前为止只有基因1型毒株的流行，而亚洲国家除了1.1亚型毒株外，还有基因2型和3型毒株的流行，20世纪末流行于中国台湾和韩国的3.1亚型和3.2亚型毒株在本世纪初被基因2.1亚型毒株所替代。目前引起中国猪瘟流行的CSFV毒株主要是2.1亚型和1.1亚型，其中大部分猪瘟是由2.1b亚亚型毒株所引起，2.1c毒株近年来在中国南部省份的大量流行是否预示该亚型毒株已成为该地区的优势流行毒株还有待进一步监测。少数流行株为2.2和2.3亚型。基因2.1亚型毒株在地区间的传播方式以及在感染性和致病力方面与其他亚型毒株之间是否存在差异目前还不清楚。因此，对2.1亚型毒株流行地区进行系统地猪瘟监测及病毒株的毒力研究可为制定有效的猪瘟防控策略提供重要科学依据。由于我国台湾省及周边的越南、柬埔寨、泰国等国存在猪瘟其他基因亚型，新的基因亚型传入可能引发新的流行状态，因此，加强对周边国家和地区接壤的省（直辖市、自治区）的流行毒株的监测力度，对防范其他基因亚型尤其是基因3型的传入具有重要意义。根据猪瘟分子流行病学监测数据，掌握国内外疫病流行情况，包括疫情、流行病学、病原变异、免疫监测结果等，及时调整防控策略，提高猪瘟防控水平。

（龚文杰、王　琴）

第三节　猪瘟病毒流行病学信息系统

　　猪瘟流行状况一直受到世界各国的密切关注。中国CSFV分子流行病学研究结果填补了国际上CSFV分子流行病学研究缺乏中国数据这一空白，查清了中国CSFV分子流行病学的本底，已经建立一整套连续、可靠、完整、系统的国内外CSFV流行病学数据库。继续开展不间断的分子流行病学跟踪调查，实时跟踪CSFV的变异特征及抗原性变异程度，监测新的CSFV流行毒株的情况和疫苗对流行毒株的有效性，对中国猪瘟防控具有十分重要的意义。地理信息系统（Geographic Information System，GIS）是一个用于输入、存储、检索、分析和输出空间信息的计算机程序系统（Norstrom M，2001）。而数据库技术不再仅仅是存储和管理数据，已转变成了用户所需的各种数据管理方式。结合GIS技术、数据库技术与生物信息学技术，对中国宝贵的猪瘟流行病学数据进行归纳整理，建立中国CSFV流行病学信息系统（CSF*info*）（王琴，2013）。通过对积累的猪瘟的流行病学数据进行数据库管理，从而对该病的监测提供必要的技术支持和数据统计分析手段，为政府和养殖场猪瘟防控提供可靠的疫情资料。

一、CSF*info* GIS简介

　　GIS具有强大的空间分析能力，能解决疫病空间分布的可视化、疫病分布模式和对疫病传播范围扩散或缩小的动态模拟等问题，对疫病流行规律的揭示、疫病预警预报、控制计划的制订和对疫病控制效果评价等方面具有十分重要的作用和意义（王立贵，

2012）。GIS系统能够为分析、决策提供重要的支持平台，逐渐成为疫病流行趋势研究和防控决策的重要工具之一。20世纪60年代，世界上第一个GIS系统由加拿大测量学家Tomlison提出并建立，主要用于自然资源的管理和规划，当前一些GIS是系统已开始使用要素类来实现对空间数据的组织。随着计算机硬件和软件技术的飞速发展，尤其是大容量存储设备的使用，促进了GIS朝实用的方向发展。由于GIS是关系到国家安全的战略性技术，因此开发拥有自主知识产权的国产GIS系统平台，研究和掌握GIS的前沿关键技术，对中国GIS的发展和应用有非常重要的意义。GIS技术也是一门综合性学科，它的发展与地理学、地图学、摄影测量学、遥感技术、数学、统计科学、信息技术等有关学科的发展分不开。近年GIS技术正朝专业化、大型化、社会化方向迅猛发展，在中国的应用从传统的城市规划、土地利用、测绘、环境保护、电力、电信、减灾防灾等领域渗透到矿产资源调查、海洋资源调查与管理及流行病学信息系统的管理等各方面，取得了丰硕的成果和巨大的经济效益。而将GIS技术引入CSF流行病学管理，则形成了CSF*info* GIS技术。CSF*info* GIS技术有以下几个方面的特点。

（一）CSF*info* GIS空间数据信息的获取、处理与交换

空间数据就是地理数据，它以点、线、面等方式采用编码技术对空间物体进行特征描述及在物体间建立相互联系的数据集。其最根本的特点就是，每一个地理实体都按统一的地理坐标进行记录。目前GIS相关技术的发展已经达到能进行空间数据信息的获取、处理与交换，地理空间数据是GIS的"血液"。空间数据库即GIS数据库，或地理数据库，是某一区域内关于一定地理要素特征的数据集合，为GIS提供空间数据的存储和管理方法。构建和维护空间数据库是一项复杂、工作量巨大的工程，它包括数据获取、校验和规范化、结构化处理和数据维护等过程，目前这些技术已相当成熟。空间数据具有很强的时效性，不同的空间数据必须进行周期不等的数据更新维护，空间数据库中数据的准确、及时和完整是实现GIS应用系统价值的前提。空间数据维护往往涉及跨部门、跨行业的多种数据格式和多种数据类型的大量数据，提供有效的空间数据编辑更新手段是当前亟待解决的重要课题。国家测绘局已经完成了全国1：100万、1：25万基础地理空间数据库及全国七大江河数字地形模型的建设，启动了全国1：5万，部分省份1：1万基础地理空间数据库建设。这些基础数据有力促进了GIS技术在疾病预防控制中的广泛应用。CSF*info*采用的地理空间数据是1：25万的中国数字地图，包括全国行政图、全国主要水系图、全国主要铁路图、全国道路交通图、全国城镇图和中国周边国家图。中国数字地图的完善对CSF*info*中疫点、疫区和受威胁区的划分提供了重要的地理信息基础，同时对疫情分析、预报预测以及疫情控制也具有十分重要的意义。

（二）CSF*info* GIS空间数据的管理

鉴于目前对象众多，空间关系复杂，必须对这些复杂的数据进行有效的管理，传统的空间数据管理模式已经不能满足要求。当前一些GIS系统已经开始使用要素类来实现对空间对象的组织，CSF*info*地理信息部分就采用了组件式开发技术，其GIS产品为美国ESRI公司的空间数据（GeoDatabase）调用工具（ArcMapObjects）和地理信息系统应用软件（ArcGIS Desktop），GIS组件封装了一系列空间信息处理相关的操作，并向CSF*info*用户提供了标准的接口。这种特有的地理空间数据存储格式，在调用地理空间数据时采用了要素类来组织实现。这种方式按照实体类来组织空间对象，符合空间对象管理的本质，一个空间对象可以被多个图层或视图引用，机制较为灵活，解决了传统方式中空间对象的一致性问题。采用空间索引，可快速定位查找地理空间数据，通过借助空间索引，按照显示范围动态读取数据的方式大大提高了显示地理空间数据的效率，这样可完成数据库中空间数据的管理与共享。

（三）CSF*info* GIS空间数据的共享与互操作

GIS技术还能实现空间数据信息的共享和互操作，信息共享已经成为现代信息社会发展的一个重要标志，而GIS互操作的产生则是信息共享的必然产物，将成为21世纪GIS研究领域的一个重要组成部分。互操作性强调将具有不同数据结构和数据格式的软件系统集成在一起共同工作。实际上，GIS互操作在不同情况下具有不同侧重点，强调软件功能块之间相互调用的时候就称为软件互操作；强调数据集之间相互透明地访问时则称为数据互操作；强调信息共享，在一定语义约束下的互操作则称为语义互操作等。一般GIS互操作是指不同应用软件硬件之间能够动态实时地相互调用，并在不同数据集之间有一个稳定接口。主要的互操作方式有以下几种：直接转换方式、采用公共交换格式方式、公共访问接口方式。CSF*info*中的地理空间数据在前台数据统计和后台数据维护两个程序中就实现了空间信息的共享与互操作。

（四）CSF*info* GIS空间数据信息的网络发布与服务

目前GIS技术实现了空间数据信息的网络发布与服务，而国际互联网已经成为GIS新的系统发布平台。利用互联网技术发布空间数据，供用户浏览和使用，是GIS发展的必然趋势。随着GIS互操作和互联网服务技术的发展，GIS互联网技术已经从初始的在互联网上简单地发布地理信息转换成为实现地理信息互操作和地理信息互联网服务的关键技术。目前已推出了大量的GIS互联网产品，如ESRI的ArcIMS，MapInfo

的MapXtreme，Autodesk的MapGuide，Intergraph的GeoMedia Web Map，中国GeoStar、GeoSurf和GeoBeans等。随着CSF*info*的构建成熟，发展为Web－CSF*info*－GIS是必然的趋势，这样用户可以通过互联网发布、查找和调用所需要的CSFV毒株或基因信息。因此CSF*info*的发展与完善对于猪瘟流行病学信息数据的使用和疫情控制具有十分重要的意义。

二、数据库在动物流行病学研究中的应用

数据库（Database）是按照数据结构来组织、存储和管理数据的仓库，它产生于距今50年前，随着信息技术和市场的发展，特别是20世纪90年代以后，数据管理不再仅仅是存储和管理数据，而转变成用户所需要的各种数据管理的方式。数据库有很多种类型，从最简单的存储各种数据的表格到能够进行海量数据存储的大型数据库系统都在各个方面得到了广泛的应用。目前，国内外医学数据库应用已经非常广泛，医学文摘数据库（MEDLINE）和美国国家医学图书馆数据库Internet Grateful Med就是取自美国和其他70个国家3 900种生物医学期刊，生物谷http://www. bioon.com内有更详细的介绍。《中国生物医学文献光盘数据库》是国内最大的最权威的中文生物医学文献数据库，该数据库收录了1978年以来1 600多种中国生物医学期刊、资料汇编、会议论文的全部题录。PubMed检索系统是由美国国立医学图书馆下属的美国生物技术信息中心开发研制的网上免费检索的生物医学期刊文摘数据库，收录了大量医学期刊论文、综述及与其他数据库链接。

关系数据库（relational database）是一个被组织成一组正式描述表格的数据项的收集，这些表格中的数据能以许多不同的方式被存取或重新召集而不需要重新组织数据库表格。关系数据库以关系代数为坚实的理论基础，经过几十年发展和实际应用，技术越来越成熟和完善。1970年，IBM的E.F.Codd在刊物*Communication of the ACM*发表名为A Relational Model of Data for Large Shared Data Banks论文，提出了关系模型的概念，奠定了关系模型的理论基础。1976年霍尼韦尔公司（Honeywell）开发了第一个商用关系数据库系统——Multics Relational Data Store。IBM的Ray Boyce和Don Chamberlin将Codd关系数据库的12条准则的数学定义以简单的关键字语法表现出来，里程碑式地提出了一种功能强大的数据库产品，即结构化查询语言（Structured Query Language，SQL）。SQL语言的功能包括查询、操纵、定义和控制，是一个综合的、通用的关系数据库语言，同时又是一种高度非过程化的语言，只要求用户指出做什么而不需要指出怎么做。SQL集成实现了数据库生命周期中的全部操作，CSF*info*采用的数据库就是关系型数据库Microsoft Access。

数据库已经广泛应用于动物流行病学领域中信息的采集和数据分析，在中国疫病信

息系统方面的研究和应用已取得初步成效。1985年以来中国动物卫生与流行病学中心共开发了三套较独立的系统：① 1985年，首先采用dBASE Ⅲ 为国家动植物检疫总局开发了一套《国际动物疫情信息数据库管理系统》，数据来源为OIE-FAO-WHO合编的《Animal Health Yearbook》（动物卫生年鉴）中1971—1980年的数据；1989年再版了《国际动物疫情信息数据库管理系统》并由国家动植物检疫总局在天津口岸对全国各口岸进行推广应用。② 1991年为配合全国第三次动物疫情普查工作，完成了《全国动物疫情信息数据库管理系统》，该系统也是在DOS平台下，用dBASEIV及BASIC语言开发的。农业部动物检疫所国家动物流行病学中心负责主控、检索模块；中国农业大学负责数据录入模块；江苏省畜牧兽医总站负责打印模块；兰州兽医研究所负责图形显示模块。由农业部兽医局组织向各省推广并分头录入数据。③ 2002年至今，将GIS和数据库结合应用于流行病学信息管理和处理，是GIS和数据库在医学领域应用的一大飞跃和创新，由此形成了《国家动物卫生信息系统（National Animal Health Information System，NAHIS）》。2004年中国动物卫生与流行病中心在NAHIS的基础上开发了突发动物疫病决策支持系统（Contingent Animal Diseases Decision Support System，CADDSS）系列的第一个软件，即高致病性禽流感信息系统（HPAIinfo）；同年又开发了CADDSS的第二个软件，即口蹄疫信息系统（FMDinfo），因此NAHIS不但是针对动物流行病学专门开发的系统平台，也是可以不断拓展的GIS技术平台。将CSFV流行病学信息数据与数据库技术、GIS技术、生物信息学技术相结合，在NAHIS的基础上，建立中国的CSFinfo是GIS技术发展的必然，也是CSFV流行病学信息系统建立的重要举措。

2003年，中国暴发了SARS，同年9月，卫生部、科技部启动了《传染性非典型肺炎临床、流行病学、随访数据库建设及相关课题研究实施方案》。通过：① 收集、整理、规范中国SARS个案的临床病历、流行病学调查和随访资料；② 设计数据库结构、指标、标准化方法；③ 开发数据库平台、编制软件；④ 制定数据质量控制和管理方法；⑤ 开发数据研究的方法和技术；⑥ 开展正常人群血清SARS抗体水平评价等6个方面的内容实施来达到实现SARS临床研究、流行病学研究、随访数据库建立的目的。最终实现建立统一的中国SARS诊断病例临床数据库、完善和补齐SARS诊断病例流行病学数据库、尽可能掌握和建立SARS随访资料数据库，并在此基础上组织开展相关研究的目标。中国SARS个案临床、流行病学及随访数据库的建立，为开展SARS相关研究提供公共平台，为临床特征和自然病程研究、分析SARS首诊病例、综合评价SARS临床治疗效果和制定SARS临床诊疗指南提供了依据，为SARS防治和科学决策提供依据。之后又将SARS流行病学环境分析与信息系统研究与GIS技术相结合，首先形成了非典型性肺炎（SARS）数据库（黎明，2004）。

三、国外猪瘟病毒流行病学信息系统的建立

除中国外，国际上仅欧洲建立了两个CSFV数据库，即可进行遗传进化分析的CSFV序列数据库（Dreier S，2007）和以地图为界面的野猪猪瘟监测数据库（Christoph Staubach，2012），这些数据库作为欧盟成员国各地区及其兽医执法机构早期的预警系统和决策支持工具，成为欧盟和成员国进行全欧盟或本地化时间、空间、科学评价综合性的风险分析工具。

首先是2007年在德国汉诺威建立的欧盟猪瘟参考实验室（OIE CSF参考实验室）的CSFV序列数据库，当猪瘟暴发时，快速而有效地确定基因型非常重要，为此，由欧盟猪瘟参考实验室Irene Greiser-Wilke教授创建了CSFV World Wide Web数据库，简单而标准化地用于CSFV的基因分型。通过注册许可后可访问该实验室的数据库。该数据库的设计是在标准序列模块上，鉴定新的序列并进行比对，建立neighbor-joining系统发生树。序列分型需确保正确的方向，必要时可调整到合适的碱基长度，然后通过一套标准的序列排比和Neighbor-joining系统发生树分析来计算新的病毒序列的亲缘关系，其结果以图表形式显示。这套标准序列库包括5′　NTR基因的150个碱基、E2基因的190个碱基和NS5B基因的409个碱基。用户可选择标准数据库用于新毒株的基因分型，操作方式可以通过输入新的病毒基因序列，很容易进行自动分型。

在该数据库中，每个数据，除了序列还包含分离毒株的年代、国家、地区和宿主等流行病学信息，这对鉴定新的流行毒株是必需的。单条序列也能输出用于进一步的校对和采用软件PHYLIP程序进行遗传进化关系的计算。目前该数据库已经被广泛使用，收录的E2基因序列已经增加至1 107条，成为国际上拥有E2基因数据最多的实验室，这些序列的鉴定可追溯来自不同地区的相关疫情。

虽然较E2基因190个碱基更长的序列分型技术已经投入使用，但是在该数据库中依然保留这三套短的标准的基因序列。首先NS5B基因和E2基因的长度足够用于确定新的CSFV分离株的基因型（Paton等，2000）；其次，该系统广泛采用的RT-PCR方法和引物是可行的，能可靠地从所有毒株中检测CSFV E2序列。这样，过去的5年中，在对新暴发病例毒株大量相应的基因序列成功测定的基础上进行了分型，同时发表和登录于GenBank数据库；这种短核苷酸片段的第三个优势可从两个方向进行测序，尤其是当只有部分重叠片段被用于评估时结果非常精确。除收集流行病学数据和基因分型外，该系统还可以方便的输出到其他系统。

CSFV时空流行病学监测数据库为欧洲的另一个CSFV数据库，在德国Wusterhausen的Friedrich-Loeffler-Institut（FLI）流行病学研究所建立，由Christoph Staubach教授创建，

该数据库以GIS和遥感技术为基础设计了野猪和家猪的猪瘟空间流行病学监测数据库，通过这种时空模式可对CSFV监测数据进行评估和优化。对于家猪，该数据库主要为规模化养猪场设计，并非散养型养殖，收录的数据为养殖场类型、样本类型和流行模式，通过流行的区域数据、临近模式，对首发疫点进行传播距离计算，推算出可疑的发病猪场。在德国，野猪数量巨大而野猪中猪瘟流行率低，检测率低是数据库数据量低的一大问题，某些地区每平方千米每月样品采集量仅为1.2份，每年为5.1份。改变样品采集的时间间隔和/或数量，在特定情况下保证感染检测效率；根据动物群体密度和分布设计合理的采样计划；锚定一定年龄段的动物进行样品采集、被动采样及生态驱动的时间段将会提高检测的效率；在无猪瘟的地区，同样的方法可以用于筛查血清型呈阳性的动物。

四、中国猪瘟病毒流行病学信息系统的建立

（一）建立中国猪瘟病毒流行病学信息系统的背景

如上所述，10多年来，中国兽医药品监察所与军事医学科学院军事兽医研究所联合其他单位开展了全国范围内CSFV流行病学和分子流行病学研究，共收集和保存全国所有31个省（直辖市、自治区）猪瘟病料969份及相关流行病学资料，收集年代为1979—2013年，时间跨度34年，覆盖了98%的国土面积，从中获得和收集了728条E2基因序列的研究数据。为了加强对CSFV流行病学数据信息的统一管理，随时掌握全球CSFV数据，分析CSFV传播来源，进行疫情预测预报，2005年以来又与中国动物卫生与流行病学中心合作，对上述宝贵的CSFV流行病学数据进行归纳整理，与数据库技术、GIS技术、生物信息学技术相结合，采用Microsoft ACCESS、ESRI ArcGIS和DNAStar 6.0等软件工具，在中国数字地图空间数据的支持下，在HPAI*info*和FMD*info*平台基础上，建立了具有中国自主知识产权的CSF*info*，也是中国第一个CSFV流行病学信息系统。疫情暴发时，可运用CSF*info*开展包括追溯传染源和传播途径的流行病学调查，是快速确认并控制该病流行的重要手段。由于发现了CSFV不同基因亚型在全世界不同区域的分布并证实了这些流行毒株之间的相关性，因此对猪瘟疫情的溯源变得可行，也为该病的监测提供必要的技术支持和科学的数据统计分析手段。

（二）猪瘟病毒流行病学信息系统的构建方法

CSF*info*由数据库模块、后台数据维护模块和前台数据查询统计模块3个模块组成，并关联了DNA Star 6.0软件，其构建方法如下。

1. **数据库模块** CSF*info*系采用微软公司的数据库软件（Microsoft Office Access），同时采用ESRI公司软件（ArcGIS）特有的地理空间数据存储格式（GeoDatabase），并使用美国Borland公司的Delphi开发工具开发和部署的应用系统。其具体构建过程如下：首先，通过对CSFV流行病学及分子流行病学研究结果的数据分析，确定系统的边界，明确对系统的各种要求，完成CSF*info*系统需求分析；然后，进行CSF*info*数据库定义，并得到数据字典描述的数据需求和数据流程图描述的处理需求；最后，运用数据库管理系统（DBMS）提供的数据语言及其宿主语言，根据逻辑设计和物理设计的结果建立数据库，编制与调试应用程序，录入数据，并进行试运行。

2. **后台数据维护模块** 根据CSFV流行病学数据的业务主表及子表，基础表（字典表）中的详细字段，设计输入维护界面，完善数据输入，美化用户界面。分析采用原始业务资料，规范其中的业务数据，形成结构化的符合软件工程定义的数据需求文档。根据建库需求文档形成一致的需求文档，在需求文档和系统确定的技术方案的基础上，按照软件设计工程标准形成软件设计文档。在形成软件设计文档的基础上，设计出符合软件工程的用户界面，经试运行，最终确定用户界面，完成用户界面设计。按照软件设计和用户界面进行软件详细设计，在软件详细设计过程中完成软件详细单元设计，接着进行实际编码工作，形成软件产品雏形。进行软件产品测试，如果达到软件工程测试的要求，再试运行，如果产生错误或功能差异，返回软件编码工作室修改软件产品，直到符合用户需求定义。

3. **前台数据查询统计模块** 根据对数据查询统计的要求，分析提取查询统计条件，整理完善查询统计界面。其实现过程与后台数据维护模块具有一样的开发设计流程，符合软件开发的规范要求，即CSF*info*的建立经过了需求分析、设计、编码实现测试、测试及维护等6个阶段。

（1）收集、整理、规范流行病学数据。

（2）设计数据库结构、指标、标准化方法。

（3）开发数据库平台、编制软件。

（4）制定数据质量控制和管理方法。

（5）开发数据研究的方法和技术。

（6）数据的常规录入。

整个程序与SARS临床和流行病学数据库相似。

4. **DNAStar 6.0软件** 将DNAStar 6.0生物信息学分析软件作为软件模块，与其他模块进行嵌合，通过数据库公共应用程序访问接口与关系型数据库进行通信，通信过程由任务、触发、数据模块3个部分组成。DNAStar 6.0软件从数据库获得信息源后，在本模块内进行数据分析，将结果在查询界面中显示并运行。

（三）猪瘟病毒流行病学信息系统的功能

构建的CSF*info*包括数据库模块、后台数据维护模块和前台数据查询统计模块，这3个模块组成了CSF*info*，具有以下功能。

1. CSF*info*数据库模块　通过对CSF*info*需求分析，得到数据字典描述的数据需求和数据流图描述的处理需求，包括CSFV毒株流行病学信息、区域地点信息和基因分型信息。

2. CSF*info*后台数据维护模块　建成的CSF*info*后台数据维护模块包括毒株数据录入、修改、简单查询、系统用户管理和毒株地点维护等功能。

（1）CSF*info*毒株数据录入及修改功能　该系统可在地图上直接增加毒株点位置，录入毒株数据，录入或添加方法有两种。方式一：在地图上添加毒株地点，使用"添加地点"功能，在地图的毒株位置直接点击添加毒株点，通过快速地图定位功能，可方便查找定位相关区域，该方法较常使用。方式二：直接使用全球定位系统（Global Position System，GPS）的经纬度值在地图上添加毒株点，添加完地点后，关闭添加地点窗口，添加的地点会直接出现在地点查找窗口中。采取上述两种录入方式均可进行数据查询、修改、删除。

（2）CSF*info*毒株数据简单查询功能　可以自由指定多个条件查询毒株数据。

（3）CSF*info*系统用户管理功能　对用户进行管理，设定用户权限，维护系统字典表。

（4）CSF*info*毒株地点维护功能　用户可根据毒株采集地点的相关信息在地图上手工设定毒株采集地点位置；或根据毒株采集地点的经纬度坐标，输入经纬度程序，根据经纬度自动添加毒株采集地点的位置；还可更改毒株位置和名称。还包括正常的地图操作功能：放大、缩小、移动、全图、按县位置快速定位；包括毒株点代码维护功能：选择毒株点、添加毒株点、删除毒株点、修改毒株点名称等。

3. CSF*info*前台数据查询统计模块　数据查询系统通过在前台GIS界面展示以下各种功能，如CSF*info*地图信息功能、操作功能、测量功能、图例功能及灵活的系统参数设置（图3-4）。

（四）猪瘟病毒流行病学信息系统的用户操作系统

用户通过输入本系统的登录密码进入CSF*info*前台，系统启动并进入主界面，即可进行疫情数据地图信息查询、统计分析及数据导出和疫病参考信息查询等三大功能。本系统还有一个创新的使用功能就是可将所查询的CSFV毒株在GIS界面中直接进行基因序列分析，以分析毒株之间的遗传距离。

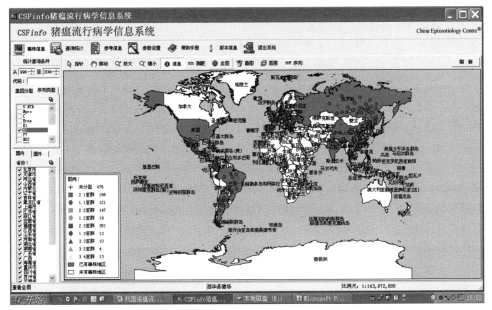

图 3-4 CSF*info* GIS 界面展示的各种功能

1. CSF*info*毒株信息查询

（1）CSF*info*地图信息操作功能　提供全国省级行政图、县级行政图、主要水系图、主要铁路图、主要公路图、城镇图、周边国家图。地图功能包括放大地图、缩小地图、移动地图、查看疫点信息、测距、画图、图层、退回全图、导出或保存地图图像。使用放大功能多级放大地图显示范围，当放大到一定比例就会显示全国县级图层，再放大到一定比例就会显示全国城镇图和全国道路交通图。还可在不同级别显示不同图层内容。

（2）CSF*info*疫情信息查看　地图中的CSFV毒株信息可以按界面左侧的统计查询条件中时间、基因分型、序列类型、国家和地区检索出数据，并按国家、省、地区、县分区域用不同颜色显示。在不同分型毒株的采集地使用不同颜色形状的点表示。在检索条件区域中设置所需条件后点击"刷新"按钮，当前图像中显示的数据就是按此条件检索出的CSFV毒株信息。需要查询毒株基本信息时，点击"地图操作功能"中"信息"按钮，即可调出某一毒株的毒株信息表。进一步点击毒株信息中的"导出Word"按钮，即可调出该毒株的"CSFV毒株报告表"。

2. CSF*info*统计分析

（1）CSF*info*信息查询　先选择查询年代、基因型、序列类型和地区或国家的毒株，然后在查询结果页上点击"执行查询"按钮，CSFV毒株各地区数据一览表将符合查询条

图3-5　猪瘟毒株各地区数据一览表查询

件的CSFV毒株信息显示在网格中，用户可在此获得所查询的CSFV毒株的详细数据（图3-5）。点击"保存结果"按钮，主网格中的数据可导入到Excel表中并被保存。

（2）CSF*info*毒株遗传距离分析　点击"打开序列"按钮后，可选择对首先查询出毒株的序列文件采用何种打开方式；如选择点击"MegAlign"或"SeqMan"即可分析毒株遗传距离，选择点击"导出到文件夹"即可将查询的毒株序列文件导出到文件夹（图3-6）。

（3）CSF*info*统计　在统计查询条件页面可以设置统计条件。在统计页面选择统计分类，然后点击"执行统计"按钮。统计结果可以多种形式显示。

统计表形式：在统计页面中，统计表页面显示网格形式的统计数据，点击"保存结果"按钮，将保存当前统计结果到Excel中。在表第一行显示的是统计条件，最后一行是合计。

统计图形式：统计图页面显示图形形式的统计数据，有多种统计图表现方式，随时导出图像文件。可以柱状图、线状图和饼状图表示，并可导出图像，在画图板中编辑图像。

按基因亚型统计相关地区数、毒株数：统计各个基因亚型分布的地区数和毒株数。

按地区统计毒株数、亚型数：统计有毒株地区的毒株数和每种亚型的毒株数。

3. CSF*info*的其他操作功能　该系统还有其他查询相关信息、参数设置、维护和数据更新及其他注意事项等功能。

（1）CSF*info*相关信息查询　该系统还提供了有关猪瘟技术规范、法律法规及知识介绍等信息供用户查询。

图3-6　毒株序列文件打开方式

（2）CSF*info*参数设置　在参数设置页面，配置了灵活的系统参数设置。用户可以自由设置不同基因分型点的颜色、大小、形状；还可自由设置毒株点或区域在地图上的表现形式，有无毒株区域的颜色。设置完毕后，点击"参数设置"应用用户的设置，切换到毒株信息页面即可看到设置的变化。点击'恢复默认设置'将恢复所有设置。

（3）CSF*info*维护、数据更新　用户通过界面的系统维护功能键还可进行数据库维护及数据更新，该系统可提供简单易用的数据库修复压缩功能和方便的数据更新包生成功能；此功能还包括一个单独的可执行文件，帮助用户方便的完成数据更新操作。

（4）CSF*info*其他注意事项　点击'帮助'按钮，可调出帮助页面；点击'关于'按钮，可调出关于页面；点击'退出系统'，即退出系统。本程序在1024×768屏幕分辨率下可达到最佳使用效果。本程序在进行有关地图操作时，请先将金山词霸屏幕取词功能关闭。

（五）猪瘟病毒流行病学信息系统的应用前景

目前，猪瘟分为三大流行区：① 东南亚属于老疫区，由于控制措施不力，疫情仍然较重；② 中南美洲属疫情稳定区，疫病流行逐年减少；③ 欧洲特别是西欧属流行活跃区，即使采取了严密的控制措施，仍经常暴发疫情，是近年猪瘟流行的中心（Arainga等，2010；Blacksell等，2004；Deng等，2005；Pan等，2005；Pereda等，2005；Sarma等，2011）。加强CSFV的流行病学研究及数据管理，是掌握全球猪瘟流行态势的重要手段，是控制猪瘟疫情的重要基础。CSF*info*系统的建成，使中国成为继德国之后第二个有这种数据库的国家。该系统包含969株中国流行毒株信息、728株中国CSFV E2基因序列和欧盟猪瘟参考实验室数据库的642株CSFV E2基因序列信息和其他相关的猪瘟信息。

　　CSF*info*完成了空间数据的管理、共享，实现空间数据与业务数据的统一。通过Windows文件关联功能建立了与DNAStar 6.0序列分析软件的关联，实现了空间数据与基因序列分析应用的完整结合，是该系统的一大创新，较欧盟猪瘟参考实验室的猪瘟数据库更为直观。可方便、快捷地对任何地区的任何一条序列与数据库中的数据进行序列比对，直接在地图界面进行遗传演化关系分析，追溯可能的疫病传播途径，分析疫病发生规律，实现对猪瘟流行趋势的可视化查询。

　　CSF*info*的建立可使数据统一管理，统一更新，保证信息的全面系统；完成了空间数据的管理、共享，实现空间数据与业务数据的统一；使用地图信息显示方式，全面、准确地反应毒株在不同地点/地区的分布状况；使用多种统计图、表灵活地展示当前和历史的各种统计分析数据，方便全面了解流行毒株的发展变化规律；采用ArcMapObject、COM等先进的主流开发技术，系统模块化设计，提高了系统的扩展性和管理性；整体开发方案部署合理，兼容后续的系统完善和二次开发。CSF*info*的发展与完善对于猪瘟流行病学信息数据的使用和疫情控制已显示出良好的应用前景。

　　CSF*info*将GIS和数据库应用于流行病学信息管理和处理，是GIS和数据库在医学领域应用的一大飞跃和创新，对猪瘟流行病学监测提供了必要的技术基础和支持。通过建立CSF*info*可以全面直观掌握猪瘟流行病学的发展变化规律，也是掌握全球猪瘟流行态势的重要手段。加强对中国猪瘟流行病学信息的统一管理，提高对CSFV流行毒株总体分布、疫情发生发展趋势的科学了解和掌握，提供科学的数据统计分析手段，提高对猪瘟及CSFV的研究分析质量、降低决策风险，最终为政府提供科学的疫情预测预报，为消灭猪瘟提供决策支持。

（王　琴）

参考文献

Arainga M, Hisanaga T, Hills K, et al. 2010. Phylogenetic analysis of classical swine fever virus isolates from Peru[J]. Transbound Emerg Dis, 57 (4) : 262–270.

Bartak P., Greiser-Wilke I. 2000. Genetic typing of classical swine fever virus isolates from the territory of the Czech Republic[J]. Vet Microbiol, 77: 59－70.

Blacksell S D, Khounsy S, Boyle D B, et al. 2004. Phylogenetic analysis of the E2 gene of classical swine fever viruses from Lao PDR[J]. Virus Res, 104 (1) : 87－92.

Blome S., Grotha I., Moennig V., et al. 2010. Classical swine fever virus in South-Eastern Europe--retrospective analysis of the disease situation and molecular epidemiology[J]. Vet Microbiol, 146: 276－284.

Cha S.H., Choi E.J., Park J.H., et al. 2007. Phylogenetic characterization of classical swine fever viruses isolated in Korea between 1988 and 2003[J]. Virus Res, 126: 256－261.

Christoph Staubach. 2012. Spatio-temporal Modelling and Surveillance of Classical Swine Fever in Domestic Pigs and Wild boar. 中国畜牧兽医学会动物药品学分会2012年第四届中国兽药大会动物药品学论文集[C]. 56－73

de Arce H.D., Ganges L., Barrera M., et al. 2005. Origin and evolution of viruses causing classical swine fever in Cuba[J]. Virus Res, 112: 123－131.

de Smit A.J., Bouma A., Terpstra C., et al. 1999. Transmission of classical swine fever virus by artificial insemination[J]. Vet Microbiol, 67: 239－249.

Deng M C, Huang C C, Huang T S, et al. 2005. Phylogenetic analysis of classical swine fever virus isolated from Taiwan[J]. Vet Microbiol, 106 (3-4) : 187－193.

Dewulf J., Laevens H., Koenen F., et al. 2001. Evaluation of the potential of dogs, cats and rats to spread classical swine fever virus[J]. Vet Rec, 149, 212－213.

Dewulf J., Laevens H., Koenen F., et al. 2001. An experimental infection with classical swine fever virus in pregnant sows: transmission of the virus, course of the disease, antibody response and effect on gestation[J]. J Vet Med B Infect Dis Vet Public Health, 48: 583－591.

Dewulf J., Laevens H., Koenen F., et al. 2002. An experimental infection to investigate the indirect transmission of classical swine fever virus by excretions of infected pigs[J]. J Vet Med B Infect Dis Vet Public Health, 49: 452－456.

Dreier S Zimmermann B Moennig V, et al. 2007. A sequence database allowing automated genotyping of classical swine fever virus isolates[J]. J. of Virological Methods, 140: 95－99.

Edwards S. 2000. Survival and inactivation of classical swine fever virus[J]. Vet Microbiol, 73: 175－181.

Elber A.R., Stegeman A., Moser H., et al. 1999. The classical swine fever epidemic 1997－1998 in The Netherlands: descriptive epidemiology[J]. Prev Vet Med, 42: 157－184.

Floegel G., Wehrend A., Depner K.R., et al. 2000. Detection of classical swine fever virus in semen of infected boars[J]. Vet Microbiol, 77: 109－116.

Fritzemeier J., Teuffert J., Greiser-Wilke I., et al. 2000. Epidemiology of classical swine fever in Germany in the 1990s[J]. Vet Microbiol, 77: 29－41.

Greiser-Wilke I., Fritzemeier J., Koenen F., et al. 2000. Molecular epidemiology of a large classical swine fever epidemic in the European Union in 1997-1998[J]. Vet Microbiol, 77: 17−27.

Harkness J.W., Classical swine fever and its diagnosis: a current view[J]. Vet Rec 1985, 116: 288−293.

Hennecken M., Stegeman J.A., Elbers A.R., et al. 2000. Transmission of classical swine fever virus by artificial insemination during the 1997−1998 epidemic in The Netherlands: a descriptive epidemiological study[J]. Vet Q, 22: 228−233.

Hughes R.W., Gustafson D.P. 1960. Some factors that may influence hog cholera transmission[J]. Am J Vet Res, 21: 464−471.

Jemersic L., Greiser-Wilke I., Barlic-Maganja D., et al. 2003. Genetic typing of recent classical swine fever virus isolates from Croatia[J]. Vet Microbiol, 96: 25−33.

Jiang D.L., Gong W.J., Li R.C., et al. 2013. Phylogenetic analysis using E2 gene of classical swine fever virus reveals a new subgenotype in China[J]. Infect Genet Evol, 17: 231−238.

Kaden V., Lange E., Steyer H., et al. 2003. Role of birds in transmission of classical swine fever virus[J]. J Vet Med B Infect Dis Vet Public Health, 50: 357−359.

Kosmidou A., Ahl R., Thiel H.J., et al. 1995. Differentiation of classical swine fever virus (CSFV) strains using monoclonal antibodies against structural glycoproteins[J]. Vet Microbiol, 47: 111−118.

Laevens H., Koenen F., Deluyker H., et al. 1998. An experimental infection with classical swine fever virus in weaner pigs. I. Transmission of the virus, course of the disease, and antibody response[J]. Vet Q, 20: 41−45.

Lowings P., Ibata G., Needham J., et al. 1996. Classical swine fever virus diversity and evolution[J]. J Gen Virol, 77 (6) : 1311−1321.

Moennig V., Floegel-Niesmann G., Greiser-Wilke I. 2003. Clinical signs and epidemiology of classical swine fever: a review of new knowledge[J]. Vet J, 165: 11−20.

Norstrom M. 2001. Geographic information system (GIS) as a tool in surveillance and monitoring of animal disease[J]. Acta Veterinaria Scandinavica Supplementum, 94: 79−85.

Pan C H, Jong MH, Huang TS, et al. 2005. Phylogenetic analysis of classical swine fever virus in Taiwan[J]. Arch Virol, 150 (6) : 1101−1119.

Parchariyanon S., Inui K., Pinyochon W., et al. 2000. Genetic grouping of classical swine fever virus by restriction fragment length polymorphism of the E2 gene[J]. J Virol Methods, 87: 145−149.

Patil S.S., Hemadri D., Shankar B.P., et al. 2010. Genetic typing of recent classical swine fever isolates from India[J]. Vet Microbiol, 141: 367−373.

Patil S.S., Hemadri D., Veeresh H., et al. 2012. Phylogenetic analysis of NS5B gene of classical swine fever virus isolates indicates plausible Chinese origin of Indian subgroup 2.2 viruses[J]. Virus Genes, 44: 104−108.

Paton D.J., Greiser-Wilke I. 2003. Classical swine fever--an update[J]. Res Vet Sci. 2003, 75: 169−178.

Paton, D.J., McGoldrick, A., Greiser-Wilke, I., et al. 2000. Genetic typing of classical swine fever virus[J]. Vet Microbiol, 73: 137－157.

Pereda A J, Greiser-Wilke I, Schmitt B. 2005. Phylogenetic analysis of classical swine fever virus (CSFV) field isolates from outbreaks in South and Central America[J]. Virus Res, 110 (1-2): 111－118.

Postel A., Jha V.C., Schmeiser S., et al. 2013a. First molecular identification and characterization of classical swine fever virus isolates from Nepal[J]. Arch Virol, 158: 207－210.

Postel A., Schmeiser S., Bernau J., et al. 2012. Improved strategy for phylogenetic analysis of classical swine fever virus based on full-length E2 encoding sequences[J]. Vet Res, 43: 50.

Postel A., Schmeiser S., Perera C.L., et al. 2013b. Classical swine fever virus isolates from Cuba form a new subgenotype 1.4[J]. Vet Microbiol, 161: 334－338.

Ressang A.A., van Bekkum J.G., Bool P.H. 1972. Virus excretion in vaccinated pigs subject to contact infection with virulent hog cholera strains[J]. Zentralbl Veterinarmed B, 19: 739－752.

Ribbens S., Dewulf J., Koenen F., et al. 2004. Transmission of classical swine fever. A review[J]. Vet Q, 26: 146－155.

Ribbens S., Dewulf J., Koenen F., et al. 2004. An experimental infection (II) to investigate the importance of indirect classical swine fever virus transmission by excretions and secretions of infected weaner pigs[J]. J Vet Med B Infect Dis Vet Public Health, 51: 438－442.

Sabogal Z.Y., Mogollon J.D., Rincon M.A., et al. 2006. Phylogenetic analysis of recent isolates of classical swine fever virus from Colombia[J]. Virus Res, 115: 99－103.

Sakoda Y., Ozawa S., Damrongwatanapokin S., et al. 1999. Genetic heterogeneity of porcine and ruminant pestiviruses mainly isolated in Japan[J]. Vet Microbiol, 65: 75－86.

Sarma D K, Mishra N, Vilcek S, et al. 2011. Phylogenetic analysis of recent classical swine fever virus (CSFV) isolates from Assam, India[J]. Comp Immunol Microbiol Infect Dis, 34 (1): 11－15.

Stegeman J.A., Elbers A.R., Boum A., et al. 2002. Rate of inter-herd transmission of classical swine fever virus by different types of contact during the 1997-8 epidemic in The Netherlands[J]. Epidemiol Infect, 128: 285－291.

Tu C., Lu Z., Li H., et al. 2001. Phylogenetic comparison of classical swine fever virus in China[J]. Virus Res, 81, 29－37.

Weesendorp E., Backer J., Stegeman A., et al. 2011. Transmission of classical swine fever virus depends on the clinical course of infection which is associated with high and low levels of virus excretion[J]. Vet Microbiol, 147: 262－273.

Weesendorp E., Landman W.J., Stegeman A., et al. 2008. Detection and quantification of classical swine fever virus in air samples originating from infected pigs and experimentally produced aerosols[J]. Vet Microbiol, 127: 50－62.

Weesendorp E., Loeffen W., Stegeman A., et al. 2011. Time-dependent infection probability of classical swine fever via excretions and secretions[J]. Prev Vet Med, 98: 152–164.

Weesendorp E., Stegeman A., Loeffen W. 2009. Dynamics of virus excretion via different routes in pigs experimentally infected with classical swine fever virus strains of high, moderate or low virulence[J]. Vet Microbiol, 133: 9–22.

Weesendorp E., Stegeman A., Loeffen W.L. 2009. Quantification of classical swine fever virus in aerosols originating from pigs infected with strains of high, moderate or low virulence[J]. Vet Microbiol, 135: 222–230.

Weesendorp E., Willems E.M., Loeffen W.L. 2010. The effect of tissue degradation on detection of infectious virus and viral RNA to diagnose classical swine fever virus[J]. Vet Microbiol, 141: 275–281.

黎明. 2004. 基于GIS的SARS流行地学环境因素分析与信息系统研究 [D]. 长沙: 中南大学硕士毕业论文.

刘俊, 王琴, 范学政, 等. 2009. 急性感染猪瘟病毒猪体外排毒规律的观察 [J]. 中国兽医杂志, 45: 15–17.

彭志成, 龚文杰, 吕宗吉, 等. 2014. 广东省猪瘟病毒流行毒株遗传多样性分析 [J]. 中国兽医学报, 6: 894–903.

涂长春. 2003. 猪瘟国际流行态势、我国现状及防制对策 [J]. 中国农业科学, 36 (8): 955–960.

王立贵, 董世存, 郝荣章, 等. 2012. 传染病相关知识数据库的研究与建立 [J]. 传染病信息, 25 (2): 115–117.

王琴, 涂长春, 黄保续, 等. 2013. 猪瘟病毒分子流行病学信息系统的建立与应用[J]. 中国农业科学, 46(11): 2363–2369.

殷震, 刘景华. 1997. 动物病毒学 [M]. 第2版. 北京: 科学出版社.

赵耘, 宁宜宝, 王在时, 等. 2003. 实验室人工感染诱发猪瘟野毒垂直传播 [J]. 中国兽医学报, 23 (3): 234–236.

第四章

猪瘟的临床征候学与鉴别诊断

第一节　猪瘟的临床症状与鉴别诊断

临床上，急性猪瘟通常由强致病力毒株引起，在1到2周内致死感染猪；非典型和温和性猪瘟通常认为是由中、低致病力毒株所致（王在时，1996）。引起不同临床特征的因素包括流行毒株的致病力、感染动物的年龄、感染的时机（出生前还是出生后）和宿主抗CSFV的特异性免疫水平的高低等。20世纪70～80年代以来，随着猪瘟疫苗的大规模使用，猪瘟的流行特点、症状和病理变化表现出非典型和亚型临床感染特征。临床症状和病理变化不典型，死亡率低，必须依赖实验室诊断；非免疫小猪感染强毒后症状严重，呈典型的猪瘟症状和病理变化；而成年猪感染后症状往往较轻，并有可能耐过。我国部分散养户和小型养殖户，防疫意识不强，偶尔遇到不接种猪瘟疫苗的情况，在这种情况下则比较容易见到典型的急性猪瘟的病例。

根据CSFV感染后猪瘟的病程长短、临床症状和病理变化，可将猪瘟分为最急性型、急性型、亚急性型、慢性型和持续性感染型等。

一、最急性型猪瘟

在发生急性猪瘟流行的初期，有时会发生生猪感染病毒后突然死亡的情况，在实验攻毒感染时则有可能出现24h以内即死亡的病例，这种情况一般来不及观察猪即告死亡，这即是最急性型猪瘟。主要表现突然发病，全身痉挛，四肢抽搐，皮肤和黏膜发绀，倒卧，很快死亡。剖检无明显病变，仅见黏膜、肾脏有少量的出血点，淋巴结轻度肿胀，发红。最急性型猪瘟病程1～6d。

二、急性型和亚急性型猪瘟

急性型猪瘟在自然感染情况下临床病例的潜伏期一般为2～14d，平均约7d。急性型和亚急性型猪瘟两者的临床症状类似，但后者发病较急性缓和，猪群发生急性型猪瘟时病猪从出现症状到死亡时期一般为6~20d，而发生亚急性型猪瘟的猪群猪只的病程则在21~30d。急性型和亚急性型猪瘟发病急、死亡率高。急性型猪瘟的死亡率高达90%，大多在1~2周内死亡；体温通常升至41~42℃或以上，食欲下降或停食、精神极度沉郁、表情呆滞；畏寒、拱背、喜钻垫草或扎堆（图4-1A）；先便秘后腹泻，或便秘和腹泻交替出现；眼结膜和口腔黏膜可见出血点，早期有结膜炎，眼睛内有多量淡黄色的浓性分泌物，但时间稍久分泌物与污物粘在一起而呈污物样，甚至将眼睑粘封；腹部皮下、鼻镜、耳尖、四肢内侧均可出现紫色或大小不等的出血斑点，指压不褪色（图4-1B、4-1C和4-1D）。公猪包皮炎，阴囊鞘积尿，用手挤压时，有恶臭浑浊尿液流出；病后不久，病猪全身无力、走路不稳、后躯表现明显。白细胞数严重下降到$3 \times 10^3 \sim 9 \times 10^3$个，不及正常的1/2。

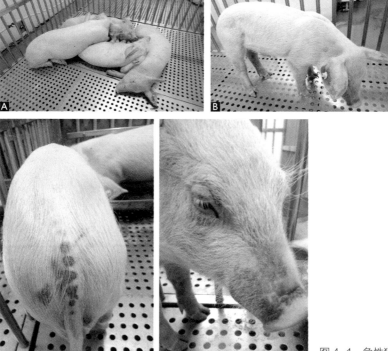

图4-1　急性猪瘟的皮肤出血

三、慢性猪瘟

慢性猪瘟多发生于猪瘟流行的老疫区或接种猪瘟疫苗但免疫水平不高的猪群，病程通常在一个月以上。表现为食欲减退或食欲时好时坏；体温有时正常，或出现周期性发热；便秘与腹泻交替发生，腹泻时间较长者，病猪毛色粗乱，生长停滞，贫血，日益消瘦。皮肤呈现紫色出血斑、丘疹或坏死，以耳尖坏死最为明显。病猪难以完全康复，常成为僵猪。由于病程较长，常常继发常在病原如猪呼吸与繁殖综合征病毒、猪圆环病毒Ⅱ型、沙门氏杆菌、巴氏杆菌、链球菌和副猪嗜血杆菌等病原的感染，发病的临床表现、病理变化和生猪的死亡原因也常与继发感染的病原相关。

中国兽医药品监察所构建了猪瘟慢性感染的动物模型，并在此模型上系统研究了CSFV慢性感染的临床症状、病理学、组织学、病毒载量、外周血细胞及免疫相关因子转录的变化。研究证实慢性感染中CSFV的主要复制场所是淋巴器官，且对淋巴器官的损伤是持续性的、不可恢复的，但是对其他组织的损伤具有一定的可恢复性。研究证实了慢性感染猪使用疫苗不产生免疫反应的机制。系统分析了CSFV在逃避宿主免疫因子作用和形成特异性抗体中起了关键作用的细胞因子（如IL-8等）。整个研究为探索细胞因子作用奠定了基础，为阐述CSFV慢性感染和免疫的机制提供了理论依据（陈锴，2012）。

四、持续性感染猪瘟

（一）临床特征

持续性感染猪瘟指病毒逃逸免疫监视感染宿主动物，并在机体内持续增殖，可不断地或间歇性地向体外排毒，通常情况下不表现临床症状，呈隐性经过，发作慢而温和，死亡率低，其病程一般超过1个月，甚至长期存在。即CSFV入侵猪体内后对猪不造成明显的病理损害，而感染猪的免疫系统也不能有效地清除感染的CSFV，宿主和病毒双方长期处于平衡状态。持续性感染猪瘟既可由先天感染造成，也可由后天感染形成，通常因感染低致病力或中等致病力毒株所致。持续性感染猪瘟既可发生于仔猪、育肥猪，也可发生于母猪，但对猪群的危害最严重的是母猪的持续性感染。CSFV持续性感染母猪大多表现繁殖障碍或称"带毒母猪综合征"，这种妊娠带毒母猪可水平和垂直传播CSFV。

通过垂直传播方式，带毒妊娠母猪感染CSFV后，在整个妊娠期病毒都可通过胎盘传播，病毒是由血液（病毒血症）通过胎盘屏障传给胎儿的，胎儿之间也可以互相感染。胎儿同样形成病毒血症，然后通过血液将病毒带到各种组织。妊娠母猪感染CSFV后产生的不同后果与感染的时间和感染毒株的致病力有关。母猪在妊娠10d内感染，常常导致胚胎死亡并被吸收；妊娠15～65d感染，多见畸形胎儿，出现水肿、脱毛（俗称"无毛猪"）、积水和皮下水肿，有时可见内脏器官畸形以及躯体末端坏死等；妊娠90d感染者，胎儿死亡率最高；产前1周感染，不影响胎儿存活，但可导致新生仔猪活力减弱及发病死亡。另外有研究报道，母猪妊娠头45d感染的胎儿比妊娠65d以后感染的胎儿更易于死胎或更易于发展为持续感染和产生免疫耐受。此外，在妊娠的最后45d感染中等致病力时的胎儿很可能刚生下时或出生后不久表现出猪瘟的症状。

带毒母猪通常在临床上没有任何症状，体况良好，但是携带并传播病毒，这种母猪的垂直传播率高达45%～100%（宁宜宝等，2004）。不仅可引起母体内胎儿死亡，影响胎儿发育，通常发生流产；还可产下木乃伊胎、死胎、弱仔，导致新生仔猪颤抖病，有时出生时正常，但不久即发病死亡。有时产下貌似健康而实质上是持续性感染的仔猪，一方面，这种貌似健康的先天性病毒感染的带毒仔猪无论是吃初乳，还是免疫接种疫苗，均不能消除体内的病毒，临床上表现为仔猪发病、死亡，产生免疫耐受，疫苗免疫之后不产生抗体，导致免疫失败现象；另一方面，如果忽略对这种先天性病毒感染带毒仔猪的病原监测，带毒仔猪再进入后备猪群体，最后成为种猪，因而重复上述恶性循环，因此这种貌似"健康"的先天性感染仔猪的危险性十分严重，成为重要的传染来源，这是目前对中国规模猪场养猪业危害最大的感染形式。

同时，上述带毒母猪、产下的各种带毒死胎、免疫耐受的带毒仔猪以及忽略病原监测而进入后备猪群体的所有带毒猪都会通过水平传播方式不断将病毒排向外界，引起易感猪感染，造成易感猪的发病和死亡，并污染环境，导致病毒在一个猪群群体内持续存在，难以清除。

（二）临床特性

为研究持续感染对母猪繁殖性能及仔猪猪瘟疫苗免疫效力的影响，宁宜宝等利用来源于同一猪场的2头CSFV持续感染的带毒母猪及所产35头仔猪（包括13头死胎）和6头阴性对照猪，观察母猪的胎儿发育成活状况、仔猪CSFV带毒率及垂直传播对仔猪猪瘟兔化弱毒疫苗（HCLV）免疫效力的干扰作用，同时进行水平传播试验和观察CSFV持续感染对母猪繁殖功能的影响（图4-2）。结果表明CSFV持续感染对其中1头母猪的胎儿发育和成活有明显影响，而对另1头母猪的胎儿发育没有明显影响。CSFV持续感染母猪可经过胎盘垂直传播病毒给仔猪，传播率达45%～86%，吃初乳和接种HCLV不能阻止带毒仔猪的死亡，9头带毒仔猪在45d内死亡4头。免疫HCLV不能使带毒仔猪产生免疫保护力，5头猪在强毒攻击后死亡4头。CSFV垂直传播的带毒猪可发生水平传播，并引起3/4感染猪死亡（宁宜宝等，2004）。

图4-2　田间猪瘟持续感染模型（丘惠深供图）

为进一步研究CSFV持续感染对母猪生产繁殖性能的影响并提出有效的防控策略，在国家"九五"至"十一五"科技计划的支持下，中国兽医药品监察所成功地构建了人工CSFV持续感染动物模型并开展了一系列临床致病力研究。利用2头人工感染中等致病力猪瘟毒株耐过猪进行自然配种，诱发了猪瘟野毒垂直传播。带毒母猪于感染后171d产下9头仔猪，其中3头为死胎，6头为木乃伊，直接免疫荧光抗体试验和RT-PCR检测，9头均为猪瘟病毒阳性（赵耘等，2003），对木乃伊胎的基因序列分析结果还表明其感染毒株来自于公猪感染毒株。该母猪于感染后199d第2次配种后，又在286d按预产期产下12仔，全为死胎，经检测均为CSFV阳性。此母猪之后四次返情，配种失败，最后淘汰。至试验结束的750d期间，以猪瘟荧光抗体技术跟踪检测母猪扁桃体，一直为阳性（图4-3）。试验表明虽然猪体处于良好的免疫状态，但这种持续感染的CSFV可在猪体内长期存在，虽然这些病毒在母猪身上不表现临床症状，但垂直传播可引起胎儿及仔猪的死亡。试验还证实，不同致病力毒株的CSFV混合感染猪，猪对病毒存在优势选择。

此外，为了证实带毒母猪水平传播的危害，在人工感染后的224d放入2头无猪瘟抗原和猪瘟抗体的健康猪进行同居感染试验。其中一头猪于第7天检测为猪瘟抗原阳性，第12天体温升高；另一头于第14天检测为猪瘟抗原阳性，两头猪一直持续带毒。这证明了CSFV带毒母猪既可垂直传播又能通过水平传播而传播病毒猪瘟，这种带毒母猪是猪瘟传播的重要传染源，必须进行严格的病原监测而对其淘汰。

对上述带毒母猪的病理学研究还证明：这种CSFV持续感染的母猪尽管不表现临床症状，但可造成卵巢病理变化，卵泡结石化，降低或失去排卵功能，严重影响繁殖力。CSFV对胎儿的致病作用也随着胎次增多而加强，这就是临床上母猪表现累配不孕现象的重要原因（王琴，2012）。

人工CSFV持续感染动物模型的建立和研究还证实，带毒母猪不仅可以垂直传播也能水平传播CSFV。带毒种公猪既可水平传播CSF，通过配种或精液传播给母猪，不可经母猪垂直感染仔猪，带毒仔猪又可继续水平或垂直传播CSF，这是造成CSFV持续感染的重要原因。人工构建的这种持续感染的CSFV至少可在母猪体内维持750d，这种情况常常导致CSF在猪场形成恶性循环，即无临床症状的持续感染带毒母猪→胎盘垂直感染→母猪繁殖障碍→仔猪带毒→无临床症状的持续感染带毒后备母猪→无临床症状的持续感染带毒母猪。在临床上，种猪有3%～33%的带毒率，从而导致免疫失败。这是造成中国CSF长期持续存在和散发流行恶性循环的主要根源，这种持续带毒现象对CSF的控制产生了严重的影响。

　　中国养猪场母猪带毒现象比较普遍，制约着养猪业的发展并造成了严重的经济损失。要净化猪瘟，必须采取以净化种猪群为核心的猪瘟综合防制。在国家"九五"至"十一五"科技计划实施期间，对中国13个省市的29个大、中型猪场的所有21 014头种猪（其中绝大多数为种母猪）逐头采扁桃体，以猪瘟荧光抗体技术检测抗原，结果这29个猪场中全部存在母猪带毒现象。而且猪瘟带毒母猪无猪瘟临床症状，但所产仔猪全部先天感染了CSFV。一些猪场的猪瘟病原监测结果还发现，因母猪CSFV持续感染导致哺乳仔猪、保育猪和育肥猪早期的感染发病的病例，最后导致商品猪只死亡，发病猪的猪瘟抗体多为阴性。最终，通过淘汰带毒母猪、加强母猪免疫，连续2年的净化工作，养猪场生产恢复正常。由于带毒种猪几乎全部表现为隐性感染，不表现临床症状和肉眼可观察的病理变化，CSFV在猪体内的病毒载量较低，可对种猪进行活体采取扁桃体进行猪瘟荧光抗体方法检测，也可采用敏感性较高的核酸检测技术进行检测。近年随着猪场净化工作的开展，以及猪瘟疫苗质量的提高，猪群的免疫

图4-3　人工复制的CSFV持续感染动物
模型（丘惠深、王在时供图）

A. 猪瘟中等致病力毒株JL-1感染发病并耐过的母猪
B. 猪瘟中等致病力毒株BH-1感染发病并耐过的公猪
C. 人工复制猪瘟带毒母猪所产的第一胎仔猪
D. 人工复制猪瘟带毒母猪所产的第二胎仔猪

效果得到更加有效的保证，母猪带毒比例逐步下降，有些原种猪场基本达到无猪瘟
状态。

通过上述研究，提出了中国猪瘟防控的关键和策略。CSFV对种猪的持续感染是造
成垂直传播和水平传播重要的危险传染源，因此在CSF的净化过程中，必须彻底清除带
毒种猪；无临床症状的CSFV持续感染带毒猪是造成长期存在CSF的根源，因此在CFS综
合防治的实施中，定期监测并淘汰带毒种猪，培育健康无持续感染的种猪和后备种猪是
CSF综合防制技术的核心。

（范学政、余兴龙）

第二节　猪瘟的病理变化

猪瘟的病理变化因毒株致病力的强弱和动物机体抵抗力的不同而表现为典
型和非典型病变。急性猪瘟和慢性猪瘟因具有典型的病理特征而具有诊断价
值。但是，即使是典型的急性猪瘟并不是每一头发病猪均有特征性的变化，因
此，仅根据临床病理变化进行诊断并要求确诊时，需要同时解剖几头疑似猪来
进行综合判定，特别要注意与其他猪病的鉴别诊断，最终通过实验室确诊。根
据Elbers等对1997—1998年荷兰暴发猪瘟进行的确诊，通过检测5～6头猪的病
理变化，最后采用猪瘟荧光免疫试验对这次猪瘟的暴发进行了确诊（Elber等，
1999）。

最急性型猪瘟剖检肉眼观察常无明显病变，只见皮肤和黏膜出现紫绀或有
出血、肾脏或有少量的出血点，淋巴结轻度肿胀，发红；急性型和亚急性型为
猪瘟典型的病型，剖检眼观最突出的病变为全身多数组织和器官表现出血，包
括肌肉、肺脏、心脏，比较典型的出血病变的组织有脾、肾、淋巴结等；慢性
型猪瘟除有以上部分病变外，还可能在胃肠道黏膜、会厌和喉黏膜中观察到坏
死性或"纽扣状"溃疡，主要是肋软骨钙化和纽扣状病变。持续性感染型猪瘟
的猪一般不会有特征性的病理变化。

一、急性型和亚急性型猪瘟的病理变化

（一）脾脏

猪瘟病猪的脾一般不肿大，在脾的边缘或脾体表面可见从粟粒至黄豆大、数目不等的呈紫红色至紫黑色隆起的出血性梗死灶。梗死灶组织坚实、表面稍凸出于周围正常组织，切面呈楔形，其检出率约占总病例的30%～40%（图4-4）。

（二）肾脏

肾脏病变明显，如图4-5所示，表现为颜色淡，有时呈土黄色，有针尖大至米粒大出血点，量少时出血点稀疏散甚至只有少数几个，量多时密布整个肾脏表面，如麻雀蛋外观。如果是先天性感染后发病，除出血点外，还常可见到肾的表面不平整（如凹穴、沟槽和切痕等）。肾切面在皮质和髓质均见有点状和线状出血，在肾乳头、肾盂也常见有严重出血点（图4-5）。

（三）淋巴结

淋巴结病变具有一定的特征性，几乎全身淋巴结都有出血性病变。主要表现淋巴结肿胀，表面呈深红色至紫黑色。切面呈红白相间的大理石状外观，这是因为淋巴窦内积聚血液，而其余淋巴组织呈灰白色，两者相互镶嵌形成大理石样花纹，如图4-6所示。在颌下、咽背、耳下、支气管、胃门、肾门、腹股沟及肠系膜等淋巴结病变最明显（图4-6）。

（四）全身多数组织和器官表现出血

喉头和会厌软骨上多数有小出血点；肠道淋巴滤泡常肿大，直接从浆膜面即可明显观察；膀胱黏膜呈片状或散在点状出血；胃大弯内黏膜常见明显的充血和出血

图4-4　急性猪瘟脾脏血性梗死灶

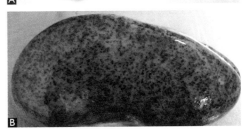

图4-5　急性猪瘟肾脏的出血性病变

变化（出血斑和出血点），表面糜烂、溃疡（图4-7）。扁桃体明显肿大，表面因继发细菌感染而出现的溃疡坏死灶。

　　亚急性猪瘟是因中等毒力的毒株感染所致或感染猪有一定的抵抗力，其发病持续时间一般为20～29d，其病理变化有可能表现出如上述急性猪瘟类似的病变或因免疫应答的产生而恢复则无明显可见的病变（Dahle J 等，1992）。

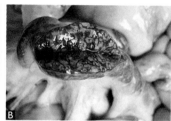

图4-6　淋巴结的出血性病变

A. 病猪淋巴结外观　B 和 C 淋巴结的切面，呈大理石样

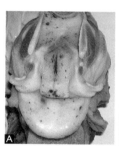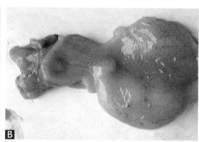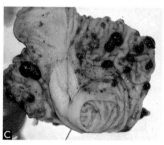

图4-7　急性猪瘟的其他器官出血变化

A. 喉头和会厌软骨的出血点　B. 膀胱黏膜出血　C. 胃大弯黏膜充血、出血和溃疡

二、慢性型猪瘟的病理变化

　　猪瘟病程较长或发生慢性猪瘟时，盲肠、结肠和回肠末端等处淋巴滤泡肿大、坏死并形成轮层状，形似纽扣状。"纽扣状"溃疡的形成过程为，初期这些区域淋巴滤泡发炎、肿大，周围的肠黏膜可能充血、出血，颜色表现深红色（图4-8A），或者肠黏膜呈肿胀状、坏死组织与肠内容物交织在一起，呈黄绿、墨绿等不同的颜色（图4-8B，C）。随着病程的发展，纤维素反复渗出并与肠黏膜凝结而成干固的坏死痂、坏死灶并扩大形

成轮层状，因其形似纽扣，故称"纽扣状"溃疡（图4-8C）。"纽扣状"溃疡眼观呈灰白色或灰黄色、干燥，隆起凸出于肠黏膜表面。若扣状坏死痂脱落常遗留圆形溃疡，严重时可导致穿孔而继发腹膜炎。

慢性猪瘟的肋骨病变也很常见，主要见胸壁肋骨和肋软骨结合处的骨骺线明显增宽。这是因为该处突然钙盐沉积增加，导致肋软骨钙化加重所致。

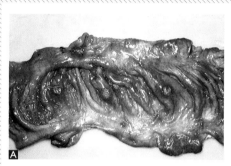
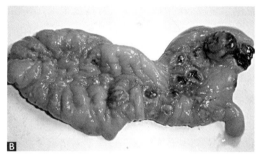
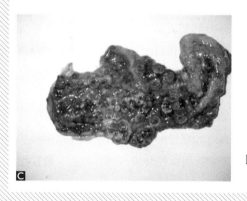

图4-8 慢性猪瘟肠黏膜的钮扣状肿

（引自 www.cfsph.iastate.edu 等）

三、持续性感染型猪瘟的病理变化

发生母猪持续性感染猪瘟时，母猪不表现临床症状，但能致仔猪的先天性感染CSFV，导致发生死胎、木乃伊胎、胎儿皮下水肿、腹腔积水及畸形胎儿，出生后很快死亡的胎儿通常在皮肤和内脏器官呈现点状出血。在无症状或持续感染的病例中，出血与梗死性变化很少或根本不出现，但可见胸腺萎缩。也可见到出生时正常，出生后1周至半个月发病的情况，此时可见肾脏出血点，肾脏发育不全。

（余兴龙、范学政）

第三节　猪瘟的临床鉴别诊断

　　猪瘟有上述多种临床表现，特别是慢性和持续性感染猪瘟，在临床上很难与其他猪病鉴别，急性猪瘟主要表现的皮肤出血很难与其他猪病的出血相鉴别；慢性猪瘟和持续性感染猪瘟表现的繁殖障碍特征也很难与其他猪病相鉴别。

　　与猪瘟表现的皮肤充血、出血症状的相似疫病主要有：要仔猪副伤寒、猪丹毒、猪链球菌病、猪肺疫、传染性胸膜肺炎、副猪嗜血杆菌病、圆环病毒引起的皮炎肾病综合征、猪繁殖与呼吸综合征等。其中仔猪副伤寒、猪丹毒、猪链球菌病、猪肺疫、传染性胸膜肺炎和副猪嗜血杆菌病是细菌性疫病，这些细菌性疫病也呈现败血性出血性表现，这些病与急性猪瘟相比较有如下共同特征：① 体温更高，多在41～42℃或以上，而急性猪瘟体温多为41～42℃，其他型的猪瘟体温则多在41℃以下；② 细菌性疫病感染败血型多有脾脏肿大，而急性猪瘟则表现为脾梗死；③ 细菌性疫病感染如病程稍长，病猪的胸腔或胸腹腔多有纤维素性渗出；④ 除猪副伤寒外多有肺部的病变，呼吸困难多很严重，剖检表现为气管和支气管内有渗出物、多充满泡沫；⑤ 上述猪的急性细菌性病病程多较短，一般短1～2d，长则3～5d内死亡，而猪瘟的病程多在10d以上；⑥ 敏感抗生素治疗有效。

　　除上述细菌性感染的共同特征外，一些细菌病还有其各自的特征性临床表现。如猪丹毒的皮肤发红是充血、指压褪色，亚急性猪丹毒有特征性的皮肤出现有一定规则形状斑块（多为方形或菱形）；急性传染性胸膜肺炎表现为出血性肺炎，肺部出血一般较猪瘟严重，多有鼻孔出血的现象。

　　猪圆环病毒引起的皮炎肾病综合征（PNDS）体表出现红斑，是与猪瘟相似的地方，但PNDS体温一般不升高，死亡率很低、多在5%以内。因此，很容易与猪瘟相区别。

　　高致病性蓝耳病从临床表现上不易与急性猪瘟相区分，但病理剖检可将两者区分开。在临床诊断时，高致病性蓝耳病通常容易误诊为急性猪瘟，除临床症状有相似之处外，更重要的是需要鉴别急性猪瘟的病理特征。致使人们发生误诊的病变有三点：即肾脏的出血点、脾脏的梗死和回盲瓣的溃疡面。其中除肾脏出血点的特征不易区分外，脾脏的梗死和回盲瓣的溃疡在两者之间的区别是相当明显的，高致病性蓝耳病的脾脏病变常常是脾脏的边沿很窄的一长线、颜色呈紫色，类似猪瘟脾脏的梗死灶的颜色，但质地不硬，也不突出于表面；而回盲瓣的溃疡常常呈较大面积的溃疡，形状不规则、黏膜脱落，露出下层组织，颜色常呈墨绿色，这与猪瘟的"纽扣状"溃疡外观明显不同。

　　持续性感染型猪瘟引起的繁殖障碍特征需要与猪细小病毒病、乙型脑炎、猪伪狂犬病、猪繁殖与呼吸综合征、猪链球菌病等相区分。这5个病中链球菌病上述已作论述；猪细小病毒一般只发生于初产母猪，多表现为木乃伊胎，母猪临床症状不明显；乙型脑炎发生于夏秋有蚊子出现的时候，多表现为死胎和木乃伊胎，少数活仔也多在出生后1～2d死亡，公猪可出现单侧睾丸肿大、发热和疼痛；伪狂犬病感染母猪多出现流产、死产、木乃伊胎及弱仔，出生时存活的大多1周内发病死亡，死亡仔猪内脏器官有白色小点的坏死灶。如出现伪狂犬病毒引起的繁殖障碍，多数同时会有产房仔猪的高死亡率和不同猪群的呼吸道疾病的症状；PRRSV引起的流产和死产多发于妊娠后期，死产多为白胎，木乃伊胎少，母猪出现流产征兆时多有发热、食欲下降等症状，但流产后多很快恢复正常。

（余兴龙）

 附：猪的牛病毒性腹泻病毒感染

　　除猪瘟外，同为瘟病毒属的牛病毒性腹泻病毒（Bovine virus diarrhoea virus，BVDV）也能引起感染猪表现为类似猪瘟的临床症状和病理变化，导致母猪降低怀孕率、流产增加、死胎、木乃伊胎、弱小胎等，该病已逐渐引起许多国家，尤其是已经消灭或控制了猪瘟国家的极大关注。

一、牛病毒性腹泻病毒病原基本特征

　　BVDV，又名黏膜病病毒（Mucosal disease virus，MDV），包括BVDV-1和BVDV-2二种成员，与CSFV和BDV同属黄病毒科（Flaviviridae）瘟病毒属（*Pestivirus*）。BVDV在形态特征、基因组大小与结构、病毒蛋白组成等方面与CSFV十分相似，其抗原性也与CSFV和BDV存在交叉。根据能否引起培养细胞可见的细胞病变可将BVDV其分为两个生物型，即致细胞病变型（cytopathogenic，CP）和非致细胞病变型（noncytopathogenic，NCP）。该病毒能在胎牛肾、睾丸、肺、皮肤、肌肉、鼻甲、气管以及猪肾等细胞培养物中增殖传代，也能适应牛胎肾细胞系（陈溥言，2007）。BVDV-1型广布世界各地被分为多个亚型，其中以1a和1b为主要流行亚型。BVDV-2鉴定的毒株较少，毒力较强，主要流行于北美（Falcone等，2003；Xia 等，2007）。

二、猪的牛病毒性腹泻病毒感染

猪的BVDV感染最早于20世纪60年代发现于澳大利亚，当研究者在采用琼脂扩散试验进行猪瘟检疫时，发现从一些不表现临床症状的猪群中能检测到CSFV的琼脂扩散抗体。当时认为这种现象可能与猪群感染低毒力CSFV有关，并认为BVDV有可能感染猪。后来应用不同BVDV毒株感染猪时，发现有些猪产生了BVDV抗体，有些猪既产生BVDV抗体，又产生低滴度的CSFV交叉抗体，且可抗CSFV高致病力毒株的攻击。据此结果，推测澳大利亚一部分猪群中的CSFV抗体可能是BVDV感染所致。随后，1973年Fernelius等首次从自然感染发病的猪体内分离到BVDV，从而在病原学上首次证实BVDV可自然感染猪（Fernelius等，1973a，Fernelius等，1973b）。

而后，通过对感染BVDV的牛直接接触而自然感染BVDV的猪的检测中发现，BVDV正常带毒猪和疑似感染CSFV猪具有低滴度的CSFV交叉反应血清抗体，而且从免疫荧光技术诊断为CSFV的组织样品分离到BVDV，BVDV能导致牛发病，但感染猪表现正常（Carbrey等，1976）。结果表明在进行猪瘟检疫时，除非对同一份血清也进行BVDV抗体的检测，以排除BVDV的交叉感染。另外，有人发现接种猪瘟疫苗的某8个猪场发现新生仔猪疑似瘟病毒感染，用CSFV单抗不能识别分离的病毒，后经确定分离的病毒是BVDV，该病是由于母猪接种污染了BVDV的猪瘟疫苗而引发（Wensvoort，1988）。而Loken等调查了来自挪威877个猪群1 317头成年猪的血清样品，发现其中2.2%为抗BVDV NADL株阳性血清，而且在31份NADL株阳性血清中，还检测出其中27份同时也为CSFV（Baker株）抗体阳性，但其滴度低于抗BVDV抗体，因而认为这些猪的免疫反应是由BVDV而非CSFV引起（Loken 等，1991）。在英国、德国等欧洲国家也发生多起由BVDV引起的疑似猪瘟感染。在澳大利亚、爱尔兰、德国等西方国家猪群中BVDV病毒抗体的阳性率达3%～40%，荷兰达15%～20%（王新平，1996）。

BVDV除干扰猪瘟正确诊断外，还污染猪的其他疫苗，影响免疫效果，甚至导致免疫失败和发病。有研究报道从用培养传染性胃肠炎病毒（TGEV）的68代猪源细胞中分离出一株BVDV-C，接种该BVDV-C病毒的小猪表现相当于感染中等毒力TGEV的临床症状，并于10d后康复。剖检可见感染猪小肠绒毛钝化及融合，回肠集合淋巴结淋巴细胞减少，而混合感染BVDV-C和TGEV弱毒的小猪表现出与TGEV强毒感染相同的症状，导致全身淋巴细胞减少和肠道绒毛萎缩，另外，BVDV-1单独或者与TGEV弱毒混合感染则具有与TGEV感染相似的温和的临床症状，剖检可见回肠绒毛中等程度萎缩和肠系膜淋巴结减少。这些数据说明实验室诊断需要对TGEV强毒与使用BVDV污染的TGEV疫苗感染加以鉴别（Woods等，1999）。结果还表明，除CSFV疫苗外，尚需注意其他疫苗是否受BVDV污染。

在国内，BVDV感染猪最早是1996年王新平等的报道（王新平，1996）。该研究小组应用BVDV和CSFV引物，采用RT-PCR对国内不同地区的临床及病理学确诊为猪瘟的病料进行了扩增，结果从内蒙古哲盟地区、广东谭边等地的病料中扩增BVDV基因片段，而未扩增出任何CSFV的基因片段。哲盟病料扩增片段经序列测定证实为BVDV的序列，病料适当处理后接种敏感细胞出现BVDV典型的病变，在国内首次证实BVDV可自然感染猪并引起类似猪瘟的临床症状与病理变化。而后，采用BVDV PCR方法从吉林、广西等地的疑似猪瘟病猪的血清病料中，同时扩增出BVDV和CSFV的核酸片段，表明这些猪场存在BVDV和CSFV混合感染（周绪斌，2002；吴健敏，2003）。从浙江、安徽、湖南、江西、广西、辽宁等地采集的43份猪病料中发现7份病料中可以扩增出BVDV的特异性条带，BVDV阳性率为16.3%，而且还从细胞培养用国产及进口犊牛血清中扩出BVDV目的条带，通过软件分析把这些毒株分为两个亚型：BVDV-1a和BVDV-1b亚型，它们与其他BVDV-1型的同源性为80.3%~98.6%,与BVDV-2型的同源性为72.2%~74.4%（宋永峰等，2008）。这些结果表明中国猪群中存在BVDV感染状况。

三、猪感染牛病毒性腹泻病毒的临床症状与病理变化

猪感染BVDV呈现的临床症状及病理变化差异性很大。实验条件下，大多数感染猪临床上观察不到明显的症状，呈亚临床感染，有的感染猪有轻微发热。自然条件下，猪先天感染BVDV的症状与病变类似于猪瘟，而对生产有较大影响的是BVDV感染母猪与仔猪。BVDV感染怀孕母猪能引起子宫感染，导致不育、流产和产仔数减少，能在其血清中检测到BVDV RNA和中和抗体（Stewart等，1980）。实验发现能分别从滴鼻法接种10^5和10^7TCID$_{50}$ BVDV-1的感染组的处死前或处死后的样品中分离到BVDV病毒，但接种10^7 TCID$_{50}$ BVDV-2的感染组，只在处死后的样品中分离到病毒，相比BVDV-2，BVDV-1能以较低的剂量引起猪的感染，而BVDV-2虽能引起牛严重的临床症状，但并不能引起猪明显的临床症状（Walz等，1999）。随后，进一步采用滴鼻法用BVDV-1感染怀孕65d母猪，并对血液中BVDV及其抗体进行全程检测，直至怀孕110d时剖腹

取出胎儿，发现在感染后第5天和第7天的母猪血液中分离到病毒，但只在一个胎儿中分离到BVDV（Walz等，2004）。用包括致细胞病变与非致细胞病变两种生物型的BVDV-2接种6～10周龄猪观察到轻度发热、白细胞减少和血小板减少（Passler等，2010）。而感染8周龄的猪没有产生明显的临床症状，但用BVDV NY-1株感染3日龄猪则会导致其食欲下降、腹泻、引起肠道病理变化，病程持续1～4d。但BVDV病毒通过胎盘对胎儿的感染能力较弱，新生胎儿中绝大多数不会受到感染，但感染胎儿发育停滞、早产或死胎，能在感染胎儿血清中检测到BVDV中和抗体、引起胎儿非化脓性的脑膜炎和脉络膜炎的显微病变，新生仔猪剖检可见出血、淋巴结肿大、脑膜炎、心肌炎、肾炎和肝坏死等病症。而使用污染BVDV的CSFV疫苗会导致母猪产木乃伊胎，新生仔猪脱毛、先天震颤、淋巴结病变、胸腺萎缩、腹水等症状，先天性感染的仔猪也可产生BVDV抗体，可能形成持续性感染，而持续感染猪可将BVDV传播给其他易感母猪（Passler等，2010; Stewart等，1980）。

四、猪感染牛病毒性腹泻病毒的来源

目前认为猪感染BVDV的主要来源是牛，周围有牛存在的猪场或猪牛混养的猪血清BVDV抗体阳性率往往较高，而与注射过BVDV疫苗的牛密切接触的猪，可在其血清中检测到BVDV抗体。而饲喂牛奶和牛下水和接触BVDV污染物也可引起猪感染BVDV；另一个感染来源是使用有BVDV污染的疫苗。国外，有人发现伪狂犬病弱毒疫苗受BVDV或BDV污染，在国内也曾从猪瘟兔化弱毒疫苗中检测出BVDV基因片段（王新平等，1996）或培养出BVDV（范学政等，2010），说明这些疫苗有BVDV污染；而使用BVDV污染的牛血清培养细胞苗可能是污染BVDV的另一个主要来源。

五、猪感染牛病毒性腹泻病毒和猪瘟病毒的实验室鉴别诊断

由于CSFV与BVDV之间的有抗原交叉，应用传统琼脂扩散试验、中和试验、免疫荧光和补体结合反应等技术难以鉴别这两个病毒。如在对1997—1998年荷兰流行的CSFV采用ELISA检测时发现有26.5% CSFV阳性血清被证明是由抗BVDV或BDV的抗体引起。猪瘟E2亚单位疫苗与E[ms]抗体ELISA相结合的方法可以用来鉴别CSFV免疫猪与天然感染猪，但BVDV感染和随后血清阳转可能会导致CSFV血清学检测出现假阳性（Passler等，2010）。目前能有效鉴别这两种病毒的主要是利用单克隆抗体技术的免疫学方法和采用RT-PCR技术的分

子生物学方法。

（一）免疫学方法

由于CSFV与BVDV抗原表位具有交叉性，使用传统检测方法难以区别猪的BVDV感染与CSFV感染难，单克隆抗体技术的出现为鉴别这两种病毒感染提供了可能。通过制备筛选针对CSFV或者BVDV抗原蛋白的特异单抗，可以用于BVDV和CSFV的鉴别诊断。

（二）分子生物学方法

采用生物信息学方法分析BVDV和CSFV基因组序列，设计各自特异引物，运用巢式PCR或复合PCR技术扩增病毒基因组的特定区域，通过对RT-PCR产物大小或序列的分析可以特异地鉴别BVDV和CSFV，并可判定是否为二者混合感染（Canal 等，1996；Sandvik 等，1997）。

此后，在PCR与ELISA方法的基础上，有人发展出了一种RT-PCR-ELISA法，该法首先采用一步法RT-PCR特异扩增出BVDV和CSFV基因组片段，然后用地高辛标记的BVDV和CSFV特异捕获探针在微孔板中与PCR产物杂交，再采用ELISA方法进行比色测定，比较发现该法比一般的琼脂糖电泳检测结果灵敏100倍（Barlic-Maganja，2001）。

六、猪感染牛病毒性腹泻病毒的防控

猪感染BVDV尚无有效治疗方法，使用抗生素和磺胺类药物可以减少继发感染，部分感染猪不经治疗会自我痊愈。饲养管理者应避免猪群与可能携带BVDV的牛及其粪便、牛下水、牛奶、缰绳、奶嘴、牛用水源等接触。其次，避免使用BVDV污染的疫苗，防止BVDV的人为传播。而对可能存在BVDV感染的猪群，应对猪场进行全面BVDV检测，迅速去掉持续感染和急性感染猪，因为这些带毒猪可能不会显示明显临床症状，但会持续排毒传染给其他猪群，尤其是易感母猪和仔猪。另外，对BVDV高发地区，可以考虑接种BVDV弱毒或灭活疫苗，母猪接种BVDV灭活苗可以有效防止因感染BVDV导致的流产、死胎、胎儿免疫耐受等问题；新生仔猪可以通过饲喂免疫母猪的足量、高质量初乳来增加病毒抗体的滴度，提高仔猪抗病毒能力。

（余兴龙）

参考文献

Barlic-Maganja D., Grom J. 2001. Highly sensitive one-tube RT-PCR and microplate hybridisation assay for the detection and for the discrimination of classical swine fever virus from other pestiviruses[J]. J Virol Methods, 95: 101–110.

Canal C.W., Hotzel I., de Almeida L.L., et al. 1996. Differentiation of classical swine fever virus from ruminant pestiviruses by reverse transcription and polymerase chain reaction（RT-PCR）[J]. Vet Microbiol, 48: 373–379.

Carbrey E.A., Stewart W.C., Kresse J.I., et al. 1976. Natural infection of pigs with bovine viral diarrhea virus and its differential diagnosis from hog cholera[J]. J Am Vet Med Assoc, 169: 1217–1219.

Dahle J. and Liess B. 1992. A Review On Classical Swine Fever Infections In Pigs: Epizootiology, Clinical Disease And Pathology[J]. Comp Immun Microbiol infect Dis, 15 (3) : 203–211.

de Smit A.J., Eble P.L., de Kluijver E.P., et al. 1999. Laboratory decision-making during the classical swine fever epidemic of 1997–1998 in The Netherlands[J]. Prev Vet Med, 42: 185–199.

Elber A.R., Stegeman A., Moser H., et al. 1999. The classical swine fever epidemic 1997–1998 in The Netherlands: descriptive epidemiology[J]. Prev Vet Med, 42: 157–184.

Falcone E., Cordioli P., Tarantino M., ct al. 2003. Genetic heterogeneity of bovine viral diarrhoea virus in Italy[J]. Vet Res Commun, 27: 485–494.

Fernelius A.L., Amtower W.C., Lambert G., et al. 1973. Bovine viral diarrhea virus in swine: characteristics of virus recovered from naturally and experimentally infected swine[J]. Can J Comp Med , 37: 13–20.

Fernelius A.L., Amtower W.C., Malmquist W.A., et al. 1973. Bovine viral diarrhea virus in swine: neutralizing antibody in naturally and experimentally infected swine[J]. Can J Comp Med, 37: 96–102.

Loken T., Krogsrud J., Larsen I.L. 1991. Pestivirus infections in Norway. Serological investigations in cattle, sheep and pigs[J]. Acta Vet Scand, 32: 27–34.

Passler T., Walz P.H. 2010. Bovine viral diarrhea virus infections in heterologous species[J]. Anim Health Res Rev, 11: 191–205.

Sandvik T., Paton D.J., Lowings P.J. 1997. Detection and identification of ruminant and porcine pestiviruses by nested amplification of 5' untranslated cDNA regions[J]. J Virol Methods, 64: 43–56.

Stewart W.C., Miller L.D., Kresse J.I., et al. 1980. Bovine viral diarrhea infection in pregnant swine[J]. Am J Vet Res, 41: 459–462.

Walz P.H., Baker J.C., Mullaney T.P., et al. 1999. Comparison of type I and type II bovine viral diarrhea virus infection in swine[J]. Can J Vet Res, 63: 119–123.

Walz P.H., Baker J.C., Mullaney T.P., et al. 2004. Experimental inoculation of pregnant swine with type 1 bovine viral diarrhoea virus[J]. J Vet Med B Infect Dis Vet Public Health, 51: 191－193.

Wensvoort G., Terpstra C. 1988. Bovine viral diarrhoea virus infections in piglets born to sows vaccinated against swine fever with contaminated vaccine[J]. Res Vet Sci, 45: 143－148.

Woods R.D., Kunkle R.A., Ridpath J.E., et al. 1999. Bovine viral diarrhea virus isolated from fetal calf serum enhances pathogenicity of attenuated transmissible gastroenteritis virus in neonatal pigs[J]. J Vet Diagn Invest, 11: 400－407.

Xia H., Liu L., Wahlberg N., et al. 2007. Molecular phylogenetic analysis of bovine viral diarrhoea virus: a Bayesian approach[J]. Virus Res, 130: 53－62.

陈锴. 2012. 猪瘟慢性感染对猪免疫功能影响的细胞与分子机制研究 [D], 雅安: 四川农业大学博士毕业论文.

陈溥言. 2007. 兽医传染病学 [M] （第5版）. 北京: 中国农业出版社: 275－278.

范学政, 宁宜宝, 王琴, 等. 2010. 用RT-PCR方法检测猪瘟细胞苗中污染牛病毒性腹泻病毒 [J]. 中国兽医杂志, 1: 8－10.

宁宜宝, 王琴, 丘惠深, 等. 2004. 猪瘟病毒持续感染对母猪繁殖性能及仔猪猪瘟疫苗免疫效力的影响 [J]. 畜牧兽医学报, 35 (4): 449－453

宋永峰, 张志, 张燕霞, 等. 2008. 猪源牛病毒性腹泻病毒的流行初探 [J]. 中国动物检疫, 25 (7): 25－27

王琴. 2012. 猪瘟流行现状及中国猪瘟净化策略 [J]. 中国猪业, 10: 45－47

王新平, 涂长春, 李红卫, 等. 1996. 从疑似猪瘟病料中检出牛病毒性腹泻病毒 [J]. 中国兽医学报, 4: 341－345

王新平, 周绪斌. 1996. 猪感染牛病毒性腹泻病毒的研究进展 [J]. 动物医学进展, 1: 2－3.

吴健敏, 蒋冬福, 韦志峰, 等. 2003. 一起猪瘟与牛病毒性腹泻混合感染猪的报道[J]. 中国兽医杂志, 39(1): 50－51.

赵耘, 宁宜宝, 王在时, 等. 2003. 实验室人工感染诱发猪瘟野毒垂直传播 [J]. 中国兽医学报, 23 (3): 234－236

周绪斌, 王新平, 宣华, 等. 2002. 鉴别牛病毒性腹泻病毒和猪瘟病毒的复合PCR方法及其应用 [J]. 中国兽医学报, 22 (6): 557－560.

第五章

猪瘟病毒的致病机理

第一节 猪瘟病毒的侵入及其在宿主体内的分布

一、病毒的侵入

侵入宿主靶细胞是病毒起始复制周期的关键步骤，CSFV通过自身蛋白和易感细胞受体的结合侵入细胞。CSFV主要靶细胞是外周血白细胞、骨髓细胞和血管内皮细胞，这些细胞的感染决定了CSFV引起的特征性病理变化和致病机理。

（一）对体外细胞的侵入

体外培养时，CSFV可在多种哺乳动物细胞中增殖，但增殖程度有差异，猪源细胞是CSFV最易感的细胞，如猪的骨髓、睾丸和肾细胞及白细胞，常用的细胞系包括PK-15、SK-6和PK-2α等。在体外细胞培养时，CSFV通常不产生细胞病变。病毒在体外细胞培养时感染滴度与培养用的细胞及方法有关，CSFV在猪淋巴瘤38A1D细胞系上增殖，细胞上清中病毒滴度可达$5 \times 10^7 TCID_{50}/mL$（Pan等，1993）。将CSFV Alfort187株感染PK-15Cytodex 3微载体培养系统，可获得常规单层细胞培养25倍的病毒量。

（二）对宿主的侵入途径

在实验条件下，CSFV可通过口、鼻、呼吸道黏膜、生殖道及其他非消化道途径感染猪。在急性或亚急性病程中，于接种后第3天出现病毒血症，并于接种后6~8d达到最高峰。

在自然条件下，CSFV通过上述途径中的一种或几种途径感染猪，也可穿过胎盘屏障感染胎儿。感染猪与易感猪直接接触是病毒传播的主要途径，如易感猪吞入病毒污染物时经由口腔或咽部组织侵入宿主体内（聂玉春等，2002）。经口鼻途径感染CSFV后，CSFV首先在猪的扁桃体隐窝上皮细胞增殖，随后扩散到周围的淋巴网状组织，并在局部淋巴结中复制后到达血液。继而扩散到骨髓、内脏淋巴结、肠道相关淋巴组织、胸腺以及脾脏等组织器官，通常CSFV强致病力毒株在2d内就能够扩散到全身大部分组织器官。

在CSFV感染猪的早期，CSFV抗原在基质单个或成团细胞中出现，随着被感染细胞的增多，全部基质细胞内均可检测到CSFV抗原的存在。随后，CSFV侵入皮肤的生发层（Stratum germinativum）、舌的中间层（Stratum intermedium）、舌涎腺、扁桃体中的类RE细胞（RE-like cells）、脑中的神经元及胶质细胞、外周血单核细胞、枯否氏细胞及血管窦状隙等处（Moennig，1992）。人工接种CSFV可使犊牛、绵羊、山羊或鹿发生无症状感染，家兔出现暂时性发热。

（三）入侵机理

1. 对脾脏的侵入　在脾脏中，CSFV可以侵入脾脏巨噬细胞、星状胶质细胞、网状细胞和淋巴细胞等。有实验证明，CSFV进入脾脏后最先在脾索巨噬细胞、边缘区边缘窦和动脉周围淋巴鞘中检测到CSFV E2蛋白，随后能在星状内皮细胞、中性粒细胞和脾脏淋巴细胞中检测到CSFV抗原，含有CSFV抗原的阳性细胞数量随病程发展而逐渐增加。同时通过对巨噬细胞超微结构的分析发现，巨噬细胞被激活，细胞丝状伪足消失，细胞内出现大量的溶酶体和细胞碎片，部分细胞碎片中还发现有CSFV抗原的存在。在侵入后尽管部分巨噬细胞出现CSFV抗原，但是，在侵入过程中巨噬细胞数量在边缘区和脾索以及脾小结等区域随病程发展而显著性增加，一般在4～7d达到峰值，7d以后除边缘区以外其他区域巨噬细胞数量保持相对稳定。通过对脾脏细胞的细胞凋亡分析发现淋巴细胞和部分巨噬细胞出现特征性的细胞凋亡性变化，核固缩和核碎裂细胞出现在脾脏边缘区、脾索和脾血窦等处。脾小结、边缘区以及动脉周围淋巴鞘等区域的凋亡细胞数量随病程发展而增加。脾脏淋巴结淋巴细胞大量减少，脾小结体积缩小并伴有生发中心的消失（汤波，2009），吞噬有细胞碎片的巨噬细胞、中性粒细胞、浆细胞（Plasma cell），和红细胞聚集在一起。

CSFV在体内主要的靶细胞是巨噬细胞和血管内皮细胞，从CSFV进入脾脏对脾脏超微结构的改变以及对脾脏巨噬细胞的数量和功能影响的研究上来看，CSFV侵入巨噬细胞可能是通过巨噬细胞的吞噬作用而发生的。而CSFV对血管内皮细胞的侵入，可导致血管通透性的增加，同时由于CSFV侵入对血管内皮细胞的损伤和其他组织的损伤将分别激活内源和外源的凝血途径导致血小板在脾脏大量聚集，血小板在脾脏的聚集将加剧外周血液中血小板的减少。CSFV在侵入后诱导巨噬细胞释放功能强大的血小板激活因子直接导致了血小板亚细胞结构的改变，这一活动可能在脾脏血小板聚集和病毒感染时外周血液中血小板大量减少的发病机制中扮演着重要的角色。血小板严重减少和血管通透性的增加不可避免地造成CSFV强致病力毒株感染后出现严重的出血反应。

2. 对胸腺的侵入 CSFV通过血液循环进入胸腺以后可以导致胸腺的萎缩，在胸腺的皮质和髓质发现大量凋亡细胞，凋亡细胞的数量与感染时间呈正相关。通过对胸腺中巨噬细胞超微结构的分析发现，胸腺中巨噬细胞数量增加，巨噬细胞体积增大，细胞质中含有大量的细胞碎片以及核碎片，同时在核浓缩的细胞周围也发现大量的巨噬细胞。这一现象揭示细胞凋亡在CSFV强毒感染后胸腺的萎缩中发挥着重要的作用。

3. 对淋巴组织的侵入 CSFV对猪的淋巴组织有嗜性，并可导致猪免疫系统的损伤（Susa等，1992）。病毒侵入后淋巴结中出现大量具有凋亡特征的细胞，淋巴结出现坏死灶，淋巴小结生发中心淋巴细胞大量减少，可观察到特征性的细胞萎缩和凋亡小体，部分细胞出现核浓缩遗留物。这说明淋巴结中淋巴细胞死亡是通过细胞凋亡的形式发生的，细胞凋亡被证实为实验条件下猪感染CSFV后淋巴结内淋巴细胞死亡的原因。但是CSFV感染引起细胞凋亡的机制并不清楚，可以确定病毒复制及机体的抗病毒反应参与了细胞凋亡。在急性感染时，CSFV感染巨噬细胞和单核细胞，并且巨噬细胞支持CSFV的体内复制。被病毒感染的巨噬细胞能够表达细胞凋亡的若干介质，包括肿瘤坏死因子- α。肿瘤坏死因子- α 已经在不同的细胞群中被证实诱导细胞凋亡（Laza-Stanca等，2006）。

凋亡细胞主要分布在动脉周围淋巴鞘的T细胞依赖区、副皮质区和B细胞富集区。运用TUNEL染色分析发现副皮质区巨噬细胞胞质中和淋巴小结生发中心等处出现TUNEL阳性信号，随后这些区域出现局灶性坏死。同时在具有滤泡坏死和出血性梗死特征的淋巴小结生发中心也发现有凋亡细胞。运用TUNEL和免疫组化方法发现大部分细胞呈现CSFV阳性或TUNEL阳性单一阳性标志，TUNEL单一阳性细胞数量远远高于CSFV抗原和TUNEL双阳性细胞数量。这一现象揭示CSFV的感染可以通过直接和间接的方式诱导淋巴结中淋巴细胞的凋亡，但主要是通过间接方式诱导淋巴细胞的凋亡。

在感染初期，CSFV就侵入猪的扁桃体及其外周淋巴结的B滤泡和上皮细胞中，并在其内复制。随后CSFV就扩展到淋巴结的其他部分、内皮及上皮细胞。原位杂交显示，作为病毒复制及侵入淋巴结位点的滤泡在晚期其结构已遭到严重破坏。另外，CSFV还感染并损伤淋巴组织的生发中心，阻碍B淋巴细胞的成熟，从而使在循环系统及淋巴组织中的B淋巴细胞缺失，病猪胸腺萎缩，白细胞减少，病猪的骨髓也遭到破坏（王镇等，2000）。因此，CSFV对免疫系统的损伤是导致急性死亡的一个重要原因。分子病理学研究还发现了慢性感染病程中CSFV的主要复制场所为淋巴器官，且对淋巴器官具有持续性的、不可恢复性的损伤，但是对其他组织的损伤具有可恢复性。阐明了CSFV慢性感染病程中免疫器官的损伤是导致机体免疫失败的根本原因，从机制上揭示了免疫逃逸的原因（陈锴等，2011）。

二、猪瘟病毒在宿主体内的分布

CSFV感染后可以在各种组织中检测到感染的病毒，如脑、心、肺、肝、脾、胰、肾、食管、胃、肠道、皮肤、舌、扁桃体、淋巴结、唾液腺、甲状腺、胸腺、肾上腺等器官中均可检测到CSFV。而在淋巴结内能检测到的病毒抗原量最多。实验感染时，病毒于接种后第3天出现在血液中，并于6~8d达到最高峰。CSFV对中胚层组织特别是造血器官和血管具有特殊的亲和力（Gomez-Villamandos等，2003；Hoffmann等，1971；Summerfield等，2001）。

运用免疫组化方法检测CSFV抗原发现，最先表现为CSFV抗原阳性的细胞是淋巴滤泡区域的单核巨噬细胞，而后能从淋巴滤泡中的淋巴细胞中检测到CSFV抗原。淋巴滤泡中CSFV抗原阳性淋巴细胞数量随病程加剧而迅速增加，但是不如单核巨噬细胞增加显著。在部分猪肠道固有层中的毛细血管内皮细胞和成纤维细胞中也可检测到CSFV抗原。肠道隐窝上皮细胞和上皮内淋巴细胞也呈现强烈的CSFV抗原阳性信号。感染初期CSFV抗原阳性细胞呈分散分布，但到后期可以在小肠大部分区域细胞中检测到CSFV抗原。

运用TUNEL染色法检测CSFV感染后肠道细胞凋亡情况发现，TUNEL阳性细胞主要分布在淋巴滤泡及其Peyer′s patches的淋巴细胞。同时对肠道超微结构的分析也发现大量具有细胞凋亡特征的细胞，与TUNEL检测结果相吻合。另外还观察到大量病毒感染的单核巨噬细胞超微结构的改变，呈现为活化的巨噬细胞。这一现象揭示肠道相关淋巴组织（Gut associated lymphoid tissue，GALT）中淋巴细胞在CSFV感染后逐渐减少是由细胞凋亡引起的，并且单核巨噬细胞在CSFV感染后对肠道的损伤中可能发挥着非常重要的作用（Sanchez-Cordon等，2003）。

关于病毒侵入机体后在体内的分布情况，很多学者从不同方面，用不同方法做了相关的研究统计，也取得了一定的成果。Risatti等（2003）用10^6TCID$_{50}$Haiti-96株接种猪，通过荧光定量RT-PCR检测了4头同居感染猪的全血、扁桃体和鼻拭子样品，证实在感染猪出现症状前2~4d即可从扁桃体和鼻黏膜细胞检测到病毒，而全血样品则在症状出现前0~3d检测为阳性。Ophuis等（2006）利用荧光定量RT-PCR方法，对人工感染10^3TCID$_{50}$ Weybridage株CSFV的猪感染后1~13d全血和其他组织中CSFV的动态复制进行了详细研究，发现在攻毒后3d所有猪的全血都可以检测到CSFV RNA，而早在攻毒后第1天从扁桃体、淋巴结、脾脏等淋巴组织中即可检测出CSFV RNA，随后（感染后3~8d）分别在肾脏、回肠、肺脏、肝脏、脑等组织中相继检测出浓度较高的病毒RNA，因此可确定在猪感染病毒3d后即可通过其呼吸道和消化道向外排毒。

赵建军等应用荧光定量RT-PCR检测了人工感染10^6 TCID$_{50}$猪瘟石门毒株的猪只及其同

居感染猪的全血样品，发现人工感染猪多数在攻毒后2d即可检测到病毒RNA，而到5d病毒复制达到最高峰，此时开始出现病毒血症，到10d感染猪开始出现急性死亡，此时全血中病毒RNA浓度维持在10^7拷贝／mL以上。同居感染猪在感染后7d检测结果全部为阳性，此时全血中病毒RNA浓度大于$10^{3.9}$拷贝／mL，但此时体温升高等临床症状尚未出现，而到临床症状出现的第10天（体温40℃以上、精神沉郁、食欲不振、后躯无力等），此时全血中病毒RNA浓度已接近人工感染猪的水平（10^7拷贝／mL），也就是说，此时CSFV载量已是感染后7d的1 000倍，达到了致死水平，与Uttenthal等（Uttenthal 等，2003）研究结果一致。

刘俊等也采用荧光定量RT-PCR技术和免疫组化方法分析了CSFV急性感染猪的主要淋巴结、扁桃体、脾脏、肾脏、肠道、心肌、脑组织等共22种组织、器官，从定量的角度研究CSFV急性感染后病毒的复制规律、动态分布规律和组织嗜性规律。结果显示，CSFV感染24h后，感染猪22种组织、器官均能检测出CSFV核酸；从感染后第1天到濒死前（感染后第8天），22种组织、器官的病毒密度均呈总体上升趋势。初期阳性信号主要集中于毛细血管内，其后逐渐弥散到毛细血管外，进入外周组织细胞内，在胞内出现阳性信号，且信号呈现增强趋势。研究结果显示感染后的致病特征和临床症状与荧光定量技术和免疫组化技术结果是一致的。同时在脾脏、扁桃体和淋巴结中发现大量的细胞核碎片，细胞核碎片富集区内淋巴小结结构完全改变，这一结果揭示CSFV SM株感染后可以诱导外周免疫器官中淋巴细胞发生凋亡（周远成等，2009；刘俊等，2009）。

CSFV感染后还对中枢神经系统造成损伤，小脑的主要组织学病理变化表现为脑膜血管周围水肿，出现单核细胞浸润，小脑实质血管内皮细胞增生、肿胀，多数血管周围有数层甚至十几层单核细胞浸润，血管壁坏死并伴随着小脑实质的水肿变性。同时在大脑中也出现严重的淋巴细胞浸润，血管充血，内皮、外膜细胞增生，血管周围水肿，血管内有血栓或部分血管周围有少量出血，神经细胞不同程度的坏死，胶质细胞增生形成结节甚至卫星化（陈怀涛，2005）。感染早期CSFV感染的细胞主要是端脑吻端的淋巴细胞和小胶质细胞，随后扩散到其他区域，血管周围浸润的淋巴细胞和间质细胞部分出现凋亡，并且在这些淋巴细胞中检测到CSFV抗原，但是与其他免疫组织不同的是在中枢神经系统中巨噬细胞对组织损伤不如其他免疫组织严重。

Utenthal A等（2003）在试验中发现接种CSFV低致病力毒株Paderborn后2d血液也能检测到CSFV RNA分子，这说明不管是石门强毒株、低致病力毒株还是疫苗毒株，接种后2d病毒已经完成由扁桃体侵入到血液中开始复制和少量增殖，但是有关强弱CSFV最初的感染过程尚有待于进一步探讨。

综上所述，CSFV感染，首先侵入扁桃体、肠系膜淋巴结和脾脏等免疫器官，病毒先侵染淋巴滤泡周围，然后再侵染淋巴滤泡的生发中心。在濒死期，病毒在各主要组织的含量已经下降，而血液中病毒含量最高。随后病毒在各主要器官大量复制，并释放到血液中，最后形成病毒血症。

（郭万柱、徐志文）

第二节　猪瘟病毒在宿主细胞中的增殖及遗传变异

　　CSFV在宿主细胞中的增殖过程主要包括病毒吸附宿主细胞及其内化过程、病毒基因组的复制及其调控过程、病毒基因组表达调控过程、病毒粒子的装配、成熟及释放的过程。在20世纪80年代以前，由于缺乏有效的技术手段，人们对病毒增殖过程的认识还相当肤浅，当时还不能鉴定病毒的受体，病毒基因组的许多复制和表达的细节都未能明晰。随着单克隆抗体和分子生物学技术的兴起成熟，该领域的研究取得了较大的进展，许多概念在不断更新。一直认为病毒是通过一个完全被动的过程进入细胞，而现在已经明确病毒的内化是一个主动的过程，病毒通过与受体结合、膜融合内吞、囊泡运输等过程完成内化。随着分子生物学研究的进展，对CSFV在细胞中的生命活动周期以及编码基因与非编码基因结构与功能的研究也有了更多的了解。CSFV进入宿主细胞是通过病毒囊膜与细胞膜之间的融合和受体介导的胞饮作用进行的，随后病毒基因组RNA从核衣壳中释放（Flores等，1996）。一方面，病毒以其基因组RNA作为mRNA，利用宿主细胞的核糖体和细胞因子，通过5′ NTR内部核糖体进入位点（Internal ribosome entry site, IRES）及假节（Pseudoknot）结构介导核糖体与5′ NTR的结合，以帽子非依赖的翻译方式（Cap-independent translation initiation）起始病毒多聚蛋白的合成；另一方面，表达出的RNA依赖的RNA聚合酶，在其他蛋白和辅助因子的作用下，以病毒正链RNA为模板，从3′ NTR起始合成负链RNA，与正链RNA形成正链RNA和负链RNA结合的双链复制型RNA，然后再以复制型RNA中的负链RNA为模板，通过复制中间体在相应于正链RNA的5′ NTR位置起始合成更多的子代病毒基因组RNA，随后完成病毒的装配，成熟和释放（图5-1）。

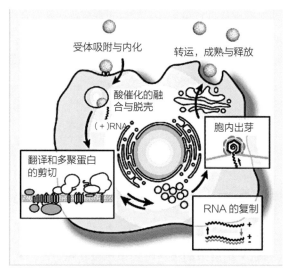

图 5-1　CSFV 在细胞中的增殖过程（David M 等，2007）

一、猪瘟病毒吸附宿主细胞的过程

（一）猪瘟病毒的易感细胞

CSFV的感染由病毒与细胞之间的碰撞开始，这个过程完全是随机的。然而病毒只能感染某些特定的细胞，这种特异性是通过细胞表面的病毒受体来体现的，这些受体决定了该细胞是否对病毒易感。然而，这并非唯一的决定因素，决定病毒细胞嗜性的因素除了能否吸附于宿主细胞之外，还取决于病毒是否能在这些细胞中进行复制。许多研究者尝试用不同种类的猪源细胞在体外增殖CSFV，结果证明，骨髓、睾丸、肺、脾和肾的细胞以及白细胞均可增殖CSFV。牛胚胎、绵羊羔、山羊、鹿、野猪、臭鼬、狐、松鼠、豚鼠、獾和家兔等的原代肾细胞，可以不同程度地增殖CSFV。而犬、雪貂、猩猩、猴、大鼠、小鼠、袋鼠以及马的肾细胞和皮肤细胞均不支持CSFV的生长。

（二）病毒的吸附

CSFV的吸附和穿入包括多个步骤，分别是病毒粒子起始吸附，然后是与特异的受体相互作用，以及内化和膜的融合。这个过程主要由CSFV的囊膜蛋白E2、E1和E^{rns}来参与完成的，其中E2蛋白是主要的细胞嗜性决定因素。实验证明，重组E2和E^{rns}蛋白能独立的吸附到细胞表面，重组E2蛋白对细胞的吸附可以完全抑制CSFV对细胞的感染（Hulst

等，1997）。据推测，连接病毒E2蛋白A、D结构单元的一段属内保守的疏水序列参与了病毒侵入细胞过程中的膜融合过程。而重组的E^{ms}也有这种特性，只不过其抑制作用的发挥需要更大量的E^{ms}蛋白。这可能是因为E^{ms}与细胞表面的氨基葡聚糖相结合，而这种受体的密度比较高，需要更多的E^{ms}与其结合的缘故。在体外培养CSFV感染的猪肾细胞时，在细胞上传代引起E^{ms}蛋白C端476位氨基酸残基Ser突变为Arg，这一改变使得不依赖硫酸乙酰肝素（HS）的病毒变为利用HS作为E^{ms}受体的病毒，CSFV通过E^{ms}与HS的相互作用而完成最初的结合（Thiel等，1992）。然而，在另一个以假病毒为载体的实验中，E1和E2就足以满足病毒的穿入需要，E^{ms}在这个体系中并不是必需的（Wang 等，2004）。有研究表明，CD46是牛病毒性腹泻病毒（BVDV）的细胞受体，CD46的配体极有可能是E2蛋白（Krey 等，2006），其他的研究证明LDL（Low-Density Lipoprotein）受体也在BVDV的穿入中起到作用。鉴于CSFV与BVDV同属瘟病毒属，性质非常相似，这些受体也可能是CSFV的细胞受体。

二、酸催化的病毒融合与脱壳过程

在吸附完成后，与有包膜的病毒类似，CSFV也是通过胞吞作用进入靶细胞。与黄病毒科其他属的病毒不同的是，人们对瘟病毒属的病毒内化途径还知之甚少。人们推测，CSFV首先通过囊膜糖蛋白与受体相结合，再通过包涵素依赖的受体介导的胞吞途径而内化。在酸性条件下，糖蛋白的构象发生变化，随后病毒与内吞泡膜融合，并将释放病毒核蛋白进入胞质。最近的研究发现为这些推测找到了证据。实验证明，瘟病毒BVDV与包涵素，又称早期包含体抗原1（EEA-1）——一种早期内吞泡标志物，以及溶酶体相关膜蛋白2（LAMP-2）——溶酶体标记物，发生了明显的共定位（Grummer 等，2004）。而BVDV的内化过程会被一类复合物抑制，这类复合物可以阻断包涵素依赖的内吞作用，但不影响细胞表面穴样内陷依赖的内吞作用。这些发现表明，BVDV对细胞的入侵是通过包涵素有被小窝途径介导的。这种途径就是经典的受体介导的途径，是包膜病毒所利用的内吞途径中最为常见的一种，这一途径需要包涵素有被小窝、早期和晚期包含体以及溶酶体的参与。

三、猪瘟病毒基因的翻译与多聚蛋白的剪切

CSFV的基因组RNA从核衣壳中释放后，由于是单股正链RNA，故可以直接作为mRNA进行蛋白质的翻译。与许多单股正链RNA病毒类似，CSFV的mRNA首先被翻译成

一个大的多聚蛋白，然后再进行剪切完成各个蛋白的合成。CSFV多聚蛋白的翻译是以帽子非依赖的方式进行起始的，由位于5′ NTR的130～320位核苷酸形成的IRES所介导（Pestova等，1998；Poole等，1995）。宿主的核糖体与CSFV5′ NTR的IRES结合直接起始聚蛋白的翻译，这是一种完全不同于核糖体扫描模式的翻译机制，目前认为这一过程不需要真核启动因子eIF–4F的参与（Rijnbrand 等，1997），但需要eIF3的参与（吴海祥，1998）。1998年，Sizova等提出IRES与宿主核糖体的结合是以碱基配对模式进行的，18S rRNA 3′端保守序列GUCGUAACAAGG可与起始密码子上游一段假节结构中单链核苷酸

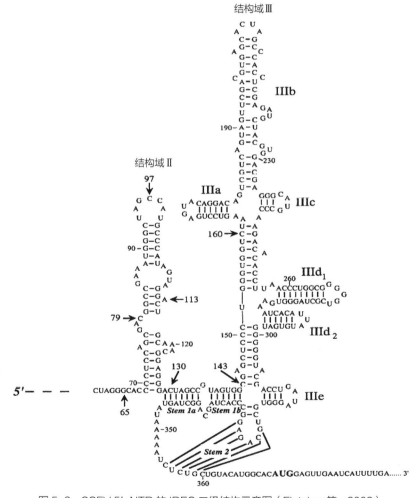

图5-2　CSFV 5′ NTR 的 IRES 二级结构示意图（Fletcher 等，2002）

配对，被结合的核糖体对起始密码子的扫描被限制在一个小的区域内，在此过程中，真核起始因子eIF3特异性地结合到CSFV的IRES，并在CSFV的翻译起始过程中起着必不可少的作用（Le等，1995；Sizova等，1998）。而Flecher等的研究表明，IRES的位置靠近第65位核苷酸，最小的瘟病毒IRES应包括5′ NTR的结构域Ⅱ和Ⅲ（图5-2），并能被AUG启动子下游的序列结构所影响（Fletcher等，2002）。

由于CSFV基因组RNA只有一个开放阅读框，因此其表达产物是一个3 898氨基酸残基的多聚蛋白（Polyprotein），经病毒自身的或细胞的蛋白酶作用，其被裂解成4个结构蛋白和8个非结构蛋白。CSFV基因组聚蛋白的加工过程为：首先N^{pro}催化自身C末端与其后的核心蛋白C断裂，N^{pro}的分子量为23kD，以前曾认为它就是病毒核心蛋白，但实际上核心蛋白C是一个位于N^{pro}和第一个病毒囊膜蛋白E^{rns}之间的14kD蛋白。N^{pro}本身具有蛋白水解酶活性，可使C蛋白与N^{pro}之间迅速断裂，离开多聚蛋白（Flores等，1996）。Rumenapf等（1998）应用定点突变技术对参与N^{pro}催化活性的氨基酸残基进行测定，确定了其中的Glu22、His49和Cys69是保持N^{pro}蛋白酶活性所必需的氨基酸残基，这一结果表明N^{pro}是一种半胱氨酸蛋白酶，与枯草杆菌蛋白酶类似，属于蛋白酶中木瓜样胱氨酸蛋白酶（Papin like cysteine protease，PCPS）家族。因此，N^{pro}是自我切割酶，负责N^{pro}和C蛋白之间的切割，处理结构蛋白还需要至少3种其他的蛋白酶。细胞信号肽酶在多聚蛋白内部Gly1062的位置切割形成C-E^{rns}-E1-E2的前体蛋白，核心蛋白C与前体蛋白断开（Rumenapf等，1991）；接着E2从E^{rns}-E1-E2的前体蛋白上切离，产生E^{rns}-E1的二聚体蛋白。游离的E^{rns}-E1内部再进一步切割生成独立的E^{rns}和E1蛋白（Rumenapf等，1993）。E^{rns}-E1蛋白处理的比较慢，可能是由某种未知的细胞的蛋白酶完成的。

据推测，CSFV的非结构蛋白的加工可能是在NS3的蛋白酶作用下进行，而具体的机制还有待进一步的研究。NS2/3的切割是最近被确定的，是由NS2自切割酶来完成的。NS2/3的切割可能是不完全的，但对病毒RNA复制是必需的，最新的证据研究证实，未切割的NS2/3是合成病毒粒子产生所必需的。而NS4A、NS4B、NS5A和NS5B之间的切割是由病毒NS3的丝氨酸蛋白酶催化完成的。另外，在BVDV的研究中发现，NS4A在NS3切割NS4B/NS5A，NS5A/NS5B过程中可能作为辅助因子起作用（Tautz等，2000）。E1在病毒粒子中位于囊膜中部并与E2形成异源二聚体，E1的蛋白骨架中有两段疏水序列，Leu-548-Pro-579和Thr-659-Gly689，在聚蛋白转位过程中，前一段序列是前体蛋白向内质网腔转位的终止信号，后一段则充当E2转位的信号肽，另外这两段疏水区还充当E1的膜锚定位点。E2与下游的P7蛋白有时加工切割不完全，在CSFV感染的细胞中可以发现E2-P7这种稳定的中间体（Elbers等，1996）。

四、病毒RNA的复制过程

（一）参与复制的CSFV蛋白

根据参与复制的重要性不同，CSFV的基因可以分为复制必需基因和复制非必需基因。

复制必需基因包括NS5B、NS5A、NS3、NS4A、NS4B等。其中NS5B编码CSFVRNA依赖的RNA聚合酶（RdRp），是病毒复制酶的主要成分，含有正链RNA病毒RdRp保守序列，如GDD基序等。RdRp与病毒编码的其他蛋白如NS3（具有蛋白酶，解旋酶等功能）以及宿主细胞的一些蛋白因子构成病毒的复制酶系统；NS3是一种多功能蛋白酶，NS3蛋白N端约占1/3的区域具有典型的Ser蛋白酶的蛋白基序，His1658–Asp1686–Ser1752三个保守位点构成了丝氨酸蛋白酶催化活性三联体（Elbers等，1996），其丝氨酸蛋白酶活性在多聚蛋白的加工中起重要作用，NS3对于基因组RNA的复制和病毒的复制是必不可少的（Grassmann等，1999；Xu等，1997）；NS4A是由64个氨基酸残基组成，有人认为NS4A可能参与形成由多个蛋白组成的复制复合体来完成病毒RNA的合成（Ishido等，1998）；而NS4B是由347个氨基酸残基组成，有人认为NS4B可能与NS3共同参与调控RdRp合成病毒RNA的过程（Piccininni等，2002）；NS5A是一种磷酸化的蛋白，在病毒感染的细胞中存在磷酸化形式（分子量为56kD）和超磷酸化（58kD）两种形式（Reed等，1998）。Johnson等报道BVDV的NS5A能够与细胞中的翻译延伸因子1A（eEF1A）相结合，并可能在病毒的复制过程中起一定的作用（Johnson等，2001；Shirota等，2002）。

复制非必需基因则包括：N^{pro}、NS2以及结构蛋白E^{rns}、E1、E2，P7。其中N^{pro}不参与病毒RNA复制。以鼠的泛素基因替代整个N^{pro}，在SK–6细胞中同样可以获得有感染性的重组病毒粒子，表明N^{pro}对于CSFV的复制是非必需的（Tratschin等，1998）；但是如果仅缺失N^{pro}，N端的大部分区域而保留其C端与下游核心蛋白C的连接，则在细胞培养中无法获得有活性的重组病毒粒子，这表明N^{pro}在C端准确的自切割，对生成完整的C蛋白，继而进行包装起一定的作用（Rumenapf等，1998）。已有实验证明NS2是CSFV基因组RNA复制非必需的，缺失NS2的亚基因组复制了RNA在细胞中的复制能力有所增加（Moser等，1999）。

（二）RdRp的三维结构

CSFVRdRp结构与功能的研究已经取得一定的进展。同属的BVDV病毒的RdRp晶体结构已基本阐明，而CSFV的RdRp同源建模的结构（图5–3）也得到阐释（Zhang等，2005）。其RdRp结构同其他种类的聚合酶相似，呈右手型，具有3个亚结构域：掌型亚结

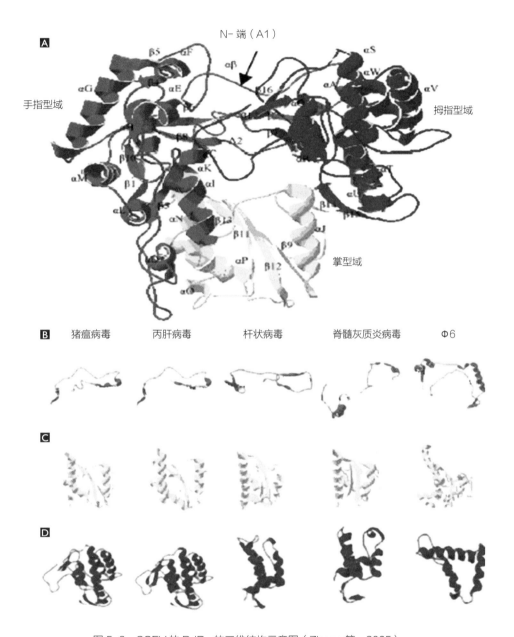

图 5-3 CSFV 的 RdRp 的三维结构示意图（Zhang 等，2005）

A. CSFV 的 RdRp 的三维结构　　　　　　B. CSFV 的 N 末端掌型亚结构域
C. CSFV 的 N 末端拇指型亚结构域　　　　D. 与其他病毒的比较

构域（Palm subdomain）、拇指型亚结构域（Thumb subdomain）和手指型亚结构域（Finger subdomain）。掌型亚结构域又可以分为A、B、C、D、E五个基序，其中有四个基序存在于各类的聚合酶中，包括DNA依赖的RNA聚合酶（DdRp），DNA依赖的DNA聚合酶（DdDp）和RNA依赖的DNA聚合酶（RdDp）。在其拇指形亚结构域中还存在一段由约12个氨基酸组成的β-loop结构，对RdRp准确地从病毒RNA的3′末端起始RNA合成以及起始RNA合成的方式可能具有一定的调控作用。

（三）病毒RNA基因组的复制起始机制

CSFV的RNA复制是在细胞质膜上进行的。CSFV的RdRp是一种具有模板特异性的酶，即能复制病毒的RNA而不复制细胞的RNA。这种模板特异性与病毒蛋白识别CSFV的5′ NTR和3′ NTR有关。

目前研究表明正链RNA病毒起始RNA合成的分子机制主要有两种，第一种是引物依赖的RNA合成（Primer-dependent RNA synthesis），包括蛋白引物（Protein-primed）、前导引物（Leader-primed）、模板引物（Template-primed）、引物延伸（Primer extension）和模板转换（Template switch）等；第二种是非引物依赖的RNA合成，即从头合成（de novo RNA synthesis）。

CSFV正链RNA的3′ NTR含有复制起始识别位点以及宿主蛋白调节因子的结合位点，在宿主蛋白和其他蛋白的帮助下，RNA依赖的RNA聚合酶（RdRp）在这里结合，以正链RNA为模板以引物非依赖从头合成的机制起始病毒RNA的合成（Yi等，2003）。研究结果表明，从头合成是CSFV甚至是黄病毒科其他病毒起始基因组RNA合成的最主要的机制，引物非依赖从头RNA合成是指在没有引物的情况下由一个三磷酸核苷酸提供3′羟基，通过3′–5′磷酸二酯键与另一个核苷酸的5′磷酸基团共价连接而逐渐合成RNA。

根据起始位点的不同，从头RNA合成又可以分为两种：① 末端起始：RNA的合成一种是从病毒基因组RNA的3′末端起始的RNA合成，基因组不分节段的正链RNA病毒大多采用这种方式起始RNA合成。② 内部起始：RNA的合成另一种是从病毒RNA模板3′端的倒数第二个核苷酸或内部起始的RNA合成，即内部起始。从头合成的起始三磷酸核苷酸（NTPi）通常是嘌呤，对应着RNA模板上嘧啶碱基，比如雀麦草花叶病毒（BMV）需要在负链RNA的3′末端连上一额外的寡核苷酸后再以倒数第二个核苷酸为模板起始核苷酸（T_{+1}），有效起始基因组正链RNA合成。许多分节段的正链RNA病毒经常通过RNA缺失与重组、模板转换等从内部起始RNA的合成。研究表明，CSFV是通过末端起始RNA复制的。

作为RNA起始位点，3′末端的碱基对从头起始RNA合成非常重要。CSFV基因组正链RNA和负链RNA 3′末端均为胞嘧啶，与其他一些病毒如丙型肝炎病毒有些不同。对3′末端的胞嘧啶进行突变，分别将其突变为尿嘧啶、腺嘌呤、鸟嘌呤以后来研究这些改变对RNA合成的影响。结果发现，无论是对正链RNA模板还是对负链RNA模板，突变末端的C都将导致合成量明显下降（伊光辉等，2005）。

（四）RNA依赖的病毒基因组合成过程

CSFV是以正链RNA为模板以从头合成的机制起始病毒RNA的合成，随着负链RNA的延长，RdRp沿着模板到达5′ NTR，接触到位于5′ NTR内的复制起始识别单位，在合成负链的同时，为合成第2条链作准备。当RdRp到达5′末端时，受到这里的由于具有发夹结构的作用，RdRp则继续工作，利用自身的核苷酸转移酶的活性继续延长正在合成的RNA链，然后采用copy-back的机制折返（伊光辉等，2005），开始以负链为模板进行RNA正链的合成，连接处的单链部分后来被水解。

值得一提的是，除了RdRp外，如研究较清楚的HCV的NS3、NS4B、NS5A也是形成病毒复制酶复合体的成分，可能也会影响RNA合成的方式。而宿主细胞成分又称宿主蛋白因子，也参与了病毒RNA的复制。

与大部分RNA病毒类似，CSFV的RNA复制在细胞质中完成，其RNA多聚酶是与膜结合的。病毒的复制复合体与膜结构这种紧密结合可以保证局部参与复制的成分有较高的浓度，从而提高复制的效率。由于双链RNA复制中间体的积累可诱导宿主细胞产生干扰素等对病毒不利的物质，因此CSFV合成的负链RNA只有正链RNA的1%～5%，从而减少潜在的双链RNA的积累。

（五）病毒基因组复制的调控机制

病毒复制起始与调节主要由非编码区参与，CSFV的5′ NTR是其病毒基因组中最为保守的区域，由360～373个核苷酸组成，5′ NTR不仅在基因组的复制，而且在多聚蛋白的表达中也具有重要的调控作用。

CSFV的3′ NTR由226～243个核苷酸组成，3′ NTR中存在一个可变区和一个保守区。可变区位于5′端；保守区包含位于3′端约100个碱基，具有高度的保守性，推测此保守区在病毒复制中发挥重要作用，利用生物信息学研究方法所发现的复制起始位点正位于其中（Xiao等，2001）。CSFV的3′ NTR在病毒复制的调控中起到重要作用，可能是因为含有起始基因组RNA合成的启动子、增强子等顺式作用元件的缘故。有研究结果提示，3′ NTR的二级结构中，第一茎环（SL-1）和SL-1与第二茎环（SL-2）之间的单链序列为复制起始所必需的因子，其茎环结构的改变可以调节病毒RNA复制的效率。通过对重组病毒的体外试验研究表明，3′ NTR的12-nt的插入序列可以下调CSFVRNA的复制效率（Xiao等，2004；Wang Y.等，2008），这是因为12-nt插入序列可以引起使这病毒的复制相关的蛋白NS5B和NS3蛋白与3′ NTR之间的结合能力下降（Sheng等，2007；Xiao等，2004）。研究表明，同属的BVDV病毒的3′ NTR也在病毒RNA的复制调控中起到重要的作用（Pankraz等，2005；Yu等，1999），BVDV病毒的3′ NTR还能与一系列的细胞蛋白结合并在协调病毒的翻译和复制的切换中起到重要的作用（Isken等，2003）。

NS2和NS3是CSFV中最为保守的区域。一般情况下，CSFV离体培养细胞不产生CPE，NS2和NS3蛋白之间连接位点部分被切割开，因此在细胞培养物中既存在NS2-3二联体形式，也存在NS3单体蛋白，但NS3单体的含量比较低。在致细胞病变（CPE）型CSFV感染的细胞培养物中，NS3蛋白以单体形式大量存在，NS2-3二联体形式则非常少（Meyers 等，1995）。缺失了NS2的病毒复制子其复制速度加快，这提示NS2虽然不是复制所必需基因，却可能起到复制调控中起的作用。

五、病毒粒子的装配、成熟和释放

CSFV的装配是病毒复制和增殖的重要步骤，其过程主要包括病毒各组分在细胞中被转运到装配位点，按照特定机制聚集和装配。各个步骤具有特异性并且各步骤之间相互协调，最后产生有感染性的病毒粒子。与大多数RNA病毒类似，CSFV的装配是在胞质中完成的。

目前，CSFV的装配与释放研究仍然还不够透彻。作为病毒的衣壳蛋白，C蛋白在合成后几分钟便与基因组RNA相结合，包装形成核衣壳。E2-E2、E2-E^{ms}及E2-E1之间由二硫键（或个别较强的非共价键）连接成同源或异源二聚体，形成病毒的囊膜抗原。因此，二聚化可能在病毒装配中非常重要（Weiland等，1999）。E2、E1的C端有疏水性氨基酸残基组成的结构，可作为跨膜结构域，使之镶嵌于CSFV囊膜脂双层中，E^{ms}无此疏水结构，它与病毒粒子的联系尚不清楚，可能与E2形成异源二聚体，但这种联系不如E1和E2那样牢固（Takamatsu等，2006）。电镜观测的结果表明，CSFV在细胞质内的囊泡中成熟并通过细胞外排作用进行释放。与此相吻合的是，CSFV的囊膜蛋白不会被转运到细胞膜上，而是转运到内质网上。CSFV的囊膜糖蛋白是在C-E^{ms}-E1-E2前体的基础上，由定位于宿主细胞内质网和高尔基体上的信号肽酶、蛋白水解酶以及糖基化酶的作用下加工成熟的。CSFV在完成出芽的过程中获得病毒包膜，与黄病毒和丙型肝炎病毒类似。非结构蛋白也在CSFV的装配和释放中起到作用，包括未完全切割的NS2-3以及

NS5B，都是病毒成熟所必需的。应用电镜超薄切片技术对感染细胞中病毒的形态发生进行观察的结果显示，CSFV在胞内增殖的主要部位是有丰富膜系统的细胞核周围。成熟的病毒粒子多见于细胞质中充满无定型基质的膜囊中，有时可观察到膜囊在质膜处的开口以及周围的无定型基质和其中的成熟病毒，提示CSFV可能通过这一特殊的结构向外释放（Aynaud，1968），且多数释放的病毒依然吸附在无定型基质中。Gray等（Gray等，1987）研究发现，在BVDV感染的细胞表面无病毒蛋白，这一现象推测BVDV是在宿主细胞内的一种光滑小膜泡中装配后，聚集在一起，再经胞吐作用，将成熟病毒释放出来。

　　CSFV在细胞培养物中一般不产生肉眼可见的细胞病变。新合成的病毒大多吸附或结合于细胞之上，细胞内的感染性病毒粒子是培养上清中病毒粒子的10倍左右，在细胞状态较好和培养时间充分的情况下，胞内与胞外之比小于10。新释放的病毒可以通过三种方式感染更多的细胞：一是从感染细胞内释放的病毒粒子经培养液感染新的易感细胞；二是被感染细胞通过有丝分裂直接传给子细胞，向培养液中加入抗猪瘟抗血清不影响病毒感染滴度；三是通过细胞间桥在细胞之间传播病毒，继而开始新的病毒复制周期。

（王　毅）

第三节　猪瘟病毒对宿主细胞的致病机理

一、猪瘟病毒感染诱导宿主细胞缺失机制

（一）猪瘟病毒感染引起宿主细胞缺失

　　1. 猪瘟病毒感染的靶细胞　CSFV是一种亲免疫细胞的病毒，能有效地逃避宿主先天免疫系统的清除功能。CSFV在宿主体内和体外感染的靶细胞种类主要是骨髓源的细胞（Summerfield 等，2000），尤其是单核细胞（Monocytes）和巨噬细胞（Macrophages），这些细胞构成了病毒入侵宿主后早期感染靶细胞，随感染进程出现猪淋巴细胞缺失、血小板减少、凝血功能障碍和胸腺、骨髓萎缩等病理特征（Pauly 等，1998; Summerfield 等，2001），CSFV也对网状内皮细胞有很高的亲和性（Cheville, 1969; Shubina等，1995;

Summerfield等，2001）。

CSFV高致病力毒株感染猪骨髓造血细胞后，单核细胞对病毒易感性很高，但是成熟的SWC8$^+$粒细胞（SWC3$^+$SWC8$^+$细胞代表粒细胞，SWC3$^+$SWC8–细胞代表单核细胞）对病毒不敏感。因此CSFV感染幼稚型骨髓单核细胞导致细胞继续分化为SWC8$^+$后仍保持带毒，这可解释CSFV引起外周血成熟粒细胞感染的原因。此外，CSFV感染对宿主中性粒细胞和酸性粒细胞损伤也比较严重。CSFV疫苗毒株和高致病力毒株分别感染8周龄的猪，流式细胞仪分析外周血单核细胞相对数量变化发现，仔猪感染急性CSFV后外周血单核细胞所占比例显著增加，感染5d后IgM$^+$细胞显著减少，CD4$^+$淋巴细胞轻微减少，而接种疫苗毒株的猪和对照组外周血单核细胞比率都无变化，病毒感染对CD8$^+$T细胞在外周血中数量影响不大。综合已有研究结果，CSFV的易感细胞谱可归纳为：病毒在所有猪外周血单核细胞亚群中都能复制，包括CD4$^+$、CD8$^+$和IgM$^+$淋巴细胞、单核细胞和肺泡巨噬细胞，而且病毒较集中于单核细胞和肺泡巨噬细胞。

2．T、B淋巴细胞缺失　CSFV高致病力毒株攻击未免疫猪，CD3$^+$CD4$^+$CD8– T细胞和CD3$^+$CD4–CD8$^+$ T细胞数量在接种后第2天显著降低，接种低致病力毒株后延迟至第3天发现两种细胞数量显著降低，而且这种降低与接种病毒的剂量无关。接种弱毒后第5天导致$\alpha\beta$–TCR$^+$ T细胞水平比攻毒前降低了75%～90%，这种淋巴细胞缺失程度和接种强毒后2～3d导致的细胞缺失程度相当。在时间关系上，外周血中$\alpha\beta$–TCR$^+$ T细胞开始减少的情况发生在猪出现病毒血症前。

猪感染CSFV后外周血中B淋巴细胞急剧下降，CSFV高、低致病力毒株引起的这种下降只是在时间早晚有差别。低致病力毒株引起的B淋巴细胞下降发生在攻毒3d以后，而接种高致病力毒株后第2天就发现B淋巴细胞数量急剧下降。不管高或低致病力毒株及接种剂量是否相同，猪一旦感染CSFV后B淋巴细胞总数终会降低到相似的低水平。

（二）猪瘟病毒感染对宿主细胞功能的影响

1．引起胸腺细胞表型的变化　正常猪胸腺中普通胸腺细胞约占54%，以CD4$^+$CD8$^+$为标记；幼稚型胸腺细胞约占23%，以CD4–CD8–为标记；而CD4$^+$或CD8$^+$标记的成熟胸腺细胞只约占9%和14%。几乎所有的细胞都有CD2$^+$表面标记（约占细胞总数98%）。在猪瘟发病初期胸腺细胞表型尚无变化，然而濒死期猪胸腺细胞和正常猪胸腺细胞表型差异显著：猪瘟晚期猪胸腺细胞特异性标记CD1完全消失，CD4$^+$CD8$^+$标记的普通胸腺细胞在感染CSFV后降低到了9%，而且感染病毒猪胸腺细胞表型与外周血T淋巴细胞表型趋于相似。

2．对T淋巴细胞功能的影响　CSFV感染猪后除了影响T淋巴细胞表型的变化，也对感染宿主淋巴细胞功能产生一定的影响。猪人工感染CSFV高致病力毒株后在不同时间点T淋巴细胞增殖能力都呈现不同程度的降低，在发病初期（感染后3d）可表现为对多克隆致有丝分裂因子和同种异体抗原刺激T淋巴细胞增殖能力的降低，细胞对抗K562肿瘤细胞的细胞溶解活性降低和对限制性MHC溶解同种异体抗原靶细胞的能力减弱。这种T淋巴细胞功能紊乱在病毒感染后5d显著增强，此时T淋巴细胞对外源刺激物基本没有反应性。通过检测[³H]标记的胸腺嘧啶脱氧核苷酸整合到T淋巴细胞中方法，比较猪感染CSFV前和后5d采集的T淋巴细胞增殖活性表明：刀豆蛋白刺激的T淋巴细胞增殖能力减少了49%～86%，同种异体抗原刺激的T淋巴细胞增殖能力减少了64%～97%。在感染CSFV的猪濒死期外周血T淋巴细胞对促有丝分裂和抗原刺激已无反应。此外感染猪淋巴结和脾脏的T淋巴细胞增殖能力也降低。但是当以不同的比例混合CSFV感染前和感染后15d的自体T淋巴细胞时，随CSFV感染前的T淋巴细胞比例增多，增殖活性也呈比例的增强；而同种异体抗原、感染前的自体血清或加入外源的重组IL-2却不具有此效应。

（三）猪瘟病毒诱导的细胞凋亡机制

1. **猪瘟病毒感染引起靶细胞凋亡** 研究表明，同属的致细胞病变牛病毒性腹泻病毒（Cytopathic bovine viral diarrhea virus，cpBVDV）诱导细胞凋亡由内源途径、外源途径和病毒增殖导致的内质网应激活化细胞半胱氨酸蛋白酶-12途径（Caspase-12 pathway）启动，此外cpBVDV复制中间体双链RNA（Double-stranded RNA，dsRNA）也证明是诱导细胞凋亡的主要启动因子（Yamane等，2006）。CSFV也存在dsRNA诱导细胞凋亡的现象，但这种效应可被病毒合成的N端蛋白酶（N-terminal protease，N^{pro}）所抑制（Ruggli等，2005）。CSFV可以直接或间接诱导巨噬细胞释放凋亡因子，如肿瘤坏死因子-α（Tumor necrosis factor，TNF-α）致未感染病毒细胞凋亡。至今，对CSFV致细胞凋亡的研究成果尚未阐明活体内/外病毒感染如何调控宿主细胞凋亡。研究表明CSFV感染能抑制体外培养的细胞的凋亡，Bensaude等发现，在体外培养的猪血管内皮细胞感染CSFV高致病力毒株后，检测到血管内皮细胞中活化的核转录因子-κB（Nuclear factor κB，NF-κB）在感染后出现先升高，然后下降，再升高到高峰并持续的动态过程。NF-κB活性升高同时也检测到白介素（Interleukin，IL）、E选择素（E-selectin）、组织因子（Tissue factor，TF）和血管内皮细胞生长因子（Vascular endothelial growth factor，VEGF）mRNA水平升高。证实血管内皮细胞感染CSFV后导致NF-κB活性升高调控IL，E-selectin，TF和VEGF mRNA的表达，从而抑制病毒引起的凋亡（Bensaude 等，2004）。Ruggli等发现猪肾细胞系SK6感染CSFV后能显著抑制聚肌胞苷酸（Polyinosinic:polycytidylic acid，polyI:C）诱导的SK6细胞凋亡，细胞凋亡数量比未感染病毒细胞降低5~6倍。巨噬细胞感染CSFV后能抑制polyI:C诱导的干扰素－α/β（Interferon－α/β，IFN－α/β）的合成，并已证明其抑制细胞凋亡机制是由病毒N^{pro}蛋白抑制IFN产生完成的。

另外，在体内实验中CSFV感染的确能诱导多种免疫细胞发生凋亡，最终导致感染猪白细胞严重缺失。Summerfield 等用高致病力毒株感染猪后，在感染后3~5d外周血白细胞缺失达到高峰，比例为31%~35%。但是在感染病毒后，感染猪凋亡细胞比例在早期和晚期出现短暂的回升现象。同样用低致病力毒株感染也有类似现象，只是白细胞凋亡高峰相应延迟2~3d，但感染病毒的剂量对白细胞缺失的动力学变化影响很小。

Summerfield等（1998）证实，CSFV感染猪后淋巴结中淋巴细胞、巨噬细胞发生凋亡，并且感染CSFV的粒细胞中TNF－α表达升高，其释放后可诱导其他细胞发生凋亡。Sánchez－Cordón等证实猪感染CSFV后脾脏中淋巴细胞凋亡和血小板急剧减少，引起这种现象与CSFV感染诱导TNF－α、IL－1α和IL－6 表达升高有关（Sanchez－Cordon等，2005）。众多体内或体外CSFV感染实验证明体内引起细胞凋亡或存活是一个比体外细胞模型更复杂的过程，一些基因在体内和体外实验会得到不同的实验结果。这在同属BVDV病毒研究中也可得到证实，在体外实验中非致细胞病变毒株体外感染不诱导IFN产生，而在体内实验时能诱导强烈的IFN反应，体内体外结果完全相反（Charleston等，2002）。由此可知，病毒感染机体后面对的是一个多种功能细胞、多种细胞因子系统和机体内环境相互联系的整体系统，这是任何一种体外培养的细胞模型不能模拟的。但是不能否认CSFV感染体内和体外的研究成果中的一些基因或蛋白功能都为阐明CSFV的致病机理提供了有益数据。

国内学者报道CSFV感染猪后以外周血白细胞凋亡为主，但在这一过程中也存在抗凋亡基因上调表达。猪感染CSFV石门株后，在症状明显期外周血白细胞中核因子κB抑制因子α（NF－κBIA）mRNA表达升高3.49倍，在生物学通路中NF－κBIA 具有抑制NF－κB的活性的功能。这种抑制作用通过结合在NFκB的调节生长和凋亡功能的Rel结构域阻断其发挥作用（Spink 等，2007）。Bensaude 等检测到体外培养的血管内皮细胞感染CSFV后NF－κB蛋白表达升高，而史子学等却在感染CSFV的外周血白细胞中检测到抑制NF－κB的NF－κBIA表达升高，这完全可能是体内和体外实验环境不同而导致的结果。

2. 病毒感染间接的诱导细胞凋亡 关于CSFV感染引起的T淋巴细胞缺失的假设有以下几种：病毒直接和细胞作用诱导细胞坏死；病毒间接作用诱导T淋巴细胞凋亡；病毒囊膜糖蛋白E^{ms}分泌到细胞外直接或间接诱导淋巴细胞凋亡（Bruschke等，1997）。近年来，越来越多证据表明CSFV感染引起的大量淋巴细胞凋亡不是由于病毒和细胞直接相互作用。主要原因是CSFV感染宿主的整个过程中只有很少一部分淋巴细胞被病毒感染。关于淋巴细胞缺失的原因，早期研究表明是细胞发生坏死；而近几年研究证实淋巴细胞缺失是由于病毒诱导的凋亡，而且在体内巨噬细胞中这种细胞凋亡现象被认为是一种间接的机制，主要与TNF-α和IL-1α等细胞凋亡因子有关。

　　研究表明在单核巨噬细胞中复制的其他病毒，也能引起周围未感染病毒的淋巴细胞凋亡。在非洲猪瘟病毒（African swine fever virus，ASFV）感染巨噬细胞的实验中也存在间接诱导淋巴细胞凋亡现象，感染的巨噬细胞能释放细胞因子或凋亡诱导因子引起淋巴细胞发生凋亡。因此，CSFV诱导淋巴细胞缺失的主要机制是淋巴细胞内凋亡基因表达失调，病毒诱导的细胞因子破坏了正常细胞内Fas-FasL（Fas/fas ligand）信号通路的平衡或病毒抗原直接调节Fas和Bcl-2（B-cell lymphoma-2）表达变化，启动了淋巴细胞凋亡。CSFV感染后宿主B细胞缺失也可能有类似的机制：病毒感染间接诱导这些免疫细胞中Fas表达升高引发细胞凋亡（Summerfield 等，1998），但是B淋巴细胞和T淋巴细胞调节内环境稳定的方式可能不同。

　　体内进行的CSFV感染骨髓造血细胞（Bone marrow haematopoietic cells，BMHC）引起的骨髓萎缩机制表明，感染骨髓造血细胞主要引起粒细胞凋亡和坏死，而且大部分感染病毒的细胞并不凋亡，凋亡的细胞主要是未感染病毒细胞，但这个现象对骨髓基质细胞不适用，例如巨噬细胞或成纤维细胞不适用。更进一步研究其凋亡途径表明与细胞半胱氨酸蛋白酶-3（Caspase-3）、细胞半胱氨酸蛋白酶-9（Caspase-9）显著激活有关，能溶细胞性的细胞因子和活性氧簇在细胞凋亡中并不起主要作用。值得注意的是，使感染和未感染的BMHC互相接触会增加后者的凋亡。总之，这些体外实验结果都证明了CSFV感染存在间接的诱导细胞凋亡机制。

　　3. 免疫逃逸机制　瘟病毒BVDV和CSFV感染宿主的同时能逃避宿主免疫系统的清除反应，最终导致持续性感染。多项研究显示CSFV N^{pro}蛋白能抑制宿主细胞INF-α/β的产生以及CSFV感染诱导激活的各类细胞因子都在抑制宿主免疫反应和持续感染机制中发挥了重要的作用。

　　CSFV能够感染单核细胞源、骨髓源性的树突状细胞并在其中有效复制（Carrasco 等，2004），但是CSFV感染树突状细胞并不诱导细胞强烈的免疫反应，也不激活成熟的树突状细胞表面标记MHC Ⅰ、Ⅱ和CD80/86分子的表达，表明CSFV感染没有导致树突状细胞的激活。然而使用促成熟信号IFN-α、TNF-α或poly I:C刺激感染和未感染CSFV的树突状细胞，两种细胞均上调表达MHC和CD80/86分子，显示CSFV并不参与树突状细胞对成熟信号的反应。另外，CSFV感染的树突状细胞仍保持与对照细胞相似的细胞增殖能力。但CSFV不诱导树突状细胞的IFN-α反应，能抑制聚肌胞诱导的IFN-α生成，其他的细胞因子包括IL-6，IL-10，IL-12和TNF-α的表达水平与对照细胞类似。这些结果表明CSFV一方面控制Ⅰ型IFN反应，迅速在树突状细胞内复制，并借助树突状细胞的高迁移率将病毒运输至宿主其他嗜性器官如淋巴组织、胸腺等进行增殖。另一方面，CSFV不同于其他的RNA病毒感染通常激活树突状细胞产生剧烈的免疫反应来实现感染，CSFV感染会调控或抑制树突状细胞激活，同为瘟病毒的BVDV也存在感染而不激活树突状细胞现象（Glew等，2003）。据此可以推测，这可能是瘟病毒属成员普遍采用的一种逃避免疫识别的机制。

Summerfield等（2006）的研究表明，CSFV感染未免疫猪会显著提高IFN-γ和IL-10的表达水平，Jamin等（2008）的研究也证实CSFV感染可诱导猪体内IL-10的上调表达。IL-10是多种细胞释放的一种免疫抑制因子，它能够强烈抑制先天免疫和特异性免疫反应（Moore等，2001）。研究证明，丙型肝炎病毒（HCV）、猪繁殖与呼吸综合征病毒（PRRSV）及人免疫缺陷病毒（HIV）都能诱导宿主体内IL-10的表达而抑制宿主的免疫反应，避免剧烈的炎症反应。这些研究结果显示，CSFV可能利用上调宿主细胞表达IL-10抑制机体免疫反应进行免疫逃避。

CSFV在猪肾细胞系（SK6和PK-15）、单核巨噬细胞大量复制却不产生细胞病变效应（CPE），也不诱导干扰素分泌。猪肾细胞系SK-6感染CSFV时，细胞抵抗聚肌胞诱导的细胞凋亡的能力可提高100倍。在巨噬细胞模型，病毒的感染抑制了聚肌胞诱导的Ⅰ型IFN-α/β合成。这种干扰细胞分泌细胞因子和抑制凋亡的现象与病毒N^{pro}蛋白有关。缺失N^{pro}基因后，病毒不能保护SK-6细胞抵抗聚肌胞诱导的细胞凋亡。另外，N^{pro}基因缺失的病毒感染巨噬细胞，不能阻止聚肌胞诱导的Ⅰ型干扰素产生，甚至在没有聚肌胞存在时巨噬细胞、PK-15细胞也能产生和分泌IFN-α/β。而且，N^{pro}基因的缺失影响CSFV在巨噬细胞和PK-15细胞中复制。另外，N^{pro}基因缺失病毒能干扰水疱性口炎病毒在PK-15细胞的复制，而野生型病毒则不能。

为确定N^{pro}在没有其他CSFV结构和非结构蛋白参与时能否调控dsRNA诱导的细胞凋亡和宿主细胞分泌IFN-α/β，Ruggli等研究证实表达EGFP-N^{pro}蛋白的PK-15细胞具有与完整CSFV感染SK6细胞相似能力，都能对聚肌胞诱导的细胞凋亡有抑制作用。表达EGFP-N^{pro}蛋白的PK-15细胞能够阻止缺失N^{pro}基因CSFV和poly I:C诱导的IFN-α/β产生。此外，N^{pro}还能抑制IFN-α/β启动子驱动的荧光素酶的表达，阻断新城疫病毒（NDV）诱导的IFN-α/β产生。以上数据表明，人工表达的N^{pro}或CSFV自身表达的N^{pro}蛋白都具有抑制细胞产生IFN-α/β的作用，N^{pro}对宿主的免疫抑制具有重要作用。这些研究结果支持了CSFV有可能是抑制宿主细胞干扰素的产生而逃避宿主的先天免疫系统的清除，CSFV的N^{pro}蛋白在帮助病毒完成免疫逃避机制中发挥了重要作用。

（四）内皮细胞出血机制

体表皮下和内脏器官黏膜出血、弥漫性血管凝血及梗死是猪瘟较典型的病理变化。关于CSFV感染导致全身泛发性出血的机制，Bensaude等研究了CSFV感染血管内皮细胞引起的细胞因子表达变化。感染后3h血管内皮细胞内炎性细胞因子IL-1、IL-6和IL-8的mRNA表达水平出现短暂的升高，在感染后的24h又出现再次持续升高。同时，血管内皮细胞中与渗透性有关的凝固因子、凝血酶原和血管内皮细胞生长因子的mRNA也上调表达，核因子转录激活因子NF-κB相关的一些转录因子也表达升高。同样CSFV感染血管内皮细胞也不诱导细胞产生IFN-α/β，感染病毒的内皮细胞也具有抑制dsRNA诱导的细胞凋亡的能力。以上研究数据证明，CSFV能抑制感染细胞的先天免疫反应、抑制感染细胞凋亡、造成病毒的持续性感染。CSFV感染后引起猪全身的泛发性出血在CSFV的感染机制中具有重要的作用，出血的原因可能是病毒诱导细胞分泌细胞因子破坏了微循环渗透性和扰乱了凝血平衡，致血液加速凝固和微循环末端血栓形成。

在研究黄病毒科成员登革热病毒（Dengue virus，DV）发现，病毒感染宿主后可调节循环系统中可溶性的血管内皮细胞生长因子受体-2（Vascular endothelial cell growth factor receptor 2，VECGFR-2）的表达，影响血管的通透性。DV感染病人的血浆渗漏程度与血浆中VECGFR-2的表达水平呈负相关。进一步的体外实验模型显示，DV可以抑制可溶性VECGFR-2的表达，而上调细胞表面VECGFR-2的表达，显著提高细胞对VECGF的反应性。机体内循环血液中血浆可溶性VECGFR-2含量下降也会导致DV载量相应降低。以上结果证明，VEGF能调节血管通透性并且其活性可被VECGFR-2抑制。黄病毒科中的DV诱导细胞表面和循环系统中可溶性VECGFR-2的表达变化可能对血浆渗漏的形成有关键作用（Srikiatkhachorn等，2007）。

综合以上数据，CSFV引起感染猪多器官出血的机制可以推测为：病毒感染诱导血管内皮细胞透性降低，凝血有关的细胞因子表达失衡，这些细胞因子继而激活了凝血级联反应，导致毛细血管出血或弥漫性微循环凝血。

二、猪瘟病毒非细胞病变生物型的分子机制

瘟病毒中大多数致细胞病变（Cytopathogenic）的病毒是由非致细胞病变（non-cytopathogenic）毒株经过RNA非同源重组进化而来（Gallei等，2005）。其中CSFV体外致细胞病变毒株很少，致细胞病变CSFV含有DI颗粒或包含亚基因组RNA，而非致细胞病变病毒都包含全长病毒基因组。同属的BVDV具有致细胞病变和非致细胞病变两种生物

型，两种生物型分离株的抗原性存在差别，但流行株中大多是非致细胞病变毒株。

研究表明，编码CSFV N^{pro}、C、E^{rns}、E1、E2 、p7和NS2 蛋白的基因对病毒RNA的复制是不必要的，然而基因组缺少NS2 基因会导致复制效率增强和诱导致细胞病变效应。表明NS2虽然对瘟病毒RNA复制不是必要的，但其具有独特的调节病毒特性的功能（Moser 等，1999）。分析已发现的CSFV三株致细胞病变分离株，发现病毒核酸都是缺损的RNA而非全长的病毒基因组。这些RNA表达的病毒与完整病毒相比，表现在蛋白导致装配后病毒粒子内部缺失了环绕着病毒的全部结构蛋白编码区和两个结构蛋白侧面的4 764个核苷酸。

（史子学、涂长春）

第四节 宿主细胞对猪瘟病毒感染的应答

一、猪先天免疫系统对猪瘟病毒感染的应答

先天免疫系统的组成包括解剖学上的生理屏障、免疫细胞和其分泌的细胞因子。先天免疫系统是机体具有的一种以非特异的抵御外来病原体入侵的方式，这意味着先天免疫系统发挥功能是一种常规的功能，不像适应性免疫系统为宿主提供长期的免疫保护作用。先天免疫系统中机械的生理屏障有皮肤黏膜、内皮层、肠和肺支气管内皮细胞上的纤毛等；先天免疫细胞包括NK细胞、肥大细胞、嗜酸/碱性细胞和吞噬细胞（巨噬细胞、中性粒细胞和树突状细胞）。

CSFV感染宿主细胞后，先天免疫系统如何发挥第一道防御功能是揭示CSFV致病机制的一个重要方面。众所周知，CSFV不同分离株的毒力和对宿主的致病性有显著差异。高致病力CSFV感染会导致宿主死亡，而中等致病力毒株和低致病力毒株感染常常引起慢性症状。根据CSFV感染实验证实，高、中和低致病力毒株感染宿主可能涉及相同的宿主防御反应（van Oirschot，1999），但由于高致病力毒株感染后便于观察临床症状，因此研究猪对CSFV感染后宿主的反应大多选用高致病力毒株进行试验。虽然国内外研究人员使用的CSFV高致病力毒株基因型可能不同，但研究结果都能代表CSFV的感

染机制、致病机理和病毒/宿主相互作用方面的可靠数据。Borca等（2008）率先研究了CSFV Brescia 毒株（由感染性cDNA克隆pBIC生成）体外感染猪巨噬细胞引起的宿主防御反应。该研究用荧光定量RT-PCR检测了58个先天免疫相关基因在感染病毒后表达变化，得到了一些CSFV高致病力毒株感染引起宿主反应的数据。

1. 白介素家族对猪瘟病毒感染的反应　巨噬细胞处在先天免疫系统的最前线，该细胞基因转录、蛋白质翻译的变化体现了宿主对病原体入侵的反应过程。而外周血来源的巨噬细胞是CSFV感染的主要靶细胞之一，巨噬细胞转录组表达变化在很大程度上揭示了宿主如何和病毒相互作用。外周血巨噬细胞感染高致病力CSFV（Brescia毒株）后，IL-1α、IL-1β、IL-6和IL-12p35基因表达显著升高，这与CSFV其他体内或体外感染实验的结果一致（Zaffuto等，2007；Sanchez-Cordon等，2005）。体外实验中，猪上皮细胞感染CSFV Alfort 187毒株也会引起IL-1α表达升高，同时发现上皮细胞中促凋亡细胞因子、细胞黏附分子和血液凝集因子诱导表达变化可能与病毒感染导致的血管内皮细胞病变有关（Sanchez-Cordon 等，2002）。IL-6也和IL-1一样能激活上皮细胞释放IL-8和MCP，诱导黏附分子和粒性白细胞在炎症部位聚集。体外和体内CSFV感染巨噬细胞中都存在IL-6表达升高，但是Brescia毒株感染猪骨髓源性的树突状细胞（Dendritic cell）不引起IL-6上调表达，这可能是猪感染CSFV Brescia毒株后，巨噬细胞在分泌调节性细胞因子方面发挥了更重要的功能。

CSFV感染猪血源性和二级淋巴组织源性的树突状细胞可诱导其表达INF-α和IL-12。IL-12p70 是一个主要的免疫调节细胞因子，调控Th1免疫反应两极分化（Dobreva等，2008）。IL-12表达变化可能与巨噬细胞激活有关或对抑制TH1反应中发挥作用。

2. 凝血因子对猪瘟病毒感染的反应　CSFV感染引起广泛的脏器黏膜出血的分子机制是受宿主基因和蛋白表达水平变化调控的。在CSFV感染猪巨噬细胞基因组学研究发现，CSFV感染导致宿主IL-1α、IL-6、IL-8和肾皮质调节活化正常T细胞表达与分泌因子（Regulated upon activation normal T-cell expressed and secreted，RANTES）mRNAs转录水平升高。CSFV感染猪上皮细胞后IL-1α、IL-6、IL-8和促凝血因子也会表达升高，这些凝血相关因子表达变化都可导致血细胞外渗和凝血紊乱等血管功能损伤。如IL-8 能破坏紧密连接（Tight junction）蛋白和细胞骨架重组（Reorganization）引起血管通透性增加。RANTES（Regulated upon activation normal T cell expressed and secreted）能刺激炎症细胞跨膜迁移和增加血管通透性。而CSFV感染后单核细胞趋化蛋白2（monocyte chemoattractant protein 2, MCP-2）和C-C型趋化因子配体（C-C chemokine ligand 8, CCL8）上调表达，其功能类似RANTES，都能通过C-C型趋化因子受体（C-C chemokine receptor type, CCR）2、3和5传递胞内信号（Hellier等，2003）。

3. 干扰素对猪瘟病毒感染的反应　CSFV高致病力毒株感染猪巨噬细胞后会激活I型IFN mRNA上调表达，感染病毒后INF-α转录水平最高升至8倍以上，此时IFN-β mRNA表达降低7倍。CSFV感染能抑制I型IFN合成，这一结果已在猪巨噬细胞、猪骨髓衍生的树突状细胞和内皮细胞得到证明（Ruggli 等，2003），但是感染血源性的树突状细胞IFN却表达升高。CSFV感染抑制细胞内 IFN-α/β 表达和CSFV N^{pro}蛋白介导的宿主细胞干扰素调节因子3（Interferon regulatory factor 3, IRF3）降解有关（La Rocca等，2005）。La Rocca等（2005）发现CSFV感染能抑制细胞内IRF3表达，Bauhofer等在随后的研究中阐明 IRF3被蛋白酶体降解的机制。值得注意的是CSFV感染不同类型细胞中也存在依赖干扰素调节因子7（Interferon regulatory factor 7, IRF7）调节的IFN-α/β 表达途径（Honda等，2005）。高致病力CSFV感染的体内试验中，IFN-α 在病毒感染导致的病毒血症之前都表达升高，而IFN-β 表达没有明显变化（Summerfield 等，2006）。

4. 宿主Toll like receptor 对猪瘟病毒感染的反应　TLRs（Toll like receptors）在激活细胞先天免疫信号途径中有重要作用。TLRs属于高度保守的模式识别受体，在脊椎动物中具有相同的活性-识别微生物上的保守结构分子，机体可由于病原体的入侵而快速调控TLRs的表达变化（Meylan等，2006）。CSFV感染猪后巨噬细胞中TLR-3、5和9转录水平显著降低，其中TLR-3识别的结构是双链（ds）RNA，TLR-5识别鞭毛菌的鞭毛，而TLR-9识别甲基化的DNA CpG基序。TLRs基因表达变化在CSFV感染中的作用还不清楚，但TLR-3缺失可提高小鼠对脑心肌炎病毒（Encephalomyocarditis virus, EMCV）的敏感性，而且感染EMCV病毒后小鼠表达凋亡细胞因子和趋化因子功能受损，TLRs缺失小鼠心脏中病毒载量显著高于野生型小鼠。激活小鼠体内TLR-5后可以保护小鼠抵抗化学、细菌、病毒和辐射的处理（Vijay-Kumar等，2008）。因此CSFV感染后细胞内TLRs表达下调可能和病毒引起的机体免疫抑制有关。

二、猪瘟病毒感染引起的宿主细胞基因组转录与蛋白质组变化

1. 猪瘟病毒感染改变宿主基因表达　病毒克服细胞的免疫防御系统侵入宿主细胞，利用宿主细胞的物质和能量合成病毒自身物质并能在细胞内增殖，这只是病毒和宿主细胞相互作用的第一阶段。另一方面，宿主对病毒清除防御反应一刻也没有停止。病毒和宿主相互作用的过程，最终体现在宿主细胞内基因组和蛋白组表达变化上。研究CSFV感染猪后基因和蛋白质表达差异，对阐明宿主/病毒相互作用，病毒致病机制和筛选宿主细胞清除病毒反应关键蛋白有重要的意义。基因组学和蛋白质组学研究都是高通量研究病毒致病机理的方法，然而蛋白质组学相对于基因组学研究病毒和宿主相互作用

具有一个优势，因为有些病毒是通过对宿主蛋白的修饰、降解而影响宿主细胞的生物功能（Banks等，2003），而不是在转录水平影响宿主基因的转录。所以蛋白质组学更可能筛选到病毒诱导的宿主细胞相互作用的功能蛋白。已有研究分析了猪感染CSFV后基因组转录情况（Borca等，2008；Shi等，2009；Li等，2010）。史子学等利用猪全基因组芯片检测攻毒前和攻毒后猪瘟临床症状明显期外周血白细胞基因组表达变化（Shi等，2009）。检测结果表明，猪基因组中877种基因上调表达2倍以上，868种基因下调表达2倍以上，这些基因涉及猪的细胞增殖和细胞周期、免疫反应、蛋白激酶活性、细胞凋亡、信号转导、转录、受体活性、细胞因子/趋化因子和大量未鉴定的基因（图5-4），初步建立了宿主对CSFV感染的转录组差异数据库。

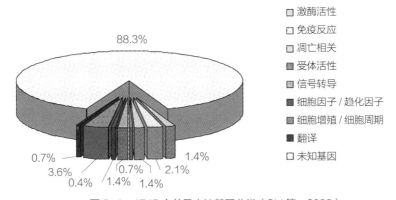

图 5-4　1745 个差异表达基因分类（Shi 等，2009）

参考 NCBI 和 Affymetrix 基因注释数据库，根据生物学功能可将 1745 个差异基因分为 9 个功能组，图中分别用 % 表示各功能组基因占总差异基因的百分比

孙金福等（Sun等，2008；2010）利用蛋白质组学技术研究了CSFV感染的宿主细胞，分析鉴定了一些非常重要的CSFV感染相关的宿主功能蛋白。这些细胞蛋白参与细胞骨架的构成和信号传导、细胞能量代谢、抗氧化应激、核酸复制、转录、翻译以及蛋白加工等生物过程。在利用蛋白质组方法研究寻找CSFV感染相关的蛋白/肽生物标记，发现宿主对病毒反应的特异的蛋白生物标记，在CSFV的血清蛋白质组学研究中也取得了一些初步结果。

因此，开展的关于CSFV感染宿主细胞后基因组和蛋白质组学研究结果互相验证、数据互补，提供了宿主细胞转录、翻译表达模式的改变，这些结果进一步揭示了CSFV与宿主细胞相互作用机制。

2. **猪瘟病毒感染与宿主细胞凋亡**　病毒致宿主细胞的凋亡是病毒致病机制的重要组成部分，CSFV感染也会引起宿主凋亡相关基因转录激活。CSFV感染后宿主外周血白细胞中细胞半胱氨酸蛋白酶-3和7（Caspase-3和7）相关基因上调表达，细胞半胱氨酸蛋白酶-6（Caspase-6）下调表达。但是也发现抑制细胞色素c（Cytochrome c, Cytc）途径的硫氧还蛋白还原酶1（Thioredoxin reductase 1, TRXR1）基因存在上调现象。TRXR1系统和谷氧还蛋白系统被认为是维持细胞质中还原状态的唯一途径。TRXR1属硫氧还蛋白家族，以小氧化还原蛋白形式发生自身氧化能催化NADPH依赖的硫氧还蛋白（Thioredoxin，TRX）的还原，而TRX在肺癌、胰腺癌和肝癌等的原发性肿瘤细胞均过度表达。细胞缺乏TRX会引起线粒体产生活性氧簇（Reactive oxygen species, ROS）并在细胞中积累，过量的ROS能诱导Cyt c和凋亡诱导因子生成促进细胞凋亡（Tanaka等，2002）。TRXR1表达增加可以维持还原型TRX的平衡，进而抑制ROS积累。表明CSFV感染宿主晚期，Cyt c途径中与ROS有关的细胞凋亡过程中受到抑制。此时内质网应激途径中关键的caspase-12基因表达无明显变化，其激活物的切割底物PARP（Poly（ADP-ribose）polymerase）基因表达反而升高，可推测CSFV感染猪临床症状明显期，宿主仍处于和病毒引起的细胞凋亡抗衡状态，内质网应激引起的细胞凋亡并不处于首要地位（史子学等，2008）。CSFV感染猪后目前只检测到外周血两个死亡受体在转录水平发生变化，DR3、CD40基因分别下调表达3.247和上调表达2.405倍，并没有检测到其他死亡受体表达变化。CD40上调表达和DR3下调表达在白细胞凋亡中的作用需进一步研究。

　　CSFV诱导的宿主细胞其他的凋亡相关基因还有NF-κBIA基因表达升高3.49倍，在某些条件下，caspase及NF-κB活化程度决定着细胞的生死存亡。CSFV感染后NF-κBIA高表达恰恰抑制NFκB的作用，促进了细胞凋亡。

　　磷酸甘油醛脱氢酶（Glyceraldehyde 3-phosphate dehydrogenase，GAPDH）是一个关键的糖酵解酶。然而，研究表明其具有多种功能，可能参与细胞内吞作用、DNA复制、DNA修复以及RNA转运和翻译。此外，Ishitani和Chuang首次证实GAPDH与细胞凋亡有关，研究表明GAPDH的过表达伴随着小脑神经细胞的凋亡，并且GAPDH反义寡核苷酸能阻止细胞的凋亡（Ishitani等，1996）。此后，多项独立的研究证实GAPDH与多种类型细胞的凋亡有关，特别是神经源性细胞。比如，GAPDH的过表达、核转位与神经和非神经系统细胞凋亡有关，并且证明GAPDH是细胞凋亡的通用介导蛋白。Dastoor等的研究显示凋亡细胞的GAPDH表达水平比非凋亡细胞上调3倍（Dastoor等，2001）。尽管GAPDH参与细胞凋亡的机制尚不清楚，但一系列研究均表明GAPDH的上调表达与细胞的凋亡密切相关。在CSFV感染的PK-15细胞蛋白质组分析中发现GAPDH显著下调表达，而CSFV感染的PK-15细胞不产生细胞病变，不诱导细胞凋亡。与此相反，CSFV感染却诱导宿主外周血单核细胞（Peripheral blood mononuclear cell，PBMC）的GAPDH上调表达8倍，这些数据无疑表明CSFV感染PK-15细胞和体内PBMC分别抑制和激活了

GAPDH介导的细胞凋亡途径。

　　另外CSFV感染后宿主还会改变一些抗氧化应激蛋白基因表达抵抗病毒诱导的凋亡，如CSFV感染可诱导猪外周血白细胞中红素加氧酶-1（Heme oxygenase-1，HO-1）基因上调表达，HO-1是亚铁血红素降解途径的限速酶，在动物和细胞模型上的研究发现提高HO-1的表达可以降低氧化应激引起的细胞凋亡（Tobiasch 等，2001）。同样可推测宿主可能调节HO-1的表达来缓和CSFV感染诱导的细胞氧化应激水平。另外几个CSFV感染猪后发现几个与凋亡有关的基因，例如：CLU、异铁蛋白（Isoferritin，IFTL）、组织蛋白酶（Cathepsin）D、B1，MAPKAPK 3（Mitogen-activated protein kinase-activated protein kinase 3）、异铁蛋白（Isoferritin，IFTL）、p75 apoptosis-inducing death domain、TCTP（Translationally controlled tumor protein）、caspase-1、PNAS-5（Apoptosis-related protein）、RPL6（Ribosomal protein L6）、细胞色素P450、Hsp27和Hsp90，这些基因的表达水平都发生了变化，它们在细胞凋亡中的具体作用仍需进一步证实。

　　3. 猪瘟病毒感染相关重要的宿主基因和蛋白

　　（1）细胞黏附分子　CSFV感染涉及宿主细胞黏附有关的大量基因上调表达。这些基因有：血小板反应素1（Thrombospondin 1，TSP-1）、黏着斑蛋白（Vinculin）、细胞间黏附分子-1（ICAM-1）、CD11B。其中TSP-1是包括T淋巴细胞在内的多种类型细胞合成和分泌的三聚体糖蛋白。TSP在多种生物过程中有着重要的作用，诸如细胞的生长、黏附、迁移、血小板凝集以及血纤维蛋白聚合和血纤维蛋白的溶解。值得注意的是，TSP-1参与免疫功能的调节，比如，TSP-1调节T细胞行为并参与炎性T细胞的激活和克隆增殖。此外，有证据表明，敲除TSP-1的转基因小鼠对细菌性肺脏感染较敏感，显示了TSP-1对宿主免疫反应的影响。在CSFV感染的样品中，TSP-1显著下调，这可能意味着CSFV通过抑制TSP-1的表达而干扰T淋巴细胞的免疫功能。

　　黏着斑蛋白（Vinculin）是一个116kD的肌动蛋白结合蛋白，定位于Integrin 介导的细胞与胞外基质连接处（黏着斑）和钙黏蛋白介导的细胞与细胞的连接处的胞质表面。尽管黏着斑蛋白的主要作用与细胞的结构和细胞的完整性有关，但研究也发现黏着斑蛋白参与调节与细胞生存和凋亡有关的细胞信号途径。此外，有研究显示在凋亡细胞中黏着斑蛋白上调表达（Propato 等，2001），而在高度恶化和转移性肿瘤细胞中黏着斑蛋白缺失或显著下调表达。由此可见，黏着斑蛋白上调表达似乎是凋亡细胞的一个特性。CSFV感染宿主后粘着斑蛋白在PBMC中上调表达，尽管其上调表达的具体生物学功能尚需进一步阐明，但至少表明其在CSFV感染诱导PBMC凋亡的途径中发挥了一定的作用。

　　（2）核糖体蛋白　CSFV感染猪外周血白细胞中筛选到大量的转录相关基因表达下调，绝大多数都是核糖体蛋白编码基因，包括：核糖体蛋白L6、Eukaryotic elongation factor 1 gamma–like protein（EEF1G）、Arachidonate 12–lipoxygenase（ALOX15）、核糖体蛋白L3、核糖体蛋白L5、核糖体蛋白S4、核糖体蛋白S18、肝磷脂结合蛋白（HBP15/L22）、核糖体蛋白36A（RPL36A）。如此大量的核糖体蛋白基因表达下调，可推测感染病毒猪衰竭致死亡可能与宿主蛋白合成严重降低有关系。

　　蛋白质组研究也发现多种参与RNA合成和DNA复制功能的核蛋白的表达水平呈显著变化（6种蛋白上调表达，3种蛋白下调表达）。在CSFV感染的PK–15细胞中，有4种hnRNPs或其相关蛋白的表达水平发生变化，表明CSFV的复制可能需要宿主细胞的hnRNPs参与。其中翻译延长因子1α（EF–1α）在感染样品中显著上调表达，EF–1α是参与蛋白翻译机制的重要成分，负责将氨酰tRNA递送给核糖体。真核翻译延伸因子与几种病毒相互作用并在病毒的复制和致病机制中发挥关键的作用。Davis等发现真核翻译延伸因子（eEF1A）与西尼罗河病毒（WNV）RNA的3（+）茎环（Stem–loop，SL）结构相互作用，并促进病毒负链的合成。Kou等报道丙型肝炎病毒（HCV）的非结构蛋白4A（NS4A）与eEF1A相互作用，抑制宿主和病毒蛋白翻译，这可能是HCV慢性感染和致病的机制（Kou等，2006）。此外，EF–1α与登革热4型病毒的非翻译区（3′ NTR）相互作用。有意义的是，EF–1α与BVDV非结构蛋白NS5A相互作用，CSFV和BVDV同为瘟病毒属成员，基因组结构及病毒结构蛋白和非结构蛋白的组成极为相似，所以可以推断EF–1α也极有可能和CSFV的蛋白成分发生作用。此外，EF1α除具有参与蛋白翻译的首要功能外，还具有其他一些生物功能，包括与肌动蛋白和肌动蛋白束的结合、参与微管的分离、参与泛素依赖的途径介导的蛋白降解以及与核糖核蛋白复合体的结合。由此可见，EF–1α具有参与调节mRNA翻译、表达蛋白的稳定性和细胞骨架的组织等多种功能。基于EF1α如此多样的细胞功能，其在CSFV感染后显著上调表达必然对病毒的生命循环有着重要的生物学意义。

　　（3）抗体编码相关基因　已报道CSFV感染猪体内病毒抗体是阴性，这可以从CSFV感染宿主转录组分析得到验证，在上调的基因中没有检测到有关编码免疫球蛋白的基因表达升高，恰恰检测到IgD、IgE、IgA C alpha（Immunoglobulin alpha heavy chain constant region）相关编码基因下调10倍以上。

　　（4）细胞骨架蛋白　多种细胞骨架蛋白包括肌动蛋白（Actin）、膜突蛋白（Moesin）、膜联蛋白（Annexin A1）、踝蛋白（Cindric）等蛋白的表达水平在CSFV感染猪的PBMC样品中发生了不同（上调或下调）的表达变化。高分子量的β肌动蛋白、膜联蛋白等在病毒感染过程中发生了移位变成较低分子量的亚型或降解片段，可能是CSFV感染诱导了宿主细胞骨架蛋白的解聚、降解或不同程度的翻译后修饰，导致细胞骨架的紊乱、崩解。CSFV感染后PBMC凋亡可能通过宿主启动或病毒调控的细胞骨架生成紊乱、崩解，从而引发细胞凋亡。

膜突蛋白（Moesin）是一个受CSFV调控上调表达的宿主蛋白，膜突蛋白是联结质膜和肌动蛋白丝细胞骨架的结构蛋白，能够与多种细胞骨架蛋白以及跨膜蛋白结合，并且是细胞骨架重塑相关信号的转导蛋白，能够调节稳定微管的形成。已有研究表明膜突蛋白参与一些病毒的感染机制。比如，Naghavi等（2007）报道人恶性胶质瘤细胞系D54的膜突蛋白与HIV囊膜糖蛋白gp120结合，这种结合可能在病毒的摄入、装配和出芽过程中发挥着重要的作用。Krey等（2006）报道膜突蛋白与膜辅蛋白CD46相互结合形成麻疹病毒（Mesles virus，MV）的受体复合物，促进细胞对MV的摄入。此外，Scheuring等用差异显示PCR和RNase保护测定方法证实，在HIV-1感染的白血病细胞（CEM）和另一T细胞系H9细胞中，膜突蛋白上调表达，这一变化可能有利于病毒的出芽和进入。与此相反，膜突蛋白通过调节稳定微管的形成限制反转录病毒的感染。Naghavi等（2007）报道，膜突蛋白的过表达能够在反转录起始前阻断鼠白血病病毒以及HIV-1在人和啮齿类细胞系的感染。通过RNA干扰下调膜突蛋白可以提高病毒的感染。膜突蛋白的过表达将下调稳定的微管的形成，下调膜突蛋白将提高稳定的微管的形成。在有病毒抗性的突变细胞中其稳定微管的水平也较低，由病毒抗性细胞恢复为敏感细胞也会伴随稳定微管水平的提高。这一研究表明，膜突蛋白介导的细胞骨架网络在反转录病毒进入细胞后的早期的生命循环中扮演着重要的作用。膜突蛋白对病毒感染的促进和限制作用可能与不同的病毒及不同的细胞系有关。膜突蛋白在CSFV感染样品中显著上调表达，其在CSFV感染与复制过程中的具体作用还需进一步研究。

（5）热休克蛋白 热休克蛋白27（Heat shock protein 27，Hsp27）是一个抗凋亡基因（Patel等，2005），在病毒感染时Hsp27往往上调表达。在CSFV感染后表达升高表明病毒感染启动了宿主细胞的抗细胞凋亡反应。Hsp 27抑制凋亡是通过和 Protein kinase B（Briasoulis 等，2001）相互作用完成的，在很多生物学通路中激活Akt可以发挥抗细胞凋亡的功能（Patel 等，2005）。此外，还发现Hsp27可以直接抑制 caspase 激活从而抑制凋亡发生。在内源性凋亡途径中，Hsp27能和Procaspase 3相互作用抑制caspase-3的活化。另外，Hsp27还能和cytochrome c 相互作用抑制Procaspase 9 的激活，阻止凋亡复合体的形成。CSFV感染猪外周血白细胞中Hsp27基因上调表达，与此相反CSFV感染的PK-15细胞中Hsp27显著下调表达，这一现象可能是与体内外实验和细胞差别造成的。

Hsp90 家族包括Hsp90、Hsp83 和gP96 等几种亚型。Hsp 90的羧基末端有一富含负电荷的区域，能与激素受体、癌基因产物相互作用。另外Hsp90可作为分子伴侣与一些激素受体、蛋白激酶、细胞周期蛋白和癌蛋白（Her22、Akt、Raf21、cdk4、v2src、突变型p53等）相互作用，维持这些蛋白的正常分子结构和功能。Hsp90 还可调控应激信号转导通路中的激酶分子活性来抑制细胞凋亡，ERK上游的蛋白激酶Raf-1发挥功能也需要Hsp90的参与。Hsp90基因在感染猪白细胞中下调表达，尽管其下调表达的具体生物学功能尚需进一步阐明，但至少表明其在CSFV感染诱导的细胞凋亡途径中可能发挥了一定的作用。

在感染细胞中，发现了2个抗氧化应激蛋白［Peroxiredoxin-6（PRDX6），Thioredoxin-like］上调表达，虽然这些抗氧化应激蛋白和CSFV感染转录组筛选到的蛋白不一致，但都可证明CSFV感染激活了宿主的抗氧化应激功能。PRDX6是具有谷胱甘肽过氧化物酶和磷酸酶A2活性的25kD双功能蛋白。PRDX6在细胞中过量表达能够抵抗氧化应激，而下调表达会导致细胞的氧化应激和凋亡。Chang等发现上调PRDX6能增强乳腺癌细胞的体外增殖和侵袭力（Chang 等，2007）。提高Thioredoxin的表达能够通过抑制凋亡而增强肿瘤细胞的增殖。总之，抗应激蛋白和糖酵解酶PGAM1的上调表达可能有助于减轻CSFV感染诱导的细胞氧化应激，抑制细胞的凋亡，促进细胞的持续生长，从而有利于持续感染的建立。

其他上调表达的应激反应蛋白均属于热休克蛋白70家族成员（Heat-Shock Cognate 70kD Protein 44kD Atpase N-Terminal Mutant With Cys 17 Replaced By Lys，heat shock protein 70.2，BiP protein），这些蛋白具有伴侣分子、介导新生肽链折叠和成熟等生物功能。其中Bip蛋白也是一个内质网应激反应蛋白，被鉴定为Hsp70家族的葡萄糖调节蛋白78（GRP78），可由葡萄糖饥饿和钙离子载体、钙螯合物如EDTA、衣霉素或葡糖胺处理等应激条件诱导其合成与表达。此外，脊髓灰质炎病毒的感染可诱导宿主细胞Bip蛋白的表达，而宿主细胞mRNA的翻译受到抑制。Bip蛋白的生物学作用包括介导新生蛋白的正确折叠和装配，清除内质网的错误折叠蛋白。三种热休克蛋白的上调表达可能是病毒蛋白的大量合成或由于病毒蛋白的大量合成导致错误折叠和变性蛋白增加而需要重折叠或复性，从而造成细胞应激的结果。

下调表达的应激反应蛋白Peroxiredoxin-1（Prx-1）是应激诱导的抗氧化物酶，是过氧化物氧化还原蛋白家族的成员，具有清除H_2O_2的生物活性。研究表明，Prx-1的过量表达可以通过还原当量——硫还氧蛋白1（Thioredoxin-1）清除H_2O_2，从而抑制H_2O_2诱导的细胞凋亡。Kim等（2008）报道，Prx-1参与信号调节激酶1（Signal-regulating kinase 1，ASK1）介导的细胞凋亡途径，并在该凋亡途径中发挥着抑制凋亡的作用。此外，在人的几种肿瘤组织细胞中证实Prx-1上调表达。值得注意的是，在HIV感染活化的$CD8^+$ T细胞中，过氧化物氧化还原蛋白家族成员NKEF（Natural killer enhancing factor）-A和-B上调表达，并证实这些抗氧化蛋白的上调表达有助于增强$CD8^+$ T细胞的抗病毒活性。总之，Prx-1在CSFV感染猪的PBMC中显著下调表达，可能意味着促进了细胞的凋亡和下调了CD8+ T细胞的抗病毒活性。对Prx-1的进一步研究将有助于揭示其在CSFV抑制宿主免疫系统功能中的作用机制。

（6）抗病毒蛋白编码基因　巨噬细胞天然抗性蛋白1（natural resistance-associated macrophage protein I，Nramp1）基因编码一个巨噬细胞吞噬溶酶体膜表面的二价阳离子转运蛋白，在先天免疫反应中发挥重要作用，已证明它和抵抗细胞内细菌和寄生虫感染有关，包括分枝杆菌（*Ycobacterium* sp.），沙门氏菌（*Salmonella* sp.），布鲁氏菌（*Brucella* sp.）和利什曼原虫（*Leishmania* sp.）（Capparelli 等，2007）。虽然Nramp1 基因在病毒感染中作用尚未阐述，但是发现其在猪感染CSFV后白细胞中上调表达8倍以上，表明Nramp1蛋白可能涉及了细胞内抗病毒感染过程。

白细胞膜蛋白 CD69 是一个早期的炎症刺激激活标记，而且是一个T淋巴细胞和NK细胞激活辅助分子（Mihaylova等，2007）。此外，白细胞表面分化抗原 CD1 是一个微生物识别因子，在激活T细胞反应和调节T细胞识别病原微生物表达的大量特异性脂类抗原反应中发挥重要作用（Behar 等，2007）。CSFV感染后猪的白细胞中CD69和CD1编码基因显著下调表达（>10倍），表明这两个分子和CSFV感染猪免疫反应衰竭有关。

（7）病毒入侵宿主相关基因　Annexin 2 是一个 Ca^{2+} 依赖性的胞质蛋白，能结合到细胞膜上发挥多重生物学功能，如跨膜运输，内涵体形成和聚集小囊泡等功能。而且Annexin 2还能和病毒相互作用，介导病毒入侵细胞，复制、装配、出芽和释放。先前研究表明Annexin 2 是一个巨噬细胞膜表面蛋白，能和HIV Gag蛋白结合，能和病毒表面的磷脂酰丝氨酸相互作用促进HIV侵入细胞。对HIV在巨噬细胞中复制有关键作用，下调巨噬细胞中Annexin 2表达能抑制病毒胞内复制水平（Ryzhova等，2006）。Annexin 2 也是呼吸道合胞体病毒（Respiratory syncytial virus，RSV）潜在Hep 2（Human epithelial 2，Hep2）细胞受体，感染RSV病毒后细胞内Annexin 2 会上调表达。Annexin 2 基因在感染CSFV的猪白细胞中上调表达（>2倍），而在CSFV感染PK-15细胞蛋白质组学研究中检测到 Annexin 2 蛋白上调表达5倍（Sun 等，2008），证明不管基因表达还是蛋白表达水平，Annexin 2 在感染CSFV后都有上调表达现象。聚光共聚焦显微镜观察到Annexin 2和CSFV E2都位于感染病毒的PK-15细胞质中，证明Annexin 2可能在CSFV感染中具有重要作用（Yang 等，2015）。

另一个涉及黄病毒科病毒侵入靶细胞相关的受体是Scavenger receptor class I（SR-B I），它包括两个C末端不同的mRNA剪切突变体：SR-B I 和SR-B II。已研究证明SR-B I 和SR-B II能和丙肝病毒（Hepatitis C virus，HCV）可融性的E2相互作用介导病毒进入细胞的过程。提高Huh-7.5肝瘤细胞系中SR-B I 和 SR-B II 表达能增加细胞内HCV的侵袭力，反之抑制细胞内这两种受体蛋白后病毒感染受到抑制，表明SR-B I 和

SR-BⅡ在HCV感染中有关键作用（Grove 等，2007）。而CSFV和人的HCV都是黄病毒科成员，且两种病毒的E2蛋白都属于Ⅰ跨膜糖蛋白且涉及病毒进入细胞的感染过程。SB-RⅡ在感染CSFV后的猪白细胞中上调表达，表明CSFV感染能调节细胞表面受体表达增加，这可能和HCV感染过程中通过病毒E2和病毒SR-BI/II相互作用的病毒入侵机制类似。

4. **猪瘟病毒感染分子标记研究**　在人的肿瘤、病毒性疾病的血清蛋白质组研究中已经根据发现的疾病相关蛋白标记建立相应的诊断方法，在CSFV的血清蛋白质组学研究中也取得了一些初步结果。

在猪瘟发病急性期（体温升高到40℃或以上，其他临床症状不明显）的血清蛋白组学研究已鉴定出14个有意义的差异表达蛋白。下调的接联球蛋白（Haptoglobin，HP）属于急性期蛋白（Acute phase proteins，APPs），急性期蛋白是由肝细胞在细胞因子诱导的急性期反应条件下合成的各种血浆糖蛋白，具有抑制炎性反应造成损伤的作用。接联球蛋白是血浆α2-糖蛋白，分别包含一个16～20kD的α和一个45kD的β多肽链，其生物功能是作为游离血红蛋白的载体，高亲和力的接联球蛋白血红蛋白复合物（Haptoglobin-hemoglobin complex）由肝细胞吸收并分解代谢，这一生理过程有利于防止血细胞溶解时铁的丢失和肾的损伤。研究显示，在急性和慢性炎症、病毒感染以及肿瘤等疾病中，血清接联球蛋白的水平会提高（Giordano 等，2004），接联球蛋白的水平在感染和恶性肿瘤血清中的升高是由于各种前列腺素刺激的结果（Shim，1976）。接联球蛋白还具有抑制组织蛋白酶B的功能。这表明接联球蛋白在炎症反应中有着积极的作用。除此之外，接联球蛋白还具有刺激血管生成的生物功能。在患有系统性脉管炎病例的血清中，接联球蛋白的浓度升高并具有促进血管生成的活性，这一活性可能通过促进旁侧血管的生成来补偿局部缺血。据此推测慢性炎症条件下血清接联球蛋白水平的提高可能在组织修复方面发挥重要的作用。在CSFV感染猪血清中，接联球蛋白的水平降低，这可能不利于CSFV感染造成血管内皮系统损伤的修复，进而导致宿主皮下、内脏器官黏膜出血。

凝血酶是一个丝氨酸蛋白酶，在凝血级联反应和止血过程中发挥着核心的作用。血管损伤时，凝血酶促进血小板激活、黏附以及炎症细胞运输到损伤部位，在血管损伤部位产生血栓。此外，凝血酶控制内皮组织对损伤的增生、修补反应，促进促炎症反应和促凝血内皮系统反应。总之，凝血酶具有广泛的生理和病理学功能，包括通过与血细胞受体、血管壁和结缔组织相互作用调节止血、血管紧张、炎症、动脉粥样硬化等诸多生理功能。在CSFV感染猪的血清中，凝血酶抑制因子亚型2的水平显著下调，显示CSFV感染可能诱导了凝血机制的紊乱，造成毛细血管弥漫性凝血。

载脂蛋白AI（Apolipoprotein，ApoAI）是高密度脂蛋白（High-density lipoprotein，

HDL）的主要载脂蛋白，由肝脏和肠道产生，在胆固醇的逆行转运中具有重要的作用，还具有抗炎症、抗氧化剂的功能（Barter，2006）。研究显示，天然的和重组的ApoAI均可抑制体外培养的内皮细胞表达细胞黏附分子、血管黏附分子1（VCAM-1）、细胞间黏附分子1（ICAM-1）和E选择蛋白（E-selectin）。其体内抗炎症作用也与VCAM-1的表达降低及体内白细胞的黏附减少有关。研究还显示其具有修复人的内皮系统功能障碍的作用。在CSFV感染的猪血清中，ApoAI的水平显著下调，这可能不利于炎症反应的控制和血管内皮系统的功能修复。

与免疫有关的补体C4的亚基C4a、免疫球蛋白γ链两种蛋白在CSFV干扰血清中下调表达。C4是补体经典途径的主要成分，包含C4a和C4b两个不同的蛋白。C4b优先与羟基基团结合形成酯键，而C4a多与氨基基团反应形成酰胺键，这对与可溶性蛋白抗原形成激活补体免疫复合物是非常重要的（Carroll等，1990）。研究显示，C4或C4a的遗传缺陷与人免疫复合物疾病有关。此外，补体系统失调与凝血系统的功能障碍等疾病有关。补体成分是炎症反应的重要调节因子，并促进免疫反应的调节。CSFV感染诱导了血清C4a的下调，这一现象对补体系统的激活和机体的免疫反应以及凝血系统的影响还有待进一步的研究。

差异表达蛋白中的一些蛋白如接联珠蛋白、C4a被鉴定为其他疾病的生物标记，这些差异表达蛋白作为CSFV感染生物标记的潜在可能性还需进一步的评估。

三、猪瘟病毒疫苗毒株对宿主细胞的作用

在对猪进行疫苗免疫后很快就发现记忆性T淋巴细胞在外周血单核细胞中稍有增多，经几周后又降低。细胞毒性T淋巴细胞随记忆性T淋巴细胞变化，在大约免疫后2个星期达到最高峰。但IFN-γ生成细胞数量相对较少，$CD4^+CD8^+$ T细胞是IFN-γ的主要生成细胞。CSFV高致病力毒株攻击免疫和非免疫猪产生IFN-γ的外周血单核细胞显著提高，免疫猪$CD4-CD8^+$ T淋巴细胞是主要产生IFN-γ的细胞，而非免疫猪中$CD4^+CD8^+$和$CD4-CD8^+$ T细胞都能产生IFN-γ。血液学研究发现不同类型的疫苗免疫激活猪的免疫细胞有区别，接种疫苗毒株并不影响白细胞中淋巴细胞、嗜中性粒细胞和嗜酸性粒细胞正常数目，E2亚单位疫苗免疫猪后$CD4^+$、$CD5a^+$、$CD8^+$、$wCD21^+$细胞显著增加；弱毒疫苗免疫猪后$CD4^+$、$CD5a^+$、$CD8^+$、$CD45RA^+$和$CD45RC^+$比率较高。免疫后弱毒疫苗免疫猪$CD4^+$、$CD45RA^+$和$CD45RC^+$ T细胞数量显著高于亚单位疫苗免疫猪。相反$wCD21-$细胞在亚单位疫苗免疫的猪中相对较高，而$SWC3a^+$和$CD11b^+$ T淋巴细胞在疫苗毒株免疫猪中较多。表明亚单位疫苗能较好的刺激猪B细胞和$CD11b^+$单核细胞/巨噬细胞/粒细胞

/NK细胞，而疫苗毒株免疫主要激活猪Th细胞、幼稚/记忆细胞和巨噬细胞/中性白细胞
（Terzic等，2004）。

四、宿主自身抗猪瘟病毒蛋白研究

宿主细胞内当然也存在抗病毒感染的蛋白分子，关于抗CSFV的宿主蛋白研究刚刚
开展（Durante等，1997）。在PK-15细胞模型中，已鉴定HO-1和膜联蛋白 Ⅱ（Annexin
2）是和CSFV E2 相互作用的宿主蛋白，并对CSFV病毒在细胞中的复制有重要作用（史
子学等，2010）。激光共聚焦显微镜分析细胞HO-1、Annexin 2蛋白和病毒E2发生相互作
用的部位在细胞内涵体中，据报道这可能是有些病毒在细胞上装配和出芽释放的位置。
使用siRNA技术暂时性的抑制PK-15细胞中HO-1或Annexin 2蛋白表达后，Western blot检
测病毒E2蛋白证明细胞中CSFV的复制显著降低。在HO-1或Annexin 2缺失的PK-15细胞
模型中，接种CSFV后在不同时间段细胞和细胞培养上清中病毒滴度也显著降低。研究
数据表明宿主细胞HO-1或Annexin 2对CSFV在PK-15细胞中正常的病毒复制周期有重要
作用。

HCLS1-associated protein X-1（Hax1）是一个多功能宿主蛋白，对其抗细胞凋亡，
以及在病毒感染、疾病中的作用研究较多。CSFV感染细胞后存在Hax1从线粒体迁移到
高尔基体的重定位现象，已证明Hax1和CSFV存在相互作用关系，但在CSFV感染中的抗
凋亡机制还不清楚。CSFV N^{pro}蛋白在病毒逃避宿主先天免疫反应中具有重要作用，酵
母双杂交和免疫共沉淀证明N^{pro}蛋白和NF-κB的抑制剂IkB存在相互作用（Doceul等，
2008）。CSFV感染PK-15细胞或稳定表达外源N^{pro}细胞内IκBa蛋白会出现短暂的核内聚
积，肿瘤坏死因子-α（Tumor Necrosis Factor α，TNF-α）刺激稳定表达外源N^{pro}的
PK-15细胞也会发现IκBa向细胞核聚积，表明CSFV能够调控宿主蛋白表达作用于NF-
κB（Nuclear factor kappa-light-chain-enhancer of activated B cells）对抗TNF-α的刺激。

（史子学、涂长春）

参考文献

Aynaud J.M. 1968. Study of the multiplication in a single cycle of the clone of class swine plague virus
by means of immunoflourescence[J]. C R Acad Sci Hebd Seances Acad Sci D, 266: 535-537.

Banks L., Pim D., Thomas M. 2003. Viruses and the 26S proteasome: hacking into destruction[J]. Trends Biochem Sci, 28: 452 – 459.

Barter, P.J., Rye, K.A. 2006. The rationale for using apoA-I as a clinical marker of cardiovascular risk[J]. J Intern Med, 259: 447 – 454.

Behar S.M., Porcelli S.A. 2007. CD1-restricted T cells in host defense to infectious diseases[J]. Curr Top Microbiol Immunol, 314: 215 – 250.

Bensaude E., Turner J.L., Wakeley P.R., et al. 2004. Classical swine fever virus induces proinflammatory cytokines and tissue factor expression and inhibits apoptosis and interferon synthesis during the establishment of long-term infection of porcine vascular endothelial cells[J]. J Gen Virol, 85: 1029 – 1037.

Borca M.V., Gudmundsdottir I., Fernandez-Sainz I.J., et al. 2008. Patterns of cellular gene expression in swine macrophages infected with highly virulent classical swine fever virus strain Brescia[J]. Virus Res, 138: 89 – 96.

Briasoulis E., Andreopoulou E., Tolis C.F., et al. 2001. G-CSF induces elevation of circulating CA 15-3 in breast carcinoma patients treated in an adjuvant setting[J]. Cancer, 91: 909 – 917.

Bruschke C.J., Hulst M.M., Moormann R.J., et al. 1997. Glycoprotein Erns of pestiviruses induces apoptosis in lymphocytes of several species[J]. J Virol, 71: 6692 – 6696.

Capparelli R., Alfano F., Amoroso M.G., et al. 2007. Protective effect of the Nramp1 BB genotype against Brucella abortus in the water buffalo (Bubalus bubalis) [J]. Infect Immun, 75: 988 – 996.

Carrasco C.P., Rigden R.C., Vincent I.E., et al. 2004. Interaction of classical swine fever virus with dendritic cells[J]. J Gen Virol, 85: 1633 – 1641.

Carroll M.C., Fathallah D.M., Bergamaschini L., et al. 1990. Substitution of a single amino acid (aspartic acid for histidine) converts the functional activity of human complement C4B to C4A[J]. Proc Natl Acad Sci U S A, 87: 6868 – 6872.

Chang X.Z., Li D.Q., Hou Y.F., et al. 2007. Identification of the functional role of peroxiredoxin 6 in the progression of breast cancer[J]. Breast Cancer Res, 9: R76.

Charleston B., Brackenbury L.S., Carr B.V., et al. 2002. Alpha/beta and gamma interferons are induced by infection with noncytopathic bovine viral diarrhea virus in vivo[J]. J Virol, 76: 923 – 927.

Cheville N.F., Mengeling W.L. 1969. The pathogenesis of chronic hog cholera (swine fever) .Histologic, immunofluorescent, and electron microscopic studies[J]. Lab Invest, 20: 261 – 274.

Cindric M., Cepo T., Galic N., et al. 2007. Structural characterization of PEGylated rHuG-CSF and location of PEG attachment sites[J]. J Pharm Biomed Anal, 44: 388 – 395.

Dastoor Z., Dreyer J.L. 2001. Potential role of nuclear translocation of glyceraldehyde-3-phosphate dehydrogenase in apoptosis and oxidative stress[J]. J Cell Sci, 114: 1643 – 1653.

Dobreva Z.G., Stanilova S.A., Miteva L.D. 2008. Differences in the inducible gene expression and protein production of IL-12p40, IL-12p70 and IL-23: involvement of p38 and JNK kinase pathways[J]. Cytokine, 43: 76 – 82.

Doceul V., Charleston B., Crooke H., et al. 2008. The Npro product of classical swine fever virus interacts with IkappaBalpha, the NF-kappaB inhibitor[J]. J Gen Virol, 89: 1881 – 1889.

Durante W., Kroll M.H., Christodoulides N., et al. 1997. Nitric oxide induces heme oxygenase-1 gene expression and carbon monoxide production in vascular smooth muscle cells[J]. Circ Res, 80: 557 – 564.

Elbers K., Tautz N., Becher P., et al. 1996. Processing in the pestivirus E2-NS2 region: identification of proteins p7 and E2p7[J]. J Virol, 70: 4131 – 4135.

Fletcher S.P., Jackson R.J. 2002. Pestivirus internal ribosome entry site (IRES) structure and function: elements in the 5' untranslated region important for IRES function[J]. J Virol, 76: 5024 – 5033.

Flores E.F., Kreutz L.C., Donis R.O. 1996. Swine and ruminant pestiviruses require the same cellular factor to enter bovine cells[J]. J Gen Virol, 77 (6) : 1295 – 1303.

Gallei A., Rumenapf T., Thiel H.J., et al. 2005. Characterization of helper virus-independent cytopathogenic classical swine fever virus generated by an in vivo RNA recombination system[J]. J Virol, 79: 2440 – 2448.

Giordano A., Spagnolo V., Colombo A., et al. 2004. Changes in some acute phase protein and immunoglobulin concentrations in cats affected by feline infectious peritonitis or exposed to feline coronavirus infection[J]. Vet J, 167: 38 – 44.

Glew E.J., Carr B.V., Brackenbury L.S., et al. 2003. Differential effects of bovine viral diarrhoea virus on monocytes and dendritic cells[J]. J Gen Virol, 84: 1771 – 1780.

Gomez-Villamandos J.C., Salguero F.J., Ruiz-Villamor E., et al. 2003. Classical Swine Fever: pathology of bone marrow[J]. Vet Pathol, 40: 157 – 163.

Grassmann C.W., Isken O., Behrens S.E. 1999. Assignment of the multifunctional NS3 protein of bovine viral diarrhea virus during RNA replication: an in vivo and in vitro study[J]. J Virol, 73: 9196 – 9205.

Gray E.W., Nettleton P.F. 1987. The ultrastructure of cell cultures infected with border disease and bovine virus diarrhoea viruses[J]. J Gen Virol, 68 (9) : 2339 – 2346.

Grove J., Huby T., Stamataki Z., et al. 2007. Scavenger receptor BI and BII expression levels modulate hepatitis C virus infectivity[J]. J Virol, 81: 3162 – 3169.

Grummer B., Grotha S., Greiser-Wilke I. 2004. Bovine viral diarrhoea virus is internalized by clathrin-dependent receptor-mediated endocytosis[J]. J Vet Med B Infect Dis Vet Public Health, 51: 427 – 432.

Hellier S., Frodsham A.J., Hennig B.J., et al. 2003. Association of genetic variants of the chemokine receptor CCR5 and its ligands, RANTES and MCP-2, with outcome of HCV infection[J]. Hepatology, 38: 1468 – 1476.

Hoffmann R., Hoffmann-Fezer G., Weiss E. 1971. Bone marrow lesions in acute hog cholera with special reference to thrombopoietic cells[J]. Berl Munch Tierarztl Wochenschr, 84, 301–305.

Honda K., Yanai H., Negishi H., et al. 2005. IRF-7 is the master regulator of type-I interferon-dependent immune responses[J]. Nature, 434: 772–777.

Hulst M.M., Moormann R.J. 1997. Inhibition of pestivirus infection in cell culture by envelope proteins E (rns) and E2 of classical swine fever virus: E (rns) and E2 interact with different receptors[J]. J Gen Virol, 78 (11) : 2779–2787.

Ishido S., Fujita T., Hotta H. 1998. Complex formation of NS5B with NS3 and NS4A proteins of hepatitis C virus[J]. Biochem Biophys Res Commun, 244: 35–40.

Ishitani R., Chuang D.M. 1996. Glyceraldehyde-3-phosphate dehydrogenase antisense oligodeoxynucleotides protect against cytosine arabinonucleoside-induced apoptosis in cultured cerebellar neurons[J]. Proc Natl Acad Sci USA, 93: 9937–9941.

Isken O., Grassmann C.W., Sarisky R.T., et al. 2003. Members of the NF90/NFAR protein group are involved in the life cycle of a positive-strand RNA virus[J]. EMBO J, 22: 5655–5665.

Jamin A., Gorin S., Cariolet R., et al. 2008. Classical swine fever virus induces activation of plasmacytoid and conventional dendritic cells in tonsil, blood, and spleen of infected pigs[J]. Vet Res, 39: 7.

Johnson C.M., Perez D.R., French R., et al. 2001. The NS5A protein of bovine viral diarrhoea virus interacts with the alpha subunit of translation elongation factor-1[J]. J Gen Virol, 82: 2935–2943.

Kim S.Y., Kim T.J., Lee K.Y. 2008. A novel function of peroxiredoxin 1 (Prx-1) in apoptosis signal-regulating kinase 1 (ASK1) -mediated signaling pathway[J]. FEBS Lett, 582: 1913–1918.

Kou Y.H., Chou S.M., Wang Y.M., et al. 2006. Hepatitis C virus NS4A inhibits cap-dependent and the viral IRES-mediated translation through interacting with eukaryotic elongation factor 1A[J]. J Biomed Sci, 13: 861–874.

Krey T., Himmelreich A., Heimann M., et al. 2006. Function of bovine CD46 as a cellular receptor for bovine viral diarrhea virus is determined by complement control protein 1[J]. J Virol, 80, 3912–3922.

La Rocca S.A., Herbert R.J., Crooke H., et al. 2005. Loss of interferon regulatory factor 3 in cells infected with classical swine fever virus involves the N-terminal protease, Npro[J]. J Virol, 79, 7239–7247.

Laza-Stanca V., Stanciu L.A., Message S.D., et al. 2006. Rhinovirus replication in human macrophages induces NF-kappaB-dependent tumor necrosis factor alpha production[J]. J Virol, 80: 8248–8258.

Le S.Y., Sonenberg N., Maizel J.V. 1995. Unusual folding regions and ribosome landing pad within hepatitis C virus and pestivirus RNAs[J]. Gene, 154: 137–143.

Li J., Yu Y.J., Feng L., et al. 2010. Global transcriptional profiles in peripheral blood mononuclear cell during classical swine fever virus infection[J]. Virus Res, 148: 60–70.

Meyers G., Thiel H.J. 1995. Cytopathogenicity of classical swine fever virus caused by defective interfering particles[J]. J Virol, 69: 3683–3689.

Meylan E., Tschopp J., Karin M. 2006. Intracellular pattern recognition receptors in the host response[J]. Nature, 442: 39–44.

Mihaylova I., DeRuyter M., Rummens J.L., et al. 2007. Decreased expression of CD69 in chronic fatigue syndrome in relation to inflammatory markers: evidence for a severe disorder in the early activation of T lymphocytes and natural killer cells[J]. Neuro Endocrinol Lett, 28: 477–483.

Moennig V. 1992. The hog cholera virus[J]. Comp Immunol Microbiol Infect Dis, 15: 189-201.

Moore K.W., de Waal Malefyt R., Coffman R.L., et al. 2001. Interleukin-10 and the interleukin-10 receptor[J]. Annu Rev Immunol, 19: 683–765.

Moser C., Stettler P., Tratschin J.D., et al. 1999. Cytopathogenic and noncytopathogenic RNA replicons of classical swine fever virus[J]. J Virol, 73: 7787–7794.

Naghavi M.H., Valente S., Hatziioannou T., et al. 2007. Moesin regulates stable microtubule formation and limits retroviral infection in cultured cells[J]. EMBO J, 26: 41–52.

Ophuis R.J., Morrissy C.J., Boyle D.B. 2006. Detection and quantitative pathogenesis study of classical swine fever virus using a real time RT-PCR assay[J]. J Virol Methods, 131: 78–85.

Pan I.C., Huang T.S., Pan C.H., et al. 1993. The skin, tongue, and brain as favorable organs for hog cholera diagnosis by immunofluorescence[J]. Arch Virol, 131: 475–481.

Pankraz A., Thiel H.J., Becher P. 2005. Essential and nonessential elements in the 3' nontranslated region of Bovine viral diarrhea virus[J]. J Virol, 79: 9119–9127.

Patel Y.J., Payne Smith M.D., de Belleroche J., et al. 2005. Hsp27 and Hsp70 administered in combination have a potent protective effect against FALS-associated SOD1-mutant-induced cell death in mammalian neuronal cells[J]. Brain Res Mol Brain Res, 134: 256–274.

Pauly T., Konig M., Thiel H.J., et al. 1998. Infection with classical swine fever virus: effects on phenotype and immune responsiveness of porcine T lymphocytes[J]. J Gen Virol, 79 (1) : 31–40.

Pestova T.V., Shatsky I.N., Fletcher S.P., et al. 1998. A prokaryotic-like mode of cytoplasmic eukaryotic ribosome binding to the initiation codon during internal translation initiation of hepatitis C and classical swine fever virus RNAs[J]. Genes Dev, 12: 67–83.

Piccininni S., Varaklioti A., Nardelli M., et al. 2002. Modulation of the hepatitis C virus RNA-dependent RNA polymerase activity by the non-structural (NS) 3 helicase and the NS4B membrane protein[J]. J Biol Chem, 277: 45670–45679.

Poole T.L., Wang C., Popp R.A., et al. 1995. Pestivirus translation initiation occurs by internal ribosome entry[J]. Virology, 206: 750–754.

Propato A., Cutrona G., Francavilla V., et al. 2001. Apoptotic cells overexpress vinculin and induce vinculin-specific cytotoxic T-cell cross-priming[J]. Nat Med, 7: 807–813.

Reed K.E., Gorbalenya A.E., Rice C.M. 1998. The NS5A/NS5 proteins of viruses from three genera of the family flaviviridae are phosphorylated by associated serine/threonine kinases[J]. J Virol, 72: 6199–6206.

Rijnbrand R., van der Straaten T., van Rijn P.A., et al. 1997. Internal entry of ribosomes is directed by the 5' noncoding region of classical swine fever virus and is dependent on the presence of an RNA pseudoknot upstream of the initiation codon[J]. J Virol, 71: 451–457.

Risatti G.R., Borca M.V., Kutish G.F., et al. 2005. The E2 glycoprotein of classical swine fever virus is a virulence determinant in swine[J]. J Virol, 79: 3787–796.

Risatti G.R., Callahan J.D., Nelson W.M., et al. 2003. Rapid detection of classical swine fever virus by a portable real-time reverse transcriptase PCR assay[J]. J Clin Microbiol, 41: 500–505.

Risatti G.R., Holinka L.G., Fernandez Sainz I., et al. 2007. N-linked glycosylation status of classical swine fever virus strain Brescia E2 glycoprotein influences virulence in swine[J]. J Virol, 81: 924–933.

Risatti G.R., Holinka L.G., Lu Z., et al. 2005. Mutation of E1 glycoprotein of classical swine fever virus affects viral virulence in swine[J]. Virology, 343: 116–127.

Ruggli N., Bird B.H., Liu L., et al. 2005. N (pro) of classical swine fever virus is an antagonist of double-stranded RNA-mediated apoptosis and IFN-alpha/beta induction[J]. Virology, 340: 265–276.

Ruggli N., Tratschin J.D., Schweizer M., et al. 2003 Classical swine fever virus interferes with cellular antiviral defense: evidence for a novel function of N (pro) [J]. J Virol, 77: 7645–7654.

Rumenapf T., Stark R., Heimann M., et al. 1998. N-terminal protease of pestiviruses: identification of putative catalytic residues by site-directed mutagenesis[J]. J Virol, 72: 2544–2547.

Rumenapf T., Stark R., Meyers G., et al. 1991. Structural proteins of hog cholera virus expressed by vaccinia virus: further characterization and induction of protective immunity[J]. J Virol, 65: 589–597.

Rumenapf T., Unger G., Strauss J.H., et al. 1993. Processing of the envelope glycoproteins of pestiviruses[J]. J Virol, 67: 3288–3294.

Ryzhova E.V., Vos R.M., Albright A.V., et al. 2006. Annexin 2: a novel human immunodeficiency virus type 1 Gag binding protein involved in replication in monocyte-derived macrophages[J]. J Virol, 80: 2694–2704.

Sanchez-Cordon P.J., Nunez A., Salguero F.J., et al. 2005. Evolution of T lymphocytes and cytokine expression in classical swine fever (CSF) virus infection[J]. J Comp Pathol, 132: 249–260.

Sanchez-Cordon P.J., Nunez A., Salguero F.J., et al. 2005. Lymphocyte apoptosis and thrombocytopenia in spleen during classical swine fever: role of macrophages and cytokines[J]. Vet Pathol, 42: 477–488.

Sanchez-Cordon P.J., Romanini S., Salguero F.J., et al. 2002. Apoptosis of thymocytes related to cytokine expression in experimental classical swine fever[J]. J Comp Pathol, 127: 239–248.

Sanchez-Cordon P.J., Romanini S., Salguero F.J., et al. 2003. A histopathologic, immunohistochemical, and ultrastructural study of the intestine in pigs inoculated with classical swine fever virus[J]. Vet Pathol, 40: 254–262.

Sheng C., Xiao M., Geng X., et al. 2007. Characterization of interaction of classical swine fever virus NS3 helicase with 3' untranslated region[J]. Virus Res, 129: 43–53.

Shi Z., Sun J., Guo H., et al. 2009. Genomic expression profiling of peripheral blood leukocytes of pigs infected with highly virulent classical swine fever virus strain Shimen[J]. J Gen Virol, 90: 1670–1680.

Shim B.S. 1976. Increase in serum haptoglobin stimulated by prostaglandins. Nature, 259: 326–327.

Shirota Y., Luo H., Qin W., et al. 2002. Hepatitis C virus (HCV) NS5A binds RNA-dependent RNA polymerase (RdRP) NS5B and modulates RNA-dependent RNA polymerase activity[J]. J Biol Chem, 277: 11149–11155.

Shubina N.G., Gusev A.A., Toloknov A.S., et al. 1995. Natural killers and cytotoxic lymphocytes in classical hog cholera[J]. Vopr Virusol, 40: 182–186.

Sizova D.V., Kolupaeva V.G., Pestova T.V., et al. 1998. Specific interaction of eukaryotic translation initiation factor 3 with the 5' nontranslated regions of hepatitis C virus and classical swine fever virus RNAs[J]. J Virol, 72: 4775–4782.

Spink C.F., Gray L.C., Davies F.E., et al. 2007. Haplotypic structure across the I kappa B alpha gene (NFKBIA) and association with multiple myeloma[J]. Cancer Lett, 246: 92–99.

Srikiatkhachorn A., Ajariyakhajorn C., Endy T.P., et al. 2007. Virus-induced decline in soluble vascular endothelial growth receptor 2 is associated with plasma leakage in dengue hemorrhagic Fever[J]. J Virol, 81: 1592–1600.

Summerfield A., Alves M., Ruggli N., et al. 2006. High IFN-alpha responses associated with depletion of lymphocytes and natural IFN-producing cells during classical swine fever[J]. J Interferon Cytokine Res, 26: 248–255.

Summerfield A., Knoetig S.M., Tschudin R., et al. 2000. Pathogenesis of granulocytopenia and bone marrow atrophy during classical swine fever involves apoptosis and necrosis of uninfected cells[J]. Virology, 272: 50–60.

Summerfield A., Knotig S.M., McCullough K.C. 1998. Lymphocyte apoptosis during classical swine fever: implication of activation-induced cell death[J]. J Virol, 72: 1853–1861.

Summerfield A., Zingle K., Inumaru S., et al. 2001. Induction of apoptosis in bone marrow neutrophil-lineage cells by classical swine fever virus[J]. J Gen Virol, 82: 1309–1318.

Sun J., Jiang Y., Shi Z., et al. 2008. Proteomic alteration of PK-15 cells after infection by classical swine fever virus[J]. J Proteome Res, 7: 5263–5269.

Sun J., Shi Z., Guo H., et al. 2010. Changes in the porcine peripheral blood mononuclear cell proteome induced by infection with highly virulent classical swine fever virus[J]. J Gen Virol, 91: 2254－2262.

Susa M., Konig M., Saalmuller A., et al. 1992. Pathogenesis of classical swine fever: B-lymphocyte deficiency caused by hog cholera virus[J]. J Virol, 66: 1171－1175.

Takamatsu H.H., Denyer M.S., Stirling C., et al. 2006. Porcine gammadelta T cells: possible roles on the innate and adaptive immune responses following virus infection[J]. Vet Immunol Immunopathol, 112: 49－61.

Tanaka T., Hosoi F., Yamaguchi-Iwai Y., et al. 2002. Thioredoxin-2（TRX-2）is an essential gene regulating mitochondria-dependent apoptosis[J]. EMBO J, 21: 1695－1703.

Tang F., Pan Z., Zhang C. 2008. The selection pressure analysis of classical swine fever virus envelope protein genes Erns and E2[J]. Virus Res, 131: 132－135.

Tautz N., Kaiser A., Thiel H.J. 2000. NS3 serine protease of bovine viral diarrhea virus: characterization of active site residues, NS4A cofactor domain, and protease-cofactor interactions[J]. Virology, 273: 351－363.

Terzic S., Jemersic L., Lojkic M., et al. 2004. Leukocyte subsets and specific antibodies in pigs vaccinated with a classical swine fever subunit（E2）vaccine and the attenuated ORF virus strain D1701[J]. Acta Vet Hung, 52: 151－161.

Thiel H.J., Stark R., Meyers G., et al. 1992. Proteins encoded in the 5' region of the pestivirus genome-- considerations concerning taxonomy[J]. Vet Microbiol, 33: 213－219.

Tobiasch E., Gunther L., Bach F.H. 2001. Heme oxygenase-1 protects pancreatic beta cells from apoptosis caused by various stimuli[J]. J Investig Med, 49: 566－571.

Tratschin J.D., Moser C., Ruggli N., et al. 1998. Classical swine fever virus leader proteinase Npro is not required for viral replication in cell culture[J]. J Virol, 72: 7681－7684.

Uttenthal A., Storgaard T., Oleksiewicz M.B., et al. 2003. Experimental infection with the Paderborn isolate of classical swine fever virus in 10-week-old pigs: determination of viral replication kinetics by quantitative RT-PCR, virus isolation and antigen ELISA[J]. Vet Microbiol, 92: 197－212.

Van Oirschot J. 1999. Classical swine fever（hog cholera）, In: Straw E., MengelingWilliam L., Taylor K.（Ed.）Disease of Swine[M]. Wiley-Blackwell, Ames, IA, Barbara, SDA: 159－172.

Vijay-Kumar M., Aitken J.D., Sanders C.J., et al. 2008. Flagellin treatment protects against chemicals, bacteria, viruses, and radiation[J]. J Immunol, 180: 8280－8285.

Wang Y., Wang Q., Lu X., et al. 2008. 12-nt insertion in 3' untranslated region leads to attenuation of classic swine fever virus and protects host against lethal challenge[J]. Virology, 374: 390－398.

Wang Z., Nie Y., Wang P., et al. 2004. Characterization of classical swine fever virus entry by using pseudotyped viruses: E1 and E2 are sufficient to mediate viral entry[J]. Virology, 330: 332－341.

Weiland F., Weiland E., Unger G., et al. 1999. Localization of pestiviral envelope proteins E (rns) and

E2 at the cell surface and on isolated particles[J]. J Gen Virol, 80 (5) : 1157－1165.

Xiao M., Gao J., Wang W., et al. 2004. Specific interaction between the classical swine fever virus NS5B protein and the viral genome[J]. Eur J Biochem, 271: 3888－3896.

Xiao M., Gao J., Wang Y., et al. 2004. Influence of a 12-nt insertion present in the 3' untranslated region of classical swine fever virus HCLV strain genome on RNA synthesis[J]. Virus Res, 102: 191－198.

Xiao Ming, Zhu Zhizhan, Zhang Chuyu. 2001. Qualitative, quantitative and structural analysis of non-coding regions of classical swine fever virus genome[J]. Chinese Science Bulletin, 15: 1251－1258.

Xu J., Mendez E., Caron P.R., et al. 1997. Bovine viral diarrhea virus NS3 serine proteinase: polyprotein cleavage sites, cofactor requirements, and molecular model of an enzyme essential for pestivirus replication[J]. J Virol, 71: 5312－5322.

Yamane D., Kato K., Tohya Y., et al. 2006. The double-stranded RNA-induced apoptosis pathway is involved in the cytopathogenicity of cytopathogenic Bovine viral diarrhea virus[J]. J Gen Virol, 87: 2961－2970.

Yang Z., Shi Z., Guo H., et al. 2015. Annexin 2 is a host protein binding to classical swine fever virus E2 glycoprotein and promoting viral growth in PK-15 cells[J]. Virus Res, 201: 16－23.

Yi G.H., Zhang C.Y., Cao S., et al. 2003. De novo RNA synthesis by a recombinant classical swine fever virus RNA-dependent RNA polymerase[J]. Eur J Biochem, 270: 4952－4961.

Yu H., Grassmann C.W., Behrens S.E. 1999. Sequence and structural elements at the 3' terminus of bovine viral diarrhea virus genomic RNA: functional role during RNA replication[J]. J Virol, 73: 3638－3648.

Zaffuto K.M., Piccone M.E., Burrage T.G., et al. 2007. Classical swine fever virus inhibits nitric oxide production in infected macrophages[J]. J Gen Virol, 88: 3007－3012.

Zhang P., Xie J., Yi G., et al. 2005. De novo RNA synthesis and homology modeling of the classical swine fever virus RNA polymerase[J]. Virus Res, 112: 9－23.

王镇, 闵光伟, 李明义, 等. 2000. 猪瘟病毒的形态结构与形态发生[J]. 微生物学报, 40: 237－242.

史子学, 孙金福, 郭焕成, 等. 2008. 猪瘟病毒感染猪白细胞凋亡基因表达谱变化的研究[J]. 病毒学报 24, 456－463.

史子学, 杨知, 曲会, 等. 2010. 血红素加氧酶1对猪瘟病毒复制的影响[J]. 中国预防兽医学报, 4: 245－248, 271.

李军, 曾芸. 2006. 猪瘟病毒持续性感染的分子机制[J]. 动物医学进展, 27: 23－26.

周远成, 王琴, 范学政, 等. 2009. 人工接种猪瘟病毒对猪外周血白细胞的影响[J]. 病毒学报, 25: 303－308.

刘俊, 王琴, 范学政, 等. 2009. 急性感染猪瘟病毒猪体外排毒规律的观察[J]. 中国兽医杂志, 45: 15－17.

聂玉春, 王镇, 周海霞, 等. 2002. 瘟病毒的形态结构及侵染机理的研究[J]. 电子显微学报, 21: 555－556.

陈怀涛, 许乐仁. 2005. 兽医病理学[M]. 北京: 中国农业出版社.

伊光辉, 张楚瑜. 2005. 正链RNA病毒起始RNA合成分子机制的研究进展[J]. 病毒学报, 21: 150–154.

汤波. 2009. 猪瘟病毒E2基因RT-PCR检测方法的建立及病毒分子流行病学研究[D]. 重庆: 西南农业大学硕士研究生毕业论文.

陈锴. 2011. 猪瘟慢性感染对猪免疫功能影响的细胞与分子机制[D]. 四川: 四川农业大学博士研究生毕业论文.

伊光辉. 2004. 猪瘟病毒RNA依赖的RNA聚合酶起始基因组RNA复制的分子机制研究[D]. 武汉: 武汉大学博士研究生毕业论文.

吴海祥. 1998. CSFV石门株基因组感染性克隆的构建与致细胞病变分子机制研究[D]. 武汉: 武汉大学博士研究生毕业论文.

第六章

猪瘟的免疫学

第一节　**猪瘟的免疫机理**

一、猪瘟病毒与天然免疫

天然免疫系统在猪瘟病毒感染及其病毒致病过程中发挥着重要作用。天然免疫系统由NK、NKT、吞噬细胞（中性粒细胞、单核细胞、巨噬细胞）、释放炎症介质的细胞（嗜碱性粒细胞、嗜酸性粒细胞、肥大细胞）以及补体蛋白，IFN$-\alpha/\beta/\gamma$、TNF$-\alpha$、IL-12等炎症细胞因子组成。其中NK细胞在天然免疫中发挥着重要的作用。另一类重要天然免疫细胞是外周血淋巴细胞（Peripheral blood lymphocytes，PBL）。各类淋巴细胞亚群在PBL中所占比例是反映机体免疫功能的重要指标。PBL主要由T、B淋巴细胞组成，其中T淋巴细胞占PBL的70%以上，B淋巴细胞占20%左右，辅助型T细胞（Th）是T细胞中的重要亚群，对于机体的特异性和非特异性免疫均有重要的调节作用。Th又可分为Th1和Th2亚群，这两个亚群可占Th的90%以上。除了Th1和Th2亚群外，Th中还含有5%～10%的调节性T细胞亚群，即Treg。

（一）NK细胞在猪瘟病毒感染中的作用

NK细胞在体内外均具有抗病毒作用，其介导抗病毒效应至少通过3个机制：释放细胞毒性颗粒裂解感染细胞；通过与细胞表面死亡受体相互作用诱导靶细胞凋亡；释放细胞因子如IFN$-\gamma$直接发挥抗病毒作用。NK细胞缺陷的个体可以反复出现病毒和细菌感染。NK细胞还可以通过分泌趋化因子、细胞因子，或与其他免疫细胞（T、B、DC、单核巨噬细胞）相互作用发挥免疫调节作用（Iannello等，2008）。关于CSFV与NK细胞相关研究比较少，研究表明，通过对健康猪人工感染中等毒力CSFV构建的猪瘟慢性感染动物模型，NK细胞或CTL细胞途径不能被激活（Hulst和Weesendorp，2013）。

（二）猪瘟病毒与细胞因子

CSFV感染后，病毒首先侵染扁桃体，在此增殖后进入周边淋巴结，再到达内脏以及全身淋巴结。同时，病毒进入血液，随血流进入各个脏器，引起严重的病毒血症和白细胞减少症。白细胞能够表达和分泌一些细胞因子，这些因子参与机体的免疫反应和炎症反应。

CSFV感染诱导产生的各类细胞因子在抑制宿主免疫反应和细胞凋亡方面发挥着重要的作用。CSFV感染的靶细胞——单核细胞由于其能够产生具有免疫调节和能够作用于血管的因子，因而在病毒感染导致的免疫病理学中起着关键的作用。Choi等（2004）研究了CSFV感染后猪淋巴结肿瘤坏死因子α（TNF-α）的表达和细胞凋亡情况。结果表明CSFV接种后，感染猪淋巴结TNF-α的表达增加，免疫组化也检测到了淋巴结的TNF-α蛋白。

Suradhat等（2005）的研究显示，CSFV感染未免疫猪会显著提高IFN-γ和IL-10的水平，Jamin等（2008）的研究也证实CSFV的感染诱导IL-10的上调表达。IL-10是强有力的免疫抑制细胞因子，能够强烈抑制天然免疫和特异性免疫功能（Moore等，2001）。最近的研究表明，CSFV不仅可以通过分泌细胞因子诱导免疫抑制，还利用其他的机制实现对免疫系统的破坏，例如CSFV的E^{ms}蛋白在体外对T细胞有毒性（Bruschke等，1997），可以诱导T细胞分泌与免疫抑制密切相关的细胞因子IL-10（Suradhat等，2005）。La Rocca等发现CSFV能阻断干扰素调节因子IRF3从胞核向胞浆内穿梭的转运途径，胞浆中缺乏IRF3能够阻断干扰素的产生，从而避开机体的先天性免疫而实现免疫逃避。Bauhofer等（2007）证实CSFV的N^{pro}蛋白结合IRF-3，导致IRF-3的多聚泛素化并随后被蛋白酶体降解，从而影响细胞合成和释放干扰素。CSFV N^{pro}蛋白能够不依赖病毒的其他成分而独立完成抑制感染细胞中双链RNA诱导的凋亡和IFN-α/β的产生（Ruggli等，2005）。Bensaude等（2004）用相对定量PCR和ELISA研究了CSFV Alfort/187株感染对血管内皮细胞的影响。结果表明感染后3h，致炎细胞因子IL-1、IL-6、IL-8的转录水平即出现一短暂的升高，随后在感染后24h又有第二次更持久的增加。与内皮细胞渗透性有关的凝固因子、凝血酶原和血管内皮细胞生长因子的转录水平也呈现上升趋势。同时，与转录因子NF-κB激活相关的因子也有增加。

另一项研究显示，CSFV感染单核细胞/巨噬细胞，细胞内前列腺素E2（PGE2）的量增加，感染猪外周血PGE2的存在与外周血单核细胞的PGE2产量提高是相关的。PGE2不但没有抑制反而促进了淋巴细胞的增殖。这可能是单核细胞/巨噬细胞分泌大量具有淋巴细胞刺激活性的因子的结果。此外，感染猪血清中IL-1水平也升高，但这种升高与单核细胞/巨噬细胞产生的IL-1无关，可能是由其他的内皮细胞产生。通过比较单核细胞感染CSFV后免疫调节因子的释放与猪瘟其他病理特征，发现感染猪血清中PGE2和IL-1水平的提高与出现发热和凝血功能障碍相一致，这些因子与出血失衡、瘀血斑和梗死的形成有显著的相关性，而与白细胞减少无关。这些研究表明，感染CSFV后，单核细胞分泌的大量免疫调节因子和血管作用因子在致病过程中可能发挥着关键的作用。

CSFV感染后细胞因子的研究多集中在病毒感染的体外培养细胞，如内皮细胞、巨噬细胞和淋巴细胞（Bensaude等，2004；Graham等，2010）的细胞因子的体外检测。李素等（2010）研究了CSFV实验感染引起猪的免疫反应和炎症反应的变化，针对感染前后白细胞的数量、细胞因子和趋化因子的表达，特别是对血清中的细胞因子进行了检测。结果表明细胞因子IL-1、IL-4、IL-6、TNF-α和IP-10的mRNA转录水平上调，IL-10的mRNA转录水平下调，IFN的mRNA转录水平基本未发生变化。CSFV感染后猪血清中的TNF-α含量上升，IL-4、IL-6、IL-8、IL-10和IFN的含量下降。CSFV感染猪TNF-α和IL-10mRNA的转录水平与血清中的细胞因子含量变化趋势一致。Anderson等（2007）发现，在感染过程中，调节性T细胞发挥免疫调节作用是通过IL-10的分泌来完成的，IL-10能够抑制Th1细胞合成分泌细胞因子，通过改变细胞内信号传导途径而选择性抑制有关细胞因子mRNA的合成。IL-10表达下调说明宿主的免疫调节失衡，导致TNF的转录水平和蛋白表达水平均上调，可能会导致淋巴细胞的凋亡（Choi等，2004）。

Borca等（2008）发现，CSFV Brescia株感染猪巨噬细胞导致细胞因子IL-1α、IL-1β、IL-6和IL-12p35的mRNA转录水平上调；细胞因子受体IL-2Rα、IL-12Rβ mRNA转录上调和TGF-β III R mRNA转录下调，趋化因子IL-8、AMCF-1、AMCF-2、MCP-2和RANTES转录上调；干扰素IFN-α和IFN-β转录上调；TLR-3、TLR-5、TLR-9和TLR-10受体转录下调。虽然这些与免疫反应和抗病毒活性相关的基因表达发生变化，但是这些变化并没有改变CSFV感染巨噬细胞的增殖动态和病毒产量。

（三）调节性T细胞（Treg）与猪瘟病毒

Treg是近年来研究较热的一种具有负反馈调节作用的免疫细胞，其对机体的免疫抑制作用已被广泛认可。CD4和CD25这两种白细胞分化抗原并不是Treg的特异性标志，在Treg细胞表面存在着许多分子标志，常见的有CD3、CD4、CD25、CTLA4、GITR、CCR7等（Takahashi T，2000），但它们均不是Treg特有的，目前国际上对于Treg的特异性标志也未确定，因此通常认为CD4$^+$CD25$^+$淋巴细胞亚群近似是Treg细胞（Fehervari，2004）。虽然未见CSFV与Treg细胞直接相互作用的研究，王惟等（2010）发现猪免疫猪瘟疫苗后，CSFV抗体阴性猪PBL中CD4$^+$CD25$^+$细胞的比例（2.34%±0.20%）明显高于CSFV抗体阳性猪（1.64%±0.13%），表明CD4$^+$CD25$^+$淋巴细胞亚群的增加可能是导致猪瘟疫苗免疫反应低下的重要原因。

（四）树突状细胞（DC）与猪瘟病毒

树突状细胞（Dendritic cell，DC）为专职的抗原递呈细胞，具有起始初次免疫应答，作为天然免疫和获得性免疫的桥梁，除此之外还可以诱导针对自身和外来抗原的免疫耐受。

DC是一种专职的抗原递呈细胞，具有强大的抗原递呈能力和免疫调节能力，是免疫系统的重要"哨兵"。DC位于黏膜和皮肤表层，通过其受体捕获病原体后迁移至引流淋巴结，发育成熟并递呈抗原，启动和诱导T淋巴细胞分化产生免疫反应或直接激活B淋巴细胞及产生记忆效应（MacPherson，1999）。Carrasco等（2004）研究发现，CSFV能够高效感染DC并在其中有效复制。CSFV感染的DC在形态学上与正常细胞没有明显差别，也没有激活成熟的DC表面标记MHC-I、MHC-II或CD80/CD86分子的表达。但是，用TNF-a/IFN-a或poly（l:C）刺激CSFV感染或没有CSFV感染的DC，其MHC-I、MHC-II或CD80/CD86分子的表达都上调了，显示CSFV并不影响DC对成熟信号的反应。Bauhofer等（2005）将CSFV强毒株的NS2基因缺失后获得突变病毒株，该突变病毒株在DC内的复制效率增加，可以诱导大量的DC成熟，但是不能诱导DC产生I型干扰素。这些结果表明，CSFV在DC内大量复制，并抑制IFN-a生成，还利用DC具有高迁移率的特性将病毒运送至宿主的不同部位，如淋巴组织等进行增殖。另外，不同于其他RNA病毒引起DC产生剧烈的免疫反应，CSFV感染可抑制DC的激活（冯励，2012）。

二、猪瘟病毒与获得性免疫

获得性免疫应答是由一系列效应细胞组成的复杂网络，包括体液免疫和细胞免疫。通常认为体液免疫应答导致循环系统中病毒的清除以及防止病毒在宿主体内扩散；细胞免疫应答可以清除感染的细胞。细胞和体液免疫应答活化后可以相互协同来控制病毒的感染，但是，当某一方作用不足时抗病毒效应可能受到影响（李婉玉，2011）。

（一）猪瘟病毒与体液免疫应答

1990年Weiland等证实CSFV E2蛋白是保护性抗原蛋白，现认为CSFV E2和E^{rns}蛋白是病毒主要抗原性相关蛋白，能够刺激抗体或中和抗体的产生。CSFV感染能抑制宿主免疫系统，Susa等（1992）指出，CSFV对猪的淋巴组织有嗜性，并可导致猪免疫系统的损伤。在感染初期，CSFV侵入猪的扁桃体及其外周淋巴结的B细胞滤泡和上皮细胞，并在其内复制，随后扩展到淋巴结的其他部位、内皮及上皮细胞。CSFV能够引起显著的免疫抑制，改变T细胞的亚群，导致淋巴细胞缺失。在CSFV感染1d后，病毒血症尚未出现之前，猪体内的T细胞减少接近90%。免疫抑制可以在病毒感染早期血清尚未转阳之前或是出现临床症状之前就可以被检测到。作为病毒复制及侵入淋巴结的位点——滤泡，其晚期结构已遭到严重破坏。另外，有研究表明CSFV还感染并损伤淋巴组织的生发中心，阻碍B淋巴细胞的成熟，从而使循环系统及淋巴组织中的B淋巴细胞缺失，胸腺萎缩，白细胞减少，骨髓也遭到破坏。人工感染实验也证实，CSFV强毒石门株感染猪后，检测不到抗体生成。

（二）猪瘟病毒感染与细胞免疫应答

T细胞是重要的获得性免疫细胞，根据T细胞表面CD分子的不同，可将T细胞分为CD4$^+$T细胞和CD8$^+$T细胞两大类亚群，其中CD4$^+$T细胞主要以分泌细胞因子、调节细胞和体液免疫应答为主，即辅助性T细胞（Th）。目前至少有4类CD4$^+$T细胞亚群Th1、Th2、Th17和Treg，CD4$^+$T细胞一方面通过产生大量细胞因子发挥作用，另一方面在起始有效的CTL和B细胞产生抗体方面发挥作用。而CD8$^+$T细胞主要介导细胞免疫应答即细胞毒性T细胞（CTL）。

利用猪分化抗原的特异性单抗，Markowska–Daniel等（1999）分析了CSFV感染猪外周血中淋巴细胞表型的变化，发现淋巴细胞表型的改变模式因感染的CSFV的毒力差异而不同。感染强毒株可引起外周血中CD8$^+$淋巴细胞急剧减少，且CD4$^+$T淋巴细胞也有相似的变化趋势。外周血中B淋巴细胞的缺失与不能产生中和性抗体情况是一致的。另外，感染猪外周血中表达CD4–表面抗原的白细胞的数量增加。Pauly等（1998）的研究显示，感染CSFV后第1周，T淋巴细胞各亚群（CD4$^+$CD8–，CD4–CD8$^+$，CD4$^+$CD8$^+$，CD4–CD8–）的分布没有明显变化，感染后14～19d的濒死期阶段，CD4–CD8–gamma/delta T淋巴细胞亚群显著减少。在感染1～7d后，在T淋巴细胞中未能检测到病毒抗原，在感染后15d才检测到病毒阳性的T淋巴细胞。体外分析表明，感染后3～5d外周血T淋巴细胞就已丧失免疫反应功能。另一项研究显示CSFVBresia强毒株和Uelzen中等毒力株感染，可在病毒血症出现前1～4d发生淋巴细胞亚群减少，Bresia株感染2d后淋巴细胞亚群明显减少，Uelzen株感染则在3d后淋巴细胞亚群明显减少，B淋巴细胞、NK细胞和CD4$^+$CD8$^+$T淋巴细胞均受到影响。

（史子学）

第二节　**猪瘟免疫抗体的变化特点**

一、猪瘟抗体的免疫诱导及消长规律

（一）猪瘟抗体的免疫诱导规律

用猪瘟疫苗接种猪后，可同时诱导体液免疫和细胞免疫。接种6d后外周血中即出现CSFV特异性的γ–干扰素分泌细胞（细胞免疫应答的标志），此时虽然检测不到中和抗体，但猪却能抵抗强毒的攻击，这表明中和抗体在建立早期免疫中并未发挥作用，而细胞免疫可能提供免疫保护。据报道（Vandeputte 等，2001），IgM抗体是免疫应答中首先分泌的抗体，它们在与抗原结合后启动补体的级联反应，还能将入侵者相互连接起来，聚成一堆便于巨噬细胞的吞噬。其次产生IgG抗体，其主要作用是激活补体、中和病毒，IgG持续的时间长，是唯一能在母猪妊娠期穿过胎盘保护胎儿的抗体，它们还从乳腺分泌进入初乳，使初产仔猪得到保护。最后产生的IgA抗体能分泌到机体的黏膜表面，包括呼吸道、消化道、生殖道等管道的黏膜，中和感染因子，还可以通过母体的初乳把这种抗体输送到初产仔猪的消化道黏膜中。IgA是在母乳中含量最多、最为重要的一类抗体。母猪接种6d后中和抗体滴度很低或不能检测到，但攻毒后不出现猪瘟症状，这些结果也表明，攻毒时中和抗体的存在不是猪免受猪瘟攻击的先决条件，至少在接种后早期或后期是这样。同时研究证实，如果接种后晚些时间攻毒，此时中和抗体水平与攻毒保护之间存在相关性（Aynaud 等，1976；Terpstra，1988）。有报道说，攻毒后存活的接种猪出现回忆性中和抗体应答，同时也有报道显示，攻毒后存活猪和死亡猪均不出现明显的回忆应答（Dahle等，1995；Vandeputte 等，2001）。

（二）猪瘟免疫抗体产生规律

母猪接种猪瘟疫苗后，猪瘟抗体水平随疫苗免疫次数的增加而提高。因此，初产母猪抗体水平普遍较低，离散度高，个体间差异大，但随着繁殖胎次的增加，免疫次数增多，母猪抗体水平越高。有研究表明（李明义等，2004），猪瘟抗体阳性率达70%的3～4胎龄空怀母猪，在配种前一周分别用不同剂量的猪瘟疫苗进行免疫，结果发现免疫1头份/只的母猪其抗体阳性率升高不明显，免疫2头份/只的母猪在免疫后抗体水平有较大幅

度提升，而免疫4头份/只的母猪免疫15d后抗体阳性率就能达到100%，但也仅维持120d
左右，经产母猪对猪瘟病毒感染能起到很好的抵抗作用。因此每年免疫两次，全年可得
到免疫保护，进一步说明，适当增加免疫剂量可强化母猪坚强的免疫力，提高繁殖母猪
的保护率，是控制和消灭猪瘟的有效措施。也有研究者通过测定不同胎次生产母猪血清
的CSFV抗体水平，发现随着配种次数的增加CSFV免疫抗体不合格率均逐渐升高，推测
高胎龄母猪感染带毒风险加大。因此，加大种猪的免疫监测力度，淘汰高龄母猪会降低
猪群中持续带毒风险。

　　对生产母猪进行免疫，除了能保护母猪自身免受猪瘟病毒感染，对于其哺乳的仔
猪，也可以通过初乳传递得到母源抗体，使其产生被动免疫而得到保护。目前，中国猪
瘟防治中为了确保哺乳仔猪在哺乳期获得水平整齐、高滴度的母源抗体，以及使母猪
本身避免亚临床感染的可能，通常生产母猪于配种前空怀期按现行疫苗的4头份剂量接
种。另外，对于种猪及后备种猪，采取年内接种2次疫苗，每次4头份，即可完全抵抗
CSFV的感染。

二、猪瘟母源抗体水平消长规律

　　中国目前的养猪生产中普遍采用猪瘟疫苗免疫的方法，使猪瘟得到了有效控制，但
是局部地区和部分养殖场时有猪瘟发生，特别是仔猪的非典型猪瘟更为常见。很多学者
认为这可能是仔猪首免日龄不当受到母源抗体干扰而导致。为了明确母源抗体在仔猪体
内的消长规律，为首免日龄提供理论依据，众多学者对仔猪母源抗体的消长规律做了大
量研究，因采用的检测方法不同，母源抗体到达最高峰值的时间为7～20日龄（林毅等，
2000；陈西钊等，2002；陈祝三等，1998）。

　　仔猪免疫成功的关键是排除母源抗体干扰，确定合适的首免日龄。母源抗体的存
在，可使仔猪在一定时间内被动地得到保护，同时母源抗体也存在消极的一面，当仔猪
体内存在一定量的母源抗体时，接种疫苗后，一部分疫苗毒被母源抗体中和，使按原剂
量注射的疫苗毒达不到抗原阈值而造成免疫失败。所以根据母源抗体水平来确定首免时
间是非常重要的，仔猪接种猪瘟疫苗的首免日期选在既能避免母源抗体的干扰，又能维
持血清抗体效价足以抵御病毒的阶段，即阳性率在70%左右，能达到良好的免疫效果。
有报道显示（Vandeputte等，2001），吮乳后2h可检测到猪瘟抗体，初乳抗体可持续7周
以上。新生猪吮乳前接种可产生有效的免疫保护，但吮乳后不久接种则无效，7周龄时
接种可抵抗3周后的强毒攻击，这表明摄入初乳可为仔猪提供良好保护，但会对主动免
疫产生干扰，7周龄时接种是有效的。超前免疫后不久吮乳或吮乳后不久接种均影响免

疫效果，采用0～35～70日龄3次免疫和20～60日龄2次免疫保护效果相当，优于0～70日龄2次和0日龄1次接种（王琴和宁宜宝，2005）。范学政等用ELISA方法测定10窝仔猪（每窝选5头）在不同日龄的母源抗体水平并于81d和35d进行攻毒保护试验研究，结果表明，81日龄仔猪不能抵抗强毒攻击，35日龄仔猪大部分能抵抗强毒攻击，但母源抗体不能完全阻断猪瘟强毒的感染，说明35日龄时母源抗体处于临界水平。为整个群体的免疫安全起见，首免日龄应确定为25～35日龄。但母猪的血清抗体不均衡，导致不同窝仔猪之间母源抗体水平差异较大，这就为猪场统一制定免疫程序带来难度，因此种猪场猪瘟免疫程序应以群体血清抗体检测数据为依据。有的猪场实施超前免疫，即初生仔猪在吃初乳前进行免疫接种，1～2h后再哺乳，在60日龄左右进行第二次免疫接种，这样可避免母源抗体对猪瘟活疫苗的干扰并产生良好免疫力。仔猪首次免疫后，抗体效价均有所提高，抗体增长幅度与母源抗体呈负相关，母源抗体水平越高，首免后的主动免疫抗体增长幅度越小，反之越大。然而，无论母源抗体高低，首免后的抗体水平基本一致，免疫抗体效价的高低不受母源抗体的影响。同时，仔猪的抗体水平与免疫次数呈正相关，增加免疫次数可相应提高抗体水平。这除了增加免疫次数相应增加了免疫剂量外，更主要的是增加免疫次数可提高记忆免疫，使抗体水平提高得更快、更高。

三、疾病因素对猪瘟抗体产生的影响

猪繁殖与呼吸综合征、猪圆环病毒2型（PCV-2）等免疫抑制性疾病在中国各大猪场普遍存在，严重损害机体的免疫器官，降低机体免疫力，诱发机体感染其他病原微生物。使生产母猪生产性能下降，给猪场带来较大的经济损失。同样，细小病毒、乙脑、附红细胞体病、支原体、胸膜肺炎等也会在某些猪场存在，这些疫病的存在，对猪瘟的净化带来干扰。有学者对102头后备母猪和67头经产母猪进行了猪繁殖与呼吸综合征感染与猪瘟疫苗免疫应答关系的调查，检测发现，母猪免疫后猪瘟抗体水平的高低与繁殖与呼吸综合征病毒（PRRSV）感染有很强的负相关性，结果表明猪瘟免疫不合格的原因之一是猪群PRRSV感染干扰了猪瘟疫苗免疫的应答。PRRSV感染越严重，猪瘟抗体水平越低。猪群中如果有PRRSV存在，会大大增加猪瘟的感染风险。PCV-2、链球菌等的存在也可影响猪瘟的免疫效果。提高猪群的综合管理水平，有利于疫病的全面控制。

目前预防猪瘟暴发和流行，关键在于对猪群特别是仔猪群进行合理的疫苗免疫，尤其是对于隐性感染CSFV和PRRSV的猪场，只有使仔猪体内保持足够的猪瘟抗体才可以避免猪瘟暴发（李华等，2001）。高水平的母源抗体是保证仔猪在免疫窗口期抵御CSFV

感染的重要条件，而首免后能否产生足够的抗体，则是仔猪发育阶段避免猪瘟暴发的重要保证。由于各猪场的具体环境、生产水平、猪群健康状况不同，要制定一个规模化猪场普遍适用的猪瘟免疫程序较为困难。

另外，目前在疫苗免疫接种上普遍存在着一个很大的误区，即仅仅注重疫苗免疫接种的数量（免疫密度），却忽视了免疫接种的质量。科学制定一个猪场的免疫程序，必须以实验室数据为基础。对注射疫苗后抗体达不到保护水平的猪只应及时补种，如补种后抗体水平仍然达不到保护水平，就可以怀疑是先天感染或免疫耐受，必须坚决淘汰，避免发生免疫失败现象，剔除可能的CSFV传染源。有条件的规模化猪场最好根据各场猪瘟流行情况、群体抗体水平等各方面情况制定猪瘟免疫程序，并对其他重要疾病进行监测。

（徐志文）

第三节　猪瘟病毒单克隆抗体及其应用

CSFV自然感染猪后，机体可产生针对E2、E^{ms}和NS3蛋白的抗体。自1986年Wensvoort等首次获得CSFV的单抗以来，国内外制备了一系列针对CSFV的单抗，并应用于猪瘟的诊断和分子生物学研究。

一、针对E2蛋白的单抗

E2囊膜糖蛋白由370个氨基酸残基组成，是CSFV主要的保护性抗原和免疫优势蛋白，能诱导机体产生高滴度的中和性抗体（König等，1995）。早期以CSFV作为免疫原制备的单抗大多是直接针对E2蛋白的，而且这些单抗中绝大部分具有病毒中和能力。

国内外很多学者进行了CSFV单抗的研究。如Weiland等（1990）先用未感染CSFV的细胞免疫小鼠，同时用环磷酸酰胺处理，再用纯化的CSFV细胞毒免疫小鼠，获得6株针对CSFV E2蛋白的单抗，其中5株具有病毒中和活性。Edwards等（1990）也报道了多株抗CSFV的单抗，包括WH303等。陆芹章等（2004）以CSFV石门株免疫小鼠，筛选出了

4株单抗，其中3株是针对E2蛋白的。朱妍等（2008）以CSFV为免疫原，以原核表达的E2蛋白作为检测抗原制备了针对E2蛋白的4株单抗。其针对的是CSFV和BVDV的共同抗原表位。有学者用纯化的CSFV作为免疫原，筛选出3株稳定分泌抗CSFVE2蛋白抗体的杂交瘤细胞，且其具有病毒中和能力（聂福平等，2013）。

　　目前应用较为广泛的单抗为WH303。前期研究表明，单抗WH303与所有CSFV分离株均发生反应，而与同属的牛病毒性腹泻病毒（BVDV）和边界病病毒（BDV）不存在交叉反应，推测其针对CSFV的一个保守性抗原表位（Edwards等，1990）。在此基础上，Lin等（2000）通过基因缺失突变的方法发现E2蛋白特异的单抗WH303针对CSFV的一个线性B细胞抗原表位TAVSPTTLR（829～837位氨基酸），该表位在CSFV高度保守，而同属的BVDV与BDV则没有这一表位。提示该抗原表位具有潜在鉴定CSFV的价值。Liu等（2006a，2006b）还发现，此表位具有一定的中和CSFV的能力，将该表位反复串联4次形成重复多表位进行原核表达，表达出的融合蛋白免疫家兔后可诱导能够完全中和CSFV的中和抗体，免疫后的猪均能抵抗猪瘟强毒的攻击，说明抗原表位TAVSPTTLR不但具有鉴别诊断功能，而且是一个良好的中和表位。Zhang等（2006）通过利用单抗WH303淘选噬菌体展示随机肽库，最终将此表位精确定位于SPTTL（832～836位氨基酸）。此外，姚华伟等（2011）采用FITC标记WH303单抗，对细胞接种HCLV后进行原位直接免疫荧光检测，可测定HCLV $TCID_{50}$，从而实现对病毒含量的定量检测。Holinka等（2009，2014）通过转座子筛选在CSFV Brescia株El基因中插入Flag片段使病毒致弱，并以Flag为阳性标记，突变单抗WH303对应的表位TAVSPTTLR作为阴性标记，试验结果显示，在猪体内产生了较高滴度的Flag抗体，突变后的表位不与单抗WH303反应，并保护猪免受Brescia强毒株的感染，表明该毒株是一株具有潜力的双标记疫苗。由于这些嵌合病毒诱导的抗体可以与猪瘟自然感染猪的抗体相区分（如E^{ms}–ELISA），因此此种策略为构建基于HCLV株的标记疫苗提供了新途径。

　　由于CSFV不易培养，病毒浮密度小，难以纯化，病毒的细胞培养物免疫后可产生许多细胞成分的抗体，从而使融合后筛选困难。随着分子生物学的发展，E2基因在多个表达系统中成功表达，这为抗CSFV E2蛋白单抗的制备提供了更加优良的免疫原和检测抗原。

　　侯强等（2006）用大肠杆菌表达了猪瘟兔化弱毒疫苗株E2蛋白的主要抗原区，以纯化的重组蛋白为免疫原免疫小鼠，制备了针对CSFV E2蛋白的单抗HQ06，该单抗与CSFV石门株和兔化弱毒疫苗株都发生反应，识别的是E2蛋白的一个线性表位。李作生等（2001）构建了E2基因的真核表达载体pIRE2，作为基因疫苗免疫小鼠，制备了2株中和活性单抗，一株针对CSFV和BVDV的共同表位，一株针对的是CSFV抗原表位，不识别BVDV。马钢等（2001）及刘建文等（2006）分别用大肠杆菌表达的CSFV重组E2蛋白和E2基因真核表达载体pIRE2免疫BALB/c小鼠，制备了多株抗CSFV E2蛋白的单抗。单抗亚类分析发现，制备的单抗细胞株以分泌型IgM为主，推测可能与E2蛋白免疫剂量过高有关。据Roitt等（1985）报道，在小鼠体内，高剂量的抗原诱发IgM型低亲和力的抗体应答，而低剂量抗原诱发IgG型高亲和力抗体应答。另外抗原形式对抗体类型亦有影响，糖类、脂类及糖蛋白等形式的抗原，容易诱发产生IgM类单抗。以DNA疫苗为免疫原时，E2基因以糖蛋白的形式表达，这也可能使分泌型IgM类抗体的淋巴细胞增多，从而造成筛选出的单抗细胞株多为分泌型IgM。

彭伍平（2007）利用杆状病毒表达了CSFV石门株和兔化弱毒疫苗株（HCLV）E2蛋白，以石门株E2蛋白免疫小鼠，制备了一株抗CSFV E2蛋白的单抗。在此基础上，夏照和（2008）及王万利（2009）用环磷酸酰胺免疫抑制法，以HCLVE2为耐受原，以石门株E2为免疫原免疫小鼠，制备了多株特异性识别猪瘟野毒株的单抗。

Yu等（1996）利用酵母表达的重组E2蛋白为免疫原，制备出一株抗CSFV E2蛋白的单抗，经Western blot和ELISA检测发现该株单抗不与完整结构的病毒粒子反应，而只与变性的结构遭破坏的病毒蛋白反应。Cheng等（2014）利用酵母表达的重组E2蛋白制备了一株针对CSFV E2的单抗，并应用于阻断ELISA。

许信刚等（2005）用逆转录病毒载体将CSFV E2囊膜糖蛋白在SP2/0细胞膜上成功表达，利用表达细胞免疫BALB/c小鼠，通过流式细胞术（FACS）分析细胞免疫后小鼠血清抗体及细胞融合后阳性杂交瘤细胞的筛选，获得了4株抗CSFV的中和性单抗。该研究探索了利用表达细胞免疫途径制备特异性单抗这一新技术的可行性，证明FACS分析筛选杂交瘤是一种快速简便的方法。

陈景艳等（2010）以表达CSFVE2蛋白的水泡性口炎假病毒免疫BALB/c小鼠，取其脾细胞与骨髓瘤细胞进行融合，利用间接ELISA方法和携带荧光素酶（Luciferase）报告基因的HIV-luc/CSFV-E1&E2假病毒系统筛选分泌中和性E2单抗的杂交瘤细胞，并利用HIV-luc/CSFVE1&E2假病毒进行体外中和试验，结果获得了1株分泌中和性单抗的杂交瘤细胞9C8，该单抗能与E2蛋白特异性结合，而且体外抑制试验中和效价大于1∶25 600，该研究为CSF中和性单抗的制备提供新的方法。最近，中国兽医药品监察所以真核表达的E2蛋白作为免疫原制备的猪瘟病毒E2蛋白单克隆抗体，该株单克隆抗体与猪瘟病毒Thiveral株具有良好的反应活性，与英国AHVLA实验室著名的猪瘟单抗WH303识别表位不同。具有敏感性高、特异性好等特点，可用于免疫荧光、免疫组化及抗原抗体检测等多种用途，具有良好的应用前景。

二、针对E^{rns}蛋白的单抗

E^{ms}蛋白是CSFV的另一个保护性抗原蛋白，可诱导中和谱很窄的中和抗体。

Weiland等（1992）制备了8株抗CSFVE^{ms}的单抗，试验证明其中7株具有病毒中和活性，且不同的单抗之间具有协同中和作用，这种协同中和作用可将中和能力提高4倍。他们借助单抗通过免疫胶体金电镜可直接观察到E^{ms}糖蛋白位于病毒粒子表面。其暴露在外的抗原表位可直接与单抗结合，证明上述单抗具有病毒中和能力。

Kosmidou等（1995）制备了11株抗E^{ms}单抗，利用其分析了126株CSFV的抗原性，结果发现没有一种抗E^{ms}单抗能识别所有的毒株。识别谱最宽的一株抗E^{ms}单抗也只能识别68%的毒株，有3种抗原型不能被抗E^{ms}单抗识别，另外有3种抗原型只能被一株抗E^{ms}单抗所识别。这表明：虽然E^{ms}是CSFV的一个比较保守的蛋白，但E^{ms}暴露于囊膜外的部分为易变区，因此E^{ms}抗原表位的变异性较大。由于每株单抗对CSFV毒株都有不同的反应谱，所以这些单抗可适用于猪瘟暴发区的流行病学调查。

三、针对NS3蛋白的单抗

NS3蛋白是CSFV的一种非结构蛋白，在瘟病毒属内高度保守，以自体催化的方式从多聚蛋白上释放出来。NS3蛋白是一个多功能的病毒蛋白，在病毒的复制、蛋白的加工及转录过程中以及对宿主的致细胞病变效应（CPE）起着重要的作用。庄淑贞等（2003）及查云峰等（2005）用Western blot检测证实表达的NS3蛋白能被CSFV抗血清所识别，证明NS3能够诱导抗体的产生。Meyers等（1995）及Summerfield等（1998）发现NS3蛋白（p80）在CSFV感染细胞内的表达，致细胞病变（cp）型毒株大大高于非致细胞病变（ncp）型毒株。鲁絮等（2007）用大肠杆菌表达了NS3蛋白，以重组蛋白免疫BALB/c小鼠，制备了稳定分泌抗NS3蛋白单抗的杂交瘤细胞，为深入研究NS3蛋白在CSFV致细胞病变中的作用奠定了基础。常天明等（2010）制备了2株针对CSFV NS3蛋白的单抗，初步分析表明，这两株单抗能同时识别CSFV和BVDV，由于猪能被不同瘟病毒所感染，这为建立瘟病毒通用检测方法奠定了基础。

四、单抗在猪瘟诊断和鉴别诊断中的应用

CSFV与同属的BVDV、BDV基因组序列同源性较高，在血清学上有明显的交叉反应，而BVDV和BDV也可以感染猪，因此这给猪瘟的鉴别诊断带来了困难。CSFV遗传上

比较保守，只有一个血清型，CSFV疫苗株与流行株之间存在高度序列同源性和血清学交叉反应性，因而很难区分疫苗接种猪与野毒感染猪，也不利于猪瘟的防控与净化。

单抗具有高度的特异性和敏感性，能够识别病毒抗原结构的微小差异，因此利用CSFV单抗可以建立区分瘟病毒属各成员的诊断方法。作为检验试剂，单抗可以充分发挥其优势。单抗特异性强，可将抗原抗体反应的特异性大大提高，减少了可能的交叉反应，使试验结果可信度更大。单抗的理化同质性使抗原抗体反应结果便于质量控制，利于标准化和规范化。

猪瘟兔化弱毒疫苗安全有效，不会在猪体内存在持续性感染，所以CSFV的抗原检测对猪瘟诊断比较可靠，而猪瘟抗体检测对于猪瘟的诊断和预防控制、流行病学研究和疫苗免疫效果评价具有重要的意义。国内外借助CSFV单抗建立了一系列检测CSFV抗原和猪瘟抗体的方法。

（一）基于单抗的猪瘟抗原检测方法

De las Mulas等（1997）及Narita等（1999）报道了一种检测CSFV抗原的免疫组化方法，即利用针对E2糖蛋白的单抗检测福尔马林固定、石蜡包埋的组织样品的免疫组化方法。该方法的优点是能检测长期保存的样品，缺点是较费时，而且福尔马林固定后的组织不能再进行病毒分离。

张长弓等（2007）用胶体金标记单抗技术研制了猪瘟抗原胶体金快速检测试纸，用该试纸检测猪瘟弱毒活疫苗和猪瘟脾淋弱毒苗均显阳性，而对猪源性的其他病毒、细菌抗原均显阴性；用该试纸条对曾用猪瘟荧光抗体诊断试剂和CSFV RT-PCR试验检测过的已知9头病死猪的45份样品（血液及脏器）进行猪瘟抗原检验，符合率达100%。由于该单抗不是野毒和弱毒差异性单抗，所以该试纸条对猪瘟疫苗和猪瘟野毒抗原无法区别。

陆芹章等（2004）用CSFV单抗建立了捕捉CSFV抗原的AC-ELISA。通过一元单抗和二元单抗AC-ELISA的比较，证实了两元单抗的协同作用能增强捕捉病毒能力。在30份阴阳性病料的检测中，AC-ELISA和PCR检测结果相符，但是与PCR相比，具有快速、经济、方便的优点。而刘建文等（2006）以3株CSFV特异性单抗联合作为捕捉抗体，建立了检测CSFV抗原的AC-ELISA，单抗的联合应用提高了该方法的敏感性，在对31份临床样品平行检测时，该方法与病毒分离和RT-PCR方法具有较高的符合率。由于3株单抗与BVDV无交叉反应性，所以该方法也可达到与BVDV鉴别诊断的目的。

张富强等（2005）基于单抗、抗原表位的特异性和噬菌体模拟表位的"放大效应"，以单抗为包被抗体，以噬菌体模拟表位为"竞争指示剂"，以抗M13噬菌体主要蛋白pVⅢ的特异性抗体（标记HRP）为检测抗体，建立了用于CSFV抗原检测的竞争ELISA。

在76份临床样品的检测中，该方法较国际标准抗原捕捉ELISA具有更高的敏感性，所有试剂不包含任何CSFV成分，没有感染性，可作为CSFV抗原的常规检测方法，在基层和疫点推广应用。

（二）基于单抗的猪瘟抗体检测方法

刘劲松等（1990）利用酶标记抗HCLV特异性单抗建立了检测疫苗抗体的ELISA竞争法，对5份未吃初乳仔猪血清和79份注射疫苗前后不同时期的猪血清进行检测，结果哺乳仔猪注射疫苗前血清中母源抗体抑制率为55.8%，而注射疫苗15d后血清抑制率均为65.0%以上，这与HRP–SPA–ELISA检测结果呈显著正相关（$r=0.9890$，$P<0.01$），以此方法检测CSFV抗体可正确反映疫苗注射后产生的抗体应答和猪群的免疫水平。

丘惠深等（1991）制备了CSFV石门株和HCLV株特异性单抗，用两种单抗分别制成亲和层析柱提取猪瘟强、弱毒特异性抗原成分，制成猪瘟强弱毒单抗酶联诊断试剂，研制了区分血清中猪瘟强弱毒抗体的酶联诊断试剂盒。强毒单抗酶联诊断试剂可用于猪瘟的疫病监测，为净化猪场提供依据；弱毒单抗酶联诊断试剂可用于监测猪瘟疫苗免疫抗体，考察猪群的免疫效果。这两种单抗酶联诊断试剂在中国的临床实践中取得较满意的效果。

Clavijo等（2001）利用CSFV E2基因表达产物制备单抗，建立了竞争ELISA方法，利用该方法对临床健康猪和试验感染猪2 000份血清进行检测。结果表明其特异性和敏感性分别达到100%和86%，并能在人工感染后21d检测到抗体。在实验感染猪中，此方法与BVDV无交叉反应。由于该单抗并不是中和性单抗，因此该方法也不能反映中和抗体水平，但在疾病暴发时，可利用它来进行大规模的监测和流行病学调查。

梁冰冰等（2008）以酶标CSFV中和性单抗为竞争抗体，建立了检测CSFV中和抗体水平的竞争ELISA，该方法与IDEXX公司试剂盒的检测原理类似，与IDEXX公司试剂盒的符合率达85%，而且二者测得的抑制率具有很高的相关性。该方法与中和试验也有一定的相关性，可以定量检测免疫后的中和抗体水平，因此可用于疫苗效果的初期评估，亦可用于大量现地样品的检测和流行病学监测。

猪瘟是危害养猪业的烈性传染病，国内外制备了许多抗CSFV单抗，CSFV单抗广泛应用于CSFV的生物学特性、抗原性及抗原表位的研究，应用于猪瘟的鉴别诊断、流行病学调查等方面。随着分子生物学和基因工程技术的发展，单抗与分子生物学的有机结合将越来越深入地揭示CSFV的分子病理发生机制、抗原结构，以及特定的致病基因等。而单抗在基因工程中的应用，也将加快基因工程疫苗的研究进程。

（仇华吉、王万利）

参考文献

Anderson C.F., Oukka M., Kuchroo V.J.et al. 2007. CD4 (+) CD25 (-) Foxp3 (-) Th1 cells are the source of IL-10-mediated immune suppression in chronic cutaneous leishmaniasis[J]. J Exp Med, 204: 285−297.

Armengol E., Wiesmüller K.H., Wienhold D., et al. 2002. Identification of T-cell epitopes in the structural and non-structural proteins of classical swine fever virus[J]. J Gen Virol, 83: 551−560.

Aynaud J.M., Corthier G., Laude H., et al. 1976. Sub-clinical swine fever: a survey of neutralizing antibodies in the sera of pigs from herds having reproductive failures[J]. Ann Rech Vet, 7: 57−64.

Bauhofer O., Summerfield A., McCullough K.C., et al. 2005. Role of double-stranded RNA and Npro of classical swine fever virus in the activation of monocyte-derived dendritic cells[J]. Virology, 343: 93−105.

Bauhofer O., Summerfield A., Sakoda Y., et al. 2007. Classical swine fever virus Npro interacts with interferon regulatory factor 3 and induces its proteasomal degradation[J]. J Virol, 81: 3087−3096.

Bensaude E., Turner J.L., Wakeley P.R., et al. 2004. Classical swine fever virus induces proinflammatory cytokines and tissue factor expression and inhibits apoptosis and interferon synthesis during the establishment of long-term infection of porcine vascular endothelial cells[J]. J Gen Virol, 85 (4) : 1029−1037.

Borca M.V., Gudmundsdottir I., Fernández-Sainz I.J., et al. 2008. Patterns of cellular gene expression in swine macrophages infected with highly virulent classical swine fever virus strain Brescia[J]. Virus Res, 138: 89−96.

Bruschke C.J., Hulst M.M., Moormann R.J., et al. 1997. Glycoprotein Erns of pestiviruses induces apoptosis in lymphocytes of several species[J]. J Virol, 71: 6692−6696.

Carrasco C.P., Rigden R.C., Vincent I.E., et al. 2004. Interaction of classical swine fever virus with dendritic cells[J]. J Gen Virol, 85 (6) : 1633−1641.

Choi C., Hwang K.K., Chae C. 2004. Classical swine fever virus induces tumor necrosis factor-alpha and lymphocyte apoptosis[J]. Arch Virol, 149: 875−889.

Cheng C.Y., Wu C.W., Lin G.J., et al. 2014. Enhancing expression of the classical swine fever virus glycoprotein E2 in yeast and its application to a blocking ELISA[J].J Biotechnol, 174: 1−6.

Clavijo A., Lin M., Riva J., et al. 2001. Development of a competitive ELISA using a truncated E2 recombinant protein as antigen for detection of antibodies to classical swine fever virus[J]. Res Vet Sci, 70: 1−7.

Dahle J., Liess B. 1995. Assessment of safety and protective value of a cell culture modified strain "C" vaccine of hog cholera/classical swine fever virus[J]. Berl Munch Tierarztl Wochenschr, 108: 20−25.

de las Mulas J.M., Ruiz-Villamor E., Donoso S., et al. 1997. Immunohistochemical detection of hog cholera viral glycoprotein 55 in paraffin-embedded tissues[J]. J Vet Diagn Invest, 9: 10－16.

Edwards S., Sands J.J. 1990. Antigenic comparisons of hog cholera virus isolates from Europe, America and Asia using monoclonal antibodies[J]. Dtsch Tierarztl Wochenschr, 97: 79－81.

Fehérvari Z., Sakaguchi S. 2004. Development and function of CD25+CD4+ regulatory T cells[J]. Curr Opin Immunol, 16: 203－208.

Graham S.P., Everett H.E., Johns H.L., et al. 2010. Characterisation of virus-specific peripheral blood cell cytokine responses following vaccination or infection with classical swine fever viruses[J]. Vet Microbiol, 142: 34－40.

Holinka L.G., Fernandez-Sainz I., O'Donnell V, et al. 2009. Development of a live attenuated antigenic marker classical swine fever vaccine[J]. Virology, 384: 106－113.

Holinka L.G., Fernandez-Sainz I., Sanford B., et al. 2014. Development of an improved live attenuated antigenic marker CSF vaccine strain candidate with an increased genetic stability[J]. Virology, 471－473: 13－18.

Hulst M., Loeffen W. 2013. Weesendorp E., Pathway analysis in blood cells of pigs infected with classical swine fever virus: comparison of pigs that develop a chronic form of infection or recover[J]. Arch Virol, 158: 325－339.

Iannello A., Debbeehe O., Samarani S., et al. 2008. Antiviral NK cell responses in HIV infection: I. NK cell receptor genes as determinants of HIV resistance and progression to AIDS[J]. J Leukoc Biol, 84: 1－26.

Jamin A., Gorin S., Cariolet R., et al. 2008. Classical swine fever virus induces activation of plasmacytoid and conventional dendritic cells in tonsil, blood, and spleen of infected pigs[J]. Vet Res, 39: 7.

Kohler G., Milstein C. 1975. Continuous cultures of fused cells secreting antibody of predefined specificity[J]. Nature, 256: 495－497.

König M., Lengsfeld T., Pauly T., et al. 1995. Classical swine fever virus: independent induction of protective immunity by two structural glycoproteins[J]. J Virol, 69: 6479－6486.

Kosmidou A., Ahl R., Thiel H.J., et al. 1995. Differentiation of classical swine fever virus (CSFV) strains using monoclonal antibodies against structural glycoproteins[J]. Vet Microbiol, 47: 111－118.

Lin M., Lin F., Mallory M., et al. 2000. Deletions of structural glycoprotein E2 of classical swine fever virus strain Alfort/187 resolve a linear epitope of monoclonal antibody WH303 and the minimal N-terminal domain essential for binding immunoglobulin G antibodies of a pig hyperimmune serum[J]. J Virol, 74: 11619－11625.

Liu S., Tu C., Wang C., et al. 2006a. The protective immune response induced by B cell epitope of classical swine fever virus glycoprotein E2[J]. J Virol Methods, 134: 125－129.

Liu S., Yu X., Wang C., et al. 2006b. Quadruple antigenic epitope peptide producing immune protection against classical swine fever virus[J]. Vaccine, 24: 7175 – 7180.

MacPherson G.G., Liu L.M. 1999. Dendritic cells and Langerhans cells in the uptake of mucosal antigens[J]. Curr Top Microbiol Immunol, 236: 33 – 53.

Markowska-Daniel I., Pejsak Z., Winnicka A., et al. 1999. Phenotypic analysis of peripheral leukocytes in piglets infected with classical swine fever virus[J]. Res Vet Sci, 67: 53 – 57.

Meyers G., Thiel H.J. 1995. Cytopathogenicity of classical swine fever virus caused by defective interfering particles[J]. J Virol, 69: 3683 – 3689.

Moore K.W., de Waal Malefyt R., Coffman R.L., et al. 2001. Interleukin-10 and the interleukin-10 receptor[J]. Annu Rev Immunol, 19: 683 – 765.

Narita M., Kimura K., Tanimura N., et al. 1999. Immunohistochemical detection of hog cholera virus antigen in paraffin wax-embedded tissues from naturally infected pigs[J]. J Comp Pathol, 121: 283 – 286.

Pauly T., Elbers K., Konig M., et al. 1995. Classical swine fever virus-specific cytotoxic T lymphocytes and identification of a T cell epitope[J]. J Gen Virol, 76 (12) : 3039 – 3049.

Pauly T., König M., Thiel H. J., et al. 1998. Infection with classical swine fever virus: effects on phenotype and immune responsiveness of porcine T lymphocytes[J]. J Gen Virol, 79: 31 – 40.

Peng W.P., Hou Q., Xia Z.H., et al. 2008. Identification of a conserved linear B-cell epitope at the N-terminus of the E2 glycoprotein of Classical swine fever virus by phage-displayed random peptide library[J]. Virus Res, 135: 267 – 272.

Roitt I., Brostoff J., Male D. 1985. The antibody response, In: Immunology[M]. London: Gower Medical Publishing.

Ruggli N., Bird B.H., Liu L., et al. 2005. N (pro) of classical swine fever virus is an antagonist of double-stranded RNA-mediated apoptosis and IFN-alpha/beta induction[J]. Virology, 340: 265 – 276.

Summerfield A., Hofmann M.A., McCullough K.C. 1998. Low density blood granulocytic cells induced during classical swine fever are targets for virus infection[J]. Vet Immunol Immunopathol, 63: 289 – 301.

Suradhat S., Sada W., Buranapraditkun S., et al. 2005. The kinetics of cytokine production and CD25 expression by porcine lymphocyte subpopulations following exposure to classical swine fever virus (CSFV) [J]. Vet Immunol Immunopathol, 106: 197 – 208.

Susa M., König M., Saalmüller A., et al. 1992. Pathogenesis of classical swine fever: B-lymphocyte deficiency caused by hog cholera virus[J]. J Virol, 66: 1171 – 1175.

Takahashi T., Tagami T., Yamazaki S., et al. 2000. Immunologic self-tolerance maintained by CD25(+) CD4 (+) regulatory T cells constitutively expressing cytotoxic T lymphocyte-associated antigen 4[J]. J Exp Med, 192: 303 – 310.

Terpstra C., Wensvoort G. 1988. The protective value of vaccine-induced neutralising antibody titres in swine fever[J]. Vet Microbiol, 16: 123–128.

Terzic S., Sver L., Valpotic I., et al. 2003. Proportions and phenotypic expression of peripheral blood leucocytes in pigs vaccinated with an attenuated C strain and a subunit E2 vaccine against classical swine fever[J]. J Vet Med B Infect Dis Vet Public Health, 50: 166–171.

van Rijn P.A., Bossers A., Wensvoort G., et al. 1996. Classical swine fever virus (CSFV) envelope glycoprotein E2 containing one structural antigenic unit protects pigs from lethal CSFV challenge[J]. J Gen Virol, 77 (11) : 2737–2745.

van Rijn P.A., Miedema G.K., Wensvoort G., et al. 1994. Antigenic structure of envelope glycoprotein E1 of hog cholera virus[J]. J Virol, 68: 3934–3942.

van Rijn P.A., van Gennip H.G., de Meijer E.J., et al. 1993. Epitope mapping of envelope glycoprotein E1 of hog cholera virus strain Brescia[J]. J Gen Virol, 74 (10) : 2053–2060.

Vandeputte J., Too H.L., NgF.K., et al. 2001. Adsorption of colostral antibodies against classical swine fever, persistence of maternal antibodies, and effect on response to vaccination in baby pigs[J]. Am J Vet Res, 62: 1805–1811.

Weiland E., Ahl R., Stark R., et al. 1992. A second envelope glycoprotein mediates neutralization of a pestivirus, hog cholera virus[J]. J Virol, 66: 3677–3682.

Weiland E., Stark R., Haas B., et al. 1990. Pestivirus glycoprotein which induces neutralizing antibodies forms part of a disulfide-linked heterodimer[J]. J Virol, 64: 3563–3569.

Wensvoort G., Terpstra C., Boonstra J., et al. 1986. Production of monoclonal antibodies against swine fever virus and their use in laboratory diagnosis[J]. Vet Microbiol, 12: 101–108.

Wensvoort G., Terpstra C., de Kluijver E.P., et al. 1989. Antigenic differentiation of pestivirus strains with monoclonal antibodies against hog cholera virus[J]. Vet Microbiol, 21: 9–20.

Windisch J.M., Schneider R., Stark R., et al. 1996. RNase of classical swine fever virus: biochemical characterization and inhibition by virus-neutralizing monoclonal antibodies[J]. J Virol, 70: 352–358.

Yu M., Wang L.F., Shiell B.J., et al. 1996. Fine mapping of a C-terminal linear epitope highly conserved among the major envelope glycoprotein E2 (gp51 to gp54) of different pestiviruses[J]. Virology, 222: 289–292.

Zaberezhny A.D., Grebennikova T.V., Kurinnov V.V., et al. 1999. Differentiation between vaccine strain and field isolates of classical swine fever virus using polymerase chain reaction and restriction test[J]. Dtsch Tierarztl Wochenschr, 106: 394–397.

Zhang F., Yu M., Weiland E., et al. 2006. Characterization of epitopes for neutralizing monoclonal antibodies to classical swine fever virus E2 and Erns using phage-displayed random peptide library[J]. Arch Virol, 151: 37–54.

查云峰, 2005. 猪瘟病毒结构和非结构蛋白的表达和反应性研究[D]. 长春: 吉林大学研究生毕业论文.

常天明, 孙元, 李宏宇, 等. 2010. 猪瘟病毒NS3蛋白的重组表达及其单克隆抗体的制备[J]. 中国兽医科学,
　　40: 144-149.

陈景艳, 尹晓磊, 王宜, 等. 2010. 应用假病毒和假型病毒制备抗猪瘟病毒E2蛋白中和性单克隆抗体的初
　　步研究[J]. 中国预防兽医学报, 32: 289-293.

陈西钊, 叶春艳, 蒋进, 等. 2002. 猪瘟抗体监测及免疫效果分析[J]. 中国农业科学, 35: 457-459.

陈祝三, 何存利, 谢琴, 等. 1998. 仔猪猪瘟免疫程序的研究[J]. 中国畜禽传染病, 20: 206-208.

冯励. 2012. 猪瘟病毒感染对宿主细胞免疫应答基因的影响[D]. 南宁: 广西大学博士研究生毕业论文.

侯强. 2006. 猪瘟病毒E2蛋白主要抗原区的表达及其单克隆抗体的制备[D]. 中国农业科学院研究生毕业
　　论文.

李华, 杨汉春, 黄芳芳, 等. 2001. 猪繁殖与呼吸综合征病毒感染抑制猪瘟疫苗的免疫应答[J]. 中国兽医学
　　报, 21: 219-222.

李明义, 白志娟, 赵雪丽, 等. 2004. 猪瘟抗体消长规律动态研究[J]. 中国动物检疫, 21: 24-26.

李素, 王惟, 张淑琴, 等. 2010. 猪瘟病毒感染猪细胞因子和趋化因子的动态变化[J]. 中国生物制品学杂
　　志, 10: 1038-1042 +1049.

李婉玉. 2011. 天然免疫和获得性免疫等因素在慢性HBV感染中的作用研究[D]. 长春: 吉林大学研究生毕
　　业论文.

李作生, 余兴龙, 李敏, 等. 2001. 应用DNA疫苗制备猪瘟病毒单克隆抗体的研究[J]. 细胞与分子免疫学
　　杂志, 17: 76-78.

梁冰冰, 孙元, 彭伍平, 等. 2008. 猪瘟病毒中和抗体竞争抑制ELISA检测方法的建立[J]. 中国兽医科学,
　　38: 825-830.

林毅, 冯金传, 张道永, 等. 2000. 规模化猪场4种猪瘟免疫程序的免疫效果比较[J]. 中国兽医科技, 30:
　　20-22.

刘建文, 余兴龙, 张丽颖, 等. 2006. 单克隆抗体捕捉猪瘟病毒抗原ELISA方法的建立[J]. 畜牧兽医学报,
　　37: 474-479.

刘劲松, 房德兴, 顾志香, 等. 1990. 猪瘟病毒单克隆抗体的研制和应用—II. 应用抗猪瘟兔化弱毒单克隆
　　抗体ELISA竞争法检测猪瘟病毒抗体[J]. 中国畜禽传染病, 2: 27-29.

鲁絮. 2007. 猪瘟病毒NS3基因的原核表达及其单克隆抗体的制备与鉴定[D]. 杨凌: 西北农林科技大学研
　　究生毕业论文.

陆芹章, 罗廷荣, 温和心, 等. 2004. 猪瘟单克隆抗体的制备及ACI-ELISA检测猪瘟病毒的研究[J]. 中国预
　　防兽医学报, 26: 368-371.

马钢. 2001. 猪瘟病毒E2蛋白单抗的制备、纯化及其抗原表位的初步研究[D]. 长春: 中国人民解放军军需
　　大学研究生毕业论文.

聂福平, 杨俊, 李作生, 等. 2013. 抗猪瘟病毒E2蛋白单克隆抗体的制备及生物学特性鉴定[J]. 安徽农业科
　　学, 41: 11393-11394+11473.

彭伍平. 2007. 利用噬菌体展示技术鉴定猪瘟病毒E2蛋白抗原表位[D]. 哈尔滨: 中国农业科学院研究生毕业论文.

丘惠深, 王在时, 方国安. 1991. 猪瘟单克隆抗体诊断试剂的研究[J]. 中国畜禽传染病, 3: 20-26.

王琴, 宁宜宝. 2005. 猪瘟免疫失败主要原因的解析[J]. 中国兽医杂志, 41: 61-63.

王万利. 2009. 应用噬菌体展示技术筛选抗猪瘟病毒E2蛋白单克隆抗体的模拟表位[D]. 哈尔滨: 中国农业科学院研究生毕业论文.

王惟, 杨知, 付明山, 等. 2010. 猪瘟疫苗免疫反应低下猪CD3~+CD4~+和CD4~+CD25~+淋巴细胞亚群分析[J]. 中国生物制品学杂志, 4: 378-381.

夏照和. 2008. 特异性识别猪瘟病毒野毒株的单克隆抗体的制备[D]. 哈尔滨: 中国农业科学院研究生毕业论文.

徐和敏, 王琴, 徐璐, 等. 2010. 猪瘟病毒E2基因噬菌体展示多肽库的构建及表位鉴定[J]. 畜牧兽医学报, 41: 71-76.

许信刚, 胡建和, 张彦明, 等. 2005. 猪瘟病毒E2基因在真核细胞中表达及抗E2蛋白单克隆抗体的制备[J]. 畜牧兽医学报, 36: 1318-1322.

姚华伟. 2011. 猪瘟兔化弱毒疫苗效检替代方法及疫苗中牛病毒性腹泻病毒检测方法的研究[D]. 重庆: 西南大学研究生毕业论文.

张富强, 李志华, 张念祖. 2005. 竞争性ELISA检测猪瘟病毒抗原[J]. 中国兽医杂志, 11: 9-12.

张长弓, 黄印尧, 郑海明, 等. 2007. 猪瘟病毒抗原胶体金快速检测试纸的研究[J]. 福建畜牧兽医, 29: 1-3.

朱妍, 李素, 王文成, 等. 2008. 猪瘟病毒石门株与兔化弱毒疫苗株之间抗原差异的单克隆抗体分析[J]. 中国兽医科学, 38: 293-296.

朱妍. 2008. 中国猪瘟病毒流行毒株遗传多样性及抗原性研究[D]. 长春: 吉林大学研究生毕业论文.

庄淑珍, 刘湘涛, 韩雪清, 等. 2003. 猪瘟病毒p80基因NTPase/RNA解旋酶功能区在E. coli中的表达[J]. 病毒学报, 19: 259-261.

第七章

猪瘟的实验室诊断技术

　　实验室检测是畜禽疾病防控的重要手段，准确而快速的诊断是畜禽疾病控制的前提。因此，采用的诊断方法必须达到特异、敏感、快速、重复性好、结果易判定的标准，猪瘟检测技术一直是该病防控研究的一个重要内容。而当前非典型猪瘟流行普遍，与其他猪病混合感染现象日趋严重，仅通过临床症状和病理解剖进行诊断已经不能满足猪瘟防控的要求。各国政府高度重视该病的控制和检测技术的研究和规范，世界动物卫生组织（OIE）出版了《陆生动物诊断试验和疫苗手册》（2014），发布了一系列猪瘟诊断标准方法，并组织全世界有关专家进行定期修改和更新。欧盟官方公布的《欧盟猪瘟控制措施》（2001）对猪瘟的临床诊断和确诊有详细的描述，还发布了《猪瘟诊断手册、诊断程序、采样方法和标准、实验室检测和确诊评估》（2002），公布了《欧盟猪瘟实验室诊断手册》（2007）和一系列诊断方法和标准。此外，欧盟猪瘟参考实验室每年组织开展猪瘟实验室诊断能力比对验证，以评价和提升各成员国的诊断能力和水平；中国农业部高度重视猪瘟防控工作，2007年发布了《猪瘟防治技术规范》（见附录3）和相关的系列诊断方法并进行了更新，并通过组织国内外猪瘟诊断试剂比对评价，以筛选更加准确的诊断方法用于中国的猪瘟防控。近十多年来，病毒学、组织培养技术、生物化学技术、单克隆抗体技术和分子生物学技术飞速发展，大大推动了猪瘟检测技术的研发进程，本章就猪瘟病原学实验室检测技术和抗体检测技术的原理、诊断原则和方法评价进行介绍。

第一节 猪瘟病原学实验室诊断技术

早期确诊并快速清除感染猪是控制猪瘟的关键，猪瘟病毒潜伏在体内未检出的时间越长，病毒传播的风险就越大。在早期，人们通过典型的临床症状及病理变化即可进行猪瘟的诊断。然而，近30年来猪瘟流行出现了新的变化，非典型临床表现和病理变化越来越常见，呈现母猪繁殖障碍、新生仔猪先天性感染、持续感染、免疫耐受和无症状带毒等多种形式。带毒母猪本身不表现临床症状，所带病毒可通过胎盘垂直传播给胎猪，造成死胎、木乃伊、流产、产弱仔或仔猪生后发病。存活的带毒仔猪可长期带毒、排毒，而本身不表现任何临床症状。这些非典型特征给该病的临床诊断带来了困难，也给猪瘟的有效控制带来了难度；同时，目前中国控制猪瘟采取的策略是100%高密度强制免疫、发病后扑杀及综合防控措施。疫苗的使用虽然控制了猪瘟的大规模流行，但却带来了感染猪与免疫猪鉴别诊断的难题；此外，与CSFV同属的牛病毒性腹泻病毒（BVDV）和羊边界病病毒（BDV）存在共同抗原，在血清学上有交叉反应，在基因结构上同源性达60%以上。因此对于它们的鉴别诊断尤其重要；更为突出的是目前临床上多种病原往往混合感染，而各种疾病均表现出非典型特征，对猪瘟和其他相关疫病的鉴别诊断也十分困难。综上所述，仅靠临床症状及病理剖解变化难以对猪瘟进行确诊，必须依赖实验室诊断方法。随着分子诊断技术和新型检测技术的发展，猪瘟诊断技术也不断更新，进一步满足临床诊断需要。

一、动物接种试验

易感猪接种是过去检测猪瘟病毒最经典的方法。采取发病猪血液或病死猪淋巴结、脾脏、扁桃体等组织制成乳剂，经研磨、超声裂解、差速离心提取病毒，无菌处理后接种易感试验猪（10~20kg），易感试验猪事先应进行猪瘟抗体、CSFV、BVDV及常见猪病的检测。接种后观察发病情况，如果易感猪在接种后1周左右发病，可采血分离病毒；试验猪发病死亡后，立即采取扁桃体、脾脏、肾脏和下颌淋巴结作病毒分离。如果血液或组织中分离获得CSFV，即可判为阳性；如果接种后21d不发病或者发病后恢复，则采血测定血清的猪瘟中和效价，并用强毒攻毒，如果对强毒攻击呈现免疫性，即可判为猪瘟阳性。相反，接种猪不发病，不产生中和抗体，则应考虑其他病原体感染的可能性。

由于低致病力CSFV毒株的普遍存在，即使接种易感猪也不呈现典型猪瘟症状，应进行血液中的病毒分离。中国兽医药品监察所建立了一种应用家兔代替易感猪诊断猪瘟的方法，即兔体交叉免疫试验（见附录）。该方法根据CSFV野毒不能使家兔发病，但能使家兔产生免疫，而猪瘟兔化弱毒疫苗则能使家兔产生发热反应的特征而设计。将待检病料乳剂上清经抗生素处理后耳静脉接种健康家兔，每日测温2～3次，7d后再耳静脉接种猪瘟兔化弱毒疫苗。每隔6h检测1次体温，连续3d，如不发生定型热反应，可判为猪瘟阳性。该方法的优点是可用来鉴别被检病料中的疫苗毒和野毒感染，特异性强，敏感性高，可直接确诊。但该方法耗时，需十余天时间才能获得结果，成本较高，劳动强度大。

由于动物接种试验要求严格的生物安全设施，存在着散毒的危险，而且容易引发动物福利问题。加之实验动物标准不统一和个体差异等问题也对试验结果产生影响，因此，该方法已很少使用。

二、猪瘟病毒分离技术

病毒分离技术仍然是CSFV实验室检测与鉴定中常用的标准方法，CSFV分离可以通过在敏感细胞上接种疑似猪瘟病料的组织悬液、血浆、白细胞层或全血进行分离，病毒含量较高的组织器官有扁桃体、脾脏、肾脏、胰脏、回肠、回盲瓣、肠系膜淋巴结和下颌淋巴结。有报道认为白细胞是分离病毒的最佳样本，然而白细胞在动物感染后较长时间才能感染病毒，不适于早期诊断，全血和血浆用于早期诊断较白细胞更为敏感。适宜CSFV培养的敏感细胞有PK-15、PK-2a、SK-6和ST等猪肾和猪睾丸传代细胞系（殷震，1997），应用最为广泛的是PK-15，其效价可高达$10^{-6} \sim 10^{-7}$ TCID$_{50}$/mL。培养细胞须确保纯净，所用培养基等成分不能含相关病毒及抗体，尤其是所用的牛血清成分不能含有BVDV及抗体。

由于CSFV在细胞培养过程中不产生致细胞病变效应（CPE），在细胞培养中增殖的病毒必须通过直接或间接的荧光抗体检测技术（FAT）或免疫过氧化物酶检测技术（IPT）检测，检测时为了与BVDV相鉴别，用于检测CSFV的抗体应该是特异性单克隆抗体。

中国兽医药品监察所采用制备的3株猪瘟病毒E2蛋白单克隆抗体，制备了腹水，经纯化后，标记了HRP和FITC等多种标记物，可用于猪瘟病毒培养物的检测，较多克隆抗体具有更好的反应性和特异性。此外，在细胞培养过程中增殖的病毒也可以通过RT-PCR扩增和序列测定来确认。

分离CSFV时，如果样本中病毒含量较少，需经盲传多代，10d才能得到检测结果，所以分离培养法费时费力，专业性强、技术要求高，需要严格的生物安全措施，仅适用于小规模病例的筛查，不能满足大量临床样本的快速检测。但是该方法检测的是感染性病毒，因此依然是确诊猪瘟的金标准。特别是采用其他检测方法如酶联免疫吸附试验（ELISA）、聚合酶链式反应（PCR）、荧光抗体检测技术（FAT）或免疫过氧化物酶检测技术（IPT）检测为阳性的样本，如与临床症状、病理病变不一致，或者出现其他任何不相符的情况时，应采用CSFV分离法作为最终的确诊方法。分离到的病毒可以用于基因分型及分子流行病学调查等进一步的研究工作。

三、标记抗体技术

抗原与抗体能特异结合，但因其分子量较小，在微量时形成的抗原抗体复合物是不可见的，然而一些敏感的标记分子在微量时也能通过特殊的方法将其检测出来，将这些标记分子标记在抗体分子上，通过检测标记分子来显示抗原抗体复合物的存在，这种利用抗原抗体结合的特异性和标记分子的敏感性建立的技术，称为标记抗体技术。对于猪瘟病原的检测，通常是将高敏感的荧光素或辣根过氧化物酶分子标记在CSFV特异抗体分子上来进行的。荧光素标记时可利用荧光显微镜观察标本，荧光素受激发光的照射而发出明亮的荧光；辣根过氧化物酶标记时可利用普通显微镜观察标本，可观察到抗原所在部位呈棕黄色，从而对抗原进行定性和定位，以及利用定量技术测定含量。采用这种抗体标记对感染组织或细胞中的CSFV抗原进行检测，其特异性和敏感性远超常规血清学方法。常用的CSFV标记抗体技术有荧光抗体检测技术和免疫过氧化物酶检测技术。

（一）荧光抗体检测技术

用特异的荧光抗体示踪或检测相应抗原的方法称荧光抗体检测技术（Fluorescent antibody test，FAT），用特异的荧光抗原标记物示踪或检查相应抗体的方法称荧光抗原技术，这两种方法统称免疫荧光技术。根据荧光素标记的分子不同，可分为直接免疫荧光试验和间接免疫荧光试验。

1. 直接免疫荧光试验　采用CSFV特异性多克隆抗体或单克隆抗体与荧光素结合，制成特异性荧光抗体，直接与待检细胞或组织中相应的CSFV抗原蛋白特异性结合，在荧光显微镜下即可见抗原存在部位呈现特异性荧光（图7-1A）。

2. 间接免疫荧光试验　采用CSFV特异性多克隆抗体或单克隆抗体作为第一抗体，与待检细胞或组织中相应的抗原蛋白结合，用缓冲液洗去未结合的第一抗体后，再用荧光素标记的抗第一抗体的抗抗体（即标记的第二抗体）与第一抗体结合，形成抗原—抗体—荧光抗体复合物，在荧光显微镜下即可见抗原存在部位呈现特异性荧光。间接荧光抗体技术的优点是一种标记的抗抗体（第二抗体）可用于多种抗原抗体系统的检测，这种标记的抗抗体性质稳定，可商品化，应用广泛。此外由于荧光信号的放大，此法敏感性较高，是目前应用最为广泛的抗原检测技术。

FAT技术除了用于检测CSFV抗原，还可用于研究CSFV在细胞中的增殖特性和规律，还能对疑似猪瘟的宿主器官涂片或冰冻切片直接进行荧光染色。FAT技术简便、快速、检出率较高，许多国家和地区已将冰冻组织切片或触片的直接荧光抗体试验，作为执行消灭猪瘟规划的法定诊断方法，也是欧盟认可的标准方法。在荷兰1997年到1998年暴发猪瘟时，就采用扁桃体冰冻切片直接FAT技术进行诊断，对429起猪瘟的82%进行了确诊（de Smit AJ，2000）。在中国该方法也是CSFV检测的国标方法之一。由于CSFV与BVDV和BDV有交叉抗原表位，因此采用CSFV特异性单克隆抗体可提高其特异性和准确性。荧光抗体的工作浓度需要结合出现最强的荧光信号和最小的染色背景来综合考虑，以消除非特异性染色，并要设置多种对照，包括已知的阴、阳性标本以及荧光抑制试验等，以提高试验的准确率。采用该方法进行观察时，检测效果取决于毒株的增殖能力，强致病力毒株的荧光明显，且可见于许多上皮细胞和淋巴细胞的胞浆内。低致病力毒株

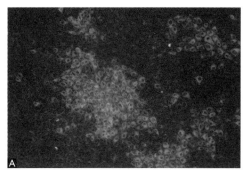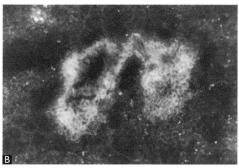

图 7-1　CSFV 免疫荧光照片（100 倍）（王在时供图）

A.CSFV 细胞免疫荧光照片　B.CSFV 扁桃体抹片免疫荧光照片

增殖力弱，通常只能见于扁桃体隐窝上皮的胞浆内，荧光呈斑点状，如接种C株兔化弱毒疫苗的猪仅能在疫苗接种两周之内在扁桃体中发现弱的荧光斑。该方法对检测人员经验要求较高，主观因素影响较大，易出现错检或漏检，可靠性结果的判定需要依赖有经验的技术人员。

FAT技术用于检测CSFV蛋白抗原，最合适的组织是扁桃体、脾脏、肾脏、胰脏、淋巴结和回肠末端。采集的样本需要冷藏保存，但最好不要冷冻。CSFV感染机体后，病毒首先在扁桃体复制，而且扁桃体可以活体采样，所以扁桃体是进行FAT最合适的样本，对临床症状不明显的感染猪采用扁桃体进行检测，结果更为可靠，检出率较高（图7-1B）。其他组织的检测只能在动物死亡后进行，其中亚急性和慢性感染病程中，回肠检出率较高。FAT没有病毒分离技术敏感，有时FAT阴性结果不能排除猪瘟感染（齐默尔曼，2014）。当CSFV持续感染时，要获得病毒样本，则需通过病毒分离。

实行猪瘟净化时，往往需要活体采集组织样品，针对活体采取扁桃体操作，日本Sawada设计了一个从活猪采取扁桃体标本的器械，成功地用于CSFV抗原检测；中国农业科学院哈尔滨兽医研究所也设计了猪的活体扁桃体采样器，能在较快时间内采取扁桃体，对猪的损伤和应激较小；最近，北京爱牧技术开发有限公司和中国兽医药品监察所还开发了带有照明光源的扁桃体采样器并获得了国家专利，而且在中国种猪猪瘟净化中广泛应用。

FAT技术在CSFV分离培养中应用最为广泛，可先将病料悬液过滤后接种于敏感细胞进行培养，再用荧光抗体检测，感染细胞呈局限性荧光斑，计数斑点，可粗略估计被检材料中的病毒含量。中国兽医药品监察所和军事医学科学院军事兽医研究所通过对CSFV E2单抗稀释倍数等反应条件的摸索优化，分别建立了直接法和间接法的猪瘟病毒荧光抗体检测技术（FAT）和免疫过氧化物酶检测技术（IPT），用于CSFV的分离鉴定、毒价测定以及重组CSFV拯救的鉴定等，显示了非常好的特异性和准确性。CSFV 的FAT实验操作程序见附录。

（二）免疫过氧化物酶检测技术

免疫过氧化物酶检测技术（Immunoperoxidase test，IPT）是根据抗原抗体反应的特异性和酶催化反应的高敏感性而建立的免疫检测技术，该技术是继荧光抗体技术之后发展起来的又一病原检测技术（Irene Greiser-Wilke等，2007）。该技术基于酶标记抗体技术原理而设计，以酶分子标记抗体，酶分子与外加底物作用后产生不溶性色素，沉积于抗原抗体反应的部位，来确定细胞内抗原，对其进行定位、定性及半定量的方法（图7-2）。该技术不需昂贵的荧光显微镜，只需普通光学显微镜即可实现，因此十分适合于经济欠发达地区和基层实验室。目前多以辣根过氧化物酶标记的特异抗体进行免疫组化染色，对感染的组织样本或细胞培养物进行检测，利用辣根过氧化物酶标记的特异单克隆抗体进行免疫组化染色技术可增加检测的特异性。该方法除了适用于CSFV感染的组织器官检测，还适用于分析CSFV感染的细胞、组织之间以及同组织损伤之间的关系。北美洲和拉丁美洲国家通常将在单层细胞上进行的免疫过氧化物酶检测技术称为免疫过氧化物酶细胞单层试验（Immunoperoxidase monolayer assay，IPMA）。根据辣根过氧化物酶标记的分子不同，可分为直接法和间接法两种。

本方法操作简便，敏感性和特异性较高，结果易于判定，对试验人员技术要求不高，不需要精密仪器，在普通显微镜下即可观察结果，并且细胞板或组织切片能长期保存、反复观察。目前已有商品化的显色试剂盒，使用方便。

刘俊等（2009）采用IPT方法对人工感染CSFV石门毒的试验猪进行免疫组化检测，结果显示，在急性感染后24h即可在21种组织、器官中检测到CSFV抗原信号，除扁桃体外，淋巴结、脾脏及胰腺均可作为病毒早期检测的组织样品，并且检测信号在整个病程中呈逐渐加强的趋势。初期阳性信号主要集中于毛细血管上皮细胞，其后逐渐弥散到毛细血管外，进入外周组织细胞内，且信号呈现增强趋势。该结果与采用CSFV荧光定量RT-PCR方法分析CSFV增殖特性和组织嗜性的研究结果相符合。

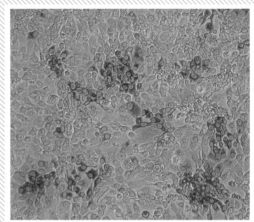

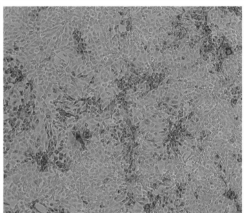

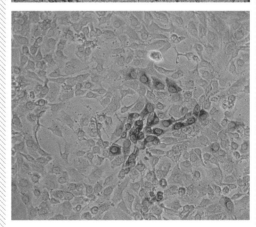

图7-2 CSFV IPT 检测

　　此外，采用链酶—生物素—过氧化物酶（ABC）的免疫组化方法也能用于组织切片上CSFV抗原的检测，分为直接法和间接法两种，间接法能提高检测的敏感度。

（三）酶联免疫吸附试验

　　酶联免疫吸附试验（Enzyme linked immunosorbent assay，ELISA）是当前应用最广泛、发展最快的一项实用技术，是继荧光技术之后发展起来的又一快速检测技术。其基本原理是将特异性反应系统（抗原与抗体、抗体与抗抗体之间的特异性反应）、间接放大系统（如PPA，ABC等）和显示系统（酶与底物的专一性作用）结合起来，用来检测抗原或抗体的一种免疫学方法。ELISA的核心是利用抗原抗体的特异性吸附，在固相载体上一层层的叠加，可以是二层、三层甚至多层。整个反应都必须在抗原抗体结合的最适条件下进行，每层试剂均用最适于抗原抗体反应的稀释液稀释，加入后置4℃过夜或37℃ 1～2h，每加一层均须充分洗涤。阳性、阴性对照结果应有明显区别，二者吸收值的比值最大时的浓度为最适浓度。

　　CSFV抗原ELISA检测方法有双抗体夹心ELISA和竞争ELISA等，其中夹心法应用较多，也称为抗原捕获ELISA（AC–ELISA）或双抗体夹心法，用于检测大分子抗原。其原理为将纯化的CSFV特异性抗体包被于固相载体，加入待测抗原样本，洗涤后即可除去未与特异性抗体结合的成分，加入酶标记的特异性抗体，若待检样品中含有CSFV抗原，则该酶标记的抗体就会与固相载体上包被抗体捕获的CSFV抗原结合，洗涤除去未结合的酶标记抗体结合物，最后加入酶的底物，经酶催化作用后产生有色产物的量与溶液中的抗原呈正比。采用AC–ELISA检测CSFV抗原，检测样本可以多种多样，适宜的样本有白细胞、血清、抗凝血或疑似感染猪只的组织器官悬液上清。但准确的检测结果取决于所用抗体的特异性和亲和力。该方法自动化程度高、操作简单，而且可以做到高通量，一般在半天即可得到结果，不需进行细胞培养。

四、分子生物学检测技术

　　自从1953年Watson和Crick发现DNA的双螺旋结构以来，分子生物学技术在短短60年时间里以超乎想象的速度发展，渗透到生物学各领域。分子生物学技术将临床检测诊断学深入到了基因水平，即采用分子生物学方法在DNA和/或RNA水平检测分析目的基因的存在、变异及表达状态，直接或间接地检测目的基因和诊断疾病。目前用于动物疫病诊断的分子生物学技术主要有PCR、实时荧光PCR检测方法、DNA测序技术、核酸分子杂交技术、荧光原位杂交染色体分析技术、环介导等温扩增技术、核酸序列依赖扩增技术、基因芯片技术以及蛋白质组技术等，其中前三项技术应用最为广泛。分子生物学检测技术在猪瘟病原诊断中的作用也逐渐突显。

（一）聚合酶链式反应PCR

1. **聚合酶链式反应的原理和特性**　聚合酶链式反应（Polymerase chain reaction，PCR）是根据DNA或RNA在机体内的复制原理，在体外模拟复制温度条件和成分环境，在反应体系中加入相应引物、dNTP、复制酶、镁离子、核酸模板等，将特定的核酸片段进行快速扩增的方法，能使痕量的核酸片段复制到可以检测范围。该技术大大促进了分子生物学的发展，同时也在病原分子生物学检测技术中显示出不可比拟的优势，发明者穆里斯（K.Mullis）因此获得了1993年的诺贝尔化学奖。PCR技术操作简单，根据DNA模板设计上下游引物，高温条件下模板变性解链，温度降低（退火），引物结合到模板上，在聚合酶催化下启动扩增。如此"解链—退火—延伸"为1个循环，模板在这种循环过程中呈2倍几何级数扩增，经过20～30个循环反应，可使引物特定区段的DNA量增加到可检测范围。对于RNA样品的检测，需要在PCR之前以RNA为模板进行一次反转录，再以反转录出来的cDNA为模板进行PCR反应，称反转录PCR（RT-PCR）。PCR技术几经发展和改进，现已发展成多种类型的PCR技术，如巢式PCR、多重PCR、反转录PCR、原位PCR、标记PCR、免疫PCR和荧光定量PCR等，广泛应用于基础研究和动物疾病的临床检测，而在CSFV的检测中应用最为广泛的是RT-PCR技术和荧光定量RT-PCR（FQ-RT-PCR）技术。

2. **PCR反应类型**

（1）巢式PCR　巢式PCR（Nest PCR），也称套式PCR，是指利用两套PCR引物进行两轮PCR扩增反应。在第1轮扩增中，外套引物用以产生扩增产物，此产物在内套引物（巢式引物）的引导下进行第2轮扩增。巢式PCR与普通PCR相比操作相对复杂一些，但在临床诊断中有其特殊的优势，对于一些在组织、细胞或培养物中含量低的微生物，采用巢式PCR进行2次扩增，既能扩增含量低的样本，提高检测的灵敏度，还能避免非特异性扩增的干扰。但是由于该方法高效率的扩增，在PCR管开盖后易形成气溶胶污染，造成假阳性结果，因此PCR实验室操作区必须严格分区。

（2）多重PCR　多重PCR（Multiplex PCR），又称多重引物PCR或复合PCR，其反应原理、所用试剂和操作过程与普通PCR相同，只是在同一PCR反应体系中加上2对或2对以上引物，同时扩增出不同病原或同一病原不同基因区域的多种核酸片段。主要用于多种病原微生物的同时检测或鉴定，以及某些病原微生物、遗传病及癌基因的分型鉴定。多重PCR具有高效、系统、经济、简便的特点，能够对疾病快速、准确进行诊断，尤其适合混合感染样品中病原体的鉴别诊断。该方法能够对CSFV、猪圆环病毒2型、猪细小病毒、猪伪狂犬病毒、猪繁殖与呼吸综合征病毒单个或混合感染的临床样品进行快速鉴别诊断，能够节约时间、人力和物力。

（3）反转录PCR 反转录PCR技术（Reverse transcription polymerase chain reaction，RT-PCR）用于RNA病毒的检测，是从感染组织中提取总RNA为模板，采用特异性引物或随机引物，利用逆转录酶反转录成cDNA，再以cDNA为模板进行PCR扩增，扩增产物通过琼脂糖凝胶电泳检测，从而快速诊断病毒核酸。RT-PCR可以用两步法（即反转录和PCR过程分开），也可以采用一步法，更节省时间和反应试剂。RT-PCR使RNA检测的灵敏度提高了数个数量级，甚至可以分析一些极为微量RNA样品。

（4）原位PCR 原位PCR（In situ PCR）是一种在组织细胞里进行PCR反应的方法，它结合了具有细胞定位能力的原位杂交技术和高度特异敏感的PCR技术的优点，既能分辨鉴定带有靶序列的细胞，又能定位靶序列在细胞内的位置，对于从分子或细胞水平上研究疾病的发病机理、临床病程及病理转归有重大的实用价值（Haase 等，1990）。在兽医诊断上该技术已用于多种病原体的检测，秦玉明等成功制备了地高辛标记的猪瘟病毒核心蛋白基因核酸探针，国内首次建立了检测CSFV的原位RT-PCR方法，在观察病理变化的同时，还能检测组织细胞中CSFV核酸的分布（秦玉明等，2003）。但是，由于原位PCR技术扩增效率较难提高，背景信号干扰大，因此敏感性较低，操作也比较复杂，易出现假阳性和假阴性结果，目前在动物疫病诊断上的运用局限性较大。

（5）标记PCR 标记PCR（Labelled primers-PCR，LP-PCR）是利用同位素或荧光素等对PCR引物5′端进行标记，据此检测目的基因的存在与否，与常规PCR相比更为直观，省去了限制性内切酶酶切及分子杂交等繁琐步骤，而且可以一次同时分析多种基因成分，因而特别适合于大量临床标本的分子生物学诊断。目前该方法只能对PCR产物进行定性鉴定。彩色PCR是标记PCR的一种，它是用不同颜色的荧光染料标记引物的5′端，因而扩增后的靶基因序列分别带有引物5′的荧光染料，通过电泳或离心沉淀，肉眼就可根据不同荧光的颜色判定靶序列是否存在及其扩增状况，以此来判定可疑病毒的感染情况。

（6）免疫PCR 免疫PCR（Immuno-PCR）是一种检测微量抗原抗体的高灵敏技术，它结合了抗原抗体反应的高特异性和PCR的指数扩增能力。免疫PCR基于ELISA，以PCR扩增一段DNA报告分子的方式替代ELISA的酶促显色反应，大大提高了抗原抗体结合信号放大的能力，从而提高了免疫检测的能力，为疾病的诊断提供了很好的手段。然而该方法涉及的反应参数较多，因此，优化各反应参数、简化试验步骤对免疫PCR的临床应用极为重要（Sano等，1992）。

3. RT-PCR在猪瘟病毒检测中的应用　随着PCR技术的快速发展和兽医诊断实验室能力的提升，RT-PCR技术已经在国内外广泛应用于CSFV核酸的检测，在准确性、特异性、灵敏性和快速方面与病毒分离法相比，均显示出极大优越性。国内外不同实验室在CSFV基因组不同靶区建立了各自的CSFV RT-PCR检测方法，但都没有经过权威统一系统的对比评价，目前国际上也没有官方统一的CSFV RT-PCR检测方法。1991年Liu等报道RT-PCR方法对CSFV的检测灵敏度可达10^{-4} $TCID_{50}$，检测极限达到50拷贝数（Liu等，1991），巢式RT-PCR方法应用于CSFV检测的灵敏度较普通RT-PCR又有所提高（Sandvik等，1997）。目前该方法已经成为实验室检测CSFV的最常用方法，尤其是适用于猪瘟早期临床诊断和病毒载量较低的持续感染带毒猪的筛查。

目前，中国控制猪瘟采取的策略是100%高密度全面免疫，发病后扑杀及综合防控措施。疫苗的使用虽然控制了猪瘟的大规模流行，但无法区分感染抗体和免疫抗体，对免疫猪和感染猪进行病原学鉴别诊断成为清除猪瘟的关键。通过合理设计引物，运用RT-PCR方法可以对CSFV疫苗毒和野毒进行鉴别诊断。中国台湾学者利用C株3′ NTR富T区巧妙设计引物，建立了一步法RT-PCR，实现了疫苗株与流行毒株的鉴别诊断（Pan C.H等，2008）。国内Li等也通过建立多重巢式RT-PCR方法，实现了C株和大陆流行的4个基因亚型毒株（1.1、2.1、2.2和2.3）的鉴别诊断（Li等，2007）。

CSFV与同属的BVDV和BDV基因组同源性较高，对CSFV核酸检测方法的设计需要考虑与它们之间的鉴别。国内外多篇文献均基于三种病毒基因组同源区的特征性差异，设计了特异引物，实现了它们之间的鉴别诊断。采用RT-PCR方法，结合限制性内切酶鉴定，能够很好地区分CSFV与同属的BVDV（Canal等，1996）。采用CSFV和BVDV特异性引物，通过建立复合PCR方法，也能鉴别出CSFV和BVDV感染猪（周绪斌等，2002）。

中国CSFV持续性感染现象普遍存在，尤其是持续性感染种猪不表现典型临床症状且长期带毒和排毒。此外，带毒母猪可通过胎盘将CSFV垂直传播给胎儿，造成死胎、木乃伊、流产、产弱仔或仔猪出生后发病。存活的带毒仔猪也往往出现持续性感染，本身也不表现任何临床症状，但可长期带毒和排毒。这种持续感染猪瘟，隐蔽性较强，给该病的诊断带来困难，病毒在体内存在未检出的时间越长，传播风险就越大。因此，建立敏感特异的核酸扩增技术用于持续感染猪瘟的早期确诊十分重要，是猪场猪瘟净化的关键。目前国内外广泛用于CSFV检测的核酸扩增方法是扩增E2基因中271个碱基区域的RT-PCR，该扩增区域包含CSFV的主要抗原位点，能很好地反应毒株间抗原基因序列的变化特点，是国际上公认的用于CSFV毒株间系统进化分析、分子流行病学研究的首选区域。采用其扩增产物直接测序后即可用于流行毒株的分子流行病学研究和疫情监测，最大限度确保了获得的流行毒株序列的真实性，获得的扩增序列可以直接与国外毒株序列进行系统比较分析，明确流行毒株的来源和基因型，这是该方法的重要功能之一。该方法为猪瘟病毒巢式RT-PCR，包含内外围两对引物，外围引物由Lowings等设计，这对引物能够扩增部分E1和E2区域的671个碱基。为了增加RT-PCR扩增的灵敏度，Lowings在外围引物的基础上设计了一对内围引物，扩增E2基因的271个碱基。中国兽医药品监察所和军事兽医研究所经过十多年的优化，目前已经形成了标准化的猪瘟病毒巢式RT-PCR检测方法，这两个内、外扩增区域也是欧盟成员国大多数实验室猪瘟诊断的标准方法和常规技术。采用猪瘟病毒巢式RT-PCR检测方法参与农业部组织的猪瘟病原检测技术比对试验证实，该方法是目前国内猪瘟检测技术中最敏感、特异和准确的方法，其灵敏度可达8.9×10^{-3}pg核酸，对非典型猪瘟带毒猪及早期确诊十分准确，与CSFV荧光RT-PCR诊断试剂盒符合率为92.8%~100%，这是该方法用于猪瘟病毒核酸诊断的第二个重要功能。中国2009—2012年连续4年参加国际猪瘟实验室检测能力比对试验表明，该方法达到了欧盟的技术要求，得到欧盟认可，实现了中国与国际猪瘟检测技术的接轨，为中国的猪瘟检测结果获得国际贸易认可铺平了道路。目前已成为国内CSFV检测和猪瘟分子流行病学研究的标准方法，具体实验操作见附录1.5。

4. RT-PCR应用的注意事项　在进行RT-PCR检测时，以下几点应当注意：一是RT-PCR扩增产物的电泳易造成实验室的气溶胶引起的交叉污染，导致后续检测容易出现假阳性；二是RNA酶污染随处可见，提取的RNA模板容易降解，试验中操作不当易造成假阴性，因此开展PCR技术的实验室应该分为4个独立的工作区域：试剂储存和准备区、标本制备区、扩增反应混合物配制和扩增区、扩增产物分析区。这种分区可以有效避免气溶胶污染带来的假阳性结果；三是从事临床PCR扩增检验的技术人员应该经过专业技术培训，具备规范的操作技能。

（二）实时荧光定量PCR技术

1. 实时荧光定量PCR技术的原理和特性　实时荧光定量PCR（Real-time quantitative PCR，FQ-PCR）是将PCR技术原理和荧光化学发光技术原理相结合，在PCR扩增体系中加入具有荧光特性的物质，该荧光物质在PCR反应前不发荧光，随着PCR反应进行，荧光通过特异的方式被激发出来，释放出特定波长的荧光信号，且被激发的荧光信号与PCR产物成比例关系，对释放的荧光信号进行实时采集，建立荧光信号与PCR扩增产物之间的数学关系，经过计算机转换成坐标系线性图形，从而实现定性与定量的核酸检测方法。实时荧光定量PCR技术原型于1990年首次被阐述，美国ABI公司1996年推出首款相关检测设备，该技术突破了传统PCR只能半定量的缺陷，不仅实现了定性方式的变革，也实现了PCR技术从定性到定量的飞跃，同时也很好地解决了传统PCR后处理的交叉污染问题（Heid 等，1996）。该技术具有高特异、自动化、高通量等特点，已逐步成为快速诊断动物疫病、大规模病原筛查的常规方法，2003年该方法首次被应用于CSFV核酸的检测（Risatti等，2003）。根据荧光物质不同，可将实时荧光定量PCR技术分为探针法和SYBR Green I染料法两种。

2. 探针法　是基于荧光共振能量转移（Fluorescence resonance energy transfer, FRET）原理而实现的。该技术是在PCR扩增体系中加入一条特异寡核苷酸荧光探针，两端分别标记报告荧光基团（R）和淬灭荧光基团（Q）。探针完整时，R基团与Q基团间距离约70 100A，两者发生FRET现象，R基团发射的荧光信号被Q基团淬灭。当PCR扩增反应进行时，Taq酶发挥5′→3′外切酶活性，将完整探针降解，R基团与Q基团分离，FRET现象消失，R基团释放出特定波长的荧光信号，被荧光信号监测系统捕获，即每完成1次PCR扩增，就有1次荧光信号捕获，实现了荧光信号的累积与PCR产物形成完全同步，依据上述原理实现对核酸的定性与定量（Holland 等，1991）。目前研究较多的有TaqMan水解探针、TaqMan MGB探针，除此之外还有新近发展起来的分子信标、蝎形探针、双杂交探针（LightCycler）、LUX Primers等新型荧光探针技术，目前这些新型探针的研究方兴未艾，但用于猪瘟检测的报道较为少见。

TaqMan水解探针是位于PCR上下游引物之间的一条寡核苷酸链，其5′和3′端分别标记R和Q荧光基团，常用的荧光基团有FAM、TAMRA、TET、VIC、JOE和HEX等，探针完整时，两基团间发生FRET现象，不释放荧光。探针与模板的解链温度（Melting temperature，Tm值）高于上下游引物与模板的解链温度的特殊设计，使得其在PCR退火过程中先于引物与模板结合，在延伸阶段，Taq酶发挥5′→3′外切酶活性，将探针水解，R基团和Q基团分离，被淬灭的荧光释放出来，被荧光监测系统接收到，并转变成数字信号，经过复杂的数学转化，实现对检测模板的定性或定量（Heid等，1996），见图7-3。

TaqMan MGB探针（TaqMan minor groove binder probe）与TaqMan水解探针相似，不同之处在于TaqMan MGB探针3′端连接一个非荧光淬灭基团（Non-fluorescent quencher），本身不产生荧光，可以降低荧光本底信号，非荧光淬灭基团上连接一个小沟结合子（Minor groove binder）修饰集团。这种探针的特殊设计赋予了它三大特性：一是较短的探针设计即可显著提高Tm值，对AT富含区的探针设计更为有利，突破了TaqMan水解探针的设计要求局限；二是降低了背景荧光信号，提高了信噪比，试验结果更精确，分辨率更高；三是探针与模板的结合特异性要求更高，即使一个碱基的不匹配都不

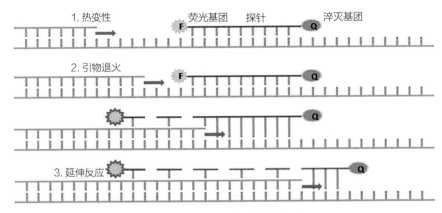

图7-3　TaqMan探针工作原理

能结合。该方法适合于特定病原核酸的鉴别检测，其工作原理见图7-4。

3. SYBR Green I染料法　SYBR Green I是一种能与双链DNA小沟结合发光的荧光染料，未与DNA双链结合的游离染料不释放荧光，在PCR反应体系中加入这种荧光染料，伴随双链DNA产物累积，该荧光染料插入DNA双链，释放特定波长的荧光信号，该荧光信号的增加与PCR产物的累积成正比关系，通过对PCR反应进程中SYBR Green I特定波长荧光信号的实时动态监测，实现对检测模板的定性或定量（Karlsen等，1995），见图7-5。

SYBR Green I染料法最大优点是可以广泛适用于所有模板和引物，不需复杂的探针设计，体系优化也较简单、价格便宜、通用性好。近年来，利用SYBR Green I的荧光化学特性，在PCR反应结束后加上一个由高温到低温的梯度退火过程，由于不同DNA双链片段Tm值差异，在退火过程中不同的PCR解链产物相继在特定的温度退火复性，此时就产生1个荧光信号跳跃，对荧光信号进行相关数学处理，每1次荧光信号跳跃对应1个数据跳跃峰，每个跳跃峰对应1种特定的DNA双链片段，通过对跳跃峰的数量监测，实现对PCR产物的唯一性判定，由此判定引物特异性，对引物是否有非特异性扩增，是否形成引物二聚体等进行评价，这种方法叫熔解曲线分析，高质量的引物设计只会呈现窄的单一的跳跃峰，该方法在对引物的筛选方面作用强大（Giglio等，2003）。SYBR Green I是非特异性双链DNA染料，会受到非特异性扩增及引物二聚体的影响，从而对定量结果的可靠性与重复性产生影响，造成临床检测的假阳性。

4. 实时荧光定量PCR技术在猪瘟病毒检测中的应用　荧光定量RT-PCR技术自20世纪90年代问世以来，以其特有的高灵敏、高特异、高通量的特点，现已被广泛应用于CSFV的诊断，带来了CSFV检测技术的又一次重要变革。随着荧光化学技术的发展，多重探针标记技术、MGB探针技术相继问世，一方面大幅度提高了猪瘟病原检测的灵敏度

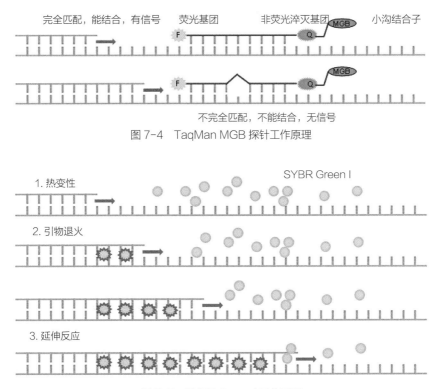

图 7-4　TaqMan MGB 探针工作原理

图 7-5　SYBR Green I 工作原理

和特异性，另一方面多探针技术实现了多重病原的一步检测，同时在鉴别检测C株与野毒流行株方面实现了突破，也真正实现了样本的高通量检测，节约了检测时间与成本，已成为实验室检测CSFV核酸的常用高敏感方法。

　　王琴等（2008）利用TaqMan水解探针技术，建立了CSFV通用一步FQ–PCR检测方法，对18万份临床样本的检测结果表明该方法与巢式RT–PCR方法的符合率为92.8%～100%，灵敏度为5.3×10^{-2}pg核酸。现在该方法已经成为中国CSFV核酸检测的第一个国家标准（见附录1.6）。此外，赵建军等利用多重荧光探针技术，针对C株的1个插入位点和1个单核苷酸多态性（Single nucleotide polymorphisms，SNP）位点设计了2条不同荧光素标记的TaqMan水解探针，建立了区分C株与野毒流行株的多重荧光定量PCR方法（Zhao等，2008）。刘俊等（2009）针对CSFV基因组第137位的A/G SNP位点设计了野毒流行株特异的MGB探针，建立了单探针CSFV野毒流行株的一步鉴别检测方法，规避了C株扩增信号，即通过此方法检测出的临床阳性样本均是野毒流行株感染，该单探针设计的鉴别检测方法避免了双探针光谱交叠的干扰，灵敏度为1.8×10^{-2}pg核酸，近2 000份样本的检测结果表明该方法与巢式RT-PCR检测方法的符合率为94.3%。鉴别结果更可靠，检测成本更低，更适用于临床检测。刘俊等还利用该方法全面系统地研究了急性感染猪体内CSFV对各组织器官的嗜性规律，为临床发病猪的采样器官选择奠定了重要的理论基础（Liu等，2011）。2013年陈锴等利用C株3′端12个碱基的插入（CUUUUUUCUUUU）特点，设计了C株特异性MGB探针，建立了一套C株专用的一步FQ-PCR检测方法，将此方法与野毒特异性一步FQ-PCR方法相结合，完全实现了对临床CSFV野毒感染与C株免疫同时存在的鉴别检测，该方法与C株的兔热反应测定结果具有良好的相关性，有望成为兔体热反应疫苗效力检测的替代方法（陈锴等，2013）。

由于SYBR Green I是非特异性双链DNA染料，受非特异性扩增及引物二聚体的影响较大，引物的设计存在较大局限，检测结果的可靠性与重复性差，易造成临床检测的假阳性，加之使用的反应设备与探针法无异，成本差异也不大，灵敏度较探针法也稍差，临床较少应用SYBR Green I染料法荧光定量RT-PCR技术对CSFV进行检测。

5. 实时荧光定量 PCR 应用的注意事项　在进行实时荧光定量PCR检测时，应注意以下一些事项：该方法是对极少量的核酸模板进行扩增，要求核酸模板具有一定的纯度和完整度，避免核酸提取时的非核酸物质残留和核酸的降解，这会影响引物、探针与模板的结合；探针法涉及3条核苷酸单链以及模板核酸4者之间的相互反应，任何两者之间或自身均可能产生非特异性匹配，因此设计引物和探针时必须严格筛选，尽可能减少非特异性结合；注意反应条件和体系的优化，由于FQ-PCR的目的片段较普通RT-PCR设计要短，因此在解链温度和时间、退火温度和时间上可不拘泥于常规，尽量在不影响解链和退火的前提下使用较低的温度和较短的时间，避免高温对反应酶的损伤，保证酶活性，降低非特异性反应的发生，节约反应时间；实验室分区要求与常规PCR实验室一样；实时荧光定量PCR反应后的产物是高浓度的核酸小片段，尤其是反应刚结束时余温较高，开盖极易形成气溶胶污染，因此不宜进行开盖处理。

（三）恒温扩增技术

恒温扩增（Isothermal amplification）技术解决了常规PCR方法对试验设备及操作要求高的缺点，将灵敏度高、特异性强的分子生物学检测技术运用到临床现场，对于动物疫病的田间检测及快速筛查有着极为广阔的应用前景。目前已知的恒温扩增技术主要包括核酸序列依赖扩增技术（Nucleic acid sequence-bases amplification，NASBA）、环介导等温扩增技术（Loop-mediated isothermal amplification，LAMP）以及链替代扩增技术（Strand displacement amplification，SDA）等。其中，LAMP法扩增时间短、操作简便、对人员要求低，受到广大学者的极大关注，近年来在CSFV检测方面的研究也越来越多。

1. **核酸序列依赖扩增技术**　核酸序列依赖扩增（Nucleic acid sequence-based amplification，NASBA）又称自主序列复制系统（Self-sustained sequence replication，3SR）或再生长序列复制技术，是目前国际上较为成熟的特异性等温扩增RNA的技术。在反应体系中，以RNA为模板，在AMV逆转录酶和引物Ⅰ的作用下合成cDNA，引物Ⅰ的5′端带有T7启动子序列，然后引物Ⅱ与cDNA链退火合成cDNA链的互补链，进而形成了含完整T7启动子序列的双链DNA。T7RNA聚合酶以此双链DNA为模板，合成大量拷贝的RNA片段。该方法只需少量病毒RNA样本，在等温的条件下由聚合酶引导进行大量复制，并具有两种探测方法：电化学发光法和酶连探针捕获法。具有快速、特异、灵敏、简单，专适用于RNA检测等特点（Compton，1991）。

2. **环介导等温扩增技术（LAMP）**　环介导等温扩增（Loop-mediated isothermal amplification，LAMP）技术是由日本学者Notomi在2000年发明的一种全新的核酸扩增技术。它通过巧妙的引物设计，实现模板的大量快速扩增。该技术依赖于能够识别靶序列上6个特异区域的4条引物和一种具有链置换特性的DNA聚合酶，在等温条件下（63～65℃）可高效、快速、特异地扩增靶序列，在15～60min扩增模板至$10^9～10^{10}$倍。LAMP不仅能扩增DNA，也能扩增RNA，只需在反应体系中加入一定量的反转录酶即可实现；整个反应在恒温条件下进行，反应只需30～45min即可结束；对设备要求低，一个恒温箱或水浴锅就能完成反应；通过反应结束后产物混浊度或斑马样电泳谱带判定结果，简单直观。另外，Notomi所在的日本荣研化学株式会社还推出了LAMP实时浑浊仪，使用该仪器可更加直观快速地（15～35min）观察结果（Notomi 等，2000）。LAMP以其无法比拟的高效率、高灵敏度、高特异性等优点，赢得了世界各国专家学者的关注，在短短的几年里，该技术已成功地应用于严重急性呼吸综合征（Severe acute respiratory syndromes，SARS）、流感、乙肝等多种疫病的检测诊断中。LAMP方法的原理较复杂，而实际操作简单，建立CSFV的LAMP快速诊断方法有利于猪瘟病原的监测和控制，同时特别适合基层、养殖户及出入境检疫的病原快速诊断。因此该方法有望成为疫病临床检测方法的主流。

3. **恒温扩增技术在猪瘟病毒检测中的应用**　LAMP技术扩增效率高，所有靶基因序列的检测可只通过扩增产物的有、无来判别。2009年国内学者们相继建立了非洲猪瘟（ASF）、口蹄疫（FMD）、猪增殖与呼吸障碍综合征（PRRS）、猪日本脑炎（JE）的LAMP检测方法。Chen等于2009年建立了CSFV RT-LAMP检测方法，该方法灵敏度达5个拷贝，较RT-PCR方法高（Chen等，2009）。张兴娟等也于2009年建立了猪瘟兔化弱毒疫苗的LAMP检测方法，并尝试用于疫苗病毒含量的检测（张兴娟等，2009）；2010年张兴娟等又建立了针对CSFV野毒的RT-LAMP检测方法，能区分猪瘟强弱毒感染，为基层CSFV野毒鉴别检测提供了简便、快速的方法（Zhang 等，2010）；陈蕾等也于2010年应用该技术建立了CSFV检测方法，并应用于CSFV体内感染病毒载量的研究，与王琴等建立的CSFV通用一步FQ-RT-PCR检测结果符合性较高（Chen等，2010）。上述研究为LAMP技术应用于CSFV的临床检测奠定了基础。NASBA技术目前应用于CSFV诊断的报道不多，2012年聂福平等建立了CSFV的NASBA检测方法（聂福平等，2012），相信在不久的将来，该技术在动物疫病检测中的应用会越来越多。

4. 恒温扩增技术应用的注意事项　　NASBA技术用于对RNA的扩增，必须保证检测样品RNA的完整性和纯度，避免被降解，注意考虑提取的RNA溶液中相关抑制剂导致的假阴性以及提取的RNA溶液中的非目标RNA成分导致的假阳性；LAMP技术灵敏度高，反应结束后开盖容易形成气溶胶，易造成检测结果的假阳性，尽量不要采用电泳的方式进行检测，推荐使用浑浊仪来定性结果。

（四）原位杂交技术（ISH）

原位杂交技术（In situ hybridization，ISH）最早出现于1969年，是结合核酸分子杂交的基本原理和成熟的免疫组织化学方法而发展起来的，能够对动物组织和细胞中的基因表达情况进行研究的一项特殊分析技术（Gall等，1969）。由于它是在核酸分子水平上分析研究细胞的功能和形态，因而其准确性和特异性较其他手段优越，主要原理是依据碱基互补配对原则，设计特异性探针与待测样本中的互补核酸序列杂交，对原位检测的目的基因进行基因定位研究。因此，应用该技术可以在保存组织中细胞完整性的同时观察基因表达的产物，已被广泛应用于分子病理学研究。目前该技术应用于检测人类免疫缺陷病毒、人乳头瘤病毒、口蹄疫病毒、猪繁殖与呼吸综合征病毒等多种病毒检测，取得了满意效果。

原位杂交技术自开发以来经过不断的改进和完善，现已广泛应用于病毒感染诊断、基因表达研究、转基因细胞学鉴定、基因组结构、变异和空间分布规律研究以及肿瘤研究等领域（Mcnicol 等，1997）。根据探针标记方法的不同，其先后经历了放射物或生物素标记探针的传统原位杂交技术，荧光标记探针的荧光原位杂交技术（Fluorescence in situ hybridization，FISH）和新近发展起来的B-DNA级联放大信号的新型QuantiGene View RNA原位杂交技术（View RNA ISH）三个阶段。

1. 传统原位杂交技术

（1）传统原位杂交技术的原理　　ISH是根据两条单链核酸分子在一定条件下互补碱基序列产生分子杂交的原理，利用放射物或生物素标记的已知核酸探针，通过放射自显影或非放射检测系统在组织、细胞及染色体上特异性的检测DNA或RNA序列的一种技术。ISH技术可直接在基因水平检测 DNA 或RNA并明确定位，在保存组织结构完整性的同时，揭示组织细胞的异质性、细胞基因表达的异质性和不同细胞器中的区别定位，具有特异性强、灵敏度高、定位准确的优点。

（2）传统原位杂交技术的应用　20世纪90年代以来，ISH在动植物基因定位、基因表达、外源基因在染色体上的整合部位检测以及动物遗传育种等研究领域都有应用。在病原微生物研究中，该技术已被应用于检测人类免疫缺陷病毒、人乳头瘤病毒、口蹄疫病毒、猪繁殖与呼吸综合征病毒、禽流感病毒、鸡包涵体肝炎病毒、牛结核分支杆菌、鸭瘟病毒、猪肺炎支原体、鸡马立克氏病毒、猪圆环病毒2型等病原的定位检测与致病机理研究中，结果表明其对切片标本的检出率较常规涂片高，可直观地定位到病毒或细菌在组织中的位置，是一种集直观和敏感为一体的检测方法。

近年来，ISH已经尝试着应用于CSFV的感染机制研究，采用原位杂交技术对临床慢性CSFV感染病例进行的研究表明，该方法可以检测慢性猪瘟组织中的病毒RNA，有助于研究CSFV感染的致病机理（Choi 等，2003）。Cruciere等利用CSFV基因组RNA构建cDNA，与BVDV及BDV进行序列分析，合成了6个探针，按照它们在病毒基因组的位置，根据特异杂交带区分出了CSFV、BVDV以及BDV（Cruciere等，1991）。赵启祖等研制了CSFV石门血毒P80核酸探针，可检测病毒RNA的存在和对病毒RNA进行定量检测，灵敏度达220pg（赵启祖等，1997）。

目前ISH技术已与其他检测手段广泛结合，与PCR技术结合发展成了原位PCR（In situ PCR）检测技术，与免疫组化方法结合发展成了原位免疫PCR（In situ immuno-PCR，IS-PCR）技术，ISH还可以与流式细胞仪分析、细胞图像分析、定量技术以及共聚焦显微镜技术等相结合，应用于细胞生物学及病理学研究中。但ISH也存在一些缺点，如使用放射性材料的安全性差，保存期短，放射显影需要的暴露时间长，放射性弥散导致空间定位不准确，酪胺信号放大容易污染，内源性的生物素产生的背景信号强，探针合成长度需达数千碱基等；生物素地高辛标记的ISH虽无放射性，保存时间较长，但敏感性相对较低。利用非放射性荧光素进行标记和检测的荧光原位杂交技术（FISH）克服了上述传统ISH技术的缺点。

2. 荧光原位杂交技术

（1）荧光原位杂交技术的原理　荧光原位杂交技术（Fluorescence in situ hybridization，FISH）是20世纪80年代末在原有的放射性原位杂交技术的基础上发展起来的一种非放射性原位杂交技术。其基本原理是用已知的荧光标记单链核酸探针，按照碱基互补的原则，与待检材料中未知的单链核酸进行特异性结合，形成可被检测的杂交双链核酸。用荧光素标记的外源DNA或RNA探针，与细胞涂片、组织切片、染色体制片上的待测核酸靶序列特异性结合，通过检测杂交位点荧光实现对靶序列的定位、定性和定量检测。FISH技术与放射性原位杂交技术相比，具有安全、快速、灵敏度高、检测信号强、杂交特异性高、同时检测多种基因等优点。

（2）荧光原位杂交技术的应用　20世纪90年代后，随着技术的发展，FISH逐步形成了从单色向多色、从中期染色体FISH向粗线期染色体FISH再向fiber-FISH的发展趋势，灵敏度和分辨率正在由毫碱基向千碱基、百分距离向碱基对、多拷贝向单拷贝、大片段向小片段再向BAC（Bacterial artificial chromosome）/YAC（Yeast artificial chromosome）等方向深入。由此发展了多色荧光原位杂交（mFISH）、DNA纤维FISH（DNA fiber FISH）、酪胺信号放大FISH（Tyramide signal amplification-FISH，TSA FISH）、原位PCR FISH（In situ PCR FISH）、细菌（酵母）人工染色体FISH（BAC/YAC FISH）、多肽核酸FISH（Polypeptide nucleic acid FISH，PNA FISH）、锁链探针FISH（Padlock probe-FISH/pad-lock-FISH）、Gene FISH、RING-FISH和CPRINS FISH等技术。更重要的是，FISH与共聚焦激光扫描显微镜和多光子显微镜的结合应用，获得了较好的景深和清晰的图像，与微传感器和流式细胞计相结合也为各个领域研究提供了更多的信息。

目前，FISH已经广泛应用于动植物基因组结构研究、染色体精细结构变异分析、病毒感染分析、人类产前诊断、肿瘤遗传学和基因组进化研究等许多领域，可以应用rDNA准确地进行核型分析，在染色体分析、核型重排、初级细胞形成试验等基础研究领域中也发挥作用，为深入阐明细胞内部奥秘奠定基础。FISH还可应用于细菌、古细菌、真核生物等各类微生物分群，能快速准确地评估特定环境中居于主导地位的特定分类群，还能特异性地筛选和检测杂交阳性的目的菌落。该技术的优劣点主要取决于探针设计位点、探针特异性及信号强度，但是传统的FISH信号基团强度低，从而导致检测的灵敏度不高，在对一些环境和细胞中含量较低的微生物检测存在劣势。多彩荧光ISH只对核RNA适用，且需要复杂的仪器和特别的软件，实用性低。同时，FISH技术还存在自身荧光造成的假阳性、穿透力较差、目的片段或探针结构复杂、RNA含量低和光褪色引起的假阴性等不足，促使科学家们继续探寻特异性更好、灵敏性更高的技术手段。

3. QuantiGene View RNA原位杂交技术

（1）QuantiGene View RNA 原位杂交技术的原理　QuantiGene View RNA 原位杂交是由Panomics公司开发的一种新型原位杂交测定技术，其原理是用一段目的基因特异性的探针和蛋白酶消化后暴露的靶RNA杂交，通过一系列特异性的序列杂交步骤实现信号扩增，然后加入酶底物，在共聚焦显微镜下将靶RNA显影出来。QuantiGene View RNA技术包括样品制备、杂交、信号放大和检测4个步骤。该方法敏感性高、工作流程简单，可以检测贴壁细胞、悬浮细胞、新鲜冷冻组织切片或石蜡包埋组织切片混合细胞群体中的单个细胞任何一种基因的表达情况（图7-6）。与传统PCR、原位PCR相比，该技术的最大优点在于不用进行RNA分离、反转录和PCR反应，即可快速简便地在特定组织、细胞及混合细胞群体中对特定目标基因进行定位，并可在单细胞单RNA水平上同时直接视觉定位和有效定量基因表达水平，并可应用多种荧光素在1个细胞中同时分析多达4种靶RNA，该技术可用于研究单个细胞中的RNA转录情况，对靶基因的检测和转录表达机制的研究具有重大的理论意义。具有简单、快速、敏感、特异、高效、重复性好、探针设计灵活等优点。

（2）QuantiGene View RNA 原位杂交技术在CSFV检测中的应用　为了对CSFV RNA在各种细胞组织上进行精确定位，采用此项敏感、特异、快速的新技术，对病毒RNA复制和分布动态进行高敏感可视化研究，可为猪瘟的分子病理学研究奠定重要的理论基础。赵燕等成功建立了CSFV QuantiGene View RNA原位杂交方法，能可视化准确定位CSFV感染PK-15后RNA在细胞内复制的主要部位；该方法特异性强，与BVDV、猪伪狂犬病毒（PRV）和猪圆环病毒2型（PCV-Ⅱ）不发生交叉反应。灵敏度比CSFV免疫组化法及CSFV单克隆抗体免疫荧光法高3~4个数量级。CSFV QuantiGene View RNA 原位杂交方法能高敏感可视化准确检测组织中CSFV RNA，从RNA分子角度阐明CSFV在培养细胞中的增殖动态和复制过程，为猪瘟的诊断提供一高敏感且特异的新方法，还能为疫苗生产工艺中病毒的培养状况提供数据支持（赵燕，2014）。

4. 原位杂交技术在应用中的注意事项　在进行原位杂交检测的应用时，应当注意以下一些问题：一是传统的ISH要注意考虑放射性同位素的半衰期，检测时注意曝光时间，同时应注意对人体的防护，防止实验室和环境的放射性同位素污染；二是在使用RNA探针时应采取措施避免RNA探针及材料中RNA的降解；三是采用生物素标记探针用于检测时，会受到内源性生物素的干扰，因此在设计试验时应当考虑材料背景内源性生物素的影响；四是检测样本的预处理不当会导致探针难以进入胞核而影响试验结果；五

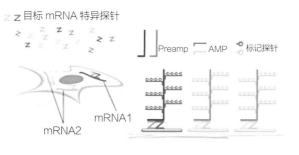

图 7-6　QuantiGene View RNA 技术原理

是探针的设计必须满足长度、GC含量合理，不能形成自身发夹结构，单个碱基不能重复出现等设计原则。

（五）基因芯片技术

1. 基因芯片技术的原理和特性　基因芯片（Gene chip）技术兴起于20世纪90年代，其概念源于计算机芯片，是生物芯片的一种，也称DNA芯片。基因芯片模仿计算机芯片的特点，通过微点样技术把大量序列已知的单链寡核苷酸或基因片段有序地点至玻片或尼龙膜等固相支持物表面，将样品核酸通过体外转录或PCR等方法进行荧光素标记后，利用碱基互补配对原理使样品与芯片探针特异性杂交，利用激光共聚焦扫描仪进行扫描，检测荧光信号，从而判定核酸片段是否存在及量的多少。根据基因芯片制备方法和使用范围不同，可依据不同标准进行基因芯片分类。按所用的固相支持物材料不同，可分为玻璃芯片、膜芯片（聚丙烯膜、硝酸纤维素膜等）、硅芯片和陶瓷芯片等，其中以玻璃和膜载体芯片最为常用；按芯片探针类型不同，则可分为cDNA芯片和寡核苷酸芯片；按探针阵列制备方式不同，可分为合成后点样芯片、原位合成芯片和电定位芯片等；按芯片的功能不同，可分为诊断芯片、测序芯片、基因表达芯片和基因指纹图谱芯片等（李瑶，2006）。

基因芯片技术因其具有高通量、平行检测及自动化等传统检测方法无法比拟的优点而被广泛用于基因表达分析、核酸多态性分析、突变检测和药物筛选等生命科学研究的各个领域。作为高通量的基因检测手段，基因芯片技术近年来在病原微生物检测、分型、致病机制研究等方面的应用逐渐增多，显示出广阔的应用前景。但作为一门刚刚兴起的技术，应用中仍存在下列一些缺点，如检测灵敏度有待提高，芯片制作技术要求高，探针制备较为费时，芯片杂交样品的标记成本较高，操作步骤较复杂，需要依赖点样仪等昂贵设备，限制了芯片技术的开发和广泛利用。尽管如此，该技术开启了高通量研究技术的大门，随着研究与应用的逐步深入，基因芯片技术一定会在生命科学研究领域发挥重要的作用。

2. 基因芯片的技术流程

（1）基因芯片的制备　基因芯片制作方法包括原位合成法和点样法。原位合成法最先由美国Affymetrix公司开发，其原理是利用光诱导印刷、压电打印、分子印章等技术在基片表面用4种核苷酸原位合成长度为18～70mer的寡核苷酸探针。原位合成方法的点样重复性好、精度高，适合芯片的大批量生产。合成后点样法是通过芯片点样仪的机械手臂和点样针将预先合成的寡核苷酸探针或PCR扩增的DNA片段、基因克隆技术获得的DNA等点样于芯片载体表面而制成。原位合成方法主要用于制备高密度寡核苷酸芯片，低密度寡核苷酸芯片、cDNA芯片、DNA芯片采用点样法制备。

（2）待测样品的制备　按芯片的用途和检测样品不同，不同的芯片技术平台有各自的样品标记和制备方法。芯片杂交样品标记主要采用荧光素和同位素标记法，常用的荧光素包括Cy3、Cy5，同位素包括32P和33P。通常是在PCR扩增、反转录或体外转录过程中对待测样品进行标记。低密度芯片可采用荧光素或同位素标记，高密度芯片则普遍采用荧光素标记，利用设置的内参对照和荧光信号分析能够对芯片靶标进行定量检测。近年来发展的多色荧光标记技术通过用不同激发波长的荧光物标记不同样品，通过比较不同样品与芯片杂交的荧光分布图，可方便比较样品之间基因表达的差异。基因突变检测和多态性分析芯片采用多色荧光标记方法能够明显提高检测的可靠性和灵敏度，比如分别用不同激发波长的荧光素标记待检序列和单碱基错配的对照序列，通过比较荧光信号的强弱能够获得靶标序列突变的信息。

（3）芯片杂交与杂交信号检测　基因芯片技术是基于碱基互补配对原理的固相—液相杂交方法，探针与靶标的反应过程与其他核酸杂交过程基本相同。芯片杂交结果受多种因素影响，例如探针长度、探针碱基序列组成、探针的热力学参数、标记分子的种类、杂交缓冲液成分以及杂交温度、杂交时间等，需根据芯片类型的不同来选择和优化杂交条件。用于基因表达分析的芯片方法，为提高低拷贝基因检测的灵敏度，一般需要较长的杂交时间和较低的杂交温度；用于检测基因突变或进行基因测序则需要高温、短时间等高严谨性的杂交条件。杂交信号的检测需根据使用的不同标记分子采用不同的信号检测系统，以同位素分子标记靶标序列，需通过放射自显影检测；以荧光素标记则通过激光共聚焦扫描仪来检测杂交信号。

3. 基因芯片技术在CSFV检测中的应用　近年来基因芯片技术已广泛用于病原体的检测和多种病原体同步检测的研究中。目前国内正在探索将基因芯片技术用于猪瘟的诊断，杨林通过RT–PCR扩增CSFVNS基因作为探针制作芯片，利用PCR过程掺入Cy5荧光染料进行待检样品标记，建立了CSFV基因芯片检测方法（杨林，2005）。高淑霞借助多重PCR方法，以病毒特异性核酸片段为探针，建立了同时检测CSFV、PCV–II等7种猪病毒的DNA芯片方法（高淑霞，2005）。

病原微生物的不同基因型或血清型具有不同的流行特点、致病性及地域分布，对病原微生物进行分型检测对于分子流行病学研究、疫情监测具有重要意义。国际学术界将CSFV分为3个基因型、11个基因亚型，中国台湾存在基因3.4亚型，中国大陆存在1.1、2.1、2.2和2.3亚型。CSFV只有1个血清型，因此基因分型对于追踪流行毒株来源和传播、阐述病毒遗传变异特征具有重要意义。目前国内外CSFV基因分型检测的基因芯片研究尚未见报道。郭焕成等根据CSFV囊膜糖蛋白E2基因序列，设计了针对CSFV10

个基因亚型的长度为30～35mer的寡核苷酸探针，建立了CSFV基因分型寡核苷酸芯片方法。样品检测表明，该方法对中国大陆现有的4个CSFV亚型具有较好的分型能力，对其他6个基因亚型代表序列的质粒样品检测也具有较好的特异性（郭焕成等，2012），见图7-7。

4. 基因芯片技术在应用中的注意事项　基因芯片是一项多学科交叉综合的新兴技术，相关操作步骤复杂，在临床全面应用的先例不多，很多技术难点需要在摸索中逐渐解决，在实际应用中应该注意以下一些问题。一是按照研究特点和目的需要，选择好合适的日的基因及芯片的种类和重复的数量；二是注意根据目的基因在机体表达的时间特性和组织特异性，在合适的时间选取合适的检测材料，取材后要立即进行RNA的提取，

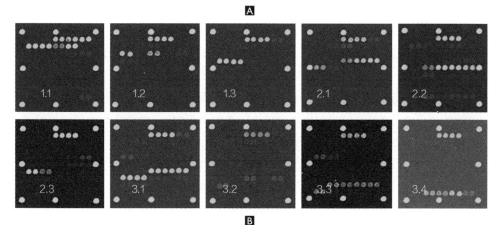

M				M					M
BLK	BLK	NC	NC	PC1	PC1	PC2	PC2	1.1-1	1.1-1
1.1-2	1.1-2	1.1-3	1.1-3	1.1-4	1.1-4	1.1-5	1.1-5	1.2-1	1.2-1
1.2-2	1.2-2	1.2-3	1.2-3	1.2-4	1.2-4	1.2-5	1.2-5	1.2-6	1.2-6
1.3-1	1.3-1	1.3-2	1.3-2	2.1-1	2.1-1	2.1-2	2.1-2	2.1-3	2.1-3
M	2.1-4	2.1-4	2.2-1	2.2-1	2.2-2	2.2-2	2.2-3	2.2-4	M
2.3-1	2.3-1	2.3-2	2.3-2	3.1-1	3.1-1	3.1-2	3.1-2	3.1-3	3.1-3
3.1-4	3.1-4	3.1-5	3.1-5	3.2-1	3.2-1	3.2-2	3.2-2	3.2-3	3.2-3
3.2-4	3.2-4	3.3-1	3.3-1	3.3-2	3.3-2	3.3-3	3.3-3	3.3-4	3.3-4
3.3-5	3.3-5	3.4-1	3.4-1	3.4-2	3.4-2	3.4-3	3.4-3	3.4-4	3.4-4
M				M					M

A

图 7-7　CSFV 10 个基因亚型寡核苷酸芯片杂交检测结果图（郭焕成供图）

A. 寡核苷酸探针阵列示意图，M 为定位探针，NC 为阴性对照探针，BLK 为点样液空白对照。PC1、PC2 为阳性对照探针数字为基因亚型及其探针编号。B. 10 个基因亚型的检测结果，数字为基因亚型

RNA的完整性对良好的试验结果非常重要，应当尽量提高RNA提取的质量；三是1次基因芯片的检测结果信息量相当大，分析数据时应当谨慎，在不完全清楚基因之间相互作用关系的情况下，不能仅凭芯片的检测结果对不同基因之间的关系妄下结论。

五、猪瘟病原学检测技术的展望

综上所述，目前中国猪瘟病原检测技术的研发已经比较完善，基于病毒抗原、抗体或核酸等都建立了比较成熟的检测方法，各种方法在检测灵敏度、特异性、敏感性、稳定性、重复性、符合性等方面都显示出了各自不同的优势。通过CSFV E2单克隆抗体的研发，使经典的病毒分离技术、标记免疫抗体技术和ELISA技术等传统检测技术焕发出新的生机，特异性得到进一步提升，检测结果更加准确可靠。分子生物学技术的发展使得CSFV核酸检测技术达到了突飞猛进的程度，较传统病毒分离技术、标记免疫抗体技术和ELISA技术相比，检测灵敏度呈现数量级的提高，并且多种生物学的检测方法实现了对CSFV野毒株和疫苗株的鉴别诊断的突破，为猪瘟的净化提供了强有力的工具。其他新型检测技术如QuantiGene View RNA原位杂交技术在CSFV RNA分子检测和分子病理学中的应用，使得CSFV的诊断更是得心应手。因此，只要根据猪瘟的临床特征，合理地采用适当的方法，完全可以通过实验室诊断达到确诊猪瘟的目的。

（王 琴、刘 俊、郭焕成）

第二节 猪瘟血清学实验室诊断技术

通过抗体水平的监测来制定合理、有效的免疫程序是提高群体免疫水平的保证，也是评价疫苗免疫效果的重要技术手段。对于已经消灭猪瘟并且实施非免疫策略的国家，如加拿大、美国和欧洲部分国家，常常通过对抗体的检测进行病原监测追踪和流行病学调查，血清学阳性猪被认为存在猪瘟的感染。因此，CSFV抗体检测技术已成为猪瘟的诊断、预防控制、血清学调查、流行病学研究和疫苗免疫效果评价的关键技术。

CSFV抗体检测包括体外病毒中和试验、体内病毒中和试验、各种酶联免疫吸附试验（ELISA）、正相间接血凝试验（IHA）、抗体胶体金免疫快速检测技术、琼脂扩散试验和免疫芯片技术等。随着免疫学、标记技术、分子生物学技术以及有关新型技术的发展，近年来CSFV抗体检测技术尤其是ELISA检测技术和一些新型检测技术取得了突破性进展，越来越多的产品逐渐投放市场，但部分产品也存在着特异性和敏感性不高的问题，国外抗体检测试剂盒占领约70%的中国市场，而且价格昂贵。因此开发国产化的抗体检测技术十分必要，对解决当前中国猪瘟防控和净化，全面实施《国家中长期动物疫病防治规划（2012—2020）》具有十分重要的现实意义。

一、猪瘟病毒中和试验

病毒中和试验（Virus neutralization test，VNT）可以检测待检血清中的中和抗体，或病料中的相应病毒，从而用于诊断病毒性传染病。抗体的中和作用具有严格的病毒种和/或型特异性，而且还表现出量的特征，即一定数量的病毒必须有相应数量的中和抗体才能被完全中和（《猪瘟诊断手册、诊断程序、采样方法和标准、实验室检测和确诊评估》，2002）。检测抗体的CSFV中和试验是将待检血清系列稀释后与固定量的CSFV混合，在适当条件下作用一定时间后，接种于宿主系统（敏感细胞、兔体或猪体），观察一定时间后，根据混合液中病毒的感染力来判定该血清对病毒的中和能力，并计算出待检血清的中和效价，从而进行血清学诊断。CSFV中和试验不仅可在易感的试验动物体内进行，亦可在敏感细胞上进行。在敏感细胞上进行的中和试验称为体外病毒中和试验，根据抗体分子的标记物不同分为荧光抗体病毒中和试验（Neutralization-immunofluorescence，NIF）和过氧化物酶联中和试验（Neutralization peroxidase-linked assay，NPLA），详见《欧盟猪瘟实验室诊断手册》（2007）；在兔体或猪体上进行的中和试验称为体内病毒中和试验。

由于存在费时费力、操作复杂、生物安全条件严格，以及动物个体差异的影响和动物福利等问题，体内病毒中和试验特别是在猪体进行的中和试验已经停止使用，因此只介绍体外病毒中和试验。

1. 荧光抗体病毒中和试验　荧光抗体病毒中和试验（Neutralization-immunofluor-escence，NIF）是目前血清中和试验中最可靠的方法，也是国际公认检测CSFV抗体的"金标准"，其原理是将定量的CSFV与不同稀释度的被检血清混合，同时以未免疫和未感染的猪血清作阴性对照，以猪瘟免疫血清作阳性对照，置适当条件下感作后接种于敏感细胞，采用猪瘟荧光抗体检测技术（FAT）检测病毒的增殖，以测定被检血清阻止组织培养细胞发生病毒感染的能力及效价。该方法是国际贸易指定的CSFV抗体确诊方法，也可称为FAVN（fluorescent antibody virus neutralization），见OIE《陆生动物诊断试验和疫苗手册》2014版。

国外一些实验室使用标准的猪瘟强毒株进行本试验，如欧盟猪瘟参考实验室一直采用Alfort/187（CSFV 902，1.1亚型）作为标准毒株。虽然效果良好，但是由于强毒株具有散毒的风险，因此该方法在无猪瘟的国家必须在生物安全Ⅲ级实验室进行。中国兽医药品监察所一直在探索采用弱毒株替代强毒株以降低散毒风险，1988年邵振华等在此基础之上使用弱毒株进行了初步研究，取得了良好的试验效果。之后，国家猪瘟参考实验室采用标准法国低温疫苗株Thiveral（1.1亚型）株进行该试验，十分稳定，目前已经成为该实验室进行NIF检测的标准毒株，避免了强毒散毒的风险。

2. 过氧化物酶联中和试验技术　过氧化物酶联中和试验（Neutralization peroxidase-linked assay，NPLA）是建立在酶标抗体试验方法（IPT）基础上的中和试验，是国际公认检测CSFV抗体的"金标准"。同样，NPLA也是国际贸易指定的CSFV抗体确诊试验之一，见OIE《陆生动物诊断试验和疫苗手册》2014版。NPLA的原理与NIF相同，操作程序与NIF相似，只是所用染色方法不同，采用IgG-HRP结合物与底物显色来判定被检血清中CSFV抗体的存在及其效价。如果直接采用未标记单克隆抗体进行检测，然后再加入IgG-HRP标记的二抗则会增加反应的特异性和敏感性。

CSFV NPLA技术和NIF技术都是目前国内外普遍使用的抗体检测技术。NPLA和NIF技术一样，与间接ELISA符合率高，特异性强，敏感性高，能定量。但NPLA和NIF技术均涉及细胞培养、病毒繁殖及抗体染色等因素影响，试验周期长（8～10d），成本高。结果判定主观性较强，判定人员往往需要丰富的经验，否则判定结果极易出现误差。NPLA和NIF技术的操作均对实验室生物安全要求高，不适用于规模化的抗体普查。CSFV NPLA和NIF技术的结果会受到抗体中BVDV的干扰，采用猪瘟单抗可以鉴别BVDV，增强其特异性。

NIF技术需要荧光显微镜等特殊仪器，但是NPLA的优越性在于只需要一般光学显微镜就能直接观察及判定结果，因此采用NPLA更为方便，也是西欧国家最为常用的方法。

因此，建立标准化的试验程序，提高检测操作人员的试验操作、结果判定能力对获得准确的试验结果至关重要。OIE出版的《陆生动物诊断试验和疫苗手册》（2014）、中国农业部发布的《猪瘟防治技术规范》以及欧盟发布的《欧盟猪瘟实验室诊断标准》（2007年版），均阐述了该方法的试验原则和操作规范，这对各国进行该试验操作起到重要的指导作用。

　　虽然各国发布的手册和标准略有不同，但均有共同的试验原则，试验基于50%中和终点的测定，一定数量的CSFV，通常采用100个（加/减0.5log10）半数细胞感染量（TCID$_{50}$）和系列稀释的血清混合，37℃感作1h。为了减少误差，在96孔细胞培养板中，每个稀释度的血清与细胞培养物混合物至少培养2孔（若要计算中和效价，通常需要重复加3~6孔），37℃培养48~72h，培养结束后，固定细胞培养板，用免疫标记系统检测病毒抗原。以上原则无论NPLA与NIF都实用。记录不同稀释度待检血清、阳性血清和阴性血清的特异标记病毒斑数，然后计算TCID$_{50}$，能中和50%细胞标记斑点的最高血清稀释度即为该血清的中和效价（殷震等，1997）。

　　用作参考毒株的病毒需在敏感细胞系（PK-15）上进行适应性培养，收获一批病毒液，对其病毒滴度进行测定后，进行分装，保存于-80℃环境中，用于作为测定血清中和抗体的标准用毒。但值得注意的是，在每次试验时，必须确保用于中和试验的CSFV含量均为100TCID$_{50}$/50μL。因此，在进行血清中和试验的同时，需要对CSFV标准毒进行TCID$_{50}$同步测定，以确保中和试验中所使用的病毒含量在30~300 TCID$_{50}$/50μL范围之内。若重新测定结果证明中和试验中与血清混合的病毒含量超过上述范围，则需重新进行试验。

　　体外病毒中和试验相关操作见附录。

二、酶联免疫吸附试验

　　酶联免疫吸附试验（Enzyme linked immunosorbent assay，ELISA），由Voller和Bidwell于1975年首次报道，是以抗原抗体的特异性结合反应、酶与底物的显色放大反应原理为基础，将抗原或抗体吸附（也称包被）于固相载体，在载体上进行免疫酶反应，底物显色后用肉眼或酶标仪判定结果的一种检测方法（Voller等，1975）。为了定性或定量的准确性，ELISA检测过程中要进行多次洗涤。基于酶的高效催化特性和底物显色放大反应的可视化、可量化特性，使得ELISA检测方法能够达到很高的灵敏度。

　　在ELISA检测中，可用作固相载体的材料很多，最常用的是聚苯乙烯，聚苯乙烯具有很强的吸附蛋白质的性能，抗体或蛋白质抗原吸附其上后仍保留原来的免疫学活性，加之价格低廉，所以被普遍采用。ELISA载体的形状主要有微量滴定板、小珠和小试管三种，以微量滴定板最为常用，国际标准的ELISA微量滴定板为8×12的96孔式，可同时进行大量标本的检测，并可在特制的比色计上迅速读出结果。

　　将抗原或抗体吸附于固相载体的过程称为载体的致敏或包被，要求该抗原或抗体必须能牢固地吸附于固相载体表面，并保持抗原活性。包被过程中，除了选择合适的抗原或抗体外，适宜的包被条件也很重要，包被蛋白质浓度通常为1～10μg/mL。高pH和低离子强度缓冲液一般有利于抗原或抗体包被，常用0.1mol/L pH9.6碳酸盐缓冲液做包被液，一般在4℃过夜，也有经37℃ 2～3h达到最大反应强度。在ELISA的整个过程中，为了防止重叠反应、非特异性反应引起的定性或定量误差，需经多次洗涤，洗涤必须要充分，通常采用含0.05%助溶剂吐温-20的PBS作洗涤液，洗涤时先将前次加入的溶液倒空、吸干，然后于洗液中泡洗3次，每次3min，倒空、并用滤纸吸干。

ELISA检测技术自发明以来，因其具有快速、敏感、简便、易于标准化和规模化等优点，使其成为在分子生物学中应用最广、发展最快的免疫检测技术。随着ELISA技术相关生产工艺的不断改进、材料的不断更新，以及基因工程方法用于制备包被抗原，尤其是可溶性表达抗原的制备技术不断成熟，针对某一抗原表位的单克隆抗体制备技术的商业化程度也越来越高。这些均大大提高了ELISA的敏感性和特异性，加之现在已有多种自动化仪器用于ELISA检测的各个步骤，包括加样、洗涤、保温、比色等自动化程度的提升，使ELISA技术更为简便实用和标准化，从而使其成为最广泛应用于传染病学普查和诊断的方法之一。近年，ELISA技术已被广泛用于CSFV抗体的检测，在中国已经成为监测免疫后CSFV抗体水平、评价免疫效果的最主要手段。通过ELISA检测技术来监测猪场中猪群的猪瘟免疫抗体水平，从而及时了解猪只的猪瘟免疫状况，为制定科学合理的猪群免疫程序提供重要指标依据。国内外建立了多种特异性较高的猪瘟血清抗体ELISA检测方法，这些检测方法所针对的病毒抗原靶位有CSFV结构蛋白如E2、E^{rns}以及非结构蛋白NS3，E2蛋白被证实为CSFV的主要保护性抗原蛋白，能诱导机体产生中和抗体，是CSFV的免疫优势蛋白，学者们一直将E2蛋白作为研制猪瘟ELISA诊断试剂和研发新型疫苗的首选靶蛋白，并尝试着采用多种表达系统进行该蛋白的表达生产。因而针对E2蛋白抗原设计的ELISA方法使用最为广泛，该方法与病毒中和试验（VNT）的符合率较高。

近几年，ELISA技术迅速发展、在改进利用抗原抗体特异性结合反应、酶底物显色放大反应原理的基础上，现已发展出了多种形式的ELISA检测方法，如间接ELISA、阻断ELISA、夹心ELISA、竞争ELISA、斑点ELISA和PPA-ELISA等，这些方法均已被用于CSFV抗体的检测，而其中间接ELISA和阻断ELISA应用最为广泛。

（一）猪瘟抗体间接ELISA检测方法

1. **猪瘟病毒间接ELISA抗体检测方法的原理和特点**　　间接ELISA是检测CSFV抗体的常用方法，其原理是以抗原抗体的特异性结合反应、酶与底物的显色放大反应原理为基础，将CSFV抗原吸附于聚苯乙烯微量反应板固相载体上，加入待检血清后孵育一定时间，若待检血清中含有CSFV抗体，将特异性地与吸附在固相载体表面的CSFV抗原形成抗原抗体复合物，再加上酶标记的二抗，该二抗与CSFV抗原抗体复合物结合，加入底物后，底物在酶的催化作用下发生反应，产生有色物质。待检血清中抗体含量越高，催化反应后的颜色越深，反之颜色越浅，采用酶标仪对反应后的体系的光密度（Optical density，OD）值进行测定，通过测定的OD值对待检血清中的抗体含量进行测算。

采用基因工程表达抗原E2蛋白研发的CSFV间接ELISA抗体试剂盒是目前最广泛应用于市场的商品化试剂盒，检测对象为CSFV多克隆抗体，能够更加全面地反映血清中的抗体水平，该方法可为CSFV抗体监测提供重要的技术手段。

2. **猪瘟病毒间接ELISA抗体检测方法的应用研究**　国内外采用间接ELISA方法构建的基于E2蛋白的检测体系研究较多，早期国内学者们采用浓缩猪瘟兔化弱毒乳兔组织冻干苗或犊睾细胞苗等多种方法提纯CSFV抗原，并采用多种方法标记来源不同的二抗，分别建立了CSFV抗体间接ELISA检测方法，证实了该方法与兔体中和试验符合率能达90%以上，并且具有较高的特异性和灵敏度。Saunders应用快速酶标记抗体微量技术检测CSFV抗体的间接ELISA方法，通过对640份血清检测表明，酶标记抗体法与血清中和试验的符合率在90%以上，仅需要1～2h就可以获得检测结果（Saunders等，1977）。Paredes也采用间接ELISA和NPLA两种方法对937份猪瘟血清样品进行检测，并以NPLA检测方法为参考方法，结果显示间接ELISA的敏感性在98%以上，特异性在92%以上，统计学分析发现两种方法有很大的相关性（$r=0.94$）（Paredes 等，1999）。

近年来，随着基因工程技术的飞速发展，尤其是各种蛋白表达系统的商业化生产，为获得纯化的特异蛋白带来了极大方便。余兴龙等以大肠杆菌高效表达CSFV E2蛋白为抗原，以HRP标记的兔抗猪IgG为二抗，建立了检测CSFV抗体的间接ELISA方法，证实了用重组E2蛋白作为诊断猪瘟的抗原，具有特异性高、易纯化和成本低等特点（余兴龙等，1999）。原核表达系统表达的蛋白功能恢复和纯化比较困难，昆虫杆状病毒表达系统是一种高效的真核表达系统，能有效进行蛋白质的翻译后加工，表达产物的生物学活性与天然蛋白十分接近，易于纯化，特别适合于蛋白结构和功能的研究，学者们已成功表达了多种功能蛋白。获得高纯度的可溶性E2蛋白是突破猪瘟诊断用抗原的关键技术，Moser等采用昆虫杆状病毒表达系统得到的E2蛋白建立猪瘟抗体间接ELISA检测方法，用该方法检测2 719份猪血清，其结果同抗体病毒中和试验比较，敏感性和特异性分别为98.3%和99.6%（Moser 等，1996）。范学政等（2011）也采用该系统表达了可溶性CSFV E2蛋白，徐璐等（2012）将其制备的E2蛋白作为包被抗原，建立了CSFV间接ELISA抗体检测方法，其敏感性为94.6%，特异性为95.3%，与NIF符合率为92.62%。该方法试剂简单、制备成本低，还能对不同抗体水平的血清进行区分，检测范围宽，便于对免疫猪进行评价，也适合早期检测，更适合在中国进行推广应用，这种国产化CSFV抗体检测技术，解决了长期使用国外同类产品费用昂贵的困难。

上述研究证明了间接ELISA较其他ELISA方法具有较高的敏感性和实用性，非常适合中国猪群100%免疫的抗体水平监测和猪场免疫程序制定，能够更加真实地反应猪群中和抗体水平，为免疫程序制定和抗体水平监测提供可靠的技术支持。市场上各种CSFV抗体检测产品性能差异较大，需要采用国际贸易指定的CSFV抗体"金标准"检测方法（NIF和/或NPLA）进行评价。虽然间接ELISA检测猪瘟抗体的方法历史悠久，并且有较好的敏感性，由于CSFV抗体与BVDV抗体有一定交叉反应，在BVDV存在的地区采用该方法不能完全反映出CSFV抗体的水平，因此该方法也需要进一步完善。

猪瘟抗体间接ELISA检测方法的具体试验操作见附录2.4。

（二）猪瘟病毒阻断ELISA抗体检测方法

1. **猪瘟病毒阻断ELISA抗体检测方法的原理和特点**　阻断ELISA也是检测CSFV抗体常用的方法，其原理为，将CSFV抗原包被于聚苯乙烯微量反应板固相载体上，加入待检血清后孵育一定时间，洗涤除去未结合的待检血清，再加入酶标记的猪瘟单克隆抗体反应后洗涤，除去未结合酶标抗体，加入底物后，底物在酶的催化作用下发生反应，产生有色物质。如果待检血清中有特异性的抗体，则会与包被抗原结合，封闭特异性的位点，使酶标猪瘟单克隆抗体无法结合到酶标板中，则不呈现颜色反应；若待检血清中没有特异性抗体，则酶标记猪瘟单克隆抗体会结合到包被抗原的固相载体上，发生显色反应，即待检血清中抗体含量越少，酶标记的抗体与包被的抗原结合就越多，显色反应后颜色就越深。因此，阻断ELISA反应后体系的OD值与待检血清中的CSFV抗体分子含量成反比。采用酶标仪对OD值进行测定，测算待检血清中的CSFV抗体含量。

用于阻断ELISA的抗体是单克隆抗体，只能与包被的蛋白发生特异性结合，因此阻断ELISA检测方法的特异性很强。也正是因为检测对象为单一表位，当该表位抗体丰度较低时，易出现假阴性结果，因此敏感性相应较低，同时对高抗体水平的血清样本区分能力较弱。

2. **猪瘟病毒阻断ELISA抗体检测方法的应用研究**　阻断ELISA可以用于同种病原不同血清型之间的鉴别诊断，学者们建立了猪繁殖与呼吸障碍综合征病毒美洲型和欧洲型的特异性抗体阻断ELISA鉴别诊断方法；阻断ELISA技术还被用于O型口蹄疫抗体的检测；也有研究将阻断ELISA技术用于H7亚型禽流感病毒抗体和H5N1亚型禽流感抗体的鉴别诊断。

有关CSFV抗体阻断ELISA检测方法研究的文献报道不多，Leforban等首次建立了可以鉴别猪瘟和其他瘟病毒属病毒抗体的阻断ELISA；Pejsak等从1990—1992年在波兰使用这种方法开展了大规模的CSFV抗体血清学调查，取得了很好的效果，能排除BVDV和BDV抗体对监测的干扰。

美国IDEXX公司首次将CSFV抗体阻断ELISA检测试剂盒进行了商品化生产，在全世界主要的养猪国家推广使用，在CSFV抗体的免疫监测和流行病学监测中起到了重要的作用。熊丁杰等也建立了相应CSFV抗体阻断ELISA监测方法，与美国IDEXX公司的试剂盒在参加欧盟猪瘟诊断比对试验中，其结果完全一致。但是阻断ELISA方法敏感性较低，易出现假阴性结果（漏检），不太适合免疫抗体水平的普查。随着研究的进一步深入，抗体阻断ELISA检测方法将会逐渐得到完善，并在CSFV抗体诊断中起到更加重要的作用。

猪瘟抗体阻断ELISA检测方法的具体试验操作见附录2.3。

（三）其他ELISA方法

除上述间接ELISA和阻断ELISA已经比较成熟的应用于CSFV抗体的检测外，也有关于夹心ELISA、竞争ELISA、斑点ELISA、PPA–ELISA等技术应用于CSFV抗体检测的研究报道。

夹心ELISA与间接ELISA的原理类似，不同之处在于夹心ELISA酶标记的是特异性抗原，而间接ELISA酶标记的抗抗体，该方法在CSFV抗体检测研究中应用较少。

竞争ELISA与阻断ELISA的原理类似，不同之处在于阻断ELISA是把待检血清和酶标单克隆抗体分开与包被的CSFV抗原蛋白孵育，而竞争ELISA是将待检血清和酶标单克隆抗体同时与包被的CSFV抗原蛋白孵育。CSFV抗体竞争ELISA是利用待测抗体和一定量的酶标记抗体与固相CSFV抗原竞争性结合，被检血清内CSFV抗体越多，结合在固相载体上的酶标记抗体就越少，显色越浅。该方法减少了反应步骤，节约了检测时间，但该方法对单克隆抗体的要求很高，单克隆抗体同抗原蛋白的亲和力过高或过低都会影响该方法的建立，因此建立此方法需要对多个单克隆抗体进行筛选。Clavijo等（2011）表达了CSFV E2蛋白，并制成单克隆抗体，建立了CSFV竞争ELISA方法，利用此方法对临床健康猪和试验感染猪的2 000份血清样品进行检测，结果表明其特异性和敏感性分别为100%和86%，并能在人工感染CSFV后21d检测到抗体，且避免了与BVDV的交叉反应。采用该方法不但可以用于血清的检测，还能用于微量干血纸洗脱液的检测，研究表明该方法可用于猪瘟的大规模监测和流行病学调查。

斑点ELISA（Dot–ELISA）是用硝酸纤维素膜取代聚苯乙烯微量反应板固相载体进

行斑点酶联免疫吸附试验，用不溶性供氢体显色，分直接法和间接法等。其优点是操作简单、不需要酶标仪，用肉眼就可以观察判定结果，适用于大面积血清学普查。斑点ELISA应用于CSFV抗体的检测，与以聚苯乙烯微量反应板为固相载体的ELISA比较，它的使用和保存更为方便，与SPA–ELISA技术具有相似的敏感性和特异性。一些研究者采用该方法对规模化猪场的CSFV抗体水平进行了监测，通过监测目前中国常用猪瘟免疫程序注射疫苗后猪群的免疫状况，分析猪瘟流行特点。

PPA–ELISA根据酶标葡萄球菌A蛋白（SPA）单克隆抗体与CSFV抗体IgG的Fc片段结合而不影响Fab片段活性的特性，用辣根过氧化物酶（HRP）标记制成酶标记SPA，将SPA作为二抗来建立的一种CSFV抗体PPA–ELISA方法。由于SPA单克隆抗体已成为商品化的诊断试剂，采用SPA单克隆抗体纯化酶联免疫吸附试验建立的ELISA检测技术是一种具有广阔推广应用前景的检测技术，从而使PPA–ELISA的建立更简单。研究证实采用该技术建立的CSFV抗体PPA–ELISA方法具有快速、简便等特点，可使反应时间缩短至数分钟，这对临床应用有很重要意义。但是目前这些建立的CSFV抗体PPA–ELISA方法多采用传统的纯化病毒来作为包被抗原，其特异性和敏感性较表达抗原差，通过完善包被抗原的制备，可尝试用于大面积猪瘟免疫抗体监测，是具有广阔推广应用前景的检测技术。

与中和试验相比，上述各种ELISA方法尤其是猪瘟病毒间接ELISA抗体检测方法和猪瘟抗体阻断ELISA方法在猪瘟免疫抗体的监测中已经显示出了巨大的优越性，已经广泛应用于中国CSFV抗体的监测。在各类ELISA技术的研究过程中，采用基因工程方法制备高纯度、高活性的包被抗原可提高其敏感性和特异性；采用针对CSFV特异抗原表位制备的单克隆抗体，可提高其特异性；此外，自动化程度较高的ELISA检测仪的广泛使用，使ELISA更为简便实用和标准化，从而使其成为最广泛应用于传染病学普查和诊断的方法之一。

三、猪瘟抗体胶体金免疫检测技术

胶体金免疫检测（Gold immunochromatography assay，GICA）技术的原理是将特异的抗体或抗原先固定于硝酸纤维素膜的某一区带，当该干燥的硝酸纤维素膜一端浸入样品后，由于毛细管作用，样品将沿着该膜向前移动，当移动至有特异性抗体或抗原的区域时，样品中相应的抗原或抗体即与该抗体或抗原发生特异性结合，再通过胶体金标记物本身的显色特点使该区域显示一定的颜色，从而实现特异性的免疫诊断。以最常用的双抗原夹心抗体检测法为例，当将层析条插入待检液中进行检测时，含有待测抗体的液体从免疫层析条的底部被吸收后迅速与金标探针（Ag0–Au）发生抗原抗体反应，形成的抗原抗体复合物（Ag0–Au–Ab）通过毛细作用被运送到上面的硝酸纤维膜上，复合物接着与硝酸纤维膜上相应抗原发生反应，形成另一个复合物（Ag0–Au–Ab–Ag）而富集在检测区，由于胶体金自身显色而形成红色的质控线。

近年来快速发展的各种CSFV抗体胶体金免疫快速检测技术就是基于上述原理。胶体金技术主要优点是利用金颗粒可催化银离子还原成金属银这一特性，通过银显影剂增强金颗粒的可见性，提高测定灵敏度，试验结果表明可达到ELISA的灵敏度水平。胶体金大多用于单克隆抗体标记，对组织细胞的非特异性吸附作用小，故具有较高的特异性。操作简便、快速，全程只需5～10min，大大缩短了检测时间。检测结果直接用颜色显示，通过肉眼即可判定结果，不需特殊仪器设备。只需要试纸条或渗滤试剂盒，样品只要做非常简单的处理或不需要做前处理（可以是组织液、血清、粪便和尿液等），适用于临床快速检测。而且成本较低，试剂非常稳定，受温度等外界因素影响小，可在实验室以外进行检测，检测结果也可长期保存。在畜牧生产领域具有广阔的应用前景（王凤强等，2005）。

该技术一般用作定性，不易定量，大批量的检测样品时不如ELISA快捷方便。目前市场上已有CSFV抗体胶体金快速检测试剂盒销售，但产品质量参差不齐，其灵敏度和特异性有待进一步考证，没有经过权威机构评价。

四、猪瘟正相间接血凝试验

血凝试验（IHA）是将可溶性抗原吸附于与免疫无关的载体（如红细胞）表面，此吸附了抗原的载体与相应抗体结合，在有电解质存在的适宜条件下，发生肉眼可见的凝集反应。猪瘟正向间接血凝试验就是利用CSFV表面抗原能凝集致敏红细胞的特点，将待检血清梯度稀释后与吸附了CSFV抗原的致敏红细胞孵育，通过红细胞的凝集程度判定结果，此法简便易操作，能够检测出CSFV抗体效价。张先孝等早在1985年就对该方法进行了研究（张先孝等，1985），李树春等将猪瘟兔化弱毒疫苗株细胞培养物浓缩纯化后，致敏由戊二醛鞣酸处理的健康羊红细胞，制成猪瘟间接血凝诊断液，用以检测血清中的CSFV抗体效价，已推出商业化试剂盒，并广泛应用于中国CSFV抗体的监测。

猪瘟IHA试验的优点是不需要特殊检测仪器，肉眼即可判定结果，操作方法简单，适用于基层和技术落后地区。但是，该方法在制备过程中，致敏红细胞存在较大的批间差异，对诊断结果的判定影响较大，其稳定性也有待提高（黄瑜等，1994）；该方法采用肉眼观察判定结果，受主观因素影响极大，因此需要通过纯化抗原的获得和对测试人员进行培训，从而提高该方法的特异性和敏感性。

五、猪瘟琼脂扩散试验

可溶性抗原与相应抗体特异性结合，两者比例适当、在有特定电解质存在及适宜温度的条件下，经过一定时间，可形成肉眼可见的沉淀物，称为沉淀反应。当沉淀反应在琼脂中进行时，即称琼脂扩散试验（Agar diffusion test，AD）也称免疫扩散试验。沉淀反应的抗原可以是多糖、蛋白质、类脂等，与相应的抗体相比，抗原分子小。琼脂扩散试验可在试管内、平皿中以及玻片上的琼脂中进行。又可分为单向琼脂扩散试验和双向琼脂扩散试验两类。琼扩试验既可采用已知抗原检测待检血清，也可采用已知阳性血清检测未知抗原。该方法的特点是操作简单、快捷，易于判定结果，可应用于猪瘟的定性及抗体检测，但敏感性低，目前已经较少使用。

六、其他新型技术

（一）免疫芯片技术

免疫芯片技术（Immunochip）也称抗体芯片（Antibody-chip），是一种研究得较多的重要蛋白芯片（Protein microarray）检测技术，是伴随基因芯片发展起来的新技术，它是将抗原—抗体结合反应的特异性与电子芯片的高密度集成原理相结合而产生的一种全新概念的生物芯片检测技术，即将蛋白质的分析微缩到小型芯片上，利用荧光或酶显色进行检测，并通过电脑程序分析而得出准确结果。免疫芯片检测技术具有高通量、低成本、高平行、微型化等特点，可同时对单个样本进行多种疾病指标的检测，被检样品用量小，灵敏度和可靠性高，检测信息量大，快速及时，自动化程度高，利于大规模推广应用。但该方法检测成本高，目前还没有相应的CSFV抗体检测产品面世。

（二）荧光微球免疫技术

荧光微球技术（Fluorescent microsphere-based technology）是将聚苯乙烯羧基微球、荧光染料标记系统、激光技术、应用流体学及微球专用流式细胞仪等有机整合在一起的一项新技术，通过荧光微球信号来进行试验数据采集和分析，具有快速分析多重生物反应的特点，灵敏度高，特异性强，可用于抗原抗体、核酸探针检测等领域的研究（Etienne等，2009）。

微球技术的雏形最早可追溯到20世纪70年代，对免疫抗体的检测仅靠识别微球大小来检测，远远不能满足高通量和高灵敏度检测的需要。近年来，Luminex公司在微球合成过程中加入红色和橙色荧光染料，通过调节两种荧光染料的比例获得不同颜色的微球，即给每种颜色的微球一个"地址"，开发出荧光可寻址微球（Fluorescent addressable microsphere），弥补了以往多元检测模式的不足，形成了荧光微球技术（Seideman 等，2002）。荧光微球能够携带许多荧光分子，可以达到单个粒子荧光可见较弱的刺激就可以引发较强的信号，使检测的灵敏度有了很大提高，检测所需样品更加微量化；同时荧光微球只有少量的低能辐射刺激，避免了传统放射性微球造成的辐射危险，并在不损失检测灵敏度的前提下降低了成本（Deveci等，1999）。早期主要使用聚苯乙烯微球，后来可见多种材质，如二氧化硅、聚多糖类、聚丙烯酸酯、聚乙烯基吡啶、聚丙烯酰胺等，目前应用较多的仍为聚苯乙烯微球。

但是，如果荧光微球的表面是非活化的，受体分子对微球的包覆仅仅依靠物理吸附完成，这样的结合不稳定，长期存放会导致稳定性下降，而且包覆效率也不高，造成价格昂贵的受体物质的浪费。因此包被之前，荧光微球的功能化十分重要，使活化的荧光微球表面带上一系列的官能团，如羟基、羧基、氨基和环氧基等，受体分子就可在温和的条件下与荧光微球发生化学连接，从而牢固地结合在一起。这种新近发展起来的微球具有粒度均一、稳定性好、单分散性好、发光效率高等特点。尤其是其球形表面弧度有利于抗原决定簇和抗体结合位点的暴露面处于最佳的反应状态，从而便于多参数分析，是该技术的一大优点。因此该方法可应用于免疫分析、高通量药物筛选、药物载体、固定化酶、细菌和病毒诊断、单个核苷酸多态性基因型、细胞因子鉴定以及单细胞分析等领域。

由于荧光微球是一种性能良好的蛋白质载体，可吸附抗原或抗体而特异性地检测相应抗体或抗原而常用于免疫分析，因此常作为疫病诊断试剂盒研发，以此发展起来的荧光微球技术称作荧光微球免疫技术（Fluorescent microsphere immunoassay，FMIA），该技术已经成功地应用于PRRS口腔分泌液中抗体的检测，并已投入商业化生产（Langenhorst 等，2012）。采用多重荧光微球系统，即每种荧光系统可分别检测不同的生物样本，可以达到同时进行多重检测的目的。目前正尝试着在CSFV抗体和BVDV抗体的鉴别诊断中应用，采用该方法用于CSFV抗体诊断的研究已经显示出良好的势头。因此开发该技术用于相关抗体的鉴别诊断以及多种猪病抗体的鉴别诊断具有良好的开发应用前景。

七、猪瘟抗体检测技术的展望

综上所述，由于传统的CSFV抗体检测技术费时、费力，敏感性、特异性和准确性低，同时还涉及动物福利和生物安全等问题，新型检测技术的研发和应用势在必行。随着基因表达技术和单克隆抗体制备技术在CSFV研究中的广泛应用，目前中国CSFV抗体新型检测技术取得了突破性进展，使得经典的NIF、NPLA、IPMA等体外中和试验更加完善和准确；各种ELISA技术乃至胶体金免疫快速检测技术应用于CSFV抗体的检测更加特异、敏感和准确；其他新型抗体检测技术如荧光微球免疫技术在CSFV抗体诊断中的研究中已初露曙光，显示出更加特异、敏感和稳定的特性，同时在抗体的鉴别诊断研究中也显示了巨大潜力。随着CSFV抗体检测技术研发和生产工艺中标准化参考血清和抗原的完善制备、标准化方法的推广和应用，尤其是生产过程和检测过程的质量控制和评估体系的完善，各种新型的CSFV抗体检测技术将朝着更精确、更简便的方向发展，并更加广泛地应用于猪瘟的诊断、预防控制、血清学研究、流行病学调查和疫苗免疫效果评价等实践当中。

（王　琴）

参考文献

Canal C.W., Hotzel I., de Almeida L.L., et al. 1996. Differentiation of classical swine fever virus from ruminant pestiviruses by reverse transcription and polymerase chain reaction (RT-PCR) [J]. Vet Microbiol, 48: 373–379.

Chen H.T., Zhang J., Ma L.N., et al. 2009. Rapid pre-clinical detection of classical swine fever by reverse transcription loop-mediated isothermal amplification[J]. Mol Cell Probes, 23: 71–74.

Chen L., Fan X.Z., Wang Q., et al. 2010. A novel RT-LAMP assay for rapid and simple detection of classical swine fever virus[J]. Virol Sin, 25: 59–64.

Choi C., Chae C. 2003. Localization of classical swine fever virus from chronically infected pigs by in situ hybridization and immunohistochemistry[J]. Vet Pathol, 40: 107–113.

Clavijo A, Lin M, Riva J, et al. 2001. Development of a competitive ELISA using a truncated E2 recombinant protein as antigen for detection of antibodies to classical swine fever virus[J]. Res Vet Sci, 70 (1): 1–7.

Compton J., 1991, Nucleic acid sequence-based amplification[J]. Nature, 350: 91–92.

Cruciere C., Bakkali L., Gonzague M., et al. 1991. cDNA probes for the detection of pestiviruses[J]. Arch Virol Suppl, 3: 191–197.

Deveci D, Egginton S. 1999. Development of the fluorescent microsphere technique for quantifying regional blood flow in small mammals[J]. Experimental Physiology, 84 (4): 615–619.

de Smit AJ, Eble PL, de-Kluijver EP. 2000. Bloemraad M, Bouma A. Lab-oratory experience during the classical swine fever epizootic in the Netherlands in 1997－1998[J]. Vet Microbiol, 73: 197－208.

EU Diagnostic Manual For Classical Swine Fever (CSF) Diagnosis: Technical Part (Third Drift June 2007)

Etienne K A, Kano R, Balajee S A. 2009. Development and validation of a microsphere-based gum inex assay for rapid identification of clinically relevant aspergilli[J]. J Clin Microbiol, 47 (4) : 1096－1100.

Gall J.G., Pardue M.L. 1969. Formation and detection of RNA-DNA hybrid molecules in cytological preparations[J]. Proc Natl Acad Sci USA, 63: 378－383.

Giglio S., Monis P.T., Saint C.P. 2003. Demonstration of preferential binding of SYBR Green I to specific DNA fragments in real-time multiplex PCR[J]. Nucleic Acids Res, 31: e136.

Haase A.T., Retzel E.F., Staskus K.A. 1990. Amplification and detection of lentiviral DNA inside cells[J]. Proc Natl Acad Sci USA, 87: 4971－4975.

Heid C.A., Stevens J., Livak K.J., et al. 1996. Real time quantitative PCR[J]. Genome Res, 6: 986－994.

Holland P.M., Abramson RD, Watson R, et al. 1991. Detection of specific polymerase chain reaction product by utilizing the 5'→3' exonuclease activity of Thermus aquaticus DNA polymerase[J]. Proc Natl Acad Sci USA, 88 (16) : 7276－7280.

Irene Greiser-Wilke, Sandra Blome, Volker Moennig. 2007. Diagnostic methods for detection of Classical swine fever virus—Status quo and new developments[J]. Vaccine, 25: 5524－5530.

Karlsen F., Steen H.B., Nesland J.M. 1995. SYBR green I DNA staining increases the detection sensitivity of viruses by polymerase chain reaction[J]. J Virol Methods, 55: 153－156.

Langenhorst RJ, Lawson S, Kittawornrat A, et al. 2012. Christopher-Hennings, J; Nelson, EA; Fang, Y. Development of a Fluorescent Microsphere Immunoassay for Detection of Antibodies against Porcine Reproductive and Respiratory Syndrome Virus Using Oral Fluid Samples as an Alternative to Serum-Based Assays[J]. Clinical and vaccine immunology, 19 (2) : 180.

Li Y., Zhao J.J., Li N., et al. 2007. A multiplex nested RT-PCR for the detection and differentiation of wild-type viruses from C-strain vaccine of classical swine fever virus[J]. J Virol Methods, 143: 16－22.

Liu J., Fan X.Z., Wang Q., et al. 2011. Dynamic distribution and tissue tropism of classical swine fever virus in experimentally infected pigs[J]. Virol J, 8: 201.

Liu S.T., Li S.N., Wang D.C., et al. 1991. Rapid detection of hog cholera virus in tissues by the polymerase chain reaction[J]. J Virol Methods, 35: 227－236.

Lowings P., D. J. Paton, J. J. Sands, et al. 1994. Classical swine fever: genetic detection and analysis of differences between virus isolates[J]. J Gen Virol, 75: 3461－3468.

Lowings, P., Ibata, G., Needham, J., et al. 1996. Classical swine fever virus diversity and evolution[J]. J Gen Virol, 77: 1311－1321.

Mcnicol A.M., Farquharson M.A. 1997. In situ hybridization and its diagnostic applications in pathology[J]. J Pathol, 182: 250–261.

Moser C, Ruggli N, Tratschin JD. 1996. Detection of antibodies against classical swine fever virus in swine sera by indirect ELISA using recombinant envelope glycoprotein E2[J]. Vet Microbiol, 51 (1–2) : 41–53.

Notomi T., Okayama H., Masubuchi H., et al. 2000. Loop-mediated isothermal amplification of DNA[J]. Nucleic Acids Res, 28: E63.

Official Journal of the European Communities, Council directive 2001/89/EC of 23 October 2001 On Community measures for the control of classical swine fever. (2001/89/EC)

Official Journal of the European Communities, Commission Decision of 1 February 2002 approving a Diagnostic Manualestablishing diagnostic procedures, sampling methodsand criteria for evaluation ofthelaboratory tests for the confirmation of classicalswine fever (notified under document number C (2002) 381) , (2002/106/EC) .

OIE. 2014. Manual of diagnostic tests and vaccines for terrestrial animals[S]. www.oie.int.

Paton D.J., McGoldrick A., Greiser-Wilke I., et al. 2000. Genetic typing of classical swine fever virus[J]. Vet.Microbiol. 73, 137–157.

Pan C.H., Jong M.H., Huang Y.L., et al. 2008. Rapid detection and differentiation of wild-type and three attenuated lapinized vaccine strains of classical swine fever virus by reverse transcription polymerase chain reaction[J]. J Vet Diagn Invest, 20: 448–456.

Paredes J.C.M., Oliveira L.G., Braga A.C, 1999. Development and standardization of an indirect ELISA for the serological diagnosis of classical swine fever[J]. Pesq Vet Bras, 19 (3/4) : 123–127.

Risatti G.R., Callahan J.D., Nelson W.M., et al. 2003. Rapid detection of classical swine fever virus by a portable real-time reverse transcriptase PCR assay[J]. J Clin Microbiol, 41: 500–505.

Sandvik T., Paton D.J., Lowings P.J. 1997. Detection and identification of ruminant and porcine pestiviruses by nested amplification of 5' untranslated cDNA regions[J]. J Virol Methods, 64: 43–56.

Sano T., Smith C.L., Cantor C.R. 1992. Immuno-PCR: very sensitive antigen detection by means of specific antibody-DNA conjugates[J]. Science, 258: 120–122.

Saunders GC. 1977. Development and evaluation of an enzyme-labeled antibody test for the rapid detection of hog cholera antibodies[J]. Am J Vet Res, 38 (1) : 21–5.

Seideman J, Peritt D. 2002. A novel monoclonal antibody screening Hie thod using the Luminex-100 microsphere system[J]. J Immunol Methods, 267 (2) : 165–171.

Voller A, Bidwell DE. 1975. A simple method for detecting antibodies to rubela[J]. Br J Exp Patho, 56: 338–337.

Zhang X.J., Sun Y., Liu L., et al. 2010. Validation of a loop-mediated isothermal amplification assay for visualised detection of wild-type classical swine fever virus[J]. J Virol Methods, 167: 74–78.

Zhao J.J., Cheng D., Li N., et al. 2008. Evaluation of a multiplex real-time RT-PCR for quantitative and differential detection of wild-type viruses and C-strain vaccine of Classical swine fever virus[J]. Vet Microbiol, 126: 1–10.

凯瑞尔, 瑞麦兹, 等. 2014. 猪病学[M], 第10版, 赵德明, 张仲秋, 周向梅, 等译. 北京: 中国农业大学出版社.

陈锴, 姚华伟, 王长江, 等. 2013. 荧光定量PCR作为猪瘟兔化弱毒疫苗效价检验替代方法的研究与应用[J]. 46 (1) : 162–169.

范学政, 徐璐, 王琴, 等. 2011. 猪瘟病毒E2 基因密码子优化后在昆虫细胞中的表达[J]. 中国兽医杂志, 47 (5) : 3–5.

高淑霞. 2005. 猪常见病毒病诊断基因芯片的构建与初步应用[D]. 泰安: 山东农业大学.

郭焕成, 席进, 刘帅, 等. 2012. 猪瘟病毒基因分型寡核苷酸芯片方法的建立[J]. 中国兽医学报, 32 (2) : 177–211.

黄瑜, 甘孟侯. 1994. 我国猪瘟检测方法及其评价[J]. 中国兽医杂志, 07: 45–47.

李瑶. 2006. 基因芯片数据分析与处理[D]. 北京: 化学工业出版社.

刘俊, 王琴, 范学政, 等. 2009. 猪瘟病毒野毒株TaqMan-MGB荧光定量PCR鉴别方法的建立与应用[J]. 中国农业科学, 42 (12) : 4366–4371.

刘俊. 2009. MGB荧光定量PCR鉴别检测猪瘟病毒及其动态分布规律研究[D]. 重庆: 西南大学硕士毕业论文.

聂福平, 肖进文, 李应国, 等. 猪瘟病毒NASBA-ELISA检测方法的建立与应用[J].中国兽医科学, 2012, 6: 601–605.

秦玉明. 2003. 猪瘟病毒原位RT-PCR检测方法的建立及分子致病机理的初步研究[D]. 北京: 中国兽医药品监察所硕士毕业论文.

王凤强, 姜北宇, 刘明泽, 等. 2005. 免疫胶体金快速诊断技术在兽医诊断上的应用[J]. 畜牧兽医杂志, 24 (6) : 17–19.

徐璐, 范学政, 徐和敏, 等. 2012. 猪瘟抗体间接ELISA检测试剂盒的研制和应用[J]. 中国兽医杂志, 48 (9) : 21–25.

徐璐, 范学政, 徐和敏, 等. 2012. 猪瘟抗体间接ELISA检测方法的建立和优化[J]. 中国兽医杂志, 48 (3) : 15–18.

杨林, 猪瘟病毒基因芯片诊断技术的研究及应用[D]. 北京, 中国农业大学, 2005.

殷震, 刘景华. 1997. 动物病毒学[M], 第2版, 北京: 北京科技出版社.

余兴龙, 涂长春, 李作生, 等. 1999. 以重组mE2蛋白为抗原建立检测猪瘟病毒抗体间接ELISA方法的研究[J]. 中国预防兽医学报, 21 (3) : 220–222.

张先孝, 张洪钧, 罗若兰, 等. 1985. 用间接血凝反应检测猪瘟抗体的研究[J]. 中国兽医科技, 5: 9–12.

张兴娟, 孙元, 刘大飞, 等. 2009. 猪瘟病毒野毒株RT-LAMP可视化检测方法的建立[J].中国预防兽医学报, 11: 864-868.

赵启祖, 刘湘涛, 刘卫. 1997. 猪瘟病毒P80基因核酸探针的研制[J]//谢庆阁, 翟中和.畜禽重大疫病免疫防制研究, 北京: 中国农业科技出版社, 3-7.

赵燕. 2014. 猪瘟病毒QuantiGene ViewRNA原位杂交方法的建立及初步应用[D]. 北京:中国兽医药品监察所硕士学位论文.

中国兽药典委员会. 2011. 中华人民共和国兽药典[S], 2010年版, 北京: 中国农业出版社.

中华人民共和国农业部. 2000. 中华人民共和国兽用生物制品规程[S], 北京: 化学工业出版社.

周绪斌, 王新平, 宣华, 等. 2002. 鉴别牛病毒性腹泻病毒和猪瘟病毒的复合PCR方法及其应用[J]. 中国兽医学报, 22 (6) : 557-560.

第八章

猪瘟疫苗研究

第一节 灭活疫苗与弱毒疫苗

联合国粮农组织、世界动物卫生组织（OIE）和各国政府十分重视猪瘟的防控工作，中国也将猪瘟疫苗免疫作为猪瘟预防控制的重点工作。

一、猪瘟疫苗的研究历史

最早的猪瘟疫苗是灭活疫苗，1919年Dorset等对此进行了报道。1951—1954年中国研究人员从本国筛选出免疫原性优良的CSFV石门系毒株，以此制成了猪瘟结晶紫甘油灭活疫苗，在全国大量投产并推广使用，迅速控制了当时的猪瘟疫情（王在时，1996）。但由于灭活疫苗免疫效果差，产生免疫保护所需的时间长，成本高和易造成强毒散毒等问题，后来，人们的目标开始转向弱毒活疫苗的研究上。以美国和英国为主的欧美国家于20世纪40年代启动了猪瘟弱毒疫苗的研究工作，1946年他们开始培育猪瘟兔化弱毒（Baker，1946；Koprowski 等，1946），但早期培育的疫苗株"Rovac"对猪仍有一定毒力，可诱发接种猪严重反应及流产死胎，因此，该弱毒疫苗不能单独使用，必须和猪瘟阳性血清同时使用，难以推广。

中国于1950年开始猪瘟弱毒疫苗研究。哈尔滨兽医研究所从国外引进仍有一定毒力的国外弱毒株为起始材料，在兔体连续传110代后，中国兽医药品监察所方时杰、周泰冲等进一步致弱并培育猪瘟兔化弱毒株。又经过240多代的兔体传代和系统测试，终于培育出了一株适应于家兔的CSFV兔化弱毒株（Hog cholera lapinized virus，HCLV）。猪体试验表明该毒株不仅对猪安全，还保持了优良的免疫原性，而且毒力返祖的可能性很小，用该毒株免疫猪4d即可产生免疫保护力，一次接种产生的免疫保护期可达一年以上。该毒株于1956年用于生产弱毒疫苗，并在全国推广使用。同年，中国政府将该毒株以先进科技成果先后无偿赠送给苏联、匈牙利、罗马尼亚、朝鲜、保加利亚及越南等当时的社会主义友好国家。匈牙利应用证明，来自北京的兔化弱毒优于美英当时的Rovac及SFV等商品弱毒苗，对种猪、乳猪无残余毒力。后来HCLV种毒传到大部分欧洲国家及一些拉美国家。该疫苗荣获1983年国家发明一等奖。时至今日这一毒株仍在中国和世界上许多国家广泛使用，是国际上公认最安全有效的猪瘟弱毒疫苗，因此国际上通常将该疫苗株称为"C"株，即"中国"株。欧共体（EEC）1976年总结如何共同为进一步消灭欧洲猪瘟制定统一方案时声称：HCLV为欧洲一些国家猪瘟的控制和消灭做出了贡献（王在时，1996）。

到目前为止，在一些有猪瘟流行的国家和地区，猪瘟弱毒疫苗接种仍然是控制猪瘟的主要手段。猪瘟兔化弱毒疫苗（中国C株）、细胞弱毒疫苗（日本GPE株和法国Thiverval株）和中国台湾的猪瘟兔化弱毒（兔体传800代致弱）仍被广泛用于猪瘟的预防控制。通过疫苗免疫等综合防治措施，许多美欧发达国家已经消灭了猪瘟。在个别无猪瘟的西欧国家，对待偶尔暴发的猪瘟疫情，主要采用扑杀的方法来消灭疫情，但在野猪出没地区及一些易发生猪瘟的高风险地区，多采用C株疫苗毒株制备的口服诱饵疫苗免疫野猪，防止野猪向家猪传播疫情。此外，一些欧洲国家在高风险地区有时也使用亚单位疫苗进行家猪的免疫预防，他们也在积极开发可以鉴别人工免疫与自然感染的标记疫苗等新型疫苗。中国仍是以疫苗接种为手段控制猪瘟的国家之一，弱毒疫苗的广泛使用对于防治猪瘟起到了重要的作用。

二、猪瘟结晶紫甘油灭活苗

最早开展猪瘟结晶紫灭活苗和组织疫苗研究的是Dorset等（王在时，1996）。中国最早于1947年由马闻天、金惠昌等开始试制猪瘟灭活疫苗。新中国成立后，何正礼等（1951），方时杰、李继庚等（1951），胡祥璧等（1953），李崇道等（1952）相继报道用不同毒株研制成功了猪瘟结晶紫灭活苗，尽管灭活疫苗产生免疫保护慢，免疫效果不是十分令人满意，但在当时没有更好疫苗的情况下，这仍然是控制猪瘟的有效疫苗。经反复比较，研究人员发现制苗毒株和采毒时间直接影响疫苗的免疫效力，制苗的关键是选择一株免疫原性优越的毒株、选择最佳时期采取病猪的血毒抗原或组织抗原，掌握恰当的灭活期，是制造好疫苗的关键。在制造毒株方面，通过试验比较，研究人员发现1945年从中国石家庄地区分离的猪瘟强毒石门株的免疫原性最好。1954年农业部批准了猪瘟灭活疫苗制造规程，安排全国各生药厂批量生产，并在疫区推广应用，取得了一定的免疫效果。但灭活疫苗与弱毒活疫苗相比，免疫效果不能令人满意，成本高，2~3mL血才能生产1头份疫苗；产生免疫保护的时间慢；此外，容易散毒是最大的弱点。因此，1992版及以后的兽用生物制品规程中不再收录用猪瘟石门强毒作为抗原的猪瘟灭活疫苗产品。

三、猪瘟兔化弱毒疫苗

自1946年开始，国外相继有报道（Baker，1946）用不同方法将不同毒株适应家兔，用于培育对猪致病力减弱的弱变异株，虽然取得进展，但在欧美和日本的试验结果表明这些弱毒株的毒力仍不够安全和理想，接种猪仍可发生严重反应及死亡，需要与免疫血清共同注射才能减轻接种猪的发病反应。

在中国，方时杰和周泰冲等通过将适应家兔的CSFV在兔体上连续传代后培育成功了猪瘟兔化弱毒疫苗株（HCLV），国际上称为"C"株。20世纪60年代C株被引入东欧和亚洲友邦，被称为"K"株或"LC株"（Lapinized Chinese strain），后来又流传到西欧和拉美各国。Riems株就是C株的一个衍生毒株。因为C株安全有效，1976年在由联合国粮农组织和欧共体召开的专家会议上，专家一致认为C株的应用对控制和消灭欧洲的猪瘟做出了重大贡献。直至目前，C株仍被世界上许多国家广泛应用，其地位和价值至今无可动摇（王在时，1996）。

（一）C株猪瘟兔化弱毒的特点

1. 安全性高　C株疫苗非常安全，对不同品种和年龄猪均无残余毒力，用该毒株接种猪只后不引起猪的发病和死亡，只是偶尔可见少数接种猪出现轻微的体温反应。C株安全性还体现在未吃初乳的新生仔猪接种后都不出现异常反应，接种怀孕1~3月的母猪不引起死胎和流产，免疫10~14日龄哺乳仔猪，不影响其发育（Aynaud, 1988; Bran等，1966; 王在时，1996）。C株先后被亚、欧和南美几十个国家广泛应用，一致认为它比美国的Rovac、MCV和英国的SFA株都安全。即使处于免疫抑制状态，接种C株的猪只也不出现发病和死亡，但在同样条件下，使用其他国家的兔化弱毒可引起一定的死亡。C株在猪体内回传5代以上毒力不返强，接种怀孕母猪也不发生垂直传播（丘惠深等，1999）。到目前为止，还没有关于C株病毒向胎儿或新生猪传播而引起不良反应的报道。虽然有报道说C株病毒偶尔可以通过胎盘传递给胎儿，但不会导致胎猪的免疫耐受，不引起任何发育异常，对怀孕母猪、胎儿和新生仔猪均不表现出致病作用（Bran等，1971; Kojnok 等，1980）。感染猪瘟强毒2d后可以通过荧光抗体从扁桃体检测到病毒增殖，直至死亡。但C株接种后，疫苗病毒的复制仅局限于淋巴样组织，其中，在扁桃体复制不超过3周。接种7d后在脾脏和血液尚能检出微量病毒，但17d后，血液、脾脏和骨髓中均检不出病毒。通常情况下接种猪不通过分泌物和排泄物向外界排毒，也不向同圈猪散毒。

C株口服接种也非常安全有效，可用于家猪和野猪的口服免疫。家猪口服接种

2～12d后其鼻腔分泌物和粪便中均分离不到病毒，口服第8天时仅在扁桃体、下颌淋巴结、脾脏等部分器官中检测到病毒。试验证明C株疫苗对各种年龄的野猪也是安全有效的（Kaden 等，2001；Kaden 等，2003），野猪口服接种后第9天仅在扁桃体中检测到病毒。上述结果表明猪口服接种后排毒和散毒能力较弱。在欧洲，通过向野猪投送含高滴度（$10^{5.5}PD_{50}$）C株疫苗的诱饵，可较好地控制野猪群猪瘟的流行，从而有效防止猪瘟向家猪传播。法国学者系统地评价了不同动物口服免疫C株疫苗的安全性和免疫原性，他们用47头家猪、11头野猪、26只家兔、10只野兔和16只绵羊进行了7项试验。研究结果表明，口服接种4d内，均未从接种猪的扁桃体、脾脏、淋巴结、胸腺、唾液、尿液和粪便中分离到疫苗病毒，接种3周内，所有家猪和野猪均发生抗体阳转，6周后可完全抵抗强毒攻击。此外，与接种猪直接接触的未接种易感猪无一发生血清学阳转。表明C株疫苗经口服不仅能产生免疫保护，而且接种猪不会向外界散毒。绵羊和野兔口服接种后不表现任何临床症状，而家兔则出现正常的定型热反应和生长迟缓现象。接种绵羊不出现血清阳转，而部分接种家兔和野兔则发生血清阳转，与接种动物接触的家兔和野兔也未出现血清阳转。结果充分证明C株疫苗对家猪、野猪和绵羊是安全的。

2. **免疫效力强**　大量研究证实，采用从中国不同地区分离的猪瘟野毒株进行攻击，C株疫苗接种猪的免疫保护效力均接近100%。注射C株后3d即可产生良好的免疫保护力；断奶仔猪免疫保护率可达100%，免疫期可达1.5年；中和抗体通常在接种2周后产生，随后上升并持续4～12周以上。母猪接种1年后再次接种时，多数抗体滴度并不升高。接种后1～4周经鼻内攻毒甚至不产生回忆性抗体应答，提示攻击病毒可能未发生复制。接种后60d攻毒，全部存活，7d后体内检测不到病毒，同圈猪不被感染，表明C株疫苗产生的免疫力可以完全清除攻击的强毒并阻止排毒。据观察，有的母猪接种后3年进行攻毒，依然保持健康。Van Bekkum研究表明，大部分母猪接种C株后2.5～3年仍呈抗体阳性，少数猪抗体只持续1年。用C株疫苗接种不仅能诱导完全的临床保护（不发病），而且能产生完全的"病毒学"保护（不出现病毒血症，不排毒），即便是在接种1周后进行攻毒，接种猪也不向未接种的接触猪传播病毒。但用低于最佳免疫剂量的弱毒疫苗进行免疫，然后攻毒，数周内可在扁桃体检测到强毒抗原，这些猪是否散毒有待证实。当接种疫苗的病毒含量增大到正常水平，这种"带毒"现象不再发生，表明带毒猪的产生是由于接种剂量太低所致，而非疫苗本身的问题。有研究证明，接种C株疫苗的同时用不同毒力和剂量的强毒株进行攻击，结果有不同比例的猪存活下来，存活猪均产生抗体，并且不排毒，表明在猪瘟感染地区通过口服免疫接种C株疫苗不存在造成猪瘟持续感染的危险。用强毒攻击后1～4d再用C株疫苗进行接种，结果猪全部死亡，表明感染后再进行疫苗接种似乎并不能改变感染结局，这说明试图用大剂量猪瘟疫苗"治疗"猪瘟的做法是不可取的。用C株疫苗对野猪接种不同次数均能产生很好的免疫效力。在一项试验中，对7~8月龄猪接种3~4次（间隔7d），或接种2次（间隔14d或28d）；在另一项试验中，对3月龄猪接种5次（间隔14d和28d）。结果显示，不管免疫程序如何，所有野猪均能产生中和抗体。其中，首次接种后28d，单次接种和间隔7d的3次接种诱导的抗体滴度最高（1∶80）；对于多次接种的野猪（间隔14d或28d），第3次接种导致抗体滴度略微下降或适度升高。第5次接种后攻毒所有野猪均得到保护（无病毒血症、不排毒、尸检时从器官中分离不到病毒），哨兵猪也未被感染。推荐间隔28d加强免疫作为消灭野猪猪瘟的基础程序，控制措施开始时可以采用3次接种。

应用C株对受猪瘟威胁猪进行紧急免疫接种不仅能获得免疫力，而且能降低感染性病毒在接种动物的复制效率，阻断或减缓野毒的传播，降低接种猪对病原的敏感性，从而减弱了病原在猪群中的传播（即产生群体免疫力）。从流行病学角度讲，此时复发率（Reproductive rate，R）会低于1，传播会停止，疫情将会平息。

妊娠母猪感染猪瘟野毒后，病毒会通过胎盘传播给胎儿，产出持续感染、免疫耐受、外表健康但排毒的仔猪，从疫病控制的角度看，这是非常不利的。一种良好的疫苗应当能控制这种先天感染，但目前没有关于C株能防止先天感染的报道。

综合分析可以看出，免疫保护取决于多种因素，例如：① 攻毒与接种之间的间隔时间不同，保护机制不同。接种后的前几天攻毒，中和抗体不发挥作用，随后则发挥作用；② 所用疫苗的类型和病毒含量。用不同方式制作的C株疫苗的抗体应答具有不同的特点；③ 选用的免疫保护评价指标不同。需要确定哪些免疫学指标与疫苗保护相关；④ 攻毒用毒株和攻毒剂量不同（仇华吉，2005）。

尽管C株免疫效力极佳，但国内外常有猪瘟疫苗免疫失败的例子。导致免疫失败的原因有多种。除了CSFV持续感染母猪导致仔猪免疫耐受引起疫苗免疫失败以外，母源抗体干扰、免疫程序不合理也是一个不容忽视的因素（王琴，2006），此外，其他病毒（如PRRSV和PCV2）感染猪后会严重影响猪瘟疫苗的免疫应答（宁宜宝等，2004）。虽然C株在抵抗不同亚型猪瘟野毒感染的免疫原性没有发生变化，但不同质量的猪瘟疫苗产生的免疫效果是不一样的。

3. 对国际上流行的不同基因型毒株均能提供交叉保护　CSFV只有1个血清型，但可分为3个基因型和10个基因亚型。C株属于1.1基因亚型，但实际上它能诱导针对国际上流行的不同基因型毒株和各种临床表型的毒株的免疫保护，保护率可达100%（Aynaud，1988；Vandeputte 等，2001）。近年还对C株的有效性进行了监测和再评价，多年来一些专家认为流行毒株免疫基因正在朝着远离疫苗的方向而变异，导致疫苗免疫失败。对此，中国兽医药品监察所采用不同时间不同地点分离的基因1群和2群中不同基因亚型和不同毒力的野毒株进行单独或混合攻毒进行交叉保护试验，结果表明C株接种猪均能得到完全保护（王琴等，2003; 丘惠深等，1997），证明了C株优良的交叉保护能力；来自英国国家动物健康与兽医实验室机构的研究数据也表明中国C株能产生对基因3群泰国分离株（CBR/93, 3.3）的完全保护。用引起慢性猪瘟的中等毒力毒株和繁殖障碍的毒株进行的研究表明C株同样能产生高水平的抗体应答和很好的免疫保护（Suradhat等，2003）。为此在中国使用HCLV进行高密度（100%）强制免疫，仍然是有效的手段。

4. **遗传性状稳定**　C株遗传性状十分稳定，兔体连续传985代对猪的免疫原性并无影响。中国兽医药品监察所随机抽取国内同一厂家生产的18个批次的猪瘟细胞疫苗，对这些疫苗病毒的主要抗原E2基因编码序列分析表明，所有批次疫苗的核苷酸及氨基酸均呈现较高的同源性，为99.1%～100%。此外，对3个厂家生产的猪瘟细胞疫苗的E^{rns}基因进行的序列测定表明，没有一个碱基发生变异，其E^{rns}基因结构的稳定性均保持在较高水平，表明国内所使用的疫苗株免疫基因处于稳定状态。这些研究说明目前中国生产的猪瘟兔化弱毒疫苗毒是稳定的，疫苗种毒没有发生变异（王琴等，2004; 赵耘等，2001）。

（二）C株猪瘟兔化弱毒疫苗生产工艺研究进展

中国猪瘟兔化弱毒疫苗的生产工艺研究经历了三个阶段。第一阶段是用动物组织生产疫苗。中国在1957年开始推广兔化弱毒组织苗，初期采用家兔淋脾组织制苗，每只家兔所制疫苗可供300头猪免疫。1964年将兔化弱毒接种乳兔，研制成功乳兔苗，每只乳兔制苗可供1 500头猪使用，大大提高了产量，降低了成本，1965年乳兔制苗技术在全国推广使用。接着又将兔化弱毒接种牛，病毒可在牛体内增殖，淋脾毒价可达到乳兔水平，用于制备猪瘟兔化弱毒牛体反应冻干苗。

第二阶段用动物原代细胞生产疫苗。1974年黑龙江兽医研究所用原代猪肾细胞成功培养兔化弱毒并用于疫苗生产，1975年中国兽医药品监察所组织全国兽医药品厂推广使用这一技术，到1980年有13个兽药厂生产猪肾细胞苗。为了避免用同源细胞生产疫苗有污染强毒的危险，科研人员又先后研制成功绵羊肾细胞苗（1980年）、奶山羊肾细胞苗（1982年）和犊牛睾丸细胞苗（1985年）。羊肾和犊牛睾丸细胞苗接种猪后3d开始产生免疫力，5d达到完全保护，免疫期1年。1985年全国推广使用犊牛睾丸原代细胞生产猪瘟疫苗，一直使用至今，长达30年。

第三阶段用传代细胞系结合生物反应器技术生产猪瘟疫苗，生产工艺获得重大突破。2004年中国兽医药品监察所和广东永顺生物制药有限公司开始进行用猪睾丸传代细胞系（ST细胞系）生产猪瘟疫苗的研究，同时利用生物反应器代替转瓶培养细胞获得成功，这种生产工艺的稳定性大大提高，不仅显著增加了疫苗病毒的含量，而且有效地解决了传统犊牛睾丸细疫苗污染BVDV的问题，减少了原代细胞用动物个体之间的差异（宁宜宝等）。2008年，农业部批准在部分养猪大省推广使用，大量临床使用数据表明该技术生产的兔化弱毒疫苗对猪安全，疫苗注射不引起全身不良反应，体温、食欲正常。注射部位也无红肿现象，肌肉和附近淋巴结均正常，无病理变化。疫苗接种后3d开始产生免疫保护力，第4天能100%抵抗强毒的攻击，免疫期可达14个月以上。与传统的原代细胞疫苗和兔体组织苗相比，用ST细胞系生产的猪瘟疫苗免疫猪，可以明显提高猪群整体抗体水平，降低猪瘟的发病率和死亡率。

（宁宜宝、王长江）

第二节 亚单位疫苗

亚单位疫苗（Subunit vaccine）是将病原微生物的保护性抗原基因导入受体菌或细胞，使其在受体中高效表达保护性抗原蛋白，以此抗原蛋白制成的一类疫苗就成为亚单位疫苗。因其只含有病原体的一种或几种抗原蛋白，不含有病原体的其他遗传信息，因而无需灭活，也无致病性，因此非常安全。

以杆状病毒（Baculovirus）作为载体在昆虫细胞表达异源病毒抗原蛋白作为亚单位疫苗最为普遍。杆状病毒—昆虫细胞表达系统的表达水平普遍高于哺乳动物细胞水平，表达的外源糖蛋白可以糖基化，对蛋白质的加工和运转过程与哺乳动物细胞类似，表达蛋白"仿真"程度较高。杆状病毒—昆虫细胞表达系统已成为研发众多亚单位疫苗的重要工具。

CSFV E2囊膜糖蛋白是其主要的保护性抗原蛋白，E2蛋白单独免疫即可保护猪不发生猪瘟，而且E2蛋白上的中和性表位在CSFV毒株中是保守的。这样，在E2蛋白为基础开发的亚单位疫苗对CSFV野毒株感染能产生广泛保护，且可通过检测抗E^{rns}的抗体将免疫猪和感染猪区分。

国外从1993年开始了CSFV亚单位疫苗的研究，构建了表达CSFV E2基因的重组体pAcAS3gXE2±TMR（gX是一段信号序列，TMR为病毒的跨膜区），通过杆状病毒（Baculovirus）ACNPV DNA共转染昆虫细胞（Hulst 等，1994）。E2-TMR（无跨膜区）可分泌到培养基中，其最大表达量为20mg/L。用20μg的E2蛋白免疫动物，4周后抗体水平达到高峰，完全能抵抗致死剂量的CSFV Brescia株的强毒攻击，并能100%保护。此后，研究人员在Hulst的基础上将分泌型表达的E2蛋白制成水包油佐剂疫苗进行了保存期实验。结果在4℃存放9个月、18个月和刚生产的疫苗，分别进行免疫动物，2~4mL/头（16~32μg/头），3周后用致死量强毒Brescia攻击，它们的效力没有明显差异，都达到95%的保护率。目前，该蛋白的表达水平已被提高至60μg/mL，用其制备的亚单位疫苗1998年被列入欧洲药典。

Bouma等许多人对Hulst的E2亚单位疫苗进行了全面细致的应用性研究（Bouma 等，2000）。结果表明E2亚单位疫苗的最佳免疫保护起始时间是在免疫动物后2周，此时CSFV致死量攻毒后95%的动物得到保护，在免疫后10d就已经产生了相当的抗体；免疫13个月后仍有75%的免疫动物抵抗致死量强毒攻击。

目前，有两种商品化的CSFV亚单位疫苗上市（Uttenthal 等，2001），它们是拜耳公司的Bayovac CSF marker和因特威公司的Porcilis Pesti。这两种疫苗均是由杆状病毒表达的重组E2糖蛋白抗原研制而成，并有与这两种疫苗配套的检测E^{rns}抗体的ELISA方法，用以区分自然感染和疫苗免疫所诱导的免疫应答，因此，这两种亚单位疫苗又常被称为标记疫苗。从1999年开始，欧盟CSFV参考实验室进行了大规模的标记疫苗的实验，结果表明标记疫苗尽管可提供免疫保护，但不能阻止亚临床感染，单次免疫也不能阻止CSFV的垂直传播，因此，免疫效果仍不及弱毒疫苗。例如，Dewulf等比较了E2亚单位疫苗与C株的免疫效果，结果免疫E2亚单位疫苗的猪在免疫7d后的攻毒保护率则只有42%（5/12），14d后才能获得完全保护，而免疫C株的猪在免疫的同一天进行攻毒即可得到保护。不过，在国际贸易中活疫苗的使用因不能鉴别感染与免疫而受到很大限制，在这一情况下，使用亚单位疫苗仍然具有一定优势。

（刘湘涛）

第三节 **核酸疫苗**

DNA疫苗又称核酸疫苗或基因疫苗，是20世纪90年代Wolff等首创的新型疫苗（Wolff等，1990），其本质是编码免疫原或与免疫原相关的真核表达质粒DNA（有时也可是RNA），DNA疫苗的使用就是将编码某种蛋白质抗原的重组真核表达载体直接注射到动物体内，使外源基因在体内表达，产生的抗原直接激活机体的免疫系统，从而诱导特异性的体液免疫和细胞免疫应答，起到免疫保护作用。DNA疫苗被称为继常规疫苗、亚单位疫苗之后的"第三代疫苗"，具有广阔的发展前景。

一、猪瘟DNA疫苗的构建和评价

（一）常规DNA疫苗

目前，关于猪瘟DNA疫苗国内外均有报道。余兴龙等构建了四种包含E2全基因序列的真核表达质粒，其中pcDSW（含有信号肽序列）质粒肌内注射小鼠后可诱导小鼠抗CSFV的体液免疫，用pcDSW免疫兔和猪后可获得保护（余兴龙等，2000）。在Ganges等的实验中，用pcDNA–E2（TMR+E2）免疫猪只，攻毒后除了一头猪有轻微的临床症状和病理变化外，另外两头猪得到了完全保护（Ganges等，2005）。Andrew等最先评价了CSFVDNA疫苗的免疫效力，将E2糖蛋白基因的全长cDNA克隆到质粒载体pCI上（Andrew等，2000），使用了不同的免疫方法和剂量免疫动物。用Panjet无针皮内接种耳朵，单次射击200μg pCI–gp55或两次射击50μg pCI–gp55就足以诱导坚强的免疫力，所有免疫猪均能抵抗致死量的CSFV攻击。但是，Hammond等的研究却没有获得这样理想的效果，用100μg pCI–gp55免疫两次并没有有效预防临床症状的出现或脾和淋巴结的病理损伤，攻毒后仅有一半的猪存活下来（Hammond等，2001）。这一结果表明，为了得到满意的保护，对于pCI–gp55高剂量和多次免疫似乎是必要的，而且还需要采取一些策略来提高pCI–gp55的免疫原性。

在评价DNA疫苗的免疫效果时，能否诱导中和抗体的常常被看作是一个重要的指标（剂量和产生时间）。在一些免疫攻毒试验中，DNA疫苗免疫后中和抗体产生的水平和免疫效力有很大的关系，但也不全是这样。在Andrew等（2000）和Hammond等（2001）的研究中，在攻毒前所有产生中和抗体的猪都被保护了，然而，并不是所有存活下来的猪在攻毒前都有中和抗体的产生。这暗示有可能涉及中和抗体非依赖性的保护。后来，Ganges等发现攻毒前pcDNA3.1/E2（CSFV的全长E2基因）注射后并没有检测到抗CSFV中和抗体的产生，但是，它激活了特异性MHCⅡ类限制的T细胞应答（Ganges等，2005）。攻毒后，中和抗体的滴度在免疫猪体内迅速升高，这个结果表明可以用诱导Th应答的策略去设计标记疫苗而不是直接诱导高滴度的中和抗体应答。这样以来，攻毒前检测不到免疫动物体内的抗CSFV中和抗体的存在就能较容易地把感染动物和免疫动物区分开。

在设计E2-DNA疫苗时，跨膜区（TMR）的作用是一个令人感兴趣的话题。大多数猪瘟DNA疫苗研究采用全长E2基因（Andrew等，2006；Andrew等，2000；Ganges等，2005；Hammond等，2001；Wienhold等，2005），而在余兴龙等和Markowska-Daniel等（2001）的研究中，带有信号肽序列而没有TMR的E2基因被用于构建猪瘟DNA疫苗（Markowska-Daniel等，2001；余兴龙等，2000）。余兴龙等的研究表明，质粒pcDSW（编码不带TMR的E2基因）能够保护猪抵抗致死性的攻毒，但是质粒pcDST（带有TMR的E2基因）诱导的免疫应答比起pcDSW诱导的免疫应答弱多了。Markowska-Daniel等（2001）证实，gp55pCIneo（含有TMR的E2基因）不能保护免疫猪，然而Sigp55pTargeT（含有不带TMR的）免疫猪除了仅有瞬时的低热外都得到保护。这些看似矛盾的发现可能是由于他们之间的实验体系不同造成的。实际上有或没有TMR基因的E2-DNA疫苗都是有效的候选疫苗。缺失跨膜区可以使抗原更容易分泌到细胞外（Yu等，2001），因而加强了体液免疫应答。相比而言，包含TMR的全长E2的表达更倾向于将E2蛋白保留在细胞膜上递送给T细胞。对于携带全长E2的质粒，高免疫剂量似乎是产生有效的体液免疫应答的一个重要因素。

（二）新型DNA疫苗

近年来，RNA病毒复制子疫苗崭露头角，其中以Semliki森林病毒（Semliki forest virus，SFV）和辛得毕斯病毒（Sindbis virus，SINV）等甲病毒（Alphaviruses）衍生的DNA/RNA载体被广泛用于外源基因的表达。甲病毒复制子载体是衍生于RNA病毒基因组并能自主复制的RNA分子。RNA复制子疫苗不会产生感染性病毒粒子，不会与细胞基因组发生整合，但能复制和表达外源性抗原基因，并诱导全身免疫、黏膜免疫及细胞免疫，因此安全有效。RNA复制子疫苗有几种投递方式，一是将RNA复制子包装于病毒样颗粒，二是体外转录成裸RNA（RNA载体），三是将复制子置于RNA聚合酶Ⅱ启动子控制下（DNA载体），由细胞RNA聚合酶Ⅱ体内转录成RNA。由甲病毒（主要是SFV或SINV）衍生的DNA/RNA复制型载体，由于具有安全、操作方便、表达外源基因效率高等特点，在基因免疫和基因治疗中得到广泛应用。以复制子为基础的核酸疫苗优于常规DNA疫苗。

有研究者构建了基于SFV复制子载体表达CSFV E2基因的新型DNA疫苗pSFV1CS-E2（李娜等，2005），用此疫苗按600μg/头的剂量通过肌肉注射途径免疫猪，共免疫3次，间隔3周，免疫猪虽然只产生了低水平的抗体，但是能抵抗致死性猪瘟强毒的攻击。鉴于前人报道的低剂量复制子疫苗可以诱导更好的免疫效果，研究者又尝试用较低的免疫剂量（100μg/头）和较少的免疫次数（两次），二免后抗体水平持续上升至较高水平，攻毒后第2天起，抗体快速上升，表明产生了回忆性免疫应答，攻毒猪均获得了完全的临床保护（Li 等，2007）。虽然RT-nPCR和荧光定量RT-PCR检测个别猪攻毒后出现短暂（攻毒后第4~6d）病毒血症，但病毒载量很低（每微升血液中病毒RNA含量不高于10^3个拷贝），而对照组在攻毒后第2天直到死亡（或剖杀）其血液中CSFV拷贝数一直处于较高水平，表明复制子疫苗有效降低了病毒载量，缩短了病毒血症时间。

二、佐剂在猪瘟DNA疫苗中的应用

为了提高DNA疫苗的免疫效果，研究者们选用了不少免疫佐剂来提高DNA疫苗的免疫原性。用细胞因子作为佐剂也可以提高CSFV DNA疫苗的效力。Andrew等发现共递送IL-3或GM-CSF能够加强pCI-gp55诱导的中和抗体滴度和保护力（Andrew 等，2006）。Wienhold等构建了共表达CSFV E2和细胞因子（IL-12、IL-18或CD-40L）的嵌合质粒，共表达IL-18或CD-40L的质粒诱导了更坚强的免疫力，而共表达IL-12似乎降低了疫苗的效力（中和抗体诱导更慢、滴度更低、保护力更差）（Wienhold 等，2005）。在研究BVDV的DNA疫苗中，Nobiron等发现用BVDV E2-DNA免疫小鼠和牛，共递送的IL-2可以增强抗原特异性的免疫应答（Nobiron 等，2000，2001，2003）。所以IL-2对于CSFV DNA疫苗来说可能是又一种有前景的细胞因子佐剂。在研究细胞因子的佐剂效应时，必须谨慎，因为对于不同的DNA疫苗或不同的宿主佐剂的免疫效力也许差别很大。有时剂量也会影响到佐剂效应。已经发现共递送高剂量的IL-3在猪体内会引起免疫抑制，而低剂量的IL-3会增强免疫（Andrew 等，2006）。除了细胞因子，免疫刺激基序CpG和分子杆菌BCG-DNA在DNA疫苗免疫中也起到很好的佐剂作用。对几种动物实验的研究表明，CpG寡核苷酸（ODN）可以加强和调节机体对抗原Th1/Th2的应答（Mutwiri 等，2003）。Zhang等发现共递送BCG-DNA可以大大提高小鼠抗CSFV DNA疫苗的抗体水平，但是很难影响E2-DNA诱导的CTL应答或IL-4和IFN-γ的产生（Zhang 等，2005）。

三、猪瘟DNA疫苗与其他疫苗的联合应用

Hammond等采用prime–boost的方法，先用表达CSFV E2基因的裸露质粒DNA pCI–gp55免疫断奶仔猪（6周龄）和7日龄提前断奶乳猪，然后这两组猪群均用表达E2基因的腺病毒重组体（rPAV–gp55）加强免疫1次，用CSFV攻毒后，断奶猪没有发热症状，脾和淋巴结也没有病理变化并且100%的断奶仔猪和75%的乳猪获得保护（Hammond 等，2001）。所有存活下来的6头猪仅有一头分离到了CSFV。表明用此免疫程序可有效减少或阻止CSFV攻毒后的排毒。

已有研究证实，采用prime–boost策略也可以提高复制子疫苗的免疫原性（Quintana–Vazquez 等，2005）。鉴于此，研究者用复制子疫苗pSFV1CS–E2初免、然后再用表达CSFV E2蛋白的重组腺病毒（rAdV–E2）加强免疫，结果表明，免疫后所有猪都产生了高水平的CSFV特异性抗体，用CSFV强毒攻击后，rAdV–E2加强免疫猪没有出现临床症状，攻毒后也没有检出CSFV RNA，而同源pSFV1CS–E2加强免疫组部分猪出现发热和病毒血症，这证明异源性的prime–boost是很有潜力的免疫策略（Sun 等，2009）。

四、猪瘟DNA疫苗存在的问题和解决途径

猪瘟DNA疫苗与其他病原的DNA疫苗一样，主要存在两个问题：一是免疫剂量大，免疫次数多，有时激发的免疫反应弱，达不到所需的免疫效果。在余兴龙等对猪的免疫攻毒试验中，一次免疫就用了2.2mg DNA疫苗pcDSW，共免疫3次，总共用了6.6mg DNA疫苗（余兴龙等，2000）；在Ganges等的研究中，共免疫3次，每次400μg，共用了1.2mg DNA疫苗（Ganges 等，2005）；在Andrew等的报道中，同时比较了几种方式的免疫方法，最后还是确定肌内注射1mg DNA疫苗pCI–gp55免疫效果最好（Ganges 等，2005）。二是DNA导入细胞和机体的效率差，抗原表达水平不够，接种CSFV基因疫苗后，免疫动物出现特异性免疫应变反应较慢，血清中的抗体水平亦不很高，这与多数疫病的基因疫苗的免疫应答反应类似（余兴龙等，2000）。一般说基因疫苗可诱发强烈的免疫应答反应，是相对于疫苗质粒接种后在体内的抗原表达量而言的（表达量只是ng水平）。因此，如何提高接种后疫苗质粒被机体细胞摄入的量和抗原表达水平是目前基因疫苗走向应用的过程中需要克服的主要问题之一（Hariharan 等，1998）。

针对以上问题，研究者们采用了很多方法去克服猪瘟DNA疫苗的不足。比如用细胞因子、免疫刺激基序CpG和BCG–DNA等作为佐剂来加强猪瘟DNA疫苗的免疫效力。用prime–boost的策略来增强猪瘟DNA疫苗的效力。以甲病毒（主要是SFV）衍生的复

制子疫苗是解决常规DNA疫苗用量较大的策略之一。但是这类复制型载体免疫接种的质粒DNA并不是越多越好，这是由其复制型载体的特性决定的。已有研究者证实免疫100μg复制型DNA疫苗pSFV1CS-E2两次，攻毒后免疫猪从临床上获得了完全保护。尽管甲病毒为基础的载体能高效表达外源蛋白，但是由于其复制对宿主细胞造成的强烈毒性，抑制宿主细胞蛋白的合成，导致细胞过早凋亡，致使外源基因不能持续表达，不利于外源蛋白的转运和免疫细胞对其的加工呈递（Frolov 等，1994）。为了克服这一缺陷，有研究者构建了由pSFV1CS-E2衍生的编码CSFV E2和伪狂犬病病毒（PRV）VP22的融合蛋白的质粒pSFV1CS-E2-UL49（Zhao 等，2009）。已经证实，PRV UL49基因的编码蛋白VP22，是一种重要的非结构蛋白，具有蛋白转导（protein transduction）功能，能将与之融合表达的蛋白在无任何辅助条件介导下（如脂质体、磷酸钙、电转化、病毒载体等）直接导入细胞（牛传双等，2003）。在Zhao等的研究中，将pSFV1CS-E2和pSFV1CS-E2-UL49诱导的细胞免疫（CMI）在小鼠模型上进行了评价，结果表明这两种疫苗都能诱导CSFV特异的淋巴细胞增殖反应和细胞因子的产生，并且pSFV1CS-E2-UL49比pSFV1CS-E2诱导了更强的淋巴细胞增殖反应和更高的细胞因子水平（Zhao 等，2009）。这些发现表明，甲病毒复制子衍生的DNA疫苗能够诱导CMI，而且PRV VP22能够增强共递送抗原的免疫原性。上述的prime-boost实验表明此方法也是提高复制子疫苗的策略之一。

　　总之，对于CSFV标记疫苗来说，DNA免疫是其中非常有前景的策略。到目前为止，所有的猪瘟候选DNA疫苗都是利用E2作为免疫原诱导免疫应答，E^{ms}作为新成员也可以用于开发DNA疫苗。高剂量多次免疫和共递送细胞因子或免疫刺激基序佐剂或采用prime-boost的策略，是提高DNA疫苗效力的切实可行的方法。但目前的实验室研究中，首次免疫E2-DNA疫苗和实验性攻毒的时间间隔长于其他候选疫苗，如果在DNA免疫后不能很快产生坚强的免疫力，长的保护"窗口期"（即不能提供免疫保护或检测不到抗体的空白期）将会成为DNA疫苗在现地应用中非常不利的因素（Dong 等，2007）。

（仇华吉、李　娜）

标记疫苗

当前，许多国家仍然面临着复杂的猪瘟疫情防控形势，非典型猪瘟和持续感染现象屡见不鲜，在预防控制与净化乃至消灭的过程中，急需一种能够区别免疫和自然感染抗体的标记疫苗。此外，在非免疫无猪瘟的国家，疫情一旦暴发将引起巨大的经济损失，如1997年荷兰猪瘟的暴发直接导致约1 105万头猪只死亡和被扑杀，出于伦理、动物福利和经济等方面的考虑，采用扑杀和紧急免疫相结合的方式不失为一个有效的策略，为了便于区分免疫和自然感染，紧急免疫时的最佳选择为标记疫苗。鉴于以上原因，标记疫苗已成为当前疫苗研究的热点，但是当前使用的猪瘟弱毒疫苗既安全又有效，所以新型标记疫苗，从安全效力方面不能低于传统疫苗，又要具备能够鉴别自然感染与免疫的功能。

标记疫苗包括多种类型疫苗，如亚单位疫苗、缺失疫苗、重组活载体疫苗、DNA疫苗等，但这些疫苗要成为标记疫苗就必须要有与之配套的能准确鉴别免疫和感染动物的血清学诊断方法。成功的标记疫苗，如伪狂犬病毒（PRV）基因缺失疫苗，利用检测缺失基因表达蛋白诱导抗体的方法作为标记检测之法，在许多国家普遍地用于伪狂犬病的控制与净化。标记疫苗必须与其相应的血清学诊断方法共同发挥作用。所以在设计候选标记疫苗的时候就应该必须考虑如何开发有效的鉴别诊断技术。其实"标记疫苗"并不是一个十分准确的概念，它和传统疫苗的主要区别是免疫动物产生的抗体能够被区分，并不是因为所带的标记分子就为标记疫苗。通常有4种标记方法：① "阴性标记"，即与野生型病毒相比缺失至少一个能诱导产生特定抗体的抗原表位、结构域或蛋白；② "外源阳性标记"，给疫苗毒株添加一个外源性免疫原，如将KLH肽加入疫苗中，通过检测特异肽抗体追踪免疫猪群；③ "内源阳性标记"，添加一个来自于病毒本身但会诱导产生与野生毒株不同抗体的表位或免疫原；④ "双标记"，指既带阳性标记又带阴性标记的疫苗，使用这类疫苗后可更方便地进行免疫接种情况普查，同时可区分免疫和自然感染。

猪瘟标记疫苗的研发极具挑战性，研究标记疫苗首先要对CSFV及其免疫机制有深入了解，既要考虑CSFV相关蛋白抗原的免疫原性，又要考虑它们用于鉴别诊断的反应原性。CSFV基因组编码的蛋白中只有E2，E^{ms}和NS3等3种蛋白才能诱导产生可以检测到的抗体。E2是最主要的免疫抗原，是大多数新型标记疫苗的重要成分。NS3是瘟病毒属中相对比较保守的一种非结构蛋白，猪群中常检测到其他瘟病毒感染，所以该蛋白不适宜用作鉴别诊断抗原。E^{ms}是目前用于设计猪瘟感染与免疫鉴别诊断的目标抗原（de Smit, 2000; Moormann等，2000）。总之，研发猪瘟标记疫苗既考虑疫苗效力又要考虑鉴别诊断，目前的研究工作主要应集中在亚单位疫苗、表位肽疫苗、DNA疫苗、活载体疫苗、反向遗传操作嵌合病毒与反式互补基因缺失疫苗。

一、亚单位疫苗

第一个研制成功并批准上市的猪瘟标记疫苗是亚单位疫苗，该疫苗以杆状病毒表达E2为免疫抗原、以E^{ms}为诊断抗原设计研发的标记疫苗（de Smit 等，2001；Dewulf 等，2005）。相关内容详见本章第二节。

二、反式互补基因缺失标记疫苗

采用反向遗传操作技术，以CSFV或BVDV基因组为基础，通过缺失或突变某些基因来研究标记疫苗。众所周知，CSFV能诱导机体产生抗体的3种蛋白是囊膜糖蛋白E2和E^{ms}以及非结构蛋白NS3。NS3为瘟病毒保守抗原，瘟病毒属不同病毒之间具有交叉反应，而E^{ms}和E2具有病毒种类特异性。所以E^{ms}和E2比NS3更适合作为研发重组缺失疫苗的靶位。通过BVDV的E2抗原区，或E^{ms}区置换CSFV株相应区域构建嵌合病毒，免疫猪可以保护强毒致死性感染，也不发生同居感染，同时也可以采用E^{ms}或/和E2 ELISA检测嵌合病毒诱导产生E^{ms}和E2特异性抗体，与野生病毒感染抗体进行鉴别诊断。

荷兰学者用C株感染性克隆FLc2构建了系列E^{ms}或E2基因缺失的突变体FLc22（Δ422～488）、FLc23（Δ273～488）、Flc4（Δ693～746）、Flc47（Δ689～1062）和Flc48（Δ800～864）。通过表达E^{ms}或E2的细胞拯救出具有感染性的缺陷病毒粒子，而这些缺陷病毒粒子可以一过性感染细胞并将突变缺陷嵌合病毒基因带入细胞，基因表达蛋白诱导免疫，但无法装配成具有感染性的新病毒子。缺失突变体既不在接种动物的体内传播，也不会转移给接触动物，所以是非常安全的基因缺失标记疫苗，也称为反式互补基因缺失疫苗（trans–complmented）或非复制性病毒（pseudoinfectious viruses, PIVs）。在表达突变或缺失蛋白的细胞中，复制子大量复制生产PIVs，以PIVs免疫动物后产生一过性感染，可用于鉴别感染与免疫。其中的FLc23皮内注射免疫1次即可保护所有猪抵抗致死性攻毒，但肌肉注射仅产生部分临床保护，鼻内接种不产生保护性免疫应答。与E^{ms}缺失突变体相比，3株E2–缺失突变体作用稍弱。免疫Flc47（缺少整个E2）或者Flc48（缺少E2的抗原结构域A），仅有一半猪抵抗致死性攻毒。Flc4免疫猪（E2的抗原结构域B/C）全部存活，有3组猪攻毒后的1d或数天后出现了白细胞减少症、血小板减少症和病毒血症。结果进一步表明E2在免疫中的作用，也证明反式互补基因缺失疫苗以皮内免疫效果最好（van Gennip 等，2002；Widjojoatmodjo 等，2000）。

瑞士学者使用CSFV毒株Alfort/187构建了四株E^{ms}或E2缺失的突变体：A187–E^{ms}del
1 227（缺少整个E^{ms}）、A187–E^{ms}del1215（只含有E^{ms}的6个N端和6个C端的氨基酸）、A187–E2del 1 373（缺少整个E2）和A187–E2de l 168（仅缺失68个临近于E2跨膜区的氨基酸）。与荷兰学者的结果相似，E2缺失突变体A187–E2del 1 373不如E^{ms}缺失突变体有效，对于后者皮内注射免疫比经口免疫更有效。在表达Alfort/187 E^{ms}或E2的SK–6细胞中能够产生约$10^6 \sim 10^7$TCID$_{50}$/mL的缺陷病毒子，比荷兰学者构建的突变体高出1.5～2.5 log10单位。虽然用强毒构建的反式互补基因缺失疫苗产量更高，但其安全性没有来源于C株感染性克隆的好（Frey 等，2006；Maurer 等，2005）。

三、嵌合病毒疫苗

荷兰学者以C株感染性克隆Flc2为基础，用2型BVDV E2的N端176个氨基酸（抗原决定簇B、C和A）替换获得Flc9嵌合病毒，用2型BVDV整个E^{ms}替换获得嵌合病毒Flc11嵌合病毒。这两个嵌合病毒连续传代稳定，并保持亲本C株的无毒性。接种猪产生了有效免疫应答，但诱导产生的抗体与C株疫苗免疫所产生的抗体有所差别。免疫1次可以保护猪免于致死性攻毒，不产生临床症状并减少了野毒的传播（van Gennip 等，2000）。虽然这些嵌合毒株作为CSFV标记疫苗的候选者，但还是或多或少存在一些问题，如安全性问题，嵌合病毒疫苗没有上述反式互补基因缺失疫苗安全性好，嵌合病毒疫苗可以传播而反式互补基因缺失疫苗不传播。另外，Flc9中的BVDV E2具有良好的免疫原性。Flc9免疫猪群里，抗BVDV的中和滴度是抗CSFV的2～6倍，但这些抗体对CSF的免疫作用不大，此外猪体内已有的BVDV E2抗体可能会干扰针对Flc9或Flc11的免疫应答（de Smit 等，2001b）。

美国以CSFV强毒株Brescia株感染性克隆为基础，在CSFVE1基因末端插入了Flag片段，使该毒株致弱，并以Flag为阳性标记；再突变单抗WH303的表位TAVSPTTLR作为阴性标记，构建了一株"双标记"候选疫苗毒株。试验结果表明在猪体内产生了较高滴度的Flag抗体，突变后的表位不与单克隆抗体WH303反应，不诱导产生真对WH303表位的抗体，并保护猪不受亲本强毒株攻击的感染（Holinka等，2009）。但该嵌合毒株由强毒Brescia株构建而来，其安全性有待进一步评价，针对CSFV最强的中和性位点进行突变有可能影响病毒的免疫保护力。鉴于猪瘟C株具有优良的安全性和免疫效力，中国兽医药品监察所近年来一直以C株为基础研究嵌合病毒标记疫苗，成功构建了C株Flag疫苗候选毒株（赵启祖等，2011）。该毒株保持了C株的生物学特性，在细胞中传代稳定，能够引起兔体发热反应，免疫猪能够抵抗强毒攻击，是很有前景的猪瘟标记疫苗候选毒株之一。

此外，也有学者利用N^{pro}的特性开发标记疫苗。N^{pro}是一种能自我切割的蛋白酶，从CSFV多聚前体蛋白N端168位的Cys和169位Ser之间裂解。最新研究证明，N^{pro}调节天然免疫应答，是很重要的病毒毒力基因，但它不是病毒增殖所必须，所以可以作为研究嵌合病毒的替换靶基因。用鼠泛素基因代替N^{pro}基因构建了两株嵌合病毒vA187-△N^{pro}-Ubi和vEy-△N^{pro}-Ubi，这些嵌合病毒遗传稳定，在SK-6细胞中的复制特性与亲本病毒相比无变化，但毒力明显减弱。鼻腔免疫一次，免疫猪可以耐受Eystrup强毒株的攻击。vEy-△N^{pro}-Ubi在免疫后的第7天可以从免疫猪的血清中检测到抗体，表明N^{pro}缺失株是良好的疫苗候选毒株。但N^{pro}自身免疫原性弱，不能在感染动物体内诱导产生可检测到的抗体，所以虽然无法直接从N^{pro}缺失株获得标记疫苗，但也可考虑在病毒复制非必需区插入或替换获得可检测性标记，为研制标记疫苗开拓途径。

四、表位肽疫苗

CSFV囊膜蛋白E2的N端是最具有免疫原性的区域，它有A、B、C和D 4个抗原决定簇组成，共组成两个二级结构：B和C组成一个，A和D组成一个，其上分布不同的免疫原肽段。在病毒结构蛋白与非结构蛋白上分布着不同的B细胞和T细胞表位（Peng等，2008）。通过基因工程技术表达的单表位或多表位肽疫苗可以诱导产生CSFV特异性中和抗体并能抵抗强毒攻击。同时免疫猪可以采用E^{rns}特异抗体ELISA进行自然感染与免疫的鉴别诊断。中国学者在CSFV表位肽疫苗研究方面开展了很多工作，陈应华实验室合成了一组覆盖猪瘟E2蛋白B和C功能区的重叠五肽，然后分别将其连接到BSA上，混合后免疫猪，21d后石门强毒攻击，所有猪均获得保护，并产生了较高滴度的抗体（Dong等，2006，2002）。涂长春等（2006）通过重叠PCR扩增获得CSFVE2蛋白一表位的四个重复，连接到载体后经原核表达获得与GST融合的蛋白，动物试验表明该蛋白具有良好的免疫原性，可保护本动物免受强毒的攻击（Liu等，2006）。此类疫苗一般只包含一个或几个表位，未涵盖的表位或蛋白可作为阴性标记，在其中若加入外源标记则可成为双标记疫苗，因此也可作为开发标记疫苗的一个方向。

五、病毒载体疫苗

病毒载体疫苗可以利用载体容量大的特性，研制多联疫苗，实现一针防多病的目的。病毒载体疫苗可以很好地刺激机体的体液免疫和细胞免疫，目的基因能够在宿主体内持续表达，使机体获得对插入的外源抗原的长期免疫。采取这种策略构建的CSFV活载体疫苗免疫动物后产生的CSFV抗体由于只针对表达的目的蛋白，因此很容易通过血清学方法区别疫苗免疫和自然感染，为猪瘟的净化工作的开展带来了很大的方便。此外一些活载体病毒疫苗的增殖滴度高，适于猪瘟疫苗生产。目前用于猪瘟疫苗研究的载体主要包括痘病毒、伪狂犬病毒、猪腺病毒和牛流行性腹泻病毒等载体。

（一）痘病毒载体

痘病毒直径为300～400nm，基因组为双股DNA，大小从100kb至400kb不等，编码多种蛋白质，如DNA依赖的RNA聚合酶、转录因子、帽结构和甲基化酶、多聚A聚合酶、胸腺激酶等。痘病毒早期基因的表达产物中，胸苷激酶（TK）是一种易于鉴定的标记，痘病毒正常功能的表达并不需要这个片段，当其被外源DNA取代之后，不会影响病毒基因组的复制。许多病毒的DNA分子具有感染性，将裸露的基因转染进细胞后能够进行复制，而痘病毒并不能借助细胞酶转录病毒基因组，因此，痘病毒的DNA不具有感染性。根据以往研究，以痘病毒为载体具有许多优点，首先病毒基因组较大，含多个复制非必需区，可同时表达多个基因；其次，该病毒不整合到宿主染色体中，不会引起插入突变，所以安全性较高。

在20世纪90年代，Thiel等构建了一系列在TK基因处插入了CSFV编码基因的重组牛痘病毒（Vaccinia virus，VV），其中有五株重组牛痘病毒在免疫一次后刺激机体产生了有效的免疫力，能够产生攻毒保护作用。但重组牛痘病毒可能成为未免疫牛痘疫苗人群的潜在病原，感染性的重组牛痘病毒释放到环境中可能会与野毒相互作用而引起安全问题。其次，猪对牛痘病毒的免疫应答敏感性低，所以要想使猪获得完全保护需要加大剂量和采用复杂的免疫接种技术。除了牛痘病毒，痘病毒属的其他病毒也可以作为载体疫苗株，如鸡痘病毒、金丝雀痘病毒是禽痘病毒属中非复制表达载体，并且不像牛痘病毒有很广的脊椎动物宿主范围，它们仅在禽类体内具有复制能力。重组的禽痘病毒不会感染非禽源细胞，在感染细胞表面表达抗原，可以刺激机体同时产生细胞和体液免疫。猪痘病毒（Swin epox virus）是猪痘病毒属的唯一成员，是用于开发猪瘟标记疫苗的很有前景的病毒载体。猪痘病毒只感染猪，并且它的自然感染症状很温和，有时会伴随皮肤病变但都能自然康复。口服猪痘病毒疫苗可以产生低水平的循环抗体和肠内病毒中和抗体，在仔猪会产生很高的肠内抗体IgA。Hahn等以猪痘病毒为基础构建了一株TK基因缺失株r SPV/CSFV-E2，感染PK-15细胞后可在细胞质中表达二聚体形式的E2蛋白，其免疫特性尚未在猪体内评估（Hahn等，2001）。

（二）伪狂犬病毒载体

伪狂犬病毒（Pseudorabies virus，PRV）属于疱疹病毒属中 α 疱疹病毒亚属的一员，可以引起猪急性感染性神经疾病伪狂犬病，又叫阿氏病（Aujeszky's disease）。世界上许多国家用致弱的PRV活疫苗成功地控制了伪狂犬病。该病毒基因组大约为150kb，由于其基因组比较大，所以可在其中稳定的插入外源基因。1991年Moormann等在致弱的783株（TK-/gI-/11K-）基础上构建了三株重组PRV（M203、M204和M205），在gX位置插入CSFV的E2基因。二次免疫后可以产生针对CSFV的中和抗体并且完全保护，同时该疫苗还可以阻止病毒的水平传播。进一步研究发现M205低剂量单次免疫也产生了完全保护。在gX部位插入CSFV的E2基因没有改变PRV的细胞和宿主嗜性，也没有增强PRV的毒力，所以证明重组PRV株对宿主是安全的（van Oirschot等，1991；van Zijl等，1991）。随后，该团队在缺失株M143（TK-/gE-）的基础上又构建了4个重组株（M401、M402、M403和M404）。在gE基因的位置插入E2基因，能产生可检测水平的蛋白的表达。所有的试验猪单一剂量免疫M402后产生了对CSFV Brescia株的完全攻毒保护作用。除了gX（gG）和gE基因外，PRV的gD基因也可以作为插入外源基因的位点。囊膜糖蛋白gD是病毒侵入的关键蛋白，但是对于病毒在细胞间的传播不是必需的。将PRV gD基因突变后，病毒可以在接种部位复制但是其子代病毒粒子不具有感染性，因此不会引起水平传播。Peeters等构建了一株将E2基因插入到gD/gE双缺失PRV突变株D57中的PRV重组株ID57.1，接种猪在温和的一过性的体温升高后都能抵抗强毒攻击（Peeters等，1997）。

PRV重组疫苗的缺点主要是不同的重组子和其他的疫苗或野毒株之间可能存在潜在的基因交换的风险，因此需同时缺失至少两个重要基因以增强PRV载体安全性。另外，一些PRV重组子仍然存在一定的毒力，例如，gD-PRV可以通过神经与神经之间的接触传播并且可以引起猪的临床症状。但是gD-/gE-或gD-/gI-双缺失突变株不存在这种情况。再者，CSFV/PRV病毒载体疫苗在田间应用还存在一些问题，虽然可以保护血清阴性的猪抵抗PRV和CSFV的攻击，但是对于在免疫前已经携带PRV中和抗体的猪不具有保护作用，因此，事先接种过PRV疫苗的猪在接种CSFV/PRV病毒载体疫苗时不能有效产生针对CSFV的免疫抗体，所以，CSFV/PRV病毒载体疫苗使用应该仅限于PRV中和抗体阴性的猪群，即PRV非免疫群和临床无PRV感染的猪群（Mulder 等，1994；Peeters 等，1997；van Zijl 等，1991）。

（三）猪腺病毒载体

猪腺病毒属于腺病毒科哺乳动物腺病毒属，现在已经确定有5个不同的猪腺病毒血清型（PAdV1–5）。猪腺病毒仅仅从猪体内分离到，没有其他的宿主，其引起的疾病不严重，仅引起短期的温和性腹泻。由于其毒力低且在细胞上生长滴度高，PAdV是一个很好的载体。Tuboly等（1993）第一次报道PAdV–3可以引起循环抗体和肠道IgA抗体。后来，很多研究者以PAdV–3和PAdV–5为基础构建了表达载体。Johnson等将CSFV的E2基因插入到PAdV–3的右臂构建得到了重组株rPAV–gp55。该重组株可以在原代猪肾细胞稳定地高效表达。虽然在一次皮下免疫的猪体内只产生低水平的中和抗体，但所有免疫猪都产生了攻毒保护作用。免疫途径及攻毒方法对rPAV–gp55的免疫保护作用有明显影响，皮下低剂量一次免疫虽然可以产生完全保护或接触攻毒保护，但是不能对口服攻毒产生保护作用。如果口服免疫rPAV–gp55至少需要两次才能产生稳固的免疫。猪腺病毒在全世界的猪群中是普遍存在的，PAdV–3是其中主要的血清型，对澳大利亚不同地域收集的700份猪血清的检测发现，大约90%的猪血清检测到PAdV–3特异性中和抗体。由于担心普遍存在的PAdV感染能干扰rPAV–gp55的免疫效果，Hammond等评价了PAdV中和抗体对rPAV–gp55的免疫效果。结果表明野毒PAdV–3特异性中和抗体并没有干扰rPAV–gp55的免疫效果，这可能是因为rPAV–gp55包含PAdV的全基因组，可以产生具有完全复制能力的病毒粒子（Hammond 等，2003，2001；Hammond 等，2000）。目前腺病毒的结构和功能研究比较清楚，也未发现该类病毒具有致瘤作用，且已证明人类腺病毒活疫苗是非常安全的，因此以腺病毒载体开发疫苗具有广阔的应用前景（Sun 等，2009，2011）。

（四）牛病毒性腹泻病毒载体

BVDV、BDV和CSFV同属于黄病毒科瘟病毒属。CSFV自然感染仅限于猪和野猪，然而BVDV和BDV感染的宿主范围比较宽，可以跨种引起偶蹄目动物的感染。与其他载体不同，BVDV、BDV与CSFV存在抗原相关性，具有明显的血清学交叉反应。Depner等（2002）研究了猪对BVDV和BDV的易感性，发现BVDV–2型CS8644株和4株BDV（Gifhorn、Chemnitz、137/4和Moredun）对猪无毒力，并且不会在猪群中传播。通过口鼻接种其中任何一株，对致病性CSFV Pader株都能产生攻毒保护作用。接种这2种反刍动物瘟病毒的猪都产生了抗体，而且产生的抗体不妨碍猪瘟的血清学诊断。这些结果表明一些无毒力的BVDV和BDV毒株可以作为开发CSFV标记疫苗的载体。以BVDV的CP7株为基本骨架构建了2个嵌合病毒疫苗：BVDV/CSFV嵌合株CP7–E2alf和BVDV/BDV嵌合株CP7–E2gif。CP7株为致细胞病变的BVDV，但是该毒株对猪没有毒力。在这2个嵌合株中，CP7的整个E2编码序列分别被CSFV Alfort187株和BDV的Gifhorn株的E2区所代替，这2株病毒对猪没有毒力，一次免疫就可以产生致死性攻毒保护作用并且有效阻止病毒的水平传播。在欧洲通过口服CP7–E2alf免疫野猪，结果表明该嵌合病毒对野猪无毒力，并产生完全保护，在攻毒前的阻断ELISA检测中没有CSFV特异性E^{rns}抗体，所以可以区别自然感染和疫苗免疫（Tignon等，2009）。

由于载体病毒BVDV和CSFV是同一个属，并且有很广的宿主范围，所以在田间使用该疫苗应该谨慎。对该疫苗的安全性检测应该不仅限于猪的检测，还应该在羊和牛进行安全性检测。致细胞病变的CP7株，是从一例BVDV感染并引起死亡的病例中分离得到的。非致细胞病变的BVDV株与致细胞病变的BVDV疫苗株RIT之间的RNA重组与引起牛致命性的黏膜病有关，所以疫苗株与其他BVDV株是否存在重组风险应该进行详细的评估。除了E^{rns}和E2，其他的基因如NTR、E1和N^{pro}的同时缺失或替换可能会增加嵌合株的安全性。除安全性外，在实际生产中还要考虑宿主感染BVDV和BDV后对疫苗免疫效果的影响，其休液免疫和细胞免疫都可能受到干扰。目前即将应用的可能是一株CP7_E2alf的嵌合病毒，该毒株无毒力，既不产生病毒血症也不水平传播。所有接种动物表现E2抗体阳性，而CSFV E^{rns}抗体为阴性。用强毒攻击，免疫猪不表现临床症状，无病毒血症，也不向外排毒。不仅对家猪有效，对野猪也有效，而且可以口服免疫。对怀孕母猪免疫效果好，不影响仔猪。此外该毒株口服或肌内注射反刍动物未检测到病毒复制和病毒外排。体外试验研究表明该毒株感染细胞有细胞嗜性，仅感染猪源细胞而不感染牛源细胞，具有很好的安全性（Koenig等，2007；Reimann等，2004）。

传统活疫苗安全有效，免疫应答迅速，依然应用于猪瘟预防控制，称为活疫苗的"金标准"，但无法区别感染动物与免疫动物。因此，目前新型疫苗研发的同时应该考虑建立敏感特异的区别感染与免疫的鉴别诊断方法。第一代标记疫苗属于亚单位疫苗，即用杆状病毒表达的糖蛋白E2制成的，并成功上市，但是与传统活疫苗相比免疫效果并不理想，免疫应答比较迟缓，而多肽表位疫苗、DNA疫苗以及反式互补基因缺失疫苗等均有类似的缺陷。所以在新型疫苗之中，有希望的标记疫苗应该是病毒载体疫苗和瘟病毒嵌合病毒疫苗，该疫苗能诱导产生与传统活疫苗相似的免疫应答，而且有免疫与感染的标记检测方法。但这些疫苗都是人工制备的基因修饰微生物，应用于临床上需要大量的生物安全评估（Beer等，2007；Dong等，2007）。

（赵启祖、邹兴启）

参考文献

Andrew M., Morris K., Coupar B., et al. 2006. Porcine interleukin-3 enhances DNA vaccination against classical swine fever[J]. Vaccine, 24: 3241–3247.

Andrew M.E., Morrissy C.J., Lenghaus C., et al. 2000. Protection of pigs against classical swine fever with DNA-delivered gp55[J]. Vaccine, 18: 1932–1938.

Aynaud J. 1988. Classical Swine Fever and Related Viral Infections[J]. Martinus Nijhoff, 165–180.

Baker J.A. 1946. Serial passage of hog cholera virus in rabbits[J]. Proc Soc Exp Biol Med, 63: 183–187.

Beer M., Reimann I., Hoffmann B., et al. 2007. Novel marker vaccines against classical swine fever[J]. Vaccine, 25: 5665–5670.

Bouma A., De Smit A.J., De Jong, et al. 2000. Determination of the onset of the herd-immunity induced by the E2 sub-unit vaccine against classical swine fever virus[J]. Vaccine, 18: 1374–1381.

Bran L., Mihaita S., Popa M., et al. 1966. On the stability of some biological characteristics of the C strain of lapinized swine pest virus[J]. Bull Off Int Epizoot, 66: 681–693.

Bran L., Mihaita S.M.P. 1971. Trans-uterine and transplacental transmission of attenuated rabbit-adapted swine fever virus strains, in pregnant sows[J]. Archives of Veterinary (Bucuresti), 22: 11–20.

de Smit A.J. 2000. Laboratory diagnosis, epizootiology, and efficacy of marker vaccines in classical swine fever: a review[J]. Vet Q, 22: 182–188.

de Smit A.J., Bouma A., de Kluijver, et al. 2001. Duration of the protection of an E2 subunit marker vaccine against classical swine fever after a single vaccination[J]. Vet Microbiol, 78: 307–317.

de Smit A.J., Bouma A., van Gennip H.G., et al. 2001. Chimeric (marker) C-strain viruses induce clinical protection against virulent classical swine fever virus (CSFV) and reduce transmission of CSFV between vaccinated pigs[J]. Vaccine, 19: 1467–1476.

Dewulf J., Koenen F., Ribbens S., et al. 2005. Evaluation of the epidemiological importance of classical swine fever infected, E2 sub-unit marker vaccinated animals with RT-nPCR positive blood samples[J]. J Vet Med B Infect Dis Vet Public Health, 52: 367–371.

Dong X.N., Chen Y.H. 2006. Candidate peptide-vaccines induced immunity against CSFV and identified sequential neutralizing determinants in antigenic domain A of glycoprotein E2[J]. Vaccine, 24: 1906–1913.

Dong X.N., Chen Y.H. 2006. Spying the neutralizing epitopes on E2 N-terminal by candidate epitope-vaccines against classical swine fever virus[J]. Vaccine, 24: 4029–4034.

Dong X.N., Chen Y.H. 2007. Marker vaccine strategies and candidate CSFV marker vaccines[J]. Vaccine, 25: 205–230.

Dong X.N., Qi Y., Ying J., et al. 2006. Candidate peptide-vaccine induced potent protection against CSFV and identified a principal sequential neutralizing determinant on E2[J]. Vaccine, 24: 426–434.

Dong X.N., Wei K., Liu Z.Q., et al. 2002. Candidate peptide vaccine induced protection against classical swine fever virus[J]. Vaccine, 21: 167–173.

Frey C.F., Bauhofer O., Ruggli N., et al. 2006. Classical swine fever virus replicon particles lacking the Erns gene: a potential marker vaccine for intradermal application[J]. Vet Res, 37: 655–670.

Frolov I., Schlesinger S. 1994. Comparison of the effects of Sindbis virus and Sindbis virus replicons on host cell protein synthesis and cytopathogenicity in BHK cells[J]. J Virol, 68: 1721–1727.

Ganges L., Barrera M., Nunez J.I., et al. 2005. A DNA vaccine expressing the E2 protein of classical swine fever virus elicits T cell responses that can prime for rapid antibody production and confer total protection upon viral challenge[J]. Vaccine, 23: 3741–3752.

Hahn J., Park S.H., Song J.Y., et al. 2001. Construction of recombinant swinepox viruses and expression of the classical swine fever virus E2 protein[J]. J Virol Methods, 93: 49–56.

Hammond J.M., Jansen E.S., Morrissy C.J., et al. 2001. A prime-boost vaccination strategy using naked DNA followed by recombinant porcine adenovirus protects pigs from classical swine fever[J]. Vet Microbiol, 80: 101–119.

Hammond J.M., Jansen E.S., Morrissy C.J., et al. 2003. Protection of pigs against 'in contact' challenge with classical swine fever following oral or subcutaneous vaccination with a recombinant porcine adenovirus[J]. Virus Res, 97: 151–157.

Hammond J.M., Jansen E.S., Morrissy C.J., et al. 2001. Oral and sub-cutaneous vaccination of commercial pigs with a recombinant porcine adenovirus expressing the classical swine fever virus gp55 gene[J]. Arch Virol, 146: 1787–1793.

Hammond J.M., McCoy R.J., Jansen E.S., et al. 2000. Vaccination with a single dose of a recombinant porcine adenovirus expressing the classical swine fever virus gp55 (E2) gene protects pigs against classical swine fever[J]. Vaccine, 18: 1040–1050.

Hariharan M.J., Driver D.A., Townsend K., et al. 1998. DNA immunization against herpes simplex virus: enhanced efficacy using a Sindbis virus-based vector[J]. J Virol, 72: 950–958.

Holinka L.G., Fernandez-Sainz I., O'Donnell V., et al. 2009. Development of a live attenuated antigenic marker classical swine fever vaccine[J]. Virology, 384: 106–113.

Hulst M.M., Himes G., Newbigin E., et al. 1994. Glycoprotein E2 of classical swine fever virus: expression in insect cells and identification as a ribonuclease[J]. Virology, 200: 558–565.

Kaden V., Lange B. 2001. Oral immunisation against classical swine fever (CSF): onset and duration of immunity[J]. Vet Microbiol, 82: 301–310.

Kaden V., Renner C., Rothe A., et al. 2003. Evaluation of the oral immunisation of wild boar against classical swine fever in Baden-Wurttemberg[J]. Berl Munch Tierarztl Wochenschr, 116: 362–367.

Koenig P., Lange E., Reimann I., et al. 2007. CP7_E2alf: a safe and efficient marker vaccine strain for oral immunisation of wild boar against Classical swine fever virus (CSFV) [J]. Vaccine, 25: 3391 – 3399.

Kojnok J., Palatka Z., Bognar K. 1980. Requirements of rabbit-adapted swine fever vaccine. Arch Exp Veterinarmed, 34: 67 – 72.

Koprowski H., James T.R., Cox H.R. 1946. Propagation of hog cholera virus in rabbits[J]. Proc Soc Exp Biol Med, 63: 178 – 183.

Li N., Qiu H.J., Zhao J.J., et al. 2007. A Semliki Forest virus replicon vectored DNA vaccine expressing the E2 glycoprotein of classical swine fever virus protects pigs from lethal challenge[J]. Vaccine, 25: 2907 – 2912.

Li N., Zhao J.J., Zhao H.P., et al. 2007. Protection of pigs from lethal challenge by a DNA vaccine based on an alphavirus replicon expressing the E2 glycoprotein of classical swine fever virus[J]. J Virol Methods, 144: 73 – 78.

Markowska-Daniel I., Collins R.A., Pejsak Z. 2001. Evaluation of genetic vaccine against classical swine fever[J]. Vaccine, 19: 2480 – 2484.

Maurer R., Stettler P., Ruggli N., et al. 2005. Oronasal vaccination with classical swine fever virus (CSFV) replicon particles with either partial or complete deletion of the E2 gene induces partial protection against lethal challenge with highly virulent CSFV[J]. Vaccine, 23: 3318 – 3328.

Moormann R.J., Bouma A., Kramps J.A., et al. 2000. Development of a classical swine fever subunit marker vaccine and companion diagnostic test[J]. Vet Microbiol, 73: 209 – 219.

Mulder W.A., Priem J., Glazenburg K.L., et al. 1994. Virulence and pathogenesis of non-virulent and virulent strains of pseudorabies virus expressing envelope glycoprotein E1 of hog cholera virus[J]. J Gen Virol 75 (1) : 117 – 124.

Mutwiri G., Pontarollo R., Babiuk S., et al. 2003. Biological activity of immunostimulatory CpG DNA motifs in domestic animals[J]. Vet Immunol Immunopathol, 91: 89 – 103.

Nobiron I., Thompson I., Brownlie J., et al. 2000. Co-administration of IL-2 enhances antigen-specific immune responses following vaccination with DNA encoding the glycoprotein E2 of bovine viral diarrhoea virus[J]. Vet Microbiol, 76: 129 – 142.

Nobiron I., Thompson I., Brownlie J., et al. 2001. Cytokine adjuvancy of BVDV DNA vaccine enhances both humoral and cellular immune responses in mice[J]. Vaccine, 19: 4226 – 4235.

Nobiron I., Thompson I., Brownlie J., et al. 2003. DNA vaccination against bovine viral diarrhoea virus induces humoral and cellular responses in cattle with evidence for protection against viral challenge[J]. Vaccine, 21: 2082 – 2092.

Peeters B., Bienkowska-Szewczyk K., Hulst M., et al. 1997. Biologically safe, non-transmissible pseudorabies virus vector vaccine protects pigs against both Aujeszky's disease and classical swine fever[J]. J Gen Virol, 78 (12) : 3311–3315.

Peng W.P., Hou Q., Xia Z.H., et al. 2008. Identification of a conserved linear B-cell epitope at the N-terminus of the E2 glycoprotein of Classical swine fever virus by phage-displayed random peptide library[J]. Virus Res, 135: 267–272.

Quintana-Vazquez D., Vazquez-Blomquist D.M., Galban Rodriguez E., et al. 2005. A vaccination strategy consisting of Semliki-Forest-virus (SFV) DNA prime and fowlpox-virus boost significantly protects mice from a recombinant (HIV-1) vaccinia-virus infection[J]. Biotechnology and applied biochemistry, 41: 59–66.

Reimann I., Depner K., Trapp S., et al. 2004. An avirulent chimeric Pestivirus with altered cell tropism protects pigs against lethal infection with classical swine fever virus[J]. Virology, 322: 143–157.

Siguo Liu, Xinglong Yu, Chunlai Wang, et al. 2006. Quadruple antigenic epitope peptide producing immune protection against classical swine fever virus[J]. Vaccine, 24: 7175–7180

Sun Y., Li H.Y., Zhang X.J., et al. 2011. Comparison of the protective efficacy of recombinant adenoviruses against classical swine fever[J]. Immunol Lett, 135: 43–49.

Sun Y., Liu D., Wang Y., et al. 2009. A prime-boost vaccination strategy using a Semliki Forest virus replicon vectored DNA vaccine followed by a recombinant adenovirus protects pigs from classical swine fever[J]. Sheng Wu Gong Cheng Xue Bao, 25: 679–685.

Suradhat S., Damrongwatanapokin S. 2003. The influence of maternal immunity on the efficacy of a classical swine fever vaccine against classical swine fever virus, genogroup 2.2, infection[J]. Vet Microbiol, 92: 187–194.

Tignon, M., Kulcsar, G., Haegeman, A., et al. 2009. Classical swine fever: comparison of oronasal immunisation with CP7E2alf marker and C-strain vaccines in domestic pigs[J]. Vet Microbiol, 142: 59–68.

Uttenthal A., Le Potier M.F., Romero L., et al. 2001. Classical swine fever (CSF) marker vaccine. Trial I. Challenge studies in weaner pigs[J]. Vet Microbiol, 83: 85–106.

van Gennip H.G., Bouma A., van Rijn P.A., et al. 2002. Experimental non-transmissible marker vaccines for classical swine fever (CSF) by trans-complementation of E (rns) or E2 of CSFV[J]. Vaccine, 20: 1544–1556.

van Gennip H.G., van Rijn P.A., Widjojoatmodjo M.N., et al. 2000. Chimeric classical swine fever viruses containing envelope protein E (RNS) or E2 of bovine viral diarrhoea virus protect pigs against challenge with CSFV and induce a distinguishable antibody response[J]. Vaccine, 19: 447–459.

van Oirschot J.T., Moormann R.J., Berns A.J., et al. 1991. Efficacy of a pseudorabies virus vaccine based on deletion mutant strain 783 that does not express thymidine kinase and glycoprotein I[J]. Am J Vet Res, 52: 1056–1060.

van Zijl M., Wensvoort G., de Kluyver E., et al. 1991. Live attenuated pseudorabies virus expressing envelope glycoprotein E1 of hog cholera virus protects swine against both pseudorabies and hog cholera[J]. J Virol, 65: 2761–2765.

Vandeputte J., Too H.L., Ng F.K., et al. 2001. Adsorption of colostral antibodies against classical swine fever, persistence of maternal antibodies, and effect on response to vaccination in baby pigs[J]. Am J Vet Res, 62: 1805–1811.

Widjojoatmodjo M.N., van Gennip H.G., Bouma A., et al. 2000. Classical swine fever virus E (rns) deletion mutants: trans-complementation and potential use as nontransmissible, modified, live-attenuated marker vaccines[J]. J Virol, 74: 2973–2980.

Wienhold D., Armengol E., Marquardt A., et al. 2005. Immunomodulatory effect of plasmids co-expressing cytokines in classical swine fever virus subunit gp55/E2-DNA vaccination[J]. Vet Res, 36: 571–587.

Wolff J.A., Malone R.W., Williams P., et al. 1990. Direct gene transfer into mouse muscle in vivo[J]. Science, 247: 1465–1468.

Yu X., Tu C., Li H., et al. 2001. DNA-mediated protection against classical swine fever virus[J]. Vaccine, 9: 1520–1525.

Zhang S., Guo Y.J., Sun S.H., et al. 2005. DNA vaccination using bacillus Calmette-Guerin-DNA as an adjuvant to enhance immune response to three kinds of swine diseases[J]. Scandinavian J of immuno, 62: 371–377.

Zhao H.P., Sun J.F., Li N., et al. 2009. Prime-boost immunization using alphavirus replicon and adenovirus vectored vaccines induces enhanced immune responses against classical swine fever virus in mice[J]. Vet Immunol Immunopathol, 131: 158–166.

李娜，仇华吉，李国新，等. 2005. 基于SemlikiForest病毒RNA复制子的猪瘟RNA疫苗的初步研究[J]. 中国生物工程杂志，1：53–58.

宁宜宝，吴文福，林旭埜，等. 用细胞系生产猪瘟活疫苗的方法[P]. CN200710031812.2

宁宜宝，赵耘，王琴. 2004. 3种非猪瘟病毒单独或混合感染对猪瘟弱毒疫苗免疫效力的影响[J]. 中国兽医学报，24：112–114.

牛传双，肖少波，方六荣，等. 2003. 伪狂犬病毒VP22的蛋白转导特性及其增强DNA疫苗免疫的初步研究[D]. 苏州：中国畜牧兽医学会家畜传染病学分会成立20周年庆典暨第十次学术研讨会.

丘惠深，郎洪武，王在时. 1997. 猪瘟兔化弱毒疫苗与我国近年猪瘟野毒的免疫保护相关性试验[J]. 中国兽药杂志，3：3–5.

丘惠深，郎洪武，王在时. 1999. 猪瘟病毒野外分离物的研究.V.用猪瘟兔化弱毒疫苗免疫妊娠母猪的试验[J]. 中国兽药监察所研究报告汇编，54–56.

王琴. 2006. 猪瘟病毒流行病学、病原致病特性及猪瘟综合防制研究[J]. 中国农业科技导报，5：13–18.

王琴, 宁宜宝. 2003. 猪瘟免疫失败的主要原因分析[J]. 猪世界, 7: 7-9.

王琴, 宁宜宝, 王在时, 等. 2004. 猪瘟病毒流行株与疫苗株E~(rns)基因的序列分析[J]. 中国农业科学, 3: 446-452.

王在时. 1996. 猪瘟防制研究的回顾和展望//谢庆阁, 畜禽重大疫病免疫预防研究进展[J]. 北京: 中国农业出版社.

余兴龙, 涂长春, 李红卫, 等. 2000. 猪瘟病毒E2基因真核表达质粒的构建及基因疫苗的研究[J]. 中国病毒学, 3: 57.

赵启祖, 邹兴启, 朱元源, 等. 猪瘟兔化弱毒标记疫苗毒株的构建及疫苗的制备方法[P]. CN201110170442.7

赵耘, 王在时, 王琴, 等. 2001. 不同批猪瘟活疫苗中猪瘟兔化弱毒E2基因主要抗原编码区序列分析[J]. 中国兽药杂志, 6: 1-4.

第九章

猪瘟的综合防控

第一节 国外猪瘟的防控

　　猪瘟是世界各国重点防范的重大动物疫病之一，主要采取扑杀、免疫预防及检疫等措施加以控制，以提高养猪产业的收益。世界上养猪水平较高的国家如美国、加拿大、澳大利亚、新西兰及欧洲一些国家，主要是采取全群扑杀的方式，成功地消灭了猪瘟。而多数国家还是以注射猪瘟弱毒疫苗为主，辅以扑杀策略控制猪瘟。目前已经消灭猪瘟的国家包括美国、澳大利亚、加拿大、冰岛、爱尔兰、新西兰、斯堪的纳维亚地区国家、日本、瑞士、乌拉圭、智利等。已经有效控制猪瘟的国家包括有巴西、墨西哥、德国、意大利。

　　亚洲养猪业主要集中在东南亚，该地区养猪量占世界总量的70%左右。猪瘟周期性地流行于这些国家（日本和新加坡除外），其中印尼、越南和菲律宾是猪瘟流行较严重的国家。所有东南亚国家在防治上均采用疫苗免疫，有些国家还采取扑杀措施。由于防疫制度不健全，技术手段落后，加上经济欠发达，目前东南亚猪瘟的流行仍然很严重。

一、美国猪瘟的消灭

　　作为在全世界动物疫病消灭的典范，美国仅用16年时间，通过疾病控制阶段、降低发病率及消灭猪瘟和防止再次感染四个阶段彻底根除了存在一个多世纪的猪瘟。

（一）发现猪瘟后的一个世纪（1833—1933）

　　1833年俄亥俄州首次报告暴发猪瘟，到1887年已有35个州报告发生疫情，致使养猪业损失惨重。1962年，美国农业部农业研究局关于猪瘟历史回顾中引用了这些报告中的一些结论：堪称为"毁灭性疾病"。1884年，美国国会因猪瘟的暴发而在农业部设立畜牧局，局长为D. E. Salmon博士，畜牧局成立后立即对猪瘟开展深入细致的研究。1903年，由畜牧局的两名科学家Alexander de Schwernitz和Marion Dorset对感染猪的血液进行细胞过滤后发现，过滤的血液仍能够引发猪瘟，确认导致猪瘟的是一种病毒。

　　长期以来，美国各州和联邦机构一直坚持从经济的角度来考虑消灭主要动物疫病问题。通过该原则已成功根除了牛传染性胸膜肺炎、口蹄疫、牛蜱热、马媾疫、马鼻疽等疫病。然而，尽管猪瘟造成的损失比其他任何一种疫病都要严重，但由于对猪瘟的认识不足，直到1917年研究工作结束，畜牧局依然认为根除猪瘟暂不可行。

　　1906年美国Marion Dorset最早生产猪瘟高免血清，申请了专利，供公众免费使用。1912年，已有30多个州开始应用高免血清，高免血清的免疫效果得到证实。同时发现，要取得有效的保护不仅需要使用高免血清，而且还需要同时注射带有活病毒的血液。当时不清楚养猪户是否了解使用该方法将导致猪瘟长期存在，畜牧局的报告也没有提及这种后果，但很明显，加拿大对这种后果非常清楚，美国的科学家肯定对此事也非常了解。尽管如此，两国不同的猪瘟发病经历导致了对猪瘟不同的态度和处理时采取显著不同的政策。加拿大在20世纪前20年，正当美国养猪业迅速转向广泛使用病毒—血清进行免疫时，加拿大已经实施猪瘟根除计划。从1900年开始，加拿大对感染猪群进行扑杀并赔偿。19世纪90年代，部分猪瘟疫情的暴发原因被认为是给猪饲喂没有煮熟的泔水所致，因此1916年加拿大颁布法律，要求必须将泔水煮熟后才能喂猪。1913年，加拿大作出重要决定，禁止进口和生产猪瘟疫苗。虽然加拿大仍从美国进口生猪及其产品，但成功的实施猪瘟扑杀政策拯救了加拿大养猪业。毋庸置疑，病毒血清的使用极大地降低和停止了美国猪瘟大规模的周期性流行。然而，随着病毒—血清方法实践经验的积累，该方法导致猪瘟长期存在的弱点终于暴露出来，因此新的疫苗的研发势在必行。

　　（二）变革（1933—1961）

　　1. 疫苗的变化　Marion Dorset 1934年去世后，他的同事在他的研究基础上研制成功结晶紫疫苗。20世纪40年代，美国开始结晶紫疫苗的商品化生产。该疫苗具有一个重要的特点——安全，田间试验证实，该疫苗不存在散播CSFV的问题，能够安全地用于无猪瘟的地区。但是美国需要的是比灭活苗更能够立即产生抗体并能够提供长时间保护的生物制品。1946年，J. A. Baker、H. Kaprowski及其合作者们发现CSFV在兔体传代后毒力有所减弱，这个结论为成功研究新一代疫苗开辟了新的途径。到1956年，全美已经有2/3的猪群使用疫苗来预防猪瘟，其中弱毒疫苗占90%以上，其余为灭活疫苗。新产品的优点仍值得信赖，在短期内就替代了一些原有的方法，从而排除了根除猪瘟的一个最大的障碍。

　　2. 启动猪瘟根除行动　随着高效、安全疫苗的出现，美国根除猪瘟的计划又被提上日程。1951年，美国动物卫生协会（the United States Animal Health Association,

USAHA）成立了一个在全国范围内扑灭猪瘟的委员会，22名成员来自农场管理层、兽医研究领域、养猪业户、农场人员、兽医微生物学界和州、联邦政府的代表。委员会首先强调，必须消灭强毒株，并对疫病暴发处理、免疫制品的使用及研究作了介绍。当时的中心思想是让公众了解猪瘟、猪瘟的损失和猪瘟的根除方法和好处。委员会认为根除猪瘟在技术上不存在问题，但在人们的重视程度和掌握知识方面仍显不够。委员会首先要求养殖场参加全国疫病根除计划，学习、掌握一些必要的知识。各州动物卫生机构和兽医官必须与各养殖场的负责人建立密切的工作关系，这将成为全国猪瘟根除行动成功与否的关键因素，并出版了一个关于猪瘟的正规小册子。委员会还强调猪瘟已是一种可被消灭的疫病，各委员会必须联合起来，为全国消灭猪瘟做出努力。

3. 联邦立法　1961年春天，参议院与众议院联合通过了全国猪瘟根除计划，很快参议院便向农业部通报了此项计划的预计拨款，统计了各个组织团体对该项计划的捐助，最后估计这个计划第一年拨款400万美元，随后4～5年增加到1 000万美元。1961年9月6日，肯尼迪总统签发了第87—209号政府令《全国猪瘟根除计划》（图9-1）。他直接授权农业部部长执行这一计划，法案同时允许农业部部长成立一个顾问委员会来负责执行该项计划。顾问委员会成员来自各个猪场及相关企业，各州与政府机构，专家团体和公众。法案虽短，经过一个多世纪的探索，美国政府最终决定根除存在的猪瘟。

（三）美国根除猪瘟的总攻（1961—1977）

农业部部长依据87次参众两院通过的87—209法，成立全国猪瘟根除顾问委员会，决定消灭存在了一个多世纪的猪瘟，提出分成四个阶段的国家计划。1960年，全国猪瘟根除计划委员会出版发行了一个包括9个要点小册子《你了解猪瘟吗？》，这本"9要点计划"成为制定四个阶段计划的根本依据，包括以下几个方面：免疫接种、遵守运输规定、报告疫情、遵守检疫规定、安全处置发病和感染猪、清扫和消毒车辆和感染的猪舍、禁止给猪饲喂未煮熟的下脚料、了解猪瘟防控的成本、了解猪瘟及防治技术。

1962年10月，在华盛顿会议上，USAHA和美国农业部同意了一个分四个阶段的全国性的州-联邦计划，每个阶段的规定在全国都是一样的，但每个阶段侧重点、进度和目标也不同。因此，允许各州根据实际情况加入这个计划和进一步制定计划。

USAHA委员会于1950年设立，该委员会提交了一份对20世纪50年代猪瘟发生情况以及预防猪瘟的制品和免疫程序评估情况的报告；牲畜保护协会（Livestock Conservation Incorporated，LCI）则成立于1958年，主要负责制定猪瘟根除计划的法律支持。LCI在第一份报告中建议州和联邦政府立法禁止猪瘟强毒的使用，这一建议得到州农业部门全国联盟（National Association of State Departments of Agriculture，NASDA）的支持。这两个

Public Law 87-209

AN ACT
To provide for a national hog cholera eradication program.

September 6, 1961
[S. 1908]

Be it enacted by the Senate and House of Representatives of the United States of America in Congress assembled, That, in order to safeguard the health of the swine herds of the Nation, to prevent the spread of hog cholera, to decrease substantially the estimated $50,000,000 annual loss from hog cholera, to expand export markets for pork and pork products now restricted on account of hog cholera, and to otherwise protect the public interest, the Secretary of Agriculture is hereby directed (1) to initiate a national hog cholera eradication program in cooperation with the several States under the provisions of section 11 of the Act of May 29, 1884, as amended (21 U.S.C. 114a), and related legislation, and (2) to prohibit or restrict, pursuant to the authority vested in him under the provisions of section 2 of the Act of February 2, 1903, as amended (21 U.S.C. 111), the interstate movement of virulent hog cholera virus or other hog cholera virus to the extent he determines necessary in order to effectuate such eradication program.

Agriculture Department.
Hog cholera, eradication program.

70 Stat. 1032.

32 Stat. 792.

SEC. 2. (a) The Secretary of Agriculture is authorized and directed to establish an advisory committee composed of (1) eleven members selected from representatives of the swine and related industries, State and local government agencies, professional and scientific groups, and the general public, and (2) one member selected from the officers and employees of the Department of Agriculture who shall serve as chairman of the Committee. The Committee shall meet at the call of the Secretary.

Advisory Committee.

(b) It shall be the function of the Committee to advise the Secretary with respect to the initiation of the national hog cholera eradication program referred to in the first section of this Act, and with respect to the development of plans and procedures for carrying out such program.

Function.

(c) Committee members other than the chairman shall not be deemed to be employees of the United States and shall not be entitled to compensation, but the Secretary is authorized to pay their travel and subsistence expenses (or per diem in lieu thereof) in connection with their attendance at meetings of the Committee.

Expenses of members.

Approved September 6, 1961.

图 9-1　美国猪瘟根除计划的 87—209 号政府法令

委员会负责全国猪瘟根除计划的启动及全部规划。因为LCI代表了生猪生产商和依赖于该行业生存的相关产业者的利益。所以，对根除计划和需要采用的措施支持必须有法律意义。

USAHA和LCI及刚成立的美国农业部顾问委员会组成了美国农业部委员会，其成员来自法定的多个利益团体。最初的12个委员来自于生猪生产商、兽医生物制品商、牲畜市场、肉类行业、媒体、全国农场团体、兽医协会、州和联邦政府。美国农业部委员会成立后迅速采取措施，加强3个组织的相互合作，避免了竞争。在1962年4月，美国农业部委员会邀请USAHA和LCI委员会联合开会，落实以后几个月的国家根除计划。并一致认为，其目的是彻底消灭猪瘟，该会议对美国猪瘟的成功消灭具有重要意义。会议期间对整个计划进行具体分工，USAHA主要负责计划和科技问题，LCI的工作重点是各个州的行业组织和寻求公众的理解及支持，促使政府机构确保计划的顺利进行。美国农业部委员会监督各部门的行动，并保证USAHA和LCI之间的信息畅通，并向农业部部长提出建议，要求农业部采取适当行动。

第一阶段：准备阶段（疫病控制阶段）（1961—1966）

本阶段加入计划的州要求上报猪瘟疫情，饲喂猪的泔水必须煮熟，控制猪只流动，对感染的猪场进行检疫、检查和消毒，生物制品实行专控。建立州和县根除猪瘟委员会，建立疫情快速上报制度，调查上报的可疑疫情，通过标准诊断程序确认每一份报告。

该阶段需要确定诊断程序、诊断培训、建立紧急疫情报告系统、确定感染源、研究CSFV的其他宿主、制定猪瘟防控的法规与措施、提高免疫水平和确定计划初期的资金投入，最终通过立法为实施根除计划铺平法律道路。

关于诊断程序的确定，1961年，一致认为经典的动物接种试验被科学家认为不可行，确诊需30d以上。1962年10月的兽医实验室诊断会议上，制定应用于猪瘟根除计划的标准诊断程序。这些诊断相关依据包括畜群病史、临床症状、病理变化和实验室试验，病理学方面包括白细胞降低和脑血管病理损伤等，程序要求至少用一种实验室方法去验证阳性结果。这样，装备显微镜的兽医诊断人员在农场即可通过白细胞记数进行诊断。1965年制订的诊断程序非常强调要一个快速、特异的实验室诊断技术的支持——荧光抗体技术（图9-2），该诊断结果与猪体接种试验符合率较高。经验丰富的人员将会使试验的准确率达90%。扁桃体是检出病毒早期感染的组织，而扁桃体样品能从田间的活动物体内迅速采集，这些因素共同促进了该方法快速和普及，该方法随即被美国农业部核准应用于猪瘟根除计划。

猪瘟诊断人员的培训工作始于1961年夏季，是由艾莫斯、艾奥瓦和邻近艾奥瓦州立大学的美国农业部动物疫病控制中心承担。培训涉及田间兽医诊断等一系列课程，田间兽医装备了传呼设备，回答一些求助问题。在16年的时间内，举办了25期培训班，每期一般为2周，培训课程包括病毒学和免疫学原理、血像分析、田间组织样品采集的准备、处理和运输、猪瘟临床症状和眼观病理变化、鉴别诊断、猪瘟的生物学控制及产品处理。自1963—1970年期间，随着技术的进步，猪瘟妊娠母猪综合征、持续感染以及BVDV对猪瘟诊断的干扰等新问题被逐步发现，于是培训内容不断更新，荧光抗体技术的使用和演示不断增加，甚至邀请部分南美国家人员来共同学习。到1977年9月，举办

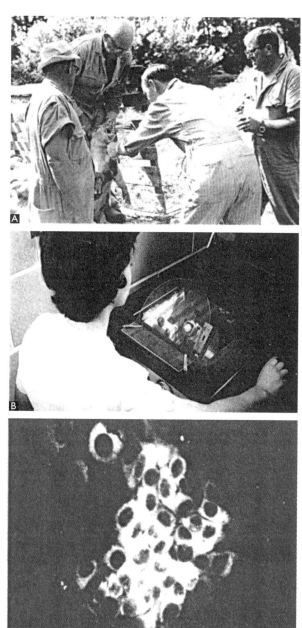

图 9-2　猪瘟免疫荧光抗体技术

A. 田间扁桃体活体采样　B. 扁桃体冰冻切片　C. 感染 CSFV 的荧光素标记细胞

第26期培训的时候，培训班名称改为"猪病诊断专家培训班"。

长期的培训课程主要由国家动物疫病控制中心等实验室负责规划，提供疫病临床最新信息。临床兽医经培训后成为猪瘟方面的专家，负责辖区内技术培训，他们配备了大旅行箱，用来携带田间需要的工具。他们凭证获得机票，一旦得到疑似病例求助信息时，能立即反应。这些诊断专家分散在全国各地，为联邦政府、州政府和兽医从业人员、养殖业户现场求助提供快捷、有效的帮助。国家动物疫病控制中心的实验室和各州具备了荧光抗体技术，能迅速作出准确的诊断。

在根除计划的第一阶段，开始的几年主要是弥补疫情报告系统信息缺陷。从1962年早期到1965年末，有47个州的紧急疫情报告系统已经运行，覆盖97%以上的猪群。各州的紧急疫情报告系统的建立在根除计划最初阶段起到了关键作用。这是第一次在全国范围内把猪瘟作为强制报告疫病。

为了确定疫源地和疫病传播，提高效率，制定疫病根除策略和措施，确定传染源和可能传播的感染猪群至关重要。主要传染源是接触感染或未封闭饲养的猪，大多数来源于一个州内；其次是邻近场的感染；第三是通过免疫导致的感染。实践证明接触感染是猪瘟最主要的传播途径。因此，必须规范管理猪的运输和市场，加强猪群的检疫；州和联邦政府有必要采取强制性措施要求饲喂猪的下脚料必须煮熟以降低发生感染的风险。然而，到60年代中期，发现弱毒疫苗偶尔能传播疫病，这就意味着在根除计划的后期不能使用这类疫苗。

与中国目前猪瘟流行的状况一样，对根除计划影响最大的是那些携带病毒的猪，它们症状不明显，但能够带毒、排毒。1965—1966年，美国、英国相继发现妊娠母猪带毒现象，这种现象是世界性的。由于持续感染状况的出现，美国调整了根除策略，并增加了控制虫媒和捕杀发病野猪的策略。

为了提高免疫水平，联邦政府对猪瘟生物制品的生产有明确的规定，猪瘟生物制品的生产企业根据联邦政府标准目录、市场需求和市场程序组织生产。在第一阶段，疫苗接种是美国控制猪瘟的最基本措施，然而，并非全国养猪者都能够认识到高水平免疫的重要性。通过养殖业、农业及政府通过媒体强烈呼吁，猪瘟免疫接种水平由计划前的37%提高到1965年的58%。但是由于当时的疫苗可能存在质量问题，估算约29%成为了猪瘟的传染源。

因此，提高疫苗质量，全面消灭所有的感染猪群是猪瘟根除计划进入下一阶段的根本。在计划开始的数年里，主要用于赔偿金的实际支出比之前的预算要少。在美国，私人财产不允许不经赔偿而被充公，作为根除计划的一部分，必须建立赔偿体系。将公用资金用于动物疫病根除计划中的赔偿，首先是保护公众利益。赔偿的目的是保证迅速地消灭传染源而不仅仅是赔偿所有者的损失。因此，赔偿范围包括清扫、消毒、为消灭传染源实施的扑杀及扑杀后动物的处理等方面。赔偿金根据程序规定由联邦和州承担。1963年10月生效的联邦赔偿制度是合理、高效的，先对畜群的损失进行评估，再赔偿畜群损失净值的50%。该政策鼓励畜主在动物大量死亡之前尽早上报，减少畜主的财产损失。到1965年，全国大多数州的猪群没有达到第三阶段，即整群扑杀发病或感染猪的阶段。到1967，当全国75%猪群接近计划的第三阶段或第四阶段时，总赔偿金急剧上升。

第二阶段和第三阶段：降低发病率和根除猪瘟（1966—1970）

第二阶段——降低发病率　对可疑猪群进行检疫隔离直到最终确诊为止，连续对感染猪群维持检疫隔离直到对其他猪群没有威胁为止，被检疫隔离的猪群不能移动，除被运到指定的地点在控制条件下屠宰之外，进入市场后需要返回农场的猪只，坚持记录猪的来源和经销商信息。

第三阶段——根除猪瘟　全面清除感染猪群，为此，联邦和州政府须提供必要的补偿，制定和实施处理感染和与之有接触的猪群的行动计划，检查感染地区猪和经由市场渠道暴露接触的猪群。清理和消毒被感染猪群的猪舍和并消毒处理器具，减少猪瘟流行。

这两个阶段主要解决免疫安全问题，第二阶段禁止使用活疫苗，第三阶段禁止使用灭活疫苗，还必须严格控制猪瘟在猪群中的流通，达到不依赖疫苗控制疫情的目的。然后进入最关键的转折点——根除猪瘟阶段，依靠扑杀政策将感染猪全群清除，实现猪场净化，增加扑杀赔偿资金。

实施该计划的前几年，猪瘟发病率急剧下降，到1966年猪瘟流行已处于较低水平，这一年是计划从第二阶段转入第三阶段停止使用疫苗的最佳时机，但此时猪瘟流行却有所反弹，直到1969年才停止疫苗使用，随后转入第三阶段。

到1966年末共有26个州进入猪瘟根除阶段，停止使用疫苗行动开始。美国农业部兽医官员坚信所有疫苗在不同程度上均存在风险，田间试验也证实了这一观点。USDA、USAHA和LCI委员会于1967年6月召开会议共同讨论了该研究组形成的建议方案，该方案制定了一个逐步停止使用所有猪瘟疫苗的详细时间表，主要分为两个阶段，1969年1月1日前禁止使用活疫苗，1971年前全部禁止使用灭活疫苗。1969年5月24日，美国农业部最终公布了禁止猪瘟活疫苗洲际运输规定。但是停止使用疫苗的反对呼声从未停止，禁止使用猪瘟疫苗的部令引起了极大争端，但美国农业部依然坚信——根除猪瘟必须停止使用疫苗。

在进入第四阶段的时刻，美国根除猪瘟实现重大转折，执行扑杀政策而不仅依赖疫苗控制，并进一步证实了该政策的正确性。然而，该问题的解决并不意味着根除猪瘟所有问题都得以解决。随着计划进展和各州进入根除赔偿阶段，实施成本不断上升。然而还是低于美国农业部于计划实施前1960年作出的预算。1970年确诊的病例数是4年中最少的，不足1969年的一半。这一态势让人们确信现行预算资金足以实现计划目标。

第四阶段：防止再次感染（1970—1977）

这一阶段要做到对一年内没有发现猪瘟的州，要积极广泛调查，开展紧急行动，实施疫情报告、监测计划；禁止使用猪瘟活疫苗，使用灭活疫苗免疫必须上报到州；支付赔偿金和最后两年的检测期。以饲养和繁殖为生产目的引进的猪必须隔离21d，除非来自于"无猪瘟"的州。最后这个阶段，根除猪瘟进入倒计时，这阶段联邦政府提供的赔偿金上升到75%，宣布根除猪瘟的州可上升到95%。整个这一行动减轻了政府的资金压力，表明联邦政府增加了对根除猪瘟的支持力度。

1970年1月，国内许多地区都发生了未检测出的感染或暴露猪由市场渠道进入猪场而导致疫病暴发的情况。泔水煮熟制度执行困难，不能满足根除计划的要求。但是诸如禁用疫苗、关闭生猪市场等严厉措施是必需的。一些进入第三阶段的州放弃或削弱从感染猪群筛检健康猪的行动，该行为带来的危害已远大于利益，1971年3月全国范围内停止了该行动。

1970年上半年，全国36%的猪瘟暴发来自弗吉尼亚州和北卡罗来纳州，在感染区，疫情以前所未有的速度在农场间传播。美国农业部为此建立了田间诊断实验室并实施了"特别行动期"，该行动的核心是迅速检查检疫区内的所有猪，了解疫病史，再重新检查并建立快速实验室诊断，行动结束前检疫区内的所有猪都不得调运。1970年9月8日开始实施迪斯默尔特别行动（Dismal Swamp Operation）。当时弗吉尼亚东南部和北卡罗莱纳州东北部的11个县和4个城市执行了州—联邦隔离政策，行动期内共检测和销毁了70个养殖场的12 000头猪。该行动花费高达100万美元，但效果明显，解决了该地区猪瘟持续存在的问题。为期11个周的特别行动成功地消灭了该地区的疫病并为以后处理类似情况（猪瘟或其他紧急疫病）提供的范例，还建立了处理潜在疫病暴发的模式，虽然全国大多数地区依靠当地力量足以隔离和处理病例，开展这种统一指挥、集中力量的"重点突破"特别行动必将有利于整个根除计划的实施。

到1970年底，在疫区进行州–联邦联合猪瘟检疫已经日常化，强化生猪交易市场标准，各州停止感染区生猪的调运（图9-3）。

1971年联邦提供给进入第四阶段的州的赔偿金上升了75%，宣布根除猪瘟（无猪瘟）的州则上升了90%。这一行动减轻了州政府潜在的资金压力，并表明联邦政府加强了对根除猪瘟的支持力度。到1971年底，所有生物制品生产企业自愿停止了猪瘟疫苗和血清的生产。但是包括USAHA猪瘟委员会、LCI和美国农业部在内的与会代表却警告不能过

图 9-3 隔离区活动

A. 检查点设置的隔离措施；B. 检查员向司机解释猪瘟的隔离政策；C. 监控的猪可以运往市场或屠宰场

于乐观，1971—1972年秋冬季节仍存在很大风险。1971年12月得克萨斯州南部发现致病性猪瘟，并持续到第二年。

1972年10月11日，农业部部长宣布国家进入猪瘟紧急状态，充分调动一切资源来根除猪瘟。这一紧急行动需要投入更多资金和更多人力，具体由兽医局突发事件办公室负责。联邦作出的另一决定是当疫情涉及流通领域时，禁止整个国家的猪流通行为，以迅速切断疫病扩散途径。这一年全国有205个确诊病例，但销毁了428个暴露猪群。从1969—1977年，全国共确诊病例2 524个，销毁暴露猪群3 189个。

1973年没有发生类似1972年的情况，阻止了猪瘟的进一步扩散。

1974年形势更为乐观，密西西比州在2月发现1例猪瘟病例。此后到年末，全国8个月保持无猪瘟状态。USAHA委员会在10月份召开的会议上建议坚持监测并尽可能预防国内外猪瘟的传播，特别强调了美国与墨西哥边界的监测。

从上述进程来看，原计划1972年消灭猪瘟的目标未能实现，主要原因是出现"慢性猪瘟"或"温和型猪瘟"等持续性感染特征出现，加上当时诊断技术存在不能及时发现这些非典型临床病例的缺陷。特别是一些不表现症状的母猪可以将病毒传递给胎儿，引起先天感染，这些先天感染仔猪出生后可表现正常，当饲养管理不当时可出现症状。这些带毒猪成为了当时的传染源，被引进到其他猪场后导致了新的疫情。尽管存在这些困难，扑灭计划仍取得进展，直到1975年所有50个州都进入第四阶段。

1975—1976年：最后插曲，1975年前6个月继续保持无猪瘟，至此，美国所有州（50个）已保持14个月的无疫状态。1975年到了根除计划实施的第14个年头，每一个新病例的出现都将引发全方位调查。兽医诊断实验室对收集到的所有病料组织仍在进行检测，无论是否为临床疑似病例，一旦常规筛检试验呈阳性，涉及的猪群全部被销毁。

美国最后一起猪瘟是1976年8月1日出现在新泽西州卡帕克附近的一个猪群。1978年1月31日，在联邦立法授权的猪瘟根除计划经历16年后，农业部部长Bob Bergland签署官方声明，宣布美国已彻底根除猪瘟（图9-4）。这标志着世界上最大的一次猪病根除计划的结束，这也是其他任何一个国家都没有进行过的计划。

根除猪瘟的紧急状况年的资金情况：计划实施前9年（1961—1970年财政年度）项目支出为6 130万美元；后7年（1971—1977年财政年度）增长至7 900万美元，主要以赔偿金的形式支出。在这些年间共确诊3370个病例，每个病例的花费是13 578美元，然而最后7年确诊病例为364个，而每个病例平均支出高达217 000美元。采用各种手段开展广泛的调查和追踪病例，对计划获得成功意义重大。另外，增加紧急行动的资金投入直至计划结束对整个根除计划的成功实施也非常重要，否则不可能完成猪瘟的根除计划。

图9-4　1978年1月31日，美国农业部长Bob Bergland签署官方声明，宣布美国已根除猪瘟

（四）美国根除猪瘟取得的成效

1. **提高经济效益**　猪瘟对人类健康不产生影响，其影响是一个纯经济问题。衡量真正成功与否不在于根除计划目标是否实现，而在于公众花费的每一元钱是否最终在食物生产中花费得到回报。在计算投入/产出比时，一个基本数字是实施根除计划的支出。1971年，美国农业部支出/产出比研究的结论为每年度5 740万美元，包括1 540万美元的疫病直接损失和4 200万美元的免疫接种和管理费用。

州和联邦政府15年（1962—1977年）的计划支出约为1.4亿美元。支出费用最多的12个月是1972年6月到1973年7月间，支出1 730万美元，包括美国农业部主要用于突发事件的追加拨款570万美元。但是，努力取得了成功，猪瘟暴发病例从1964—1972年年平均743例减少到1973—1976年年平均10例，到1977年没有发现一例。如果按照计划实施前猪瘟年度损失5 740万美元计算，从1962年到1977年的损失为9亿1 840万美元，如果将通货膨胀的因素考虑在内，实际损失可能超过15亿美元。这一计划16年来支出仅为1.4亿美元，充分表明了根除计划实施的回报超过了投入。

猪瘟根除计划的效益还可以通过比较实施与不实施计划取得的利益而得到验证，将损失和支出作为其他用途而从效益中被扣除（折算）后才能获得正确的产出效益比。成功实施猪瘟根除计划的效益/成本比为13.2，这意味着在成功的根除计划中每投入1美元将会节约13.2美元的猪瘟防治支出。如果以一个更保守的折扣率（6%）计算，每1美元的花费将产生高达21.10美元的收益。

1970年以后，计划按照预期设计向最终消灭猪瘟的方向前进，收益将是投入的许多倍，这非常明显，随着时间的推延，经济效益还会加倍增长。而现在，养猪业在猪瘟的投入上非常少，仅在调查疑似病例、美国边界及国际进口中的一些监测和监督措施行动还会支出一些少量的公共资金。如果不实施这些措施，猪瘟将会再次侵袭美国，那么还得耗费大量金钱。

2. 促进国际贸易　除上述可以衡量的经济回报外，猪瘟的根除提升了美国猪肉产品在国际贸易中的地位。1962年有12个国家因猪瘟禁止从美国进口猪肉，这个潜在的市场估计每年有2 000万美元。猪瘟的根除使得美国拥有这些潜在市场的竞争机会，其猪产品可重返国际市场，所获利润远大于根除猪瘟的开支。同时也提高了美国抵御外来动物疫病的能力。

3. 获得了消灭动物疫病的经验　在与猪瘟斗争的这些年中，许许多多联邦和各州兽医人员及其他相关人员获得了实施根除疫病计划中各种严格措施的直接经验。如安全处置大量感染动物，在大范围区域内组织严格检疫监督，迅速建立现场诊断实验室以及解决畜主相关问题等；许多兽医获得了宝贵的田间流行病学经验，美国动植物检疫署和美国农业部等在紧急疫病管理方面，尤其在实施后期积累了非常宝贵的经验，制定了精细的工作程序。这些丰富的实践知识能快速直接运用于抵御任何一种外来疫病。因此，美国猪瘟的消灭为全世界动物疫病的消灭树立了典范。

4. 发挥公众和非官方兽医组织的积极作用　美国猪瘟根除不是仅依靠政府机构来提出或维持实施根除计划的要求，代表大众利益的顾问团体也在计划实施中发挥了积极作用。由于该计划与许多组织密切关联，单个团体或机构不能单独启动或改变既定方针；顾问团体是工作团体，不是荣誉团体，团体成员们都来自于各个领域的领导者，他们坚决支持根除计划、对工作充满热情、充分发挥聪明才智等；虽然根除计划要求统一行动，但也具备弹性，允许个别州根据自身资源向既定目标发展，在不改变最终目标的前提下进行适当调整以适应环境；作出重大调整要求反复考查和论证，因此结论通常是各个团体相互理解和协调的结果，这样保证了整个计划实施的稳定开展。

美国自1978年宣布根除猪瘟后，没有再暴发过猪瘟。这得益于其采取的十分严格的控制体系。美国对任何动物及动物产品，特别是进口动物均采取了十分严格的检疫措施。正因为如此，即使在全球猪瘟大暴发的时候，也能幸免，就连邻国墨西哥的猪瘟也难以传入美国。

二、其他国家和地区猪瘟的消灭和控制

（一）欧洲猪瘟的控制措施

欧洲养猪业十分发达，2013年猪的存栏量达1.47亿头。为了消灭该病，欧盟颁布和实施了一系列的控制和扑灭猪瘟的法规，但至今整个欧盟并没有彻底消灭猪瘟。究其原因，野猪是欧盟乃至整个欧洲猪瘟暴发流行的祸根。

为了控制动物疫病跨境传播，特别是消除猪瘟对整个欧盟养猪业的威胁，欧盟制定了猪瘟根除计划，该计划注重感染猪群的扑杀，并通过兽医立法和实施卫生管理措施进行辅助（Saatkamp，2000；Stegeman，2000）。欧盟于1980年颁布实施了控制和扑灭猪瘟的法规（Council Directive 80/217/EEC），要求各成员国着手根除各自国家内的猪瘟，1990年所有成员国停止疫苗免疫，此后只通过严密的监测与扑杀来控制猪瘟，但是依然有几个欧盟国家1990年以后均有CSF散发流行。2001年10月欧盟要求实施修改后的控制和扑灭法规（Council directive 2001/89/EC）。此法规旨在建立一个协调统一和积极的方法，以保证在猪瘟发生时作出合理的应急反应。成员国家必须制订应急计划并说明发生污染时和高密度猪群地区所需的疫苗用量。同时要求在疫情发生时建立国家和地方疫病控制中心，国家疫病控制中心也可以指派专家小组，在控制阶段协助制定决策。

所有欧盟成员国都有一个指定的国家参考实验室（National Reference Laboratory，NRL），执行猪瘟的官方诊断方法《欧盟猪瘟实验室诊断手册》（2007）和一系列诊断方法和标准。其他实验室也可以进行猪瘟诊断，但其能力必须经过国家参考实验室的检验，这样才有资质对猪瘟进行确诊。如果该地区出现疑似或确诊的猪瘟，国家参考实验室必须立即报告当地的兽医主管部门。接到通知后，兽医主管部门必须根据诊断手册《猪瘟诊断手册、诊断程序、采样方法和标准、实验室检测和确诊评估》（欧盟2002/106/EC决议）的程序立即开始官方调查，此诊断手册可以保证诊断程序的一致性，由欧盟猪瘟参考实验室（Community Reference Laboratory for CSF）来协调相应的诊断标准和方法，同时负责监督国家参考实验室的执行能力，并可提供其他实验室服务。欧盟猪瘟参考实验室每年还组织实验室间猪瘟诊断能力比对评价测试和猪瘟年度会议，欧盟成员国被要求强制参加比对测试，同时邀请第三方国家参加这类活动。通过此类活动，发现并解决各国猪瘟诊断中的问题，提升诊断能力和水平。由欧盟猪瘟参考实验室成员国在检测到猪瘟的24h内必须向欧盟委员会报告，并向欧盟及其他成员国提供详细的病例观察情况及后续措施。欧盟委员会也可派出专家到成员国进行现场检查以保证法规的如实实施。

1. **养殖场猪瘟的控制**　养殖场一旦暴发猪瘟疑似疫情，并且临床调查不能排除猪瘟，就必须接受官方监管。特别是养殖场内所有的进出活动必须禁止或得到官方许可，同时还要建立生物安全屏障，阻止污染物的流出。

疫情一旦经官方确认，养殖场内所有的猪必须扑杀和销毁。任何可能受到污染的物品和废物都必须经过处理以杀灭病毒。其次，猪圈设施、运载猪或其尸体的工具和装备、垫料、粪尿和被污染的泥浆都必须接受清洗或消毒。所有这些措施都必须在官方的监督下执行，所使用到的物品和程序必须得到官方认可。

作为应急计划的一部分，需要开展以调查问卷为基础的流行病学调查，调查内容包括在报告前病毒可能存在多长时间、疫病可能的传染源、可能携带病毒的人员、运载工具、猪只和其他任何物品的流动情况，以及肉类、精液甚至猪卵子的流向。兽医行政主管部门需要在疫点周围建立半径至少10km的监测区和半径至少3km的保护区。在这些区域内必须采取安全措施，特别是查清养殖场数量、禁止所有猪只流动、采取生物安全措施阻止疫情在区域内传播。在某些情况下，如因为动物福利或屠宰等原因，监测区或保护区内某一养殖场的猪只需要转移时必须得到主管部门许可。

发病养殖场在完成清洗和消毒程序的30d后才允许引进新的猪只。引进猪只复群前可以预先放置几只哨兵猪，观察一定时间后，这些哨兵猪如不出现猪瘟临床症状，也没有产生猪瘟抗体，就可以全面复群了。

如果猪群在屠宰或运输过程中暴发猪瘟疫情，猪只必须全部扑杀，所有动物尸体、可能被污染的内脏和动物废物都必须在官方监督下销毁。场地和运输工具彻底清洁和消毒24h后才能恢复屠宰和运输。

在欧洲，原则上禁止使用猪瘟疫苗。然而，在确定存在该病传播的风险后，成员国可以向欧盟委员会提交紧急免疫接种计划的申请，以便对家猪和野猪实施免疫，欧盟为此类紧急免疫储备有中国C株制备的疫苗。如果使用了C株疫苗，免疫猪最终都要在监督下被屠宰或扑杀，因为这些猪免疫前可能感染了病毒并处于潜伏期，因而始终存在发生疫情的风险，此种情况下疫苗免疫只能单纯地减少病毒分泌和传播。保护区内的免疫猪经屠宰检疫未发现猪瘟临床症状和病理变化时，相关部门可以批准其猪肉加工和销售。

一种由CSFV囊膜糖蛋白E2构成的重组蛋白亚单位疫苗已经获得注册并被批准使用。这种疫苗的使用不但可以区分野毒感染和疫苗免疫，而且免疫猪只不需要被屠宰或扑杀。但是，此种疫苗需要接种2次才能保证提供足够的保护，而且保护期短，只能减轻临床症状和减少病毒排出，并不能完全阻止病毒的感染和传播，也不能阻止胎盘传播。因此，该疫苗的应用仍存在争议。此外，由于稳定性不好，目前该疫苗已经停止使用。

将餐饮机构的废物喂食猪，也称"泔水喂养"，这在欧盟是被禁止的，因为这种方式诱发和传播猪瘟的危险性很高。

2. 野猪猪瘟控制　野猪（*Sus scrofa*）在欧洲分布广泛，而且家猪（*Sus domesticus*）逃逸后成为野猪也比较常见，它们与野猪共同生活、共同繁衍，产生了许多杂交后代。由于缺乏有效的控制措施，欧洲野猪数量在不断增加。野猪对CSFV与家猪一样易感，阿尔卑斯山脉和一些东欧国家野猪种群密度大，猪瘟流行比较普遍，它们不但可以传播猪瘟，并且还充当病毒的贮存宿主。由于接近或限制它们的活动十分困难，一旦有猪瘟流行则难以根除，因而野猪成为欧洲猪瘟控制最大的挑战（Griot，1999；Laddomada，2000；Fritzemeier，2000）。

控制和消灭野猪猪瘟是最终消灭猪瘟传染源的重要措施。在欧洲，主要通过多层次策略来控制野猪猪瘟，重点是通过捕猎来控制和降低野猪密度，同时还采取口服免疫措施建立群体免疫力。此外，强化诊断检测，捕猎和加工野猪时保持良好的卫生习惯，避免废弃物乱扔和喂猪。

一旦确认野猪发生猪瘟疫情，所在国的兽医主管部门必须立即确定感染范围和制定控制措施。相关专家组成员也应介入，掌握具体发病数量和临床表现。兽医主管部门根据家猪猪瘟的处置程序开展控制与扑灭，同时监测发病区域所有猪场，防止家猪与野猪接触，禁止猪只流动。

在确认疫情发生的90d内，所在国必须向欧盟委员会提交一份扑灭疫情的书面计划，该计划获得批准后便取代过去措施。新计划需要收集的信息包括流行病学调查结果和疫情的地理分布，疫情所涉及的成员国及其受感染地区，通过信息发布告知猎人所采取的控制措施，疫区周围野猪群的大概数量，病死或猎杀野猪的运输途径以及发病病例的流调结果等。每隔6个月，发生疫情的国家要向欧盟委员会及其他成员国提交一份根除计划的效果评估和受感染地区的流行病学现状。

由于捕猎可以控制野猪群的数量，在控制猪瘟传播上起到一定作用，但捕猎在短时间内很难有效降低猪群密度，因此，在德国还通过在野猪活动区域定期投放C株制备的口服诱饵疫苗，对野猪实施免疫控制。多年的实践表明，这一措施效果显著，明显地降低了野猪中CSFV的感染率，但是仍不能根除疫病。主要原因是大猪抢食过多诱饵，超过50%的仔猪和青年猪却抢不到诱饵，因此这些最易感的群体不能获得有效的免疫保护。免疫监测表明，诱饵口服免疫使野猪群的整体抗体阳转率只有49%～60.3%，这一免疫密度不能消灭猪瘟，特别在老疫区和高密度区只能取得部分成功，因此野猪猪瘟控制与消灭必须是免疫与其他手段相结合的综合措施，其中最重要的是通过捕猎来控制密度。捕猎应该以猎杀青年猪为主，一方面它们易感，是维持感染的重要载体，另一方面它们在采食诱饵疫苗时竞争不过成年猪。

（二）美洲大陆猪瘟根除计划

在拉丁美洲和加勒比地区，虽然猪瘟控制取得进展，但是多数具有共同边境的国家在养猪业贸易过程中仍然受到猪瘟不断跨境传播的危害，而且他们彼此间还缺乏协调与合作，猪瘟控制进度在部分国家和地区仍然缓慢。为了在拉美地区全面实现猪瘟的控制和最终消灭目标，2000年3月第15届世界动物卫生组织（OIE）美洲大陆区域委员会全体会议上，各成员国一致同意并制定了"美洲大陆猪瘟根除计划"，该计划由联合国粮农组织（FAO）主导并作为技术牵头单位，拉丁美洲17个国家政府同意参加（FAO，2000；Terán，2004；Cane，2004；Cheneau，1999；Domenech，2006）。这是一项通过协调成员国间的技术、财力和人力来共同控制和根除猪瘟的洲际策略，以此帮助猪瘟染疫国家控制和消灭猪瘟，扩大猪瘟无疫国家的数量直至最终在整个美洲大陆消灭猪瘟。

该计划主要内容包括改进兽医基础设施，改善疫病诊断的准确性，促进养猪业主主动识别和报告疫情，明确流行病学本底，建立相关机制，协调国家和地区间的控制工作，减少互相间的抵触和矛盾，争取私营业主的参与和资金支持，增强公众对消灭猪瘟重要性的认识，最后增加猪瘟无疫区域和国家的数量。计划制定了3个层次的控制水平，初级层次是控制区，这一区域内仍有猪瘟流行，而且疫苗使用不能停止，目标是通过严格的疫情控制来减少猪瘟的传染来源，使得病毒传播与易感猪只的数量降低到根除此病的水平。这一阶段控制措施的关键是充分了解该地区的猪只情况、野猪中猪瘟流行的风险、养猪业主对计划的执行情况、疫情控制的力度，掌握准确的诊断以及准确的流行病学信息等。第二层次是猪瘟根除区，这一区域内猪瘟疫情不再暴发，疫苗使用已经停止，主要实施监测，一旦出现疫情或发现感染将立即扑灭。养猪业主积极合作、民间的参与以及卫生措施的贯彻执行是确保此阶段计划成功的关键因素。为鼓励养猪业主报告疫情，减少疫情带来的重大经济损失，及时足额的经济补偿也是计划成功的关键。第三层次是无疫区，必须符合OIE制定的猪瘟无疫区标准，即名义上该区域至少2年内已经没有猪瘟暴发和流行，通过实施严格的血清学和病原学监测来证明2年内没有任何CSFV感染阳性检测结果，包括抗体阳性。一旦此区域获得国际组织认定的猪瘟无疫区，保持这种状态十分重要，从而贸易将不受限制。

实施"美洲大陆猪瘟根除计划"的目的是强化国家的猪瘟根除计划，到2020年前从整个美洲大陆根除猪瘟，其次是建立跨境传播猪病的流行病学网络，强化猪及猪产品国际市场安全以及增加健康动物生产。该计划由FAO组织的执行委员会和国际技术顾问组负责监督执行。

在南美，巴西不遗余力地致力于猪瘟根除，已经取得了很好的效果。该国早在1998

年就禁止使用猪瘟疫苗，而且在猪瘟发生时采取了如扑杀和限制流动等欧洲所使用的标准措施。在养猪规模较大的圣卡塔林纳州和南里奥格兰德州，其猪肉产量占到巴西整个养猪业产出的一多半，这两个地方自从1990年和1991年以来，就没有发生过猪瘟。在巴西北方的一些州，由于那里的农村散养规模较大，猪瘟仍有零星发生。

（三）其他国家猪瘟的消灭和控制

在加拿大1963年、美国1978年消灭猪瘟以后，日本于1996年开始实施净化计划——不得接种猪瘟疫苗的防疫政策，2006年4月1日始，全国全面禁止使用猪瘟疫苗，一年后全国无病例出现，于2007年4月根据OIE法典，日本成为无猪瘟国家。

墨西哥根据猪瘟流行情况将国家分为3个地理区域，靠近美国的北方各州为无疫区，区域内禁止使用疫苗，采取严密监控和扑杀可疑猪的防制措施；中部地区为猪瘟扑灭区，已经停止免疫注射，只采取扑杀政策，猪瘟流行基本停止，在一定时间内没有新的暴发，中部地区也可以宣布为无猪瘟病区；南部区域是猪瘟控制区，仍有猪瘟流行，采用疫苗免疫防制措施。

（Trevor W. Drew、王　琴、涂长春）

第二节 猪瘟的综合防控策略与措施

在中国，猪瘟防控一直坚持"预防为主"的方针。早期，中国在对猪瘟既无有效疫苗、也无有效消毒药品的情况下，只能采取消毒隔离等措施。例如，要求对死亡猪的尸体进行深埋，禁止出卖病猪肉，提倡用石灰、草木灰水消毒，焚烧垫圈草等。1947年，研制出猪瘟高免血清，进行了治疗猪瘟和共同免疫试验，获得成功，对防控猪瘟发挥了重要作用。1950—1955年，全国广泛使用猪瘟结晶紫灭活疫苗；1956年开始，大规模使用猪瘟兔化弱毒疫苗。猪瘟兔化弱毒疫苗的广泛使用，为在中国控制猪瘟，做出了巨大贡献。

在免疫策略上，20世纪50年代免疫注射以一次性注射和对疫点包围注射为主。60年代以春秋两季突击预防为主并坚持市场补针。70年代提出"村不漏户、户不漏猪，头头注射，个个免疫"的口号，并推行猪免疫打耳号，发注射证，造册登记，同时要求仔猪把三关：断奶仔猪、集市交易仔猪和外购仔猪的补针；查四证：出栏、交易、运输和屠宰，都要有耳号或注射证的办法。从20世纪80年代初起，猪瘟防控由一年两次定期免疫，改为常年免疫，实施20日龄首免，65日龄二免等免疫程序。各地还根据实际情况，制定了适合当地的免疫程序，主要有：乳前免疫、常年免疫、60日龄仔猪阉割时免疫、20～25日龄和60～65日龄两次免疫、采用加大剂量免疫等。

在综合防控措施的贯彻上，坚持控制和消灭传染源、切断传播途径、提高猪群抗病力的原则。具体措施是：搞好免疫注射和坚持自繁自养的方针；养猪场和养猪专业户尽可能不从外地引进新猪，平时加强饲养管理，做好清洁卫生和消毒工作；禁止将可能污染病毒的物品带进场内，职工不从市场购进猪肉及其制品，肉食由本场自行解决；农村提倡圈养，一般不要放牧，邻近村寨发生猪瘟时立即停止放牧；用残羹、泔水或下脚料喂猪时必须煮沸消毒；猪场必须从外地引进种猪时，选择到无猪瘟的地区购买，并做好检疫工作和预防接种，到场后先在远离本场猪群的隔离猪舍饲养21d，经检疫观察，确认是健康的猪才能混群饲养；一旦发生猪瘟，立刻严格隔离或扑杀病猪，可疑病猪就地隔离观察，凡病猪污染的圈舍、用具、地面、车船以及粪水、吃剩的饲料都要充分消毒，病死猪在指定的地点深埋，疫区周围的猪全部注射猪瘟兔化弱毒疫苗，形成安全带，防止疫病扩大蔓延。

在建立健全各项规章制度方面，在推行各种形式的岗位责任制和防疫承包责任制的基础上，防疫注射后，每年都开展一次防疫检查、验收、评比，死亡率抽样调查等工作，同时推行了疫情监测和抗体监测工作；一些省先后制定了相关的畜禽防疫检查评比办法、防治猪瘟试行办法、控制猪瘟标准和检查验收办法等。国务院《家畜家禽防疫条例》颁布后，各省先后制定了实施细则，使动物疫病防控工作逐步走上了法治管理轨道，市场检疫、产地检疫和运输检疫初步形成了专业化网络，减少了疫病的传播。进入21世纪，中国进一步加强了对重大动物疫病的防控工作。2001年，《国务院关于进一步加强动物防疫工作的通知》要求，地方各级人民政府要对本地区动物疫病防治工作负总责，各级政府主要负责人是动物防疫工作第一责任人。2004年，针对重大动物疫病应急工作需要，国家确立了"加强领导、密切配合，依靠科学、依法防治，群防群控、果断处理"的24字方针，并制定了以扑杀和免疫为核心的重大动物疫病综合防控措施。2005年国务院制定了《重大动物疫情应急条例》，2007年全国人大对《动物防疫法》进行了修订，规定：国家对严重危害养殖业生产和人体健康的动物疫病实施强制免疫，国务院兽医主管部门确定强制免疫的动物疫病病种和区域，并会同国务院有关部门制定国家动物疫病强制免疫计划；县级以上地方人民政府兽医主管部门组织实施动物疫病强制免疫计划，乡级人民政府、城市街道办事处应当组织本管辖区域内饲养动物的单位和个人做好强制免疫工作；饲养动物的单位和个人应依法履行动物疫病强制免疫义务，按照兽医主管部门的要求做好强制免疫工作；经强制免疫的动物，应建立免疫档案，加施畜禽标识，实施可追溯管理；从事动物饲养的单位和个人应做好免疫、消毒等动物疫病预防工作。2006年起农业部每年制定主要动物疫病监测方案和重大动物疫病免疫方案，2007年农业部制定了中国第一个动物流行病学调查方案，分别对猪瘟的疫情监测、流行病学调查、免疫和免疫质量的检查等工作进行了详细的规定。2007年起，国家对猪瘟实行免费强制免疫，所需疫苗经费由中央和地方财政共同承担，并要求猪瘟免疫的抗体合格率必须达到70%以上。这些法律法规、技术方案和政策的制定，有力地促进了各地重大动物疫病防控工作，提高重大动物疫情预警预报能力、应急处置能力，提高免疫密度，确保免疫效果，提升了各项生物安全措施和动物疫病的防控水平，强化了依法治疫工作。

归纳国内外猪瘟的防控措施，主要有三种模式：一是免疫为主的模式。20世纪中后期，欧洲一些国家和苏联及东欧等国家，利用中国研制的猪瘟兔化弱毒疫苗进行全面免疫，在基本控制了猪瘟后停止免疫，随后采取监测和扑杀的措施消灭了猪瘟；日本和我国台湾省则分别使用各自研制的弱毒疫苗进行全面免疫，消灭了各自的猪瘟；二是以扑杀为主的防控模式。美国和北欧的一些国家采用以监测和扑杀为主的模式，于20世纪中叶消灭了猪瘟；三是综合防控模式。在养殖方式落后，散养和规模养殖同时存在，活猪跨地区长途运输和生猪屠宰难以有效监管，以及疫情相对复杂等情况下，以上两种防控模式均难以有效发挥其作用，只能采取以免疫和扑杀相结合的方式，同时辅之以监测、检疫、净化、强化生物安全措施等综合防控的模式。以下介绍的主要是综合防控的内容。

一、猪瘟的预防

我国《动物防疫法》规定，国家对动物疫病实行预防为主的方针，并采取预防、控制、扑灭和动物及动物产品的检疫等有效措施，控制重大动物疫病，这也是防治猪瘟的最基本方法。

（一）生物安全措施

生物安全措施是养猪生产体系中的一个环节。通过建立健全猪场和相关场所的各类生物安全措施，尽可能减少引入致病性病原的可能性，并且从现有环境中去除病原体，切断传播途径。它是一种系统的、连续的管理方法，也是最有效、最经济的控制疫病发生和传播的方法。因此，猪场及相关场所必须建立良好的生物安全体系，保障猪群健康生长。

1. 饲养场、养殖小区应符合相关动物防疫条件

（1）按照国家的规定，养猪场、猪养殖小区选址应当距离生猪屠宰加工场所、动物和动物产品集贸市场500m以上；距离动物诊疗场所200m以上；养猪场（养殖小区）之间距离不少于500m；距离动物隔离场所、无害化处理场所3 000m以上；距离城镇居民区、文化教育科研等人口集中区域及公路、铁路等主要交通干线500m以上。而种猪场还应当：距离动物饲养场、养殖小区和城镇居民区、文化教育科研等人口集中区域及公路、铁路等主要交通干线1 000m以上；距离动物隔离场所、无害化处理场所、动物屠宰加工场所、动物和动物产品集贸市场、动物诊疗场所3 000m以上；有必要的防鼠、防鸟、防虫设施或者措施；有国家规定的动物疫病的净化制度；根据需要，种猪场还应当设置单独的动物精液采集等区域。

（2）建设养猪场、养殖小区应当：场区周围建有围墙；场区出入口处设置消毒池；生产区与生活办公区分开，并有隔离设施；生产区入口处设置更衣消毒室，各养殖栋舍出入口设置消毒池或者消毒垫；生产区内清洁道、污染道分设；生产区内各养殖栋舍之间距离在5m以上或者有隔离设施。

（3）动物饲养场、养殖小区应当具有适当设施设备，包括：场区入口处配置消毒设备，生产区有良好的采光、通风设施设备；圈舍地面和墙壁选用适宜材料，以便清洗消毒；配备疫苗冷冻（冷藏）设备、消毒和诊疗等防疫设备的兽医室，或者有兽医机构为其提供相应服务；有与生产规模相适应的无害化处理、污水污物处理设施设备；有相对独立的引入动物隔离舍和患病动物隔离舍。

（4）养猪场、养殖小区应当有与其养殖规模相适应的执业兽医或者乡村兽医。患有相关人畜共患传染病的人员不得从事动物饲养工作。

（5）养猪场、养殖小区应当按规定建立免疫、用药、检疫申报、疫情报告、消毒、无害化处理、畜禽标识等制度及养殖档案。

2. 生猪屠宰加工场所应当具备相应的防疫条件

（1）生猪屠宰加工场所选址应当符合下列条件　距离生活饮用水源地、动物饲养

场、养殖小区、动物集贸市场500m以上，距离种畜禽场3 000m以上，距离动物诊疗场所200m以上；距离动物隔离场所、无害化处理场所3 000m以上。

（2）生猪屠宰加工场所布局应当符合下列条件 场区周围建有围墙；运输动物车辆出入口设置消毒池；生产区与生活办公区分开，并有隔离设施；入场动物卸载区域有固定的车辆消毒场地，并配有车辆清洗、消毒设备；动物入场口和动物产品出场口应当分别设置；屠宰加工间入口设置人员更衣消毒室；有与屠宰规模相适应的独立检疫室、办公室和休息室；有待宰圈、患病动物隔离观察圈、急宰间；加工原毛、生皮、绒、骨、角的，还应当设置封闭式熏蒸消毒间。

（3）动物屠宰加工场所应当具有下列设施设备 动物装卸台配备照度不小于300lx的照明设备；生产区有良好的采光设备，地面、操作台、墙壁、天棚应当耐腐蚀、不吸潮、易清洗；屠宰间配备检疫操作台和照度不小于500lx的照明设备；有与生产规模相适应的无害化处理、污水污物处理设施设备。

（4）生猪屠宰加工场所应当建立动物入场和动物产品出场登记、检疫申报、疫情报告、消毒、无害化处理等制度。

3. 生猪集贸市场应具备相应的动物防疫条件

（1）专门经营生猪的市场应当符合下列条件 距离文化教育科研等人口集中区域、生活饮用水源地、动物饲养场和养殖小区、动物屠宰加工场所500m以上，距离种畜禽场、动物隔离场所、无害化处理场所3 000m以上，距离动物诊疗场所200m以上；市场周围有围墙，场区出入口处设置消毒池；场内设管理区、交易区、废弃物处理区，各区相对独立；有清洗、消毒和污水污物处理设施设备；有定期休市和消毒制度；有专门的兽医工作室。

（2）兼营动物和动物产品的集贸市场应当符合下列动物防疫条件 距离动物饲养场和养殖小区500m以上，距离种畜禽场、动物隔离场所、无害化处理场所3 000m以上，距离动物诊疗场所200m以上；动物和动物产品交易区与市场其他区域相对隔离；动物交易区与动物产品交易区相对隔离；不同种类动物交易区相对隔离；交易区地面、墙面（裙）和台面防水、易清洗；有消毒制度。

4. 坚持自繁自养，严格引猪制度 自繁自养是建立猪场生物安全体系的重要环节，引进新猪是迄今为止最重要的猪病传入途径之一。病原微生物与寄生虫都会随种猪的引进而一起进入猪场，因此当引进新猪种时，要了解来源猪群的健康状况，要求供猪者出示原猪场疫病免疫情况、驱虫记录以及当地的疫病流行情况，实施严格的检疫，引进后隔离观察45d以上，经认定已安全，体表消毒后方可转入猪舍饲养。

（二）猪瘟疫情监测

疫情监测是早发现、早处理和诊断疫情的关键。因此，必须按照国家的有关规定，制定各自相应的疫情监测方案。重点对种猪场、中小规模饲养场、交易市场、屠宰场和发生过疫情地区的猪进行监测，特别是这些地方一旦出现疑似猪瘟发病、死亡的动物应立即按照前面相关章节介绍的那样开展临床和实验室诊断确认，并采取疫情处置措施。

1. 临床监测和诊断　依据本病流行病学特点、临床症状、病理变化可作出初步诊断，确诊需做病原分离与鉴定。

（1）流行特点　猪是本病唯一的自然宿主，发病猪和带毒猪是本病的传染源，不同年龄、性别、品种的猪均易感。一年四季均可发生。感染猪在发病前即能通过分泌物和排泄物排毒，并持续整个病程。与感染猪直接接触是本病传播的主要方式，病毒也可通过精液、胚胎、猪肉和泔水等传播，人、其他动物如鼠类和昆虫、器具等均可成为重要传播媒介。感染和带毒母猪在怀孕期可通过胎盘将病毒传播给胎儿，导致新生仔猪发病或产生免疫耐受。

（2）临床症状　本病潜伏期为3~10d，隐性感染可长期带毒。根据临床症状可将本病分为急性、亚急性、慢性、隐性感染、连接性感染五种类型。典型症状：发病急、死亡率高；体温通常升至41℃以上、厌食、畏寒；先便秘后腹泻，或便秘和腹泻交替出现；腹部皮下、鼻镜、耳尖、四肢内侧均可出现紫色出血斑点，指压不褪色，眼结膜和口腔黏膜可见出血点。

（3）病理变化　淋巴结水肿、出血，呈现大理石样变；肾脏呈土黄色，表面可见针尖状出血点；全身浆膜、黏膜和心脏、膀胱、胆囊、扁桃体均可见出血点和出血斑；脾不肿大，边缘有暗紫色突出表面的出血性梗死；慢性猪瘟在回肠末端、盲肠和结肠常见"纽扣状"溃疡。

2. 实验室检测　实验室病原学检测必须在相应级别的生物安全实验室进行。

（1）样品采集　活体样品：采集扁桃体、排泄物，用于病原学监测；血清样品，用于检测抗体。发病或死亡动物样品：采取病、死猪各种脏器，包括淋巴结、胰脏、脾脏、回肠、肝脏、肾脏及EDTA抗凝血、排泄物。

（2）病原分离与鉴定　病原分离、鉴定可用细胞培养法、荧光抗体染色法、兔体交互免疫试验、RT-PCR方法、荧光RT-PCR方法、猪瘟抗原双抗体夹心ELISA检测法。

（3）血清学检测　可采用猪瘟病毒抗体阻断ELISA检测法、猪瘟荧光抗体病毒中和试验、猪瘟抗体正向间接血凝试验等。

3. 结果判定

（1）疑似猪瘟　符合猪瘟流行病学特点、临床症状和病理变化。

（2）确诊发生猪瘟或有猪瘟感染　非免疫猪出现疑似猪瘟的特征，且血清学检测之一为阳性，或病原学诊断之一为阳性的；免疫猪出现疑似猪瘟的特征，且病原学诊断之一为阳性的。

（3）确诊曾发生过猪瘟感染　非免疫猪未出现疑似猪瘟的特征，病原学诊断也为阴性，而仅血清学诊断为阳性，或免疫猪未出现疑似猪瘟的特征，病原学诊断也为阴性，但能检测出猪瘟的感染抗体。

（三）免疫预防

在有猪瘟流行的地区应采取猪瘟强制免疫预防措施，降低猪瘟的发病率，阻断猪瘟流行；在猪瘟控制较好的地区，通过净化种猪群，配合采用疫苗免疫预防辅之以扑杀政策。目前国内市场上有猪瘟细胞苗、兔体组织苗和猪瘟传代细胞苗可供选择使用。疫苗接种应依照各地区和猪群中猪瘟抗体水平不同，制定出相应的免疫程序。

1. 各种猪的推荐免疫程序

（1）种母猪　25～35日龄初免，60～70日龄加强免疫一次，以后每4～6个月免疫一次；生产期间，产前20～28d或产后20～28d免疫一次。

（2）种公猪　25～35日龄初免，60～70日龄加强免疫一次，以后每4～6个月免疫一次。

（3）商品猪　根据母源抗体水平的高低（以平均水平为准），一般以抗体水平平均降至阻断率35%时为宜（见第2条免疫效果监测），确定仔猪的首次免疫时间。一般25～35日龄初免，60～70日龄加强免疫一次。超前免疫视猪场污染情况而定，一般在仔猪出生后立即免疫，免疫后1.5～2h哺喂初乳。

（4）紧急免疫　当发生疫情时，应对一个月内没有免疫过的受威胁猪，进行一次紧急免疫。

每个养猪场（户）在进行免疫的同时，应建立完整的免疫记录档案。

2. 免疫效果监测　通过免疫抗体水平检测，可以及时了解猪群的整体免疫保护水平。

（1）采用猪瘟病毒抗体阻断ELISA检测法定期进行免疫效果监测　种猪群体平均抗体水平阻断率不得低于65%，可允许部分种猪抗体水平阻断率为50%～65%，但当加强免疫后阻断率仍达不到50%的种猪应该立即淘汰。仔猪一免后平均抗体水平应该达到40%，二免后应该达到65%，否则应该重新免疫或进行免疫程序的调整。

（2）猪瘟抗体正向间接血凝试验，抗体效价≥25判定为阳性。猪群的抗体合格率≥70%时为合格。

（四）检疫监管

运输和贸易带来的猪群及其产品流动是猪瘟在中国传播与扩散的重要途径。患病猪、带毒猪与易感猪的直接接触是主要的传播方式。机械性载体可传播猪瘟病毒，车辆、饲养员（畜主）、兽医和相关的设备均有潜在的危险性，并且病毒还可以被伴侣动物、鸟和节肢动物机械传播。用病猪肉制造的食物如香肠和腌肉，猪瘟病毒可在其中活存6~12个月，在猪肉和猪肉制品（冷冻）中病毒可被长距离携带转移。因此，应强化流通环节的检疫工作，特别是加强产地检疫，阻断病猪通过流通环节扩散猪瘟病毒；倡导生猪产地屠宰，建立当地的种猪繁殖体系，减少活猪的长途运输与交流，减少传播风险；加强对猪肉制品的检疫监督及餐饮垃圾管理，阻断病原通过该途径传播。具体检疫要求如下：

1. **产地检疫** 生猪在离开饲养地之前，养殖场/户必须向当地动物防疫监督机构报检。动物防疫监督机构接到报检后必须及时派员到场/户实施检疫。检疫合格后，出具合格证明；对运载工具进行消毒，出具消毒证明，对检疫不合格的按有关规定处理。

2. **屠宰检疫** 动物防疫监督机构的检疫人员对生猪进行验证查物，合格后方可入厂/场屠宰。在屠宰过程实施同步检疫，检疫合格并加盖（封）检疫标志后方可出厂/场，不合格的按有关规定处理。

3. **种猪异地调运检疫** 跨省调运种猪时，应先到调入地省级动物防疫监督机构办理检疫审批手续，在调出地进行检疫，检疫合格方可调运。到达后须隔离饲养45d以上，由当地动物防疫监督机构检疫合格后方可投入使用。当前，中国存在大量异地调运仔猪的情况，也是造成猪瘟传播的一个重要原因。因此，对仔猪调运也应按种猪调运的要求进行检疫。

二、猪瘟的净化与根除

至今，世界上有一些国家已经消灭了猪瘟，还有一些国家正在实施消灭猪瘟的规划。中国是世界上养猪最多的国家，生猪存栏量占全球的一半以上，养猪模式多样、生态环境多样，虽然采取了全国性的强制免疫措施，大规模疫情暴发得到了有效控制，但是各地散发流行仍然较为普遍，猪群中隐性带毒感染也比较多。另一方面，由于运输检疫困难，猪瘟病原扩散的风险较高。因此，做好猪瘟的净化工作，特别是种猪的净化，从源头上控制猪瘟，对防控猪瘟有着至关重要的意义。通过免疫、监测和带毒猪的检测与淘汰、逐步建立健康净化种猪群，在此基础上进行区域净化，最终实现净化和根除猪瘟的目标。

　　猪瘟净化技术的核心是病原监测。通过监测，及时淘汰处理带毒猪，是猪瘟净化的重要步骤，同时，要实施严格的生物安全措施，确保不会传入新的疫情。此处重点结合中国兽医药品监察所等单位实施的猪瘟净化技术研究内容，介绍种猪群猪瘟的净化。

（一）免疫净化

　　即采取以免疫为主，结合淘汰病原检测阳性猪，达到净化猪瘟的目的。一直进行猪瘟免疫或近期有猪瘟发生的种猪群，一般采用免疫净化的措施根除猪瘟。在净化过程中，每一项工作均要有完整的记录。

　　1. 猪瘟的控制和净化阶段

　　（1）猪群的免疫监测　用前述的方法，于猪瘟疫苗免疫后20d采血分离血清，进行免疫抗体监测。根据抗体检测结果将猪群分群：抗体阻断ELISA检测法阳性率≥65%或猪瘟抗体正向间接血凝试验抗体合格率≥70%时为免疫水平高的群；抗体阻断ELISA检测法阳性率＜65%、≥50%或猪瘟抗体正向间接血凝试验抗体合格率＜70%、≥55%时为免疫水平较低的猪群；抗体阻断ELISA检测法阳性率＜50%或猪瘟抗体正向间接血凝试验抗体合格率＜55%时为免疫水平低的猪群；抗体阻断ELISA检测法阳性率或猪瘟抗体正向间接血凝试验抗体合格率＜30%时为免疫抗体阴性猪群。对免疫水平低的和抗体阴性的猪群进行加强免疫，20d后对猪群再次进行抗体检测；免疫水平较低的猪群则视情况进行加强免疫。加强免疫后，如果猪只抗体阳转，则将其转入相应的抗体阳性群；抗体水平依然不合格的猪只进行淘汰。

　　（2）种猪群病毒感染的检测　为方便对种猪逐头检测猪瘟病毒，在猪群免疫接种时对整个种猪群进行活体采集扁桃体或抗凝血样，然后用荧光定量RT-PCR、RT-nPCR或荧光抗体染色法对样品中是否含猪瘟病毒野毒进行检测，对检测阳性的猪只直接予以淘汰和无害化处理。严禁阳性后备猪进入种猪群。

　　（3）种猪群的加强免疫　上述工作完成后6个月，对种猪群进行一次加强免疫。免疫后20d再次对种猪群逐头抽血检测，对免疫水平低的猪群需按"猪群的免疫监测"的方案进行加强免疫。同时，对猪群进行病毒的检测，如检测为阳性者，立即予以淘汰。该过程每6个月进行一次，直至猪群病毒感染检测均为阴性，抗体水平平均阻断率在65%以上或阳性率大于95%。

　　（4）后备种猪的引进和新建猪场猪瘟病毒阴性群的引进　拟引进的后备种猪逐头采血检测猪瘟抗体，确保抗体阻断率在65%以上。并逐头采扁桃体或抗凝血样进行猪瘟病毒的检测，阴性者留作种用，阳性者直接淘汰并无害化处理。

（5）仔猪的抽查　仔猪免疫3～4周后按95%的检测信度对免疫仔猪进行猪瘟抗体水平的抽查，免疫后3周抗体阳性率应在50%以上，免疫后4周抗体阳率应在65%以上才算合格，否则应对免疫程序进行调整。

2. 净化监测阶段　每4个月对种猪群按95%的检测信度采样，进行抗体检测。如出现抗体水平偏低，则应对猪的免疫程序进行调整。每12个月对全部种猪采血检测抗体。抗体阻断率低于65%的应加强免疫，如加强免疫阻断仍不能达到65%的，对抗体阴性猪只应予淘汰。如果检测结果猪群猪瘟抗体水平明显比预期低，则应对猪的PRRSV抗体水平进行检测，以明确猪群中的PRRSV是否处于活跃状态。

对猪群采扁桃体检测是否感染了猪瘟病毒，每6个月检查1次，抽查比例按95%的检测信度采样，如仍能检测到带毒猪，则需要对全群进行检测。如连续两次检测均为阴性，且一直没有猪瘟发生，则达到免疫净化的标准。

3. 猪瘟净化场维持

（1）继续实施猪瘟免疫方案和相应的生物安全措施，并进行免疫抗体水平检测，确保猪群免疫合格率达到规定要求。

（2）种猪群进行猪瘟病原监测：每6个月监测一次，每次抽查的样本数为猪数量的8%～10%，种猪群应无猪瘟病毒感染检出。

（3）继续保持无猪瘟发生。

（二）非免疫的净化

即在净化过程中，对猪群不进行猪瘟的免疫。一般对已经达到免疫净化标准后需要进一步提高净化标准，或猪群未进行猪瘟免疫且一直没有疫情发生的情况下，可实施非免疫的净化措施。

1. 对达到免疫净化标准的种猪群进行非免疫的净化　在中国目前情况下，一般要先达到免疫净化标准，再实施非免疫净化。具体步骤如下：

（1）达到免疫净化标准12个月后，停止猪瘟免疫，并有计划外地逐步淘汰免疫过的种猪。

（2）继续实施严格的生物安全措施，确保有效阻止疫情传入。

（3）种猪群进行猪瘟病原监测：每6个月监测一次，每次抽查的样本数为猪数量的8%～10%。实施非免疫净化措施后12个月以上，种猪群应无猪瘟病毒感染检出。

（4）实施非免疫净化措施后，免疫过的种猪新生仔猪2～3月龄后检测猪瘟抗体应为阴性；非免疫种猪新生仔猪，检测猪瘟抗体应为阴性。

（5）猪群继续保持无猪瘟发生。

2. 非免疫的种猪群净化

（1）对每一头猪进行猪瘟病原和抗体检测，淘汰所有的病原学和血清学阳性猪。每隔6个月进行一次，直至所有的猪病原学和血清学检测结果均为阴性。

（2）实施严格的生物安全措施，确保能有效阻止疫情传入。

（3）连续2次猪瘟病原和抗体检测，所有的猪均为阴性，且连续12个月以上没有猪瘟发生，即达到了非免疫的净化标准。

（三）净化种猪发生猪瘟病毒感染后的恢复

1. 免疫净化种猪群发生猪瘟或猪瘟病毒感染后的恢复

（1）如发生猪瘟疫情，必须按国家有关规定对疫情进行处置，然后再实施相应的净化措施，并达到净化标准。

（2）如在猪瘟病原监测中发现病毒感染猪，则要对所有猪进行病原检测，淘汰所有检测阳性猪，同时实施相应的净化措施，并达到净化标准。

2. 非免疫的净化种猪群发生猪瘟或猪瘟病毒感染后的恢复

（1）如发生疫情，必须按国家有关规定进行疫情处置。

（2）实施相应的净化措施，并达到净化标准。

三、猪瘟无疫区和生物安全隔离区的建立

无疫区（Free zone）和生物安全隔离区（Compartment），是OIE在总结国际上多年来防控重大动物疫病经验的基础上提出来的消灭动物疫病的一种有效方式。口蹄疫的无疫区建设和高致病性禽流感生物安全隔离区的建设，在南美、非洲和东南亚一些国家已经有了成功的经验。OIE在新版《陆生动物卫生法典》中，也将猪瘟无疫区和生物安全隔离区写进了猪瘟的标准中。中国已经根据《陆生动物卫生法典》和国际上的经验，制定了《无规定动物疫病区评估管理办法》和《无规定动物疫病区管理技术规范（试行）》。相信通过开展猪瘟无疫区和生物安全隔离区的建设和认证，将会进一步提高中国猪瘟防控工作的水平，推动中国猪瘟的最终消灭。

（一）猪瘟无疫区建设

为有计划、有步骤地推进重大动物疫病的无规定动物疫病区（以下简称"无疫区"）建设和评估工作，中国根据OIE《陆生动物卫生法典》的要求，借鉴先进国家净化消灭

重大动物疫病的成功经验，结合中国国情，制定猪瘟无疫区建设实施计划。主要包括以下几个方面。

1. 基础建设

（1）机构队伍 建立职能明确的政府兽医行政管理部门，具有统一、稳定的省、市、县三级动物防疫监督机构和技术支撑机构，具有与动物防疫工作相适应的动物防疫队伍。建设区域内，县以上地方人民政府应成立无疫区建设和疫病防治领导指挥机构和专家委员会。

（2）法规规章 根据有关法律、法规，结合建设区域的自然、地理、生产和社会经济发展状况，制定完善该区域实施无疫区工作的各项法规、规章、规范、标准和制度。

（3）财政支持 建立稳定的投入机制，保证基础设施、设备建设和日常运转维护的经费投入，各级动物防疫监督机构及技术支撑机构的人员及工作经费应当全额纳入财政预算。

（4）防疫屏障 无疫区与相邻地区间具备地理屏障或人工屏障；无疫区周边须建立缓冲区；进入无疫区的主要交通道口及口岸设立动物防疫监督检查站，配备检疫、消毒、交通和信息传输的设施设备，完善运行机制，对动物及其产品实施严格的监督检查；设立动物隔离场及相应设施；设立警示标志。

（5）测报预警 规范疫情确认程序，健全疫情报告制度，完善疫情测报预警体系；有针对性地开展区域内流行病学监测与调查，掌握相关基础情况。无疫区所在省、市、县有完备的疫情信息传递、档案资料管理设备和不间断疫情档案资料，具有对动物疫情准确及时报告及预警能力，并按照《动物疫情报告管理办法》的要求，及时、准确报告疫情。

（6）流通监管 完善动物及动物产品流通监管制度，无规定动物疫病区引进动物及其产品应来源于规定疾病的无疫区，确需从非无疫区引入易感动物及其产品的，必须到输入地省级动物防疫监督机构或其指定的动物防疫监督机构办理准引手续；引入的动物产品，从指定通道进入无疫区；引入的易感动物须在动物检疫隔离场按规定隔离，检疫合格后经指定通道进入无疫区。

（7）检疫监管 强化检疫监管，规范实施动物及其产品生产、加工、流通等环节的动物防疫条件审核，按照《畜禽标识及养殖档案管理办法》的规定，严格实施动物养殖档案及畜禽标识制度，检疫证明和标志、防疫记录等须按规定制作、管理和使用，确保动物及其产品能够追踪溯源。

（8）规划制定 根据畜牧业生产现状，在准确掌握动物繁育、饲养、流通、进出口、屠宰、加工和疫情信息等基本情况的基础上，客观评价动物卫生状况，制定疫病扑灭、净化规划及实施步骤。

（9）基础设施和机制　制定《重大动物疫病应急预案》及相关规定，具有鉴别诊断、病原监测、血清学监测及疫苗运输存储的设施设备条件及相应的技术力量。具有落实强制免疫接种及相关措施保障机制，即明确的劳务报酬、疫苗成本、扑杀补助、诊断监测和防治工作运行等费用的投入政策和负担办法；具有检疫与流通控制，疫情确认报告程序，疫源追溯和防疫条件考核制度，标识管理，产地及屠宰检疫等管理措施。

2. 免疫控制

（1）目标　达到连续12个月无临床病例。

（2）主要措施　区域内易感动物5年内实施100%免疫接种，并开展免疫效果监测；实施病原监测，病原阳性畜及同群畜按临床病例处置；强制扑杀发病动物及同群动物，对发病畜及病原阳性畜周边3km范围内的易感动物进行监测，进行猪群临床和实验室监测，检出的病原阳性按临床病例处置；加强科学饲养管理，禁止饲喂泔水；实施有效的动物卫生措施，阻止该病从野猪向家猪的传播。

3. 监测净化（免疫无疫）

（1）目标　实现持续6个月无感染（"免疫控制"和"监测净化"的时间段可以重叠）。

（2）主要措施　免疫区域的免疫接种率达到100%，对免疫效果继续进行监测，实施病原监测，根据病原监测结果逐步缩小免疫范围，对带毒者周边3km的易感动物进行抽样监测，对监测发现的感染畜、带毒畜按疫点处置办法处置。加强科学饲养管理，禁止饲喂泔水；实施有效的动物卫生措施，阻止该病从野猪向家猪的传播。

4. 监测无疫（非免疫无疫）

（1）目标　实现停止免疫接种后连续12个月无病例，且监测不到病毒。

（2）主要措施　停止免疫接种，实施病原监测12个月；如发现感染畜，扑杀感染畜和同群畜，不得引进免疫接种过的动物，加强科学饲养管理，禁止饲喂泔水；实施有效的动物卫生措施，阻止疫病从野猪向家猪的传播。

5. 评估（对"监测净化"或"监测无疫"阶段进行评估）　农业部兽医局按《无规定动物疫病区评估管理办法》对符合"监测净化"或"监测无疫"规定的无疫区进行评估。评估合格后，农业部兽医局按国际惯例向有关国际组织申请国际认证。

（二）无猪瘟生物安全隔离区建设

中国现在还没有制定无猪瘟生物安全隔离区的相关标准。下面仅介绍无猪瘟生物安全隔离区建设的一般原则。

1. 几个概念

OIE的生物安全隔离区（Compartment）：指处于同一生物安全管理体系中，包含一种或多种规定动物疫病卫生状况清楚的特定动物群体，并对规定动物疫病采取了必要的监测、控制和生物安全措施的一个或多个动物养殖、屠宰加工等生产单元。

无规定动物疫病生物安全隔离区：建立了生物安全隔离区，能够对动物繁育、养殖、屠宰加工、流通等环节的各种生物安全风险实施有效控制，处于官方有效监管状态，且在规定期限内没有发生过某种或某几种规定动物疫病，并经验收合格的动物养殖屠宰加工企业所在的区域。

生物安全计划：分析规定动物疫病传入和在生物安全隔离区内传播、扩散的可能途径，并采取相应控制措施降低疫病风险的计划。

流行病学单元：具有明确的流行病学关联，且暴露某一病原的可能性大体相同的动物群。对猪来说，通常情况下是指处于相同环境下或处于共同管理措施下的一个猪群。

2. 猪生物安全隔离区的一般要求

（1）建立生物安全隔离区的猪养殖屠宰加工企业应是一个独立的法人实体，其主要生产单元应包括种猪场、商品猪养殖场、屠宰加工厂、饲料厂等，且地理位置相对集中，原则上处于同一县级行政区域内或处于以屠宰加工厂为中心，半径50km的地理区域内；在实施良好生物安全管理措施及有效的风险管理基础上，区域范围可适当扩大。

（2）种猪场、商品猪场、屠宰加工厂应取得《动物防疫条件合格证》；种禽场还应取得《种畜禽生产经营许可证》，种猪达到种用动物健康标准。饲料厂应取得《饲料生产企业审查合格证》。

（3）遵循全过程风险管理和关键点控制的原则，建立统一有效的生物安全管理体系。

（4）根据国家有关规定建立规定动物疫病应急实施方案。

（5）建立加标识和追溯系统，对所有生产环节中的猪及其产品、生产资料实施可追溯管理。

（6）所在地兽医部门应对猪生物安全隔离区的建立和运行实施官方有效监管。

（7）所有生产单元的污染物排放及废弃物处理应符合生物安全和相应的环保要求。

3. 无猪瘟生物安全隔离区标准　无猪瘟生物安全隔离区标准与猪瘟无疫区的监测净化（免疫无疫）和监测无疫（非免疫无疫）要求相同。达到相关标准后，由国务院兽医主管部门按相关规定进行评估。评估合格后，农业部兽医局按国际惯例向有关国际组织申请国际认证。

四、应急处置

猪瘟是OIE规定的必须报告的动物疫病，中国将其列为一类动物疫病。当发生猪瘟流行时，应依据OIE《陆生动物卫生法典》《中华人民共和国动物防疫法》《重大动物疫情应急条例》《国家突发重大动物疫情应急预案》及《猪瘟防治技术规范》等有关法规进行处理，并及时向OIE和国家兽医主管部门报告疫情。

发生猪瘟疫情后，不得采取治疗措施，也不得屠宰利用（包括死亡动物的屠宰利用），主要基于以下两方面的原因：① 猪瘟是一种烈性传染病，通常感染后5~14d即具有感染性，慢性猪瘟其感染性可达3个月。在治疗过程中可能会造成大量的病原扩散，导致疫病的传播，从而引起更大的损失。康复的猪有可能带毒。② 同样道理，猪瘟发病猪和死亡猪带有大量猪瘟病毒，在屠宰过程中，病毒会随运输工具、污水污物、产品等散播。因此，对发病和死亡猪处理不当，不但会引起新的疫情发生，还会使病毒长期在猪群中存在。

应急处置的具体措施如下：

1. 疫情的确诊　当地县级以上动物防疫监督机构接到可疑猪瘟疫情报告后，应及时派员到现场诊断，根据流行病学调查、临床症状和病理变化等初步诊断为疑似猪瘟时，应立即对病猪及同群猪采取隔离、消毒、限制移动等临时性措施。同时采集病料送省级动物防疫监督机构实验室确诊，必要时将样品送国家猪瘟参考实验室确诊。

2. 疫区的划定和封锁及疫情报告　确诊为猪瘟后，当地县级以上人民政府兽医主管部门应当立即划定疫点、疫区、受威胁区，并采取相应措施；同时，及时报请同级人民政府对疫区实行封锁，逐级上报至国务院兽医主管部门，并通报毗邻地区。国务院兽医行政管理部门根据确诊结果，确认猪瘟疫情。

（1）划定疫点、疫区和受威胁区

疫点：为病猪和带毒猪所在的地点。一般指病猪或带毒猪所在的猪场、屠宰厂或经营单位，如为农村散养，应将自然村划为疫点。

疫区：是指疫点边缘外延3km范围内区域。疫区划分时，应注意考虑当地的饲养环境和天然屏障（如河流、山脉等）等因素。

受威胁区：是指疫区外延5km范围内的区域。

（2）封锁　由县级以上兽医行政主管部门向本级人民政府提出启动重大动物疫情应急指挥系统、应急预案和对疫区实行封锁的建议，有关人民政府应当立即作出决定。

3. 对疫点、疫区、受威胁区采取的措施

疫点：扑杀所有的病猪和带毒猪，并对所有病死猪、被扑杀猪及其产品按照国家标准GB16548规定进行无害化处理；对排泄物、被污染或可能污染饲料和垫料、污水等均需进行无害化处理；对被污染的物品、交通工具、用具、猪舍、场地进行严格彻底消毒；限制人员出入，严禁车辆进出，严禁猪只及其产品及可能污染的物品运出。

疫区：对疫区进行封锁，在疫区周围设置警示标志，在出入疫区的交通路口设置动物检疫消毒站（临时动物防疫监督检查站），对出入的人员和车辆进行消毒；对易感猪只实施紧急强制免疫，确保达到免疫保护水平；停止疫区内猪及其产品的交易活动，禁止易感猪只及其产品运出；对猪只排泄物、被污染饲料、垫料、污水等按国家规定标准进行无害化处理；对被污染的物品、交通工具、用具、猪舍、场地进行严格彻底消毒。

受威胁区：对易感猪只（未免或免疫未达到免疫保护水平）实施紧急强制免疫，确保达到免疫保护水平；对猪只实行疫情监测和免疫效果监测。

4. 紧急监测　对疫区、受威胁区内的猪群必须进行临床检查和病原学监测。

5. 疫源分析与追踪调查　根据流行病学调查结果，分析疫源及其可能扩散、流行的情况。对可能存在的传染源，以及在疫情潜伏期和发病期间售 / 运出的猪只及其产品、可疑污染物（包括粪便、垫料、饲料等）等应当立即开展追踪调查，一经查明立即按照GB16548规定进行无害化处理。

6. 封锁令的解除　疫点内所有病死猪、被扑杀的猪按规定进行处理，疫区内没有新的病例发生，彻底消毒10d后，经当地动物防疫监督机构审验合格，当地兽医主管部门提出申请，由原封锁令发布机关解除封锁。

7. 疫情处理记录　对处理疫情的全过程必须做好详细的记录（包括文字、图片和影像等），并归档。

（王长江、吴　斌）

参考文献

APHIS, USAD. 1981. Hog cholera and it's eradication: a review of US experience[R], [s.l.]

Cane BG, Leanes LF, Mascitelli LO. 2004. Emerging diseases and their impact on animal commerce: the Argentine lesson[J]. Ann NY Acad Sci, 1026: 12–18.

Cheneau Y, Roeder PL, Obi TU, et al. 1999. Disease prevention and preparedness: the food and agriculture organization emergency prevention system[J]. Rev Sci Tech, 18: 122–134.

Domenech J, Lubroth J, Eddi C, et al. 2006. Regional and international approaches on prevention and control of animal transboundary and emerging diseases[J]. Ann NY Acad Sci, 8: 90–107.

FAO, October 2000, The classical swine fever eradication plan for the Americas[R], Santiago, Chile, [s.n.].

Fritzemeier J, Teuffert J, Greiser-Wilke I, et al. 2000. Epidemiology of classical swine fever in Germany in the 1990s[J]. Vet Microbiol, 77 (1-2) : 29 – 41.

Griot C, Thur B, Vanzetti T, et al. 1999. Classical swine fever in wild boar: a challenge for any veterinary service[C], Proceedings of the annual meeting-United States Animal Health Association (USAHA Proceeding) . 224 – 233.

Laddomada A. 2000. Incidence and control of CSF in wild boar in Europe[J]. Vet Microbiol, 73: 121-130.

Saatkamp HW, Berentsen PBM, Horst HS. 2000. Economic aspects of the control of classical swine fever outbreaks in the European Union[J]. Vet Microbiol, 73: 221 – 237.

Stegeman A, Elbers A, de Smit H, et al. 2000. The 1997-1998 epidemic of classical swine fever in the Netherlands[J]. Vet Microbiol, 73: 183 – 196.

Terán MV, Ferrat NC, Lubroth J. 2004. Situation of classical swine fever and the epidemiologic and ecologic aspects affecting its distribution in the American continent[J]. Ann NY Acad Sci, 1026: 54 – 64.

World Organisation for Animal Health. 2012. Terrestrial Animal Health Code 2012[EB]. Paris (France): OIE.

陈耀春. 1993. 中国动物疫病志[M]. 北京: 科学出版社.

陈焕春. 2000. 规模化猪场疫病控制与净化[M]. 北京: 中国农业出版社.

刘秀梵. 2000. 兽医流行病学[M], 第2版. 北京: 中国农业出版社, 84 – 85.

国务院关于进一步加强动物防疫工作的通知. 国发[2001]14号, 北京: 国务院, 2001 – 5 – 4.

陈溥言. 2006. 兽医传染病学[M], 第5版. 北京: 中国农业出版社.

王琴. 2006. 猪瘟病毒流行病学、病原致病特性及猪瘟综合防制研究[J]. 中国农业科技导报, 5: 13 – 18.

农业部. 无规定动物疫病区管理技术规范 (试行) [EB]. 农医发[2007]3号, 北京: 农业部, 2007 – 1 – 25.

农业部. 猪瘟防治技术规范[EB]. 农医发[2007]12号, 北京: 农业部, 2007 – 6 – 4.

王琴. 2010. 我国猪瘟的分子流行病学监测及防控[J]. 猪业科学, 1: 82 – 84.

农业部. 动物防疫条件审查办法. 中华人民共和国农业部令 (2010年第7号) , 北京: 农业部, 2010 – 1 – 21.

王琴. 2012. 猪瘟是可以净化的! ——专访猪瘟研究专家王琴[J]. 今日养猪业, 1: 6 – 9.

农业部. 2012年国家动物疫病监测计划[EB]. 农医发[2012]2号, 北京: 农业部, 2012 – 3 – 22.

王琴, 范学政, 赵启祖, 等. 2012. 猪瘟研究进展[J]. 中国兽药杂志, 47 (9) : 58 – 61.

王琴. 2012. 猪瘟流行现状及中国猪瘟净化策略[J]. 中国猪业, 10: 45 – 47.

韦欣捷, 徐全刚, 王幼明, 等. 2013. 美国猪瘟消灭计划及免疫退出若干问题的研究[J]. 中国动物检疫, 30 (1) : 1 – 6.

王长江, 王琴, 沙依兰古丽, 等. 2013. 动物疫病净化的基本要求和方法探讨[J]. 中国动物检疫, 30 (8) : 40 – 43.

王元, 刘宏杰, 沙依兰古丽, 等. 2015. 新疆某种猪场猪瘟净化试验[J]. 中国动物检疫, 32 (3) : 8 – 10.

附　　　录

附录1 猪瘟病原学实验室诊断技术

附录1-1 猪瘟病毒的分离鉴定

猪瘟病毒分离与鉴定是猪瘟病毒诊断的确认性方法，也是猪瘟检疫、诊断和流行病学调查的重要方法之一，其主要目的是：对疑似猪瘟病猪进行确诊；对猪进行检疫，确定是否带有猪瘟病毒；对发生的猪瘟疫情进行流行病学调查、追踪调查或回顾性调查；对新分离的猪瘟流行毒株进行分类鉴定等分析。进行猪瘟病毒的分离鉴定必须在规定的生物安全实验室或动物实验室内进行。

1 动物接种分离鉴定猪瘟病毒

通过本动物接种分离鉴定猪瘟病毒是检测猪瘟病毒最敏感的方法。在样品中猪瘟病毒含量很低或样品污染严重，不宜进行细胞培养分离病毒时，可通过接种猪来进行病毒增殖，然后再采集病料进行细胞培养来分离猪瘟病毒。

具体方法：应用易感的幼龄猪（10~20kg体重）进行接种试验。取猪瘟疑似病猪或病死猪的血液或组织乳剂肌内接种1~2头幼猪，试验幼猪应事先排除猪瘟病毒和病毒性腹泻黏膜病的感染以及相应抗体的存在。如果幼猪在接种后6~7d停食或体温升高，即采血分离病毒。也可于幼猪发病期间扑杀或发病死亡后，立即采取扁桃体、脾脏和下颌淋巴结作病毒分离，并可采用其他病原学诊断方法进行鉴定。

2 细胞培养分离鉴定猪瘟病毒

采用细胞培养法分离猪瘟病毒也是诊断猪瘟的一种敏感方法，通常使用对猪瘟病毒敏感的细胞系如PK-15细胞等。扁桃体是进行猪瘟病毒分离最适合的组织，也可采用脾脏、肾脏、淋巴结、回肠等组织。全血是疑似感染动物进行早期诊断的最佳样本，也可采用白细胞组分。进行猪瘟病毒分离时，将2%体积的扁桃体、脾脏、肾脏、淋巴结、回肠等组织悬液接种于细胞培养液中，血液或渗出液可直接接种于细胞中。37℃培养48~72h后用荧光抗体检测技术/免疫过氧化物酶检测技术或其他核酸检测技术检测细胞培养物中的猪瘟病毒。也可采用其他细胞系进行猪瘟病毒分离，但需要证明此细胞系对猪瘟病毒的敏感性不低于PK-15细胞系。操作程序如下：

2.1 制备100×的谷氨酰胺-抗生素储液：溶解谷氨酰胺2.92g在50mL的蒸馏水中（溶液A），过滤除菌。分别溶解下列抗生素在5～10mL蒸馏水中：青霉素（10^6 IU）；链霉素1g；制霉菌素$5×10^5$U；多黏菌素B（$15×10^4$U）；卡那霉素1g。将上述抗生素溶液进行混合（溶液B）。在无菌条件下对溶液A和溶液B进行混合，用无菌蒸馏水定容至100mL，分装为5mL/支，于–20℃保存。

2.2 取1～2g待检病料组织放入灭菌研钵中，剪刀剪碎，加入少量的细胞培养液，采用研磨器等工具将组织研磨成为匀浆液，也可采用匀浆机等在4℃条件下进行研磨。

2.3 在上述匀浆液中加入Hanks平衡盐溶液（BSS）或Hanks基础培养液（MEM）制成20%（w/v）的组织悬液；最后按1/10的比例加入谷氨酰胺–抗生素储液，此混合物应在室温放置至少1h。

2.4 经1 000r/min离心15min，取上清液即为组织悬液，备用。

2.5 用胰酶消化处于对数生长期的PK-15细胞单层，将所得细胞悬液以1 000r/min离心10min，并用细胞生长液将细胞重悬至$2×10^6$细胞/mL（细胞生长液：含有5%胎牛血清的MEM培养液，血清中不能含有瘟病毒或瘟病毒抗体）。每10mL细胞悬液中加入0.2mL的谷氨酰胺—抗生素储液。

备注：$75cm^2$细胞培养瓶中的单层细胞制成50mL细胞悬液为最佳浓度。

2.6 以下2种接种方式可选其一：

悬浮接种：取9份细胞悬液（步骤2.5）和1份组织悬液（步骤2.4）进行混合，接种到6～8支林氏管中（其中预先装好飞片），每支接种1.5mL。另取3支接种细胞悬液，作为细胞对照。当接种完待检样本后，另取3支接种猪瘟病毒作为阳性对照。操作时一定要避免交叉污染，做好标记。所有林氏管置于37℃温箱。

单层细胞接种：取1.5mL细胞悬液（步骤2.5）分别接种6～8支林氏管，于37℃培养24～36h。弃去细胞培养液，加入0.2mL组织悬液（步骤2.4），37℃感染1h，弃去组织悬液，用培养液漂洗后，加入1mL细胞生长液进行培养。

备注：如果2%的组织悬液有毒性，导致细胞无法生长，可采用更高稀释倍数的组织悬液进行接种。或者采用"单层细胞接种"法，也可以降低组织悬液对细胞繁殖的影响。

除了林氏管，采用6孔细胞板或24孔细胞培养板进行病毒分离，如采用6孔细胞板应预先在孔中放置飞片，也可采用平底的细胞培养板进行病毒分离。将PK-15细胞置于细胞培养板中，铺满孔底75%时，吸出细胞培养液，加入待测组织悬液，接种到PK-15单层细胞上，37℃吸附1h。弃去吸附液，用BSS或MEM漂洗细胞1次，加入细胞生长液。

2.7 感染后第1、2、3天，分别取2支待检、1支阳性和1支阴性林氏管进行检测。弃去管中液体，用BSS或MEM或PBS漂洗2次，每次5min，然后用预冷的丙酮（分析纯）固定10min。若为细胞培养板，继续培养3～4d，漂洗细胞板，固定及染色。采用FITC标记的抗猪瘟病毒抗体进行染色（见附录1.3猪瘟荧光抗体染色法），或采用过氧化物酶标记的抗体进行染色。

2.8 染色结束后，用PBS将飞片漂洗3次，每次5min。用90%的缓冲甘油进行封片，于荧光显微镜下观察。

3 与其他病原的鉴别

本附件中所提的诊断方法，尤其是分子诊断方法中都是特异性很强的，可以用来与其他病原进行鉴别。

4 猪瘟病毒的基因分型

猪瘟病毒毒株可为3个基因型和11个基因亚型（1.1、1.2、1.3、1.4；2.1、2.2、2.3；3.1、3.2、3.3、3.4），可通过对分离的猪瘟病毒毒株的E2基因进行测序，确定分离毒株的基因型和基因亚型。

5 猪瘟病毒野毒毒株与猪瘟兔化弱毒株的鉴别

可参照附录1.2兔体交互免疫试验的方法进行。

附录1-2 兔体交互免疫试验

本方法用于检测疑似猪瘟病料中的猪瘟病毒。

1 实验动物

家兔：1.5~2kg、体温波动不大的大耳白兔，并在试验前1d测基础体温。

2 试验操作方法

将病猪的淋巴结、脾脏或其他病料，磨碎后用生理盐水做1∶10稀释并加抗生素处理，在普通冰箱静置1h，经1 000r/min离心15min，取上清液对3只健康家兔作静脉注射，1mL/只，另设3只不注射病料的对照兔。间隔1周后，对所有家兔静脉注射1∶20的猪瘟兔化弱毒疫苗（淋巴脾脏毒），1mL/只，24h后，每隔6h测体温一次，连续测96h，对照组2/3出现定型热或轻型热，试验成立。

3 兔体交互免疫试验结果判定

接种病料后体温反应	接种猪瘟兔化弱毒后体温反应	结果判定
-	-	含猪瘟病毒
-	+	不含猪瘟病毒
+	-	含猪瘟兔化弱毒疫苗
+	+	含非猪瘟病毒热原性物质

注："+"表示多于或等于2/3的动物有反应。

附录1-3 猪瘟荧光抗体染色法

猪瘟荧光抗体染色法快速、特异，可用于检测扁桃体等组织样品以及细胞培养物中的病毒抗原。操作程序如下：

1 样品的采集和选择

1.1 活体采样：利用扁桃体采样器（包括鼻捻子、开口器和采样枪）。采样器使用前均须用3%氢氧化钠溶液消毒后经清水冲洗。首先固定活猪的上唇，用开口器打开口腔，用采样枪采取扁桃体样品，用灭菌牙签挑至灭菌离心管并做标记。

1.2 其他样品：剖检时采取的病死猪脏器，如扁桃体、肾脏、脾脏、淋巴结、肝脏和肺等，或病毒分离时待检的细胞玻片。

1.3 样品采集、包装与运输按农业部相关要求执行。

2 检测方法与判定

2.1 方法：将上述组织制成冰冻切片，或待检的细胞培养片（见附录1.1），将液体吸干后经冷丙酮固定5~10min，晾干。滴加猪瘟荧光抗体覆盖于切片或细胞片表面，置湿盒中37℃作用30min。然后用PBS液洗涤，自然干燥。用碳酸缓冲甘油（pH9.0~9.5，0.5M）封片，置荧光显微镜下观察。必要时设立抑制试验染色片，以鉴定荧光的特异性。

2.2 判定：在荧光显微镜下，见切片或细胞培养物（细胞盖片）中有胞浆荧光，并由抑制试验证明为特异的荧光，判猪瘟病原阳性；无荧光判为阴性。

2.3 荧光抑制试验：将两组猪瘟病毒感染猪的扁桃体冰冻切片，分别滴加猪瘟高免血清和健康猪血清（猪瘟中和抗体阴性），在湿盒中37℃作用30min，用生理盐水或PBS（pH7.2）漂洗2次，然后进行荧光抗体染色。经用猪瘟高免血清处理的扁桃体切片，隐窝上皮细胞不应出现荧光，或荧光显著减弱；而用阴性血清处理的切片，隐窝上皮细胞仍出现明亮的黄绿色荧光。

附录1-4　猪瘟抗原ELISA检测方法

本方法是通过形成的多克隆抗体—样品—单克隆抗体夹心，并采用辣根过氧化物酶标记物检测，对外周血白细胞、全血、细胞培养物以及组织样本中的猪瘟病毒抗原进行检测的一种双抗体夹心ELISA方法。具体如下：

1　试剂盒组成

1.1	多克隆羊抗血清包被板条	8孔×12条（96孔）
1.2	CSFV阳性对照	1.5mL
1.3	CSFV阴性对照	1.5mL
1.4	辣根过氧化物酶标记抗鼠IgG（100×）	200μL
1.5	10倍浓缩样品稀释液（10×）	55mL
1.6	底物液，TMB/H_2O_2溶液	12mL
1.7	终止液，1M HCl（小心，强酸）	12mL
1.8	10倍浓缩洗涤液	125mL
1.9	CSFV单克隆抗体	4mL
1.10	酶标抗体稀释液	15mL

2　样品制备

注意：制备好的样品或组织可以在2～8℃保存7h，或-20℃冷冻保存6个月以上。但这些样品在应用前应该再次以1 500r/min离心10min或10 000r/min离心2～5min。

2.1　外周血白细胞

2.1.1　取10mL肝素或EDTA抗凝血样品，1 500r/min离心15～20min。

2.1.2　再用移液器小心吸出血沉棕黄层，加入500μL样品稀释液（1×），在旋涡振荡器上混匀，室温下放置1h，期间不时旋涡混合。然后直接进行步骤2.1.6操作。

2.1.3　假如样品的棕黄层压积细胞体积非常少，那么就用整个细胞团（包括红细胞）。将细胞加进10mL的离心管，并加入5mL预冷（2～8℃，下同）的0.17mol/L NH_4Cl。混匀，静置10min。

2.1.4　用冷（2～8℃）超纯水或双蒸水加满离心管，轻轻上下颠倒混匀，1 500r/min离心5min。

2.1.5　弃去上清，向细胞团中加入500μL样品稀释液（1×），用洁净的吸头悬起细胞，在旋涡振荡器上混匀，室温放置1h。期间不时旋涡混合。

2.1.6　1500r/min离心5min，取上清液按操作步骤进行检测。

注意：处理好的样品可以在2～8℃保存7h，或−20℃冷冻保存6个月以上。但这些样品在使用前必须再次离心。

2.2　外周血白细胞（简化方法）

2.2.1　取0.5～2mL肝素或EDTA抗凝血与等体积预冷的0.17mol/L　NH_4Cl加入离心管混合。室温放置10min。

2.2.2　1 500r/min离心10min（或10 000r/min离心2～3min），弃上清。

2.2.3　用冷（2～8℃）超纯水或双蒸水加满离心管，轻轻上下颠倒混匀，1500r/min离心5min。

2.2.4　弃去上清，向细胞团加入500μL样本稀释液（1×）。旋涡振荡充分混匀，室温放置1h。期间不时旋涡混匀。取75μL按照"操作步骤3"进行检测。

2.3　全血（肝素或EDTA抗凝）

2.3.1　取25μL 10倍浓缩样品稀释液（10×）和475μL全血加入微量离心管，在旋涡振荡器上混匀。

2.3.2　室温下孵育1h，期间不时旋涡混合。此样品可以直接按照"操作步骤3"进行检测。

或：直接将75μL全血加入酶标板孔中，再加入10μL 5倍浓缩样品稀释液（5×）。晃动酶标板／板条，使样品混合均匀。再按照"操作步骤3"进行检测。

2.4　细胞培养物

2.4.1　移去细胞培养液，收集培养瓶中的细胞加入离心管中。

2.4.2　2 500r/min离心5min，弃上清。

2.4.3　向细胞团中加入500μL样品稀释液（1×）。旋涡振荡充分混匀，室温孵育1h。期间不时旋涡混合。取此样品75μL按照"操作步骤3"进行检测。

2.5　组织

最好用新鲜的组织。如果有必要，组织可以在处理前于2～8℃冷藏保存1个月。每只动物检测1～2种组织，最好选取扁桃体、脾、肠、肠系膜淋巴结或肺。

2.5.1　取1～2g组织用剪刀剪成小碎块（2～5mm大小）。

2.5.2　将组织碎块加入10mL离心管，加入5mL样品稀释液（1×），旋涡振荡混匀，室温下孵育1～2h，期间不时旋涡混合。

2.5.3　1500r/min离心5min，取75μL上清液按照"操作步骤"进行检测。

3　操作步骤

注意：所有试剂在使用前应该恢复至室温18～22℃；使用前试剂应在室温条件下至少放置1h。

3.1　每孔加入25μL CSFV特异性单克隆抗体。此步骤可以用多道加样器操作。

3.2　在相应孔中分别加入75μL阳性对照、阴性对照，各加2孔。注意更换吸头。

3.3　在其余孔中分别加入75μL制备好的样品，注意更换吸头。轻轻拍打酶标板，使样品混合均匀。

3.4　置湿盒中或用胶条密封后室温（18～22℃）孵育过夜。也可以孵育4h，但是这样会降低检测灵敏度。

3.5　甩掉孔中液体，用洗涤液（1×）洗涤5次，每次洗涤都要将孔中的所有液体倒空，用力拍打酶标板，以使所有液体拍出。或者，每孔加入洗涤液250～300μL用自动洗板机洗涤5次。注意:洗涤酶标板要仔细。

3.6　每孔加入100μL稀释好的辣根过氧化物酶标记物，在湿盒或密封后置室温孵育1h。

3.7　重复操作步骤3.5；每孔加入100μL底物液，在暗处室温孵育10min。第1孔加入底物液开始计时。

3.8　每孔加入100μL终止液终止反应。加入终止液的顺序与上述加入底物液的顺序一致。

3.9　在酶标仪上测量样品与对照孔在450nm处的吸光值，或测量在450nm和620nm双波长的吸光值（空气调零）。

3.10　计算每个样品和阳性对照孔的矫正OD值的平均值（参见"计算方法4"）。

4　计算方法

首先计算样品和对照孔的OD平均值，在判定结果之前，所有样品和阳性对照孔的OD平均值必须进行矫正，矫正的OD值等于样本或阳性对照值减去阴性对照值。

矫正OD值＝样本OD值−阴性对照OD值

5　试验有效性判定

阳性对照OD平均值应该大于0.500，阴性对照OD平均值应小于阳性对照平均值的20%，试验结果方能有效。否则，应仔细检查实验操作并进行重测。如果阴性对照的OD值始终很高，将阴性对照在微量离心机中10 000r/min离心3～5min，重新检测。

6　结果判定

被检样品的矫正OD值大于或等于0.300，则为阳性；

被检样品的矫正OD值小于0.200，则为阴性；

被检样品的矫正OD值大于0.200，小于0.300，则为可疑。

附录1-5　猪瘟病毒RT-nPCR检测方法

本方法适用于猪活体及其脏器、血液、排泄物和细胞培养物中猪瘟病毒（CSFV）核酸的检测，可用于猪瘟的诊断和监测。

1　试剂和材料

除另有说明，所用试剂均为分析纯；所有试剂均用无RNA酶的容器分装。

1.1　Trizol：RNA抽提试剂，外观为粉红色，分装至棕色瓶中，于2~8℃保存。

1.2　氯仿：4℃预冷。

1.3　异丙醇：4℃预冷。

1.4　75%乙醇：用新开启的无水乙醇和DEPC水配制，-20℃预冷。

1.5　DEPC水：去离子水中加入0.1%DEPC，37℃作用1h，（121±2）℃高压灭菌15min。

1.6　RNA酶抑制剂（30U/μL）。

1.7　10×PCR buffer（10mmol/L pH8.3 Tris-HCl，50mmol/L KCl，1.5mmol/L MgCl$_2$）。

1.8　dNTPs（2.5mmol/L each）。

1.9　用于RT-PCR反应的引物浓度为10μmol/L，其序列如下：

外围PCR引物：

EUOF　5′ AGR CCA GAC TGG TGG CCN TAY GA 3′（2228~2250）

EUOR　5′ TTY ACC ACT TCT GTT CTC A 3′（2898~2880）

内围PCR引物：

EUIF　5′ TCR WCA ACC AAY GAG ATA GGG 3′（2477~2497）

EUIR　5′ CAC AGY CCR AAY CCR AAG TCA TC 3′（2748~2726）

（注：括号中数字为引物序列在CSFV Alfort-187株基因组中的位置。）

1.10　反转录酶：SuperscriptⅢ反转录酶（200U/μL）。

1.11　DNA聚合酶：HS TaqDNA聚合酶（5U/μL）。

1.12　阴性对照：DEPC水。

1.13   阳性对照：非感染体外转录RNA（4 200pg/μL）。

2   器材和设备

2.1   高速台式冷冻离心机：最大离心力12 000r/min以上。

2.2   冰箱

2.3   PCR检测仪

2.4   组织匀浆器

2.5   微量移液器和吸头

2.6   离心管

3   样品的采集

3.1   采样注意事项   采样及样品前处理过程中应戴一次性手套，样本不得交叉污染。

3.2   采样工具   扁桃体采样器：鼻捻子、开口器和采样枪。使用前均应用3%氢氧化钠溶液浸泡消毒5～10min，经清水冲洗。

灭菌牙签和0.5mL或1.5mL离心管经（121±2）℃高压灭菌15min；剪、镊经160℃干烤2h。

3.3   采样方法

3.3.1   活体样品。固定活猪的上唇，用开口器打开口腔，用采样枪采取扁桃体样品，用灭菌牙签挑至0.5mL或1.5mL离心管并作标记，编号，送实验室。取待检样品，加入5倍体积的DEPC水，于研钵或组织匀浆器中充分研磨，3 000r/min离心15min，取上清液转入离心管中编号备用。

3.3.2   内脏样品。采取病死猪或扑杀猪各种脏器（淋巴结、胰脏、脾脏、回肠、肝脏和肾脏）装入一次性塑料袋或其他灭菌容器，编号，送实验室。取50～100mg待检样品，加入5倍体积的DEPC水，于研钵或组织匀浆器中充分研磨，3 000r/min离心15min，取上清液转入离心管中编号备用。

3.3.3   4%EDTA抗凝血。用无菌注射器采集全血，注入含1/10V 4%EDTA溶液的无菌容器中，充分混匀后编号备用。

3.3.4   排泄物。挑取少许粪便样本于离心管中，加入适量生理盐水，震荡混匀，室温3000r/min离心15min，取上清液转入离心管中编号备用。其余液体排泄物直接转入离心管编号备用。

3.3.5   细胞培养物。细胞培养物冻融3次，转入离心管中编号备用。

3.4   存放与运送   采集或处理的样品在2～8℃条件下保存应不超过24h；若需长期保存，应放置−70℃冰箱，但应避免反复冻融（冻融不超过3次）。采集的样品放入样品管中密封后，采用保温容器加冰袋或干冰密封，在6h到8h之内运送到实验室。按照《兽医实验室生物安全技术管理规范》进行样品的生物安全标识。

4 RT–nPCR检测

4.1 核酸提取 在样本制备区进行。

4.1.1 取n个灭菌的1.5mL离心管，其中n为被检样品数+阳性对照管数+阴性对照管数，对每个离心管进行编号。

4.1.2 每管加入500μL Trizol，分别加入被检样品、阳性对照和阴性对照各200μL，一份样品换一个吸头，充分混匀，静置5min；再加入200μL氯仿，混匀器上振荡混匀5s（不能过于强烈，以免产生乳化层，也可以用手颠倒混匀）室温静置5min。于4℃、12 000r/min离心15min。

4.1.3 取与本标准附录4.1.1中相同数量灭菌的1.5mL离心管，加入400μL异丙醇（4℃预冷），对每个管进行编号。取本方法中4.1.2离心后的上清液约400μL（注意不要吸出中间层）转移至相应的管中，颠倒混匀，–20℃静置20min。

4.1.4 于4℃、12 000r/min离心15min，小心倒去上清液，倒置于吸水纸上，吸干液体，加入700μL 75%乙醇，颠倒洗涤。

4.1.5 于4℃、12 000r/min离心10min，小心倒去上清，室离2min，弃去多余上清，倒置于吸水纸上，尽量沾干液体（不同样品须在吸水纸不同地方沾干），室温干燥15～20min。

4.1.6 加入30μL DEPC水，轻轻混匀，溶解管壁上的RNA，冰上保存备用。提取的RNA须在2h内进行RT扩增；若需长期保存须放至–70℃冰箱。

4.2 RT-nPCR扩增体系的配制 在反应混合物配制区进行。

设PCR反应数为n，其中n为待检样品数＋阳性对照管数＋阴性对照管数，每个样本在每个步骤的反应体系及用量见附表1、附表2和附表3。配制完毕的反应液向PCR反应管分装时应尽量避免产生气泡，上机前注意检查各反应管是否盖紧，以免试剂泄露污染仪器。

附表1 反转录反应液

体系组分	用量（μL）
Superscript Ⅲ反转录酶	0.3
0.1M DTT	0.5
5 × buffer	2.0
EUOR	1.0
dNTPs	1.2
总量	5.0

附表 2 外围 PCR 反应液

体系组分	用量（μL）
10 × PCR Buffer	2.0
dNTPs	0.6
EUOF	1.2
EUOR	1.2
HS Taq DNA 聚合酶	0.2
ddH$_2$O	12.8
总量	18

附表 3 内围 PCR 反应液

体系组分	用量（μL）
10 × PCR Buffer	2.0
dNTPs	0.6
EUIF	1.2
EUIR	1.2
HS Taq DNA 聚合酶	0.2
ddH$_2$O	13.8
总量	19

4.3 加样及PCR扩增

在样本检测区进行。

4.3.1 RT反应：取4.1.6中制备的RNA 5μL，加入预先按5μL分装的反转录反应液PCR管中，进行RT反应。RT反应条件：50℃，1h；75℃，10min。4℃保存备用。

4.3.2 外围PCR反应：RT反应结束后，分别取RT产物2μL，加至预先按18μL分装的外围PCR反应液PCR管中。外围PCR反应条件：95℃，5min预变性；再以95℃ 18s，浓火55℃ 30s，延伸72℃ 1min为条件反应，36个循环，最后72℃延伸2min。

4.3.3 内围PCR反应：外围PCR结束后，分别取外围PCR产物1μL，加至预先按19μL分装的内围PCR反应液PCR管中。内围PCR反应条件：95℃，7min预变性；再以95℃ 15s，58℃ 18s，72℃ 20s为条件反应，36个循环，最后72℃延伸1min。

4.4 琼脂糖凝胶电泳

用1×TAE电泳缓冲液配制1.0%的琼脂糖凝胶平板。将平板放入水平电泳槽，使电泳缓冲液刚好淹没胶面。取10μL PCR产物与2μL溴酚蓝指示剂混合后加入电泳孔内，同时使用

DL2000分子量marker作为对照。在100~120V电压条件下恒压电泳30min后于凝胶成像系统中观察成像条带大小。

5 结果判定

5.1 质控标准

阴性对照无凝胶成像条带且阳性对照可见272bp目的条带，实验成立。

5.2 阴性

若成像系统中无272bp的目的条带，RT-nPCR反应为阴性，表示样品中无猪瘟病毒核酸。

5.3 阳性

若成像系统中有272bp的目的条带，RT-nPCR反应为阳性，表示样品中有猪瘟病毒核酸。

5.4 可疑

若成像条带模糊，建议重复检测一次，重检后仍模糊，请结合GB/T27540—2011（猪瘟病毒实时荧光RT–PCR检测方法）检测判断结果，见附图1。

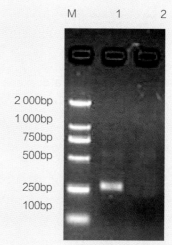

附图1 RT–nPCR检测结果电泳图

M：DL2000 DNAMarker
1. 阳性对照   2. 阴性对照

6 基因测序

将阳性PCR产物用内围引物EUIF和EUIR进行双向测序，获得CSFV的PCR扩增区基因序列，并进行基因分型。

附录1-6 猪瘟病毒实时荧光RT—PCR检测方法（GB/T 27540—2011）

1 范围

本标准规定了猪瘟病毒（Classical swine fever virus，CSFV）实时荧光RT-PCR检测方法。

本标准适用于猪瘟的诊断和监测，适用于猪活体及其脏器、血液、排泄物和细胞培养物中CSFV核酸的检测。

2　规范性引用文件

下列文件对于本文件的应用是必不可少的。凡是注日期的引用文件，仅注日期的版本适用于本文件。凡是不注日期的引用文件，其最新版本（包括所有的修改单）适用于本文件。

中华人民共和国农业部公告第302号《兽医实验室生物安全技术管理规范》

3　缩略语

下列缩略语适用于本标准。

CSFV：猪瘟病毒（Classical swine fever virus）

Ct值：达到阈值的循环数（Cycle threshold）

DEPC：焦碳酸二乙酯（Diethyl pyrocarbonate）

HS Taq酶：热启动Taq DNA聚合酶（HS Taq DNA Polymerase）

RNA：核糖核酸（Ribonucleic acid）

荧光RT-PCR：荧光逆转录聚合酶链式反应（Real time fluorescent quantitative reverse transcription polymerase chain reaction）

4　试剂和材料

除另有说明，所用试剂均为分析纯，所有试剂均用无RNA酶的容器分装。

4.1　Trizol：RNA抽提试剂，外观为粉红色，分装至棕色瓶中，于4~8℃保存。

4.2　氯仿：4℃预冷。

4.3　异丙醇：4℃预冷。

4.4　75%乙醇：用新开启的无水乙醇和DEPC水配制，−20℃预冷。

4.5　DEPC水：去离子水中加入1‰DEPC，37℃作用1h，（121±2）℃，高压灭菌15min。

4.6　RNA酶抑制剂（30U/μL）。

4.7　10×PCR buffer（10mmol/L pH8.3Tris-HCl，50mmol/L KCl，1.5mmol/L MgCl$_2$）。

4.8　dNTP（2.5mmol/L）。

4.9　用于RT-PCR反应的引物浓度为10μmol/L，探针浓度为5μmol/L，其序列如下：

上游引物F：5-TACAGGACAGTCGTCAGTAGTTCGA-3

下游引物R：5-CCGCTAGGGTTAAGGTGTGTCT-3

探针P：5-FAM-CCCACCTCGAGATGCTATGTGGACGA-TAMRA-3

4.10　反转录酶：SuperscriptⅢ反转录酶（200U/μL）。

4.11　DNA聚合酶：HS Taq DNA聚合酶（5U/μL）。

4.12 阴性对照：DEPC水。

4.13 强阳性对照：非感染体外转录RNA（4 200pg/μL）。

4.14 弱阳性对照：非感染体外转录RNA（42pg/μL）。

5 器材和设备

5.1 高速台式冷冻离心机：最大离心力12 000r/min以上。

5.2 冰箱

5.3 荧光PCR检测仪

5.4 组织匀浆器

5.5 微量移液器和吸头

5.6 离心管

6 样品的采集

6.1 采样注意事项

采样及样品前处理过程中应戴一次性手套，样本不得交叉污染。

6.2 采样工具

扁桃体采样器：鼻捻子、开口器和采样枪。使用前均应用3%氢氧化钠溶液浸泡消毒5～10min，经清水冲洗。

灭菌牙签和0.5mL或1.5mL离心管经（121±2）℃，高压灭菌15min；剪、镊经160℃干烤2h。

6.3 采样方法

6.3.1 活体样品。固定活猪的上唇，用开口器打开口腔，用采样枪采取扁桃体样品，用灭菌牙签挑至0.5mL或1.5mL离心管并做标记，编号，送实验室。取待检样品，按1∶5倍体积加入DEPC水，于研钵或组织匀浆器中充分研磨，3000r/min离心15min，取上清液转入离心管中编号备用。

6.3.2 内脏样品。采取病死猪各种脏器（淋巴结、胰脏、脾脏、回肠、肝脏和肾脏）装入一次性塑料袋或其他灭菌容器，编号，送实验室。取50～100mg待检样品，按1∶5倍体积加入DEPC水，于研钵或组织匀浆器中充分研磨，3 000r/min离心15min，取上清液转入离心管中编号备用。

6.3.3 4%EDTA抗凝血。用无菌注射器直接取全血，注入含1/10体积 4%EDTA溶液的无菌容器中，充分混匀后编号备用。

6.3.4 排泄物。挑取少许粪便样本于离心管中，加入适量生理盐水，震荡混匀，室温3 000r/min离心15min，取上清液转入离心管中编号备用。其余液体排泄物直接转入离心管编号备用。

6.3.5 细胞培养物。细胞培养物冻融3次，转入离心管中编号备用。

6.4 存放与运送

采集或处理的样品在2~8℃条件下保存应不超过24h；若需长期保存，应放置–70℃冰箱，但应避免反复冻融（冻融不超过3次）。采集的样品密封后，采用保温壶或保温桶加冰密封，在6~8h之内运送到实验室。按照《兽医实验室生物安全技术管理规范》进行样品的生物安全标识。

7 实时荧光RT–PCR检测

7.1 核酸提取

在样本制备区进行。

7.1.1 取n个灭菌的1.5mL离心管，其中n为待检样品数×重复数3＋阳性管数＋弱阳性管数＋阴性管数，对每个离心管进行编号。

7.1.2 每管加入500μL Trizol，分别加入被检样品、强阳性对照、弱阳性对照和阴性对照各200μL（由于强阳性和弱阳性样品中模板浓度相对较高，检测过程中不得交叉污染），颠倒10次混匀，静置5min；再加入200μL氯仿，混匀器上振荡混匀5s（也可以用手反复颠倒混匀）。于4℃、12 000r/min离心15min。

7.1.3 取与7.1.1中相同数量灭菌的1.5mL离心管，加入500μL异丙醇（4℃预冷），对每个管进行编号。取7.1.2中离心后的上清液约500μL（注意不要吸出中间层）转移至相应的管中，颠倒混匀，–20℃静置30min。

7.1.4 于4℃、12 000r/min离心15min（离心管开口保持朝离心机转轴方向放置），弃上清液，倒置于吸水纸上，沾干液体，加入600μL 75%乙醇，颠倒洗涤。

7.1.5 于4℃、12 000r/min离心10min（离心管开口保持朝离心机转轴方向放置），弃上清液，倒置于吸水纸上，沾干液体（不同样品应在吸水纸不同地方沾干）。

7.1.6 4 000r/min离心10s（离心管开口保持朝离心机转轴方向放置），用微量加样器小心将残余液体吸干，室温干燥3~10min。

7.1.7 加入38μL经DEPC处理的水和2μL RNA酶抑制剂，轻柔混匀，溶解管壁上的RNA，冰上保存备用。提取的RNA应在2h内进行荧光RT-PCR扩增；若需长期保存应放置–70℃冰箱。

7.2 荧光RT-PCR扩增体系的配制

在反应混合物配制区进行。

设PCR反应数为n，其中n为待检样品数×重复数3＋阳性管数＋弱阳性管数＋阴性管数，每个样本测试反应体系配制见附表1。配制完毕的反应液分装时应尽量避免产生气泡，上机前注意检查各反应管是否盖紧，以免荧光物质泄露污染仪器。

附表 1　每个样品反应体系配制表

体系组分		用量（μL）	终浓度
猪瘟病毒 RT-PCR 反应液	10×PCR Buffer	5.0	1×
	dNTPs	1.5	0.075 μmol/L
	上游引物 F	3.0	0.6 μmol/L
	下游引物 R	3.0	0.6 μmol/L
探针溶液	探针 P	1.5	0.15 μmol/L
反应酶	Superscript Ⅲ 反转录酶	0.3	2U/μL
	HS Taq DNA 聚合酶	0.5	0.05U/μL
总量		14.8	

7.3　加样

在样本处理区进行。

在各设定的荧光RT-PCR管中分别加入本标准7.1.7中制备的35.2μL RNA溶液，盖紧管盖后，500r/min离心30s。放入荧光PCR检测仪内。

7.4　荧光RT-PCR扩增

在检测区进行。

将本标准7.3中离心后的PCR管放入荧光RT-PCR检测仪内，记录样品摆放顺序。

循环条件设置：

a）反转录50℃/20min；

b）预变性94℃/4min；

c）88℃/8s，60℃/35s，40个循环。荧光收集设置在此阶段每次循环的退火延伸时进行。

7.5　结果判定

7.5.1　阈值设定

试验检测结束后，根据收集的荧光曲线和Ct值直接读取检测结果，Ct值为每个反应管内的荧光信号达到设定的阈值时所经历的循环数。阈值设定原则根据仪器噪声情况进行调整，以阈值线刚好超过正常阴性样品扩增曲线的最高点为准。

7.5.2　质控标准

7.5.2.1　阴性对照无Ct值，且无典型扩增曲线。

7.5.2.2　强阳性对照的Ct值应<27.0并出现典型的扩增曲线；弱阳性对照的Ct值应在34.0左右并出现典型的扩增曲线。否则，此次试验视为无效。

7.5.3　结果描述及判定

7.5.3.1　阴性

无Ct值并且无典型的扩增曲线，表示样品中无CSFV核酸。

7.5.3.2　阳性

Ct值　≤34.0，且出现典型的扩增曲线，表示样品中存在CSFV核酸。

7.5.3.3　可疑

Ct值>34.0，且出现典型扩增曲线的样本建议重复试验，重复试验结果出现Ct值≤34.0和典型扩增曲线者为阳性，否则为阴性。

附录2　猪瘟血清学实验室诊断技术

附录2-1　猪瘟病毒中和抗体检测方法——兔体中和试验

本试验采用固定抗原，稀释血清的方法，利用家兔来检测猪血清中中和抗体效价。

1　操作程序

1.1　先测定猪瘟兔化弱毒（抗原）对家兔的最小感染量。试验时，将抗原用生理盐水稀释，使每1mL含有100个兔的最小感染量，为工作抗原（如抗原对兔的最小感染量为10^{-5}/mL，则将抗原稀释成1000倍使用）。

1.2　将被检猪血清分别用生理盐水作2倍稀释，与含有100个兔的最小感染量工作抗原等量混合，摇匀后，置12℃中和2h，其间振摇2～3次。同时设含有相同工作抗原量加等量生理盐水（不加血清）的对照组，与被检组在同样条件下处理。

1.3　中和完毕，被检组各注射家兔1～2只，对照组注射家兔2只，每只耳静脉注射1mL，观察体温反应，并判定结果。

2　结果判定

2.1　当对照组2只家兔均呈定型热反应（++），或1只兔呈定型热反应（++），另一兔呈轻热反应时，方能判定结果。被检组如用1只家兔，须呈定型热反应；如用2只家兔，每只家兔应呈定型热反应或轻热反应，被检血清判为阴性。

2.2　兔体体温反应标准如下：

2.2.1　热反应（+）：潜伏期24～72h，体温上升呈明显曲线，超过常温1℃以上，稽留12～36h。

2.2.2 可疑反应（±）：潜伏期不到24h或72h以上，体温曲线起伏不定，稽留不到12h或超过36h而不下降。

2.2.3 无反应（－）：体温正常。

附录2-2 猪瘟病毒中和抗体检测方法——细胞中和实验

本方法用于猪血清中具有中和作用的猪瘟抗体效价的测定，主要采用固定病毒，稀释血清的方法进行抗体效价测定。

待检猪血清在实验前必须置于56℃中灭活30min。具体操作步骤如下：

1. 在96孔细胞反应板的A行中，每孔加入80μL细胞培养液。分别取20μL待检血清加入到细胞培养液中，每份血清重复两孔。此时血清的起始稀释倍数为1∶5。

2. 在B-H行中加入细胞培养液，50μL/孔。

3. 从A行中取50μL稀释血清加入到B行中，混匀后，取50μL加入到C行中，混匀后，取50μL加入到D行中，如此重复至H行，吸出50μL，弃掉。

4. 在所有反应孔中加入50μL病毒悬液（病毒含量为100 $TCID_{50}/50\mu L$），轻轻震荡混匀。在进行此步骤前，需要事先将病毒贮液用细胞培养液稀释至100 $TCID_{50}/50\mu L$。

5. 将血清中和反应板（简称NT板）放置在含5%CO_2的37℃培养箱湿盒中反应1h。同时对病毒贮液重新进行病毒滴度测定，将接毒板与NT板同时置于上述温箱中。

6. 在反应板孵育过程中制备细胞悬液。按常规方法将PK-15细胞进行消化后，离心去上清，用含5%胎牛血清的细胞培养液重悬，进行细胞计数，调整细胞浓度为$2\sim3\times10^5$cells/mL。

7. 当NT反应板孵育1h后，取出NT反应板，向每孔中加入50μL上述细胞悬液，轻轻震荡5~10s。

8. 将NT反应板置于含5%CO_2的37℃培养箱湿盒中反应72h。

9. 弃去反应液，对细胞进行固定后，用辣根过氧化物酶或异硫氰酸荧光素标记的猪瘟多克隆/单克隆抗体进行猪瘟病毒染色。

10. 血清中和效价的计算：以50%细胞出现感染的血清的最高稀释倍数作为血清的中和效价。例如：若血清稀释度为1∶10的两个孔的细胞中，有1孔出现感染阳性信号，1孔为阴性，则该待检血清的中和效价为10ND_{50}；若血清稀释至1∶80时，两个细胞孔仍全部为病毒感染阴性，但血清稀释至1∶160时，两个细胞孔全部为病毒感染阳性，则此时该待检血清的中和效价为120ND_{50}。

附录2-3　猪瘟病毒阻断ELISA抗体检测方法

本方法是用于检测猪血清或血浆中猪瘟病毒抗体的一种阻断ELISA方法。将待检血清加入到包被有特异性猪瘟病毒抗原的反应板后，猪瘟抗体会与相应表位结合，从而阻断了辣根过氧化物酶标记单抗的结合位点，导致底物无法显色。因此，待检血清中特异性抗体的含量与底物显色程度呈反比。

1　操作步骤

在使用时，所有的试剂盒组分都必须恢复到室温18～25℃。

1.1　分别将50μL样品稀释液加入每个检测孔和对照孔中；

1.2　分别将50μL的阳性对照和阴性对照加入相应的对照孔中，注意不同对照的吸头要更换，以防污染；

1.3　分别将50μL的被检样品加入剩下的检测孔中，注意不同样品的吸头要分开，以防污染；

1.4　轻弹微量反应板或用振荡器振荡，使反应板中的溶液混匀；

1.5　将微量反应板用封条封闭置于湿箱中（18～25℃）孵育2h，也可以将微量反应板用封条封闭后置于湿箱中孵育过夜；

1.6　吸出反应孔中的液体，并用稀释好的洗涤液洗涤3次，注意每次洗涤时都要将洗涤液加满反应孔；

1.7　分别将100μL的抗CSFV酶标单抗（即取即用）加入反应孔中，用封条封闭反应板并于室温下或湿箱中孵育30min；

1.8　洗板（见1.6）后，分别将100μL的底物溶液加入反应孔中，于避光、室温条件下放置10min。加完第一孔后即可计时；

1.9　在每个反应孔中加入100μL终止液终止反应。注意要按加酶标二抗的顺序加终止液；

1.10　在450nm处测定样本以及对照的吸光值，也可用双波长（450nm和620nm）测定样本以及对照的吸光度值，空气调零；

1.11　计算样本和对照的平均吸光度值。计算方法如下：

计算被检样本的平均值OD_{450}（ODtest）、阳性对照的平均值（ODpos）、阴性对照的平均值（ODneg）。

根据以下公式计算被检样本和阳性对照的阻断率：

$$阻断率 = \frac{ODneg - ODtest}{ODneg} \times 100\%$$

2 试验有效性

阴性对照的平均OD_{450}应大于0.50。阳性对照的阻断率应大于50%。

3 结果判定

如果被检样本的阻断率大于或等于40%，该样本被判定为阳性（有CSFV抗体存在）。如果被检样本的阻断率小于或等于30%，该样本被判定为阴性（无CSFV抗体存在）。如果被检样本阻断率为30%~40%，应在数日后再对该动物进行重测。

附录2-4 猪瘟病毒间接ELISA抗体检测方法

本方法是用于检测猪血清中猪瘟病毒抗体的一种间接ELISA方法。将待检血清加入到包被有特异性猪瘟病毒抗原的反应板后，猪瘟抗体会发生特异性的结合，经洗涤后加入辣根过氧化物酶标记的兔抗猪酶标二抗，底物显色后判定结果。待检血清中猪瘟抗体的含量与底物显色的程度呈正比。

1 操作步骤

在使用时，所有的试剂盒组分都必须恢复到室温18~25℃。

1.1 待检血清的稀释：在血清稀释板中将待检血清、标准阴性、阳性对照血清分别做1:50稀释，其中标准阴、阳性对照血清各加2孔。加入血清后充分混匀。（推荐稀释方法：在血清稀释板中加入血清稀释液，245μL/孔。将待检血清按顺序加入到血清稀释板中，5μL/孔。标准阳性、阴性对照血清加入到血清稀释板的相应位置，5μL/孔。）

1.2 进行血清检测前，向抗原包被板中加入稀释液，50μL/孔。

1.3 将稀释后的血清按顺序加入到抗原包被板中，50μL/孔。37℃温箱中反应1h。

1.4 弃去反应液，每孔加入300μL洗涤液，室温放置3min，洗涤3次。

1.5 用稀释液将酶结合物稀释至工作浓度，每孔100μL。37℃温箱反应60min。

1.6 重复1.4步骤。

1.7 将底物液A和B等体积混合，混合后立即加入到抗原包被板中，每孔100μL，室温避光显色10min。

1.8 每孔加入终止液100μL。

1.9 终止反应后，立即在酶标仪上读取450nm吸光值，620nm或650nm作为背景参考波长，以去除背景值。OD值=OD_{450}-OD_{620}

2 结果判定

计算样本血清OD$_{450}$值相对于标准阳性对照血清OD$_{450}$值的比值，即S/P（%）值（S/P（%）=样本OD$_{450}$/标准阳性对照平均OD$_{450}$×100%）。当S/P（%）≥10%时，判为猪瘟抗体阳性；当血清样本的S/P（%）≤8%时，为猪瘟抗体阴性；当血清样本的S/P（%）为8%～10%时，为可疑。可在14d后重新采样检测。如仍在此范围，判为阴性。

3 实验有效性

标准阳性对照血清OD值在1.0～3.5，标准阴性对照血清S/P（%）≤8%时，实验成立。

附录3 猪瘟防治技术规范

猪瘟（Classical swine fever, CSF）是由黄病毒科瘟病毒属猪瘟病毒引起的一种高度接触性、出血性和致死性传染病。世界动物卫生组织（OIE）将其列为必须报告的动物疫病，中国将其列为一类动物疫病。为及时、有效地预防、控制和扑灭猪瘟，依据《中华人民共和国动物防疫法》、《重大动物疫情应急条例》和《国家突发重大动物疫情应急预案》及有关法律法规，制定本规范。

1 适用范围

本规范规定了猪瘟的诊断、疫情报告、疫情处置、疫情监测、预防措施、控制和消灭标准等。

本规范适用于中华人民共和国境内一切从事猪（含驯养的野猪）的饲养、经营及其产品生产、经营，以及从事动物防疫活动的单位和个人。

2 诊断

依据本病流行病学特点、临床症状、病理变化可作出初步诊断，确诊需做病原分离与鉴定。

2.1 流行特点

猪是本病唯一的自然宿主，发病猪和带毒猪是本病的传染源，不同年龄、性别、品种的猪均易感。一年四季均可发生。感染猪在发病前即能通过分泌物和排泄物排毒，并持续整个病程。与感染猪直接接触是本病传播的主要方式，病毒也可通过精液、胚胎、猪肉和泔水等传播，人、其他动物如鼠类和昆虫、器具等均可成为重要传播媒介。感染和带毒母猪在怀孕期可通过胎盘将病毒传播给胎儿，导致新生仔猪发病或产生免疫耐受。

2.2 临床症状

2.2.1 本规范规定本病潜伏期为3～10d，隐性感染可长期带毒。

根据临床症状可将本病分为急性、亚急性、慢性和隐性感染四种类型。

2.2.2 典型症状

2.2.2.1 发病急、死亡率高；

2.2.2.2 体温通常升至41℃以上、厌食、畏寒；

2.2.2.3 先便秘后腹泻，或便秘和腹泻交替出现；

2.2.2.4 腹部皮下、鼻镜、耳尖、四肢内侧均可出现紫色出血斑点，指压不褪色，眼结膜和口腔黏膜可见出血点。

2.3 病理变化

2.3.1 淋巴结水肿、出血，呈现大理石样变；

2.3.2 肾脏呈土黄色，表面可见针尖状出血点；

2.3.3 全身浆膜、黏膜和心脏、膀胱、胆囊、扁桃体均可见出血点和出血斑，脾脏边缘出现梗死灶；

2.3.4 脾不肿大，边缘有暗紫色突出表面的出血性梗死；

2.3.5 慢性猪瘟在回肠末端、盲肠和结肠常见"纽扣状"溃疡。

2.4 实验室诊断

实验室病原学诊断必须在相应级别的生物安全实验室进行。

2.4.1 病原分离与鉴定

2.4.1.1 病原分离、鉴定可用细胞培养法（见附件1）；

2.4.1.2 病原鉴定也可采用猪瘟荧光抗体染色法，细胞质出现特异性的荧光；

2.4.1.3 兔体交互免疫试验；

2.4.1.4 猪瘟病毒反转录聚合酶链式反应（RT-PCR）：主要用于临床诊断与病原监测；

2.4.1.5 猪瘟抗原双抗体夹心ELISA检测法：主要用于临床诊断与病原监测；

2.4.2 血清学检测

2.4.2.1 猪瘟病毒抗体阻断ELISA检测法；

2.4.2.2 猪瘟荧光抗体病毒中和试验；

2.4.2.3 猪瘟中和试验方法。

2.5 结果判定

2.5.1 疑似猪瘟

符合猪瘟流行病学特点、临床症状和病理变化。

2.5.2 确诊

非免疫猪符合结果判定2.5.1，且符合血清学诊断2.4.2.1、2.4.2.2、2.4.2.3之一，或符合病原学诊断2.4.1.1、2.4.1.2、2.4.1.3、2.4.1.4、2.4.1.5之一的；

免疫猪符合结果2.5.1，且符合病原学诊断2.4.1.1、2.4.1.2、2.4.1.3、2.4.1.4、2.4.1.5之一的。

3 疫情报告

3.1 任何单位和个人发现患有本病或疑似本病的猪，都应当立即向当地动物防疫监督机构报告。

3.2 当地动物防疫监督机构接到报告后，按国家动物疫情报告管理的有关规定执行。

4 疫情处理

根据流行病学、临床症状、剖检病变，结合血清学检测做出的临床诊断结果可作为疫情处理的依据。

4.1 当地县级以上动物防疫监督机构接到可疑猪瘟疫情报告后，应及时派员到现场诊断，根据流行病学调查、临床症状和病理变化等初步诊断为疑似猪瘟时，应立即对病猪及同群猪采取隔离、消毒、限制移动等临时性措施。同时采集病料送省级动物防疫监督机构实验室确诊，必要时将样品送国家猪瘟参考实验室确诊。

4.2 确诊为猪瘟后，当地县级以上人民政府兽医主管部门应当立即划定疫点、疫区、受威胁区，并采取相应措施；同时，及时报请同级人民政府对疫区实行封锁，逐级上报至国务院兽医主管部门，并通报毗邻地区。国务院兽医行政管理部门根据确诊结果，确认猪瘟疫情。

4.2.1 划定疫点、疫区和受威胁区

疫点：为病猪和带毒猪所在的地点。一般指病猪或带毒猪所在的猪场、屠宰厂或经营单位，如为农村散养，应将自然村划为疫点。

疫区：是指疫点边缘外延3km范围内区域。疫区划分时，应注意考虑当地的饲养环境和天然屏障（如河流、山脉等）等因素。

受威胁区：是指疫区外延5km范围内的区域。

4.2.2 封锁

由县级以上兽医行政管理部门向本级人民政府提出启动重大动物疫情应急指挥系统、应急预案和对疫区实行封锁的建议，有关人民政府应当立即作出决定。

4.2.3 对疫点、疫区、受威胁区采取的措施疫点：扑杀所有的病猪和带毒猪，并对所有病死猪、被扑杀猪及其产品按照GB16548规定进行无害化处理；对排泄物、被污染或可能污染饲料和垫料、污水等均需进行无害化处理；对被污染的物品、交通工具、用具、禽舍、场地进行严格彻底消毒；限制人员出入，严禁车辆进出，严禁猪只及其产品及可能污染的物品运出。

疫区：对疫区进行封锁，在疫区周围设置警示标志，在出入疫区的交通路口设置动物检疫消毒站（临时动物防疫监督检查站），对出入的人员和车辆进行消毒；对易感猪只实施紧急强制免疫，确保达到免疫保护水平，停止疫区内猪及其产品的交易活动，禁止易感猪只及其产品运出；对猪只排泄物、被污染饲料、垫料、污水等按国家规定标准进行无害化处理；对被污染的物品、交通工具、用具、禽舍、场地进行严格彻底消毒。

受威胁区：对易感猪只（未免或免疫未达到免疫保护水平）实施紧急强制免疫，确保达到免疫保护水平，对猪只实行疫情监测和免疫效果监测。

4.2.4　紧急监测

对疫区、受威胁区内的猪群必须进行临床检查和病原学监测。

4.2.5　疫源分析与追踪调查

根据流行病学调查结果，分析疫源及其可能扩散、流行的情况。对可能存在的传染源，以及在疫情潜伏期和发病期间售（运）出的猪只及其产品、可疑污染物（包括粪便、垫料、饲料等）等应当立即开展追踪调查，一经查明立即按照GB16548规定进行无害化处理。

4.2.6　封锁令的解除

疫点内所有病死猪、被扑杀的猪按规定进行处理，疫区内没有新的病例发生，彻底消毒10d后，经当地动物防疫监督机构审验合格，当地兽医主管部门提出申请，由原封锁令发布机关解除封锁。

4.2.7　疫情处理记录

对处理疫情的全过程必须做好详细的记录（包括文字、图片和影像等），并归档。

5　预防与控制

以免疫为主，采取"扑杀和免疫相结合"的综合性防治措施。

5.1　饲养管理与环境控制

饲养、生产、经营等场所必须符合《动物防疫条件审核管理办法》（农业部[2002]15号令）规定的动物防疫条件，并加强种猪调运检疫管理。

5.2　消毒

各饲养场、屠宰厂（场）、动物防疫监督检查站等要建立严格的卫生（消毒）管理制度，做好杀虫、灭鼠工作。

5.3　免疫和净化

5.3.1　免疫

国家对猪瘟实行全面免疫政策。

预防免疫按农业部制定的免疫方案规定的免疫程序进行。

所用疫苗必须是经国务院兽医主管部门批准使用的猪瘟疫苗。

5.3.2　净化

对种猪场和规模养殖场的种猪定期采样进行病原学检测，对检测阳性猪及时进行扑杀和无害化处理，以逐步净化猪瘟。

5.4　监测和预警

5.4.1　监测方法

非免疫区域：以流行病学调查、血清学监测为主，结合病原鉴定。

免疫区域：以病原监测为主，结合流行病学调查、血清学监测。

5.4.2　监测范围、数量和时间

对于各类种猪场每年要逐头监测两次；商品猪场每年监测两次，抽查比例不低于0.1%，最低不少于20头；散养猪不定期抽查。或按照农业部年度监测计划执行。

5.4.3　监测报告

监测结果要及时汇总，由省级动物防疫监督机构定期上报中国动物疫病预防控制中心。

5.4.4　预警

各级动物防疫监督机构对监测结果及相关信息进行风险分析，做好预警预报。

5.5　消毒

饲养场、屠宰厂（场）、交易市场、运输工具等要建立并实施严格的消毒制度。

5.6　检疫

5.6.1　产地检疫

生猪在离开饲养地之前，养殖场/户必须向当地动物防疫监督机构报检。动物防疫监督机构接到报检后必须及时派员到场/户实施检疫。检疫合格后，出具合格证明，对运载工具进行消毒，出具消毒证明，对检疫不合格的按照有关规定处理。

5.6.2　屠宰检疫

动物防疫监督机构的检疫人员对生猪进行验证查物，合格后方可入厂/场屠宰。检疫合格并加盖（封）检疫标志后方可出厂/场，不合格的按有关规定处理。

5.6.3　种猪异地调运检疫

跨省调运种猪时，应先到调入地省级动物防疫监督机构办理检疫审批手续，调出地进行检疫，检疫合格方可调运。到达后须隔离饲养10d以上，由当地动物防疫监督机构检疫合格后方可投入使用。

6 控制和消灭标准

6.1 免疫无猪瘟区

6.1.1 该区域首先要达到国家无规定疫病区基本条件。

6.1.2 有定期、快速的动物疫情报告记录。

6.1.3 该区域在过去3年内未发生过猪瘟。

6.1.4 该区域和缓冲带实施强制免疫，免疫密度100%，所用疫苗必须符合国家兽医主管部门规定。

6.1.5 该区域和缓冲带须具有运行有效的监测体系，过去2年内实施疫病和免疫效果监测，未检出病原，免疫效果确实。

6.1.6 所有的报告，免疫、监测记录等有关材料详实、准确、齐全。

若免疫无猪瘟区内发生猪瘟时，最后一例病猪扑杀后12个月，经实施有效的疫情监测，确认后方可重新申请免疫无猪瘟区。

6.2 非免疫无猪瘟区

6.2.1 该区域首先要达到国家无规定疫病区基本条件。

6.2.2 有定期、快速的动物疫情报告记录。

6.2.3 在过去2年内没有发生过猪瘟，并且在过去12个月内，没有进行过免疫接种；另外，该地区在停止免疫接种后，没有引进免疫接种过的猪。

6.2.4 在该区具有有效的监测体系和监测区，过去2年内实施疫病监测，未检出病原。

6.2.5 所有的报告、监测记录等有关材料详实、准确、齐全。

若非免疫无猪瘟区发生猪瘟后，在采取扑杀措施及血清学监测的情况下，最后一例病猪扑杀后6个月；或在采取扑杀措施、血清学监测及紧急免疫的情况下，最后一例免疫猪被屠宰后6个月，经实施有效的疫情监测和血清学检测确认后，方可重新申请非免疫无猪瘟区。